支撑引领高质量发展的科技创新指标研究

贵州省科学技术情报研究所
（贵州省科技发展战略研究院）◎编

科学技术文献出版社
SCIENTIFIC AND TECHNICAL DOCUMENTATION PRESS

·北京·

图书在版编目（CIP）数据

支撑引领高质量发展的科技创新指标研究 / 贵州省科学技术情报研究所（贵州省科技发展战略研究院）编. —北京：科学技术文献出版社，2023.10

ISBN 978-7-5235-0419-2

Ⅰ.①支…　Ⅱ.①贵…　Ⅲ.①科技发展—指标—研究　Ⅳ.① N11

中国国家版本馆 CIP 数据核字（2023）第 120659 号

支撑引领高质量发展的科技创新指标研究

策划编辑：陈梅琼　　责任编辑：韩　晶　　责任校对：王瑞瑞　　责任出版：张志平

出 版 者	科学技术文献出版社
地 址	北京市复兴路15号　邮编 100038
出 版 部	（010）58882941，58882087（传真）
发 行 部	（010）58882868，58882870（传真）
官 方 网 址	www.stdp.com.cn
发 行 者	科学技术文献出版社发行　全国各地新华书店经销
印 刷 者	北京九州迅驰传媒文化有限公司
版 次	2023 年 10 月第 1 版　2023 年 10 月第 1 次印刷
开 本	889×1194　1/16
字 数	570千
印 张	27.5
书 号	ISBN 978-7-5235-0419-2
定 价	108.00元

前言

党的十九大报告明确指出，我国经济已由高速增长阶段转向高质量发展阶段，正处在转变发展方式、优化经济结构、转换增长动力的攻关期。随后，党的十九届五中全会将"高质量发展"作为"十四五"时期经济社会发展的重要指导思想之一，成为"十四五"乃至更长时期我国经济社会发展的主题。2017 年 12 月，中央经济工作会议提出，必须加快形成推动高质量发展的指标体系、政策体系、标准体系、统计体系、绩效评价、政绩考核。

科技创新作为推动经济高质量发展的动力来源，从统计角度客观衡量科技创新对经济高质量发展的贡献度十分必要。以往学术界和政府部门用"科技进步贡献率"表征科技发展对经济社会的支撑引领作用，但该指标存在争议，"十四五"时期科技部和很多省份已不再测算该指标。目前已有的指标还不能全面体现科技创新对经济高质量发展的贡献度，国家也尚未构建权威的、科学的评价体系。因此，开展支撑引领高质量发展的科技创新指标研究非常必要。

为深入实施创新驱动发展战略，贯彻习近平总书记关于"建立符合国情的全国创新调查制度，准确测算科技创新对经济社会的贡献，并为制定政策提供依据"的指示精神，2013 年启动国家创新调查制度。目前"区域综合科技创新水平指数"和"区域创新能力综合效用值"（简称"两项指数"）是国内最权威的区域创新测度指标，每年发布的《中国区域科技创新评价报告》《中国区域创新能力评价报告》为各级科技管理部门做出决策和相关研究提供有效支撑。近年来，在省委、省政府的坚强领导下，贵州实施以大数据为引领的区域科技创新战略，在改革创新、研究问题、破解难题中逐渐形成特色优势，逐渐走出一条有别于东部、不同于西部其他省份的差异化创新路子。未来 10 年是贵州经济社会高质量发展的关键期，巩固脱贫攻坚成果、实施乡村振兴、提升产业发展水平、促进社会可持续发展，必须具有强大的科技实力和创新能力。围绕 2030 年贵州"两项指数"达到全国中游水平的目标，有必要对标"两项指数"，充分发挥科技创新指标晴雨表、测量仪和风向标作用，预判贵州科技创新指标的演变态势，评估科技未来发展趋势，对科学判断2030 年贵州科技创新发展程度和水平具有重要的借鉴意义。

　　本书内容主要分为两个部分。第一部分为科技创新支撑高质量发展的指标研究与预测，包括两章。第一章为科技创新支撑高质量发展的评价指标体系构建研究，包括六节。第一节为绪论，主要介绍研究背景、研究意义、国内外研究现状；第二节为高质量发展的相关理论基础，阐述高质量发展的内涵及科技创新对经济高质量发展的作用机制；第三节为发挥关键和中坚作用的科技创新指标研究，详细介绍了国家创新能力指数、创新型联盟记分牌等科技创新能力评价指标体系，以及国家、其他省市、贵州高质量发展综合绩效评价指标体系的情况，基于此找出频次较高的主要科技创新指标；第四节为支撑高质量发展的评价指标体系设计，包括指标体系的总体思路、遵循原则、框架设计、权重确定、评价方法、数据来源等；第五节为实证分析，详细分析了贵州科技创新基础、科技创新投入、科技创新产出、科技创新支撑产业情况；第六节为对策建议。第二章为面向2030年的贵州科技创新指标研究，包括四节。第一节为绪论，主要介绍研究背景、研究目的及意义，阐述了创新、创新能力、区域科技创新能力、区域创新能力评价等理论；第二节为贵州科技创新能力评价，主要对贵州"两项指数"的排名情况进行分析，采用比对分析、趋势分析等方法，对贵州科技创新指标的现状进行研究；第三节为贵州科技创新能力预测，主要是根据历年《中国区域科技创新评价报告》《中国区域创新能力评价报告》中31个省（自治区、直辖市）的数据和排位情况，基于 MATLAB 数据计算软件，运用降维、主成分分析法等数理统计方法，构建测算模型，并测算出最终结果（误差小于3%），然后将"两项指数"共计176个指标的预测值带入模型，根据贵州"两项指数"分别在2020年、2025年、2030年进入全国前20位、前15位、前10位的目标，调整176个指标的预测值，最终确定出科学合理的结果；第四节为对策建议，根据第二节、第三节的分析结果，结合贵州实际情况，提出提升科技创新指标的措施和建议。第二部分为专题研究报告。本部分包括21个专题研究报告，是2011年以来持续跟踪研究"两项指数"的成果。专题研究报告围绕贵州历年科技创新发展的现状和趋势，对指标进行详细剖析，深挖贵州短板指标背后的原因，提出措施和建议，为贵州相关部门发现科技创新发展问题、补齐发展短板提供决策参考和建议。

　　由于时间、经验和能力有限，虽数易其稿，但本研究仍存在一些不足之处，欢迎各界批评指正。

《支撑引领高质量发展的科技创新指标研究》课题组

目录

第一部分 科技创新支撑高质量发展的指标研究与预测

第二部分　专题研究报告

附　录　区域主要科技指标

第一部分
科技创新支撑高质量发展的指标
研究与预测

第一章

科技创新支撑高质量发展的
评价指标体系构建研究

第一节　绪论

一、研究背景

创新是一国经济持续发展的核心动力，也是塑造国际竞争优势的关键所在。近年来，世界主要国家纷纷将创新战略作为国家核心战略。随着中国经济发展由高速增长阶段转向高质量发展阶段，我国提出实施创新驱动发展战略，并将创新作为"五大发展理念"之首，同时在党的十九大报告中提出"加快建设创新型国家"，始终高度重视创新在促进经济转型发展和综合国力竞争中的重要作用。《贵州省国民经济和社会发展第十四个五年规划和二〇三五年远景目标纲要》提出"坚持创新在现代化建设全局中的核心地位，把科技创新作为推动发展的战略支撑"。科技创新能够显著提升全要素生产率，推动科技成果转化为现实生产力，其与社会生产力增加存在内在的正反馈机制，是促进经济增长不可或缺的动力来源，也是引领经济高质量发展的重要途径。因此，科技创新是加快贵州转变经济发展方式、破解经济发展深层次矛盾和问题的必然选择。

科技创新作为推动经济高质量发展的动力来源，从统计角度客观衡量科技创新对经济高质量发展的贡献度十分必要。以往学术界和政府部门用科技进步贡献率表征科技发展对经济社会的支撑引领作用，但该指标具有争议性。一是作为新古典经济增长理论代表的索洛模型存在一定缺陷。1956年索洛在生产函数的基础上提出新古典经济增长模型，认为技术进步会引起经济增长的变化，但该理论把技术进步看作外生的，若用索洛模型测算科技进步贡献率，则忽略了创新资本投入对经济增长的贡献。并且，用索洛余值法计算科技进步贡献率的重要前提条件是不变替代弹性且规模收益不变，这样的条件在现实经济生活中并不存在。二是不同模型和变量的选择导致测算结果差别较大。科技进步贡献率不测总量测增量，其高低并不能和技术先进与否、经济增长质量好坏等同，目前很难有一套统一标准，让各具特色的行业和地区都采用同一种算法。在变量意义不同的前提下，测算结果无法进行横向比较。三是无形资产统计制度不健全，缺少无形资本投入的贡献。由于我国无形资产在GDP核算时不计入资本账户，因此用索洛余值法测算科技进步贡献率时，就会忽略无形资本投入对经济增长的贡献。"十四五"期间科技部和很多省份已不再测算该指标，但目前已有的指标还不能全面体现科技创新对经济高质量发展的贡献度，国家也尚未构建出权威的、科学的评价体系。因此，开展支撑引领高质量发展的科技创新指标研究十分必要。

二、研究意义

1. 理论意义

科技创新能够推动科技成果转化为现实生产力，促进技术进步和技术效率增长，扩大经济生产活动的可能性边界，成为推动经济高质量发展不可或缺的动力来源，也是引领经济高质量发展的重要途径。在这种背景下，从统计角度客观衡量科技供给能力，特别是评价科技创新促进经济高质量发展水平和整体效益，有助于拓展经济高质量发展的理论应用范畴，为国家和区域科技创新发展评价提供更多理论依据。一是对逻辑框架和指标体系进行充分的考虑和设计，对科技创新相关指标概念进行深入挖掘，可为丰富科技创新指标体系研究提供参考借鉴；二是立足贵州科技创新发展需要，其对建立和完善贵州科技统计体系、提升科技政策和发展战略的科学化水平，具有较强的决策参考价值。

2. 实践意义

开展支撑引领高质量发展的科技创新指标研究，体现了科技创新在经济社会发展中发挥关键和中坚作用的实践意义。一是测算科技创新对经济高质量发展的贡献度，分析科技创新对经济高质量发展产生的影响，对深入贯彻落实创新驱动发展战略起到积极的作用；二是在科技创新评价的基础上增强了对统计数据的收集、加工和分析能力，为进一步提高国民经济核算水平、完善贵州科技创新指标季度统计机制、畅通数据来源渠道奠定了基础，也为下一步相关部门开展精准调度提供保障。

三、国内外研究现状

目前关于高质量发展评价的研究，主要针对整个经济社会领域的高质量发展。例如，殷醒民认为，可以从全要素生产率、科技创新能力、人力资源质量、金融体系效率和市场配置资源机制5个维度来构建高质量发展指标体系；朱启贵提出由动力变革、产业升级、结构优化、质量变革、效率变革和民生发展6个方面共62项指标组成评价指标体系。只有少部分研究聚焦于科技创新如何促进经济发展。梳理相关研究成果，主要有两个研究方向。

一是主要指标比较研究。基于考察对象所处的关键领域，利用核心指标深入分析科技发展特征，主要强调R&D经费投入、专利数量等科技投入产出指标。例如，解青芳等对中国、美国的R&D经费、人员投入及专利、高技术产品产出等方面进行了比较分析；西桂权等比较分析了中国与美国、日本、英国等创新强国在科技资源投入（R&D经费投入、人力资源投入）和科技成果产出（专利、科技论文产出）方面的基本情况，在综合比较中对中国的科技创新能力进行定位。

二是综合指数评价研究。基于一个相对完整的框架体系，选取大量相对指标构建评价指标体系，对科技创新能力进行综合评价。这个方向的研究以国内外较有影响力的研究机构报告为代表，如世界知识产权组织发布的"全球创新指数"、中国科学技术发展战略研究院发布的"国家创新指数报告"、欧盟委员会发布的"欧洲创新记分牌"等。我国2013年启动国家创新调查制度，在科学、规范的统计调查基础上，对国家、区域和企业等创新能力进行全面监测和评价。这些报告通过构建整套的指标体系，对国家创新能力进行系统的评价，相关结果为分析我国科技创新发展状况提供有益的参考。

综合来看，现有研究主要基于创新系统的理论框架，从宏观层面比较中国和其他国家的科技发展状况，相关研究结论对于客观认识我国科技创新发展状况有较好的启发。随着国家和区域创新系统理论的兴起及创新调查体系的完善，从创新要素、创新主体、创新成效和创新环境等多个维度构建评价指标体系，会更加全面客观地反映科技创新发展水平。

第二节　高质量发展的相关理论基础

一、高质量发展的内涵

1. 含义与本质

高质量发展是创新、协调、绿色、开放、共享新发展理念的高度聚合，是创新成为第一动力、协调成为内生特点、绿色成为普遍形态、开放成为必由之路、共享成为根本目的的发展。

高质量发展是一种新的发展理念，它是以质量和效益为价值取向的发展，要求以质量为核心，坚持"质量第一，效率优先"。这是基于我国经济发展阶段和社会主要矛盾变化，对经济发展的价值取向、原则遵循、目标追求做出的重大调整，是适应和引领我国经济社会发展新时代、新要求的战略选择，是经济发展理论的重大创新，是习近平新时代中国特色社会主义经济思想的重要内容。

2. 标志与特征

准确认知高质量发展的标志与特征，是科学设计和准确测量高质量发展指标体系、标准体系、统计体系，以及促进引导高质量发展的绩效评价、政绩考核、体制机制、政策体系的前提和基础。

高质量发展应该具有如下特征。第一，高质量发展是能够产生更大福利效应的发展。它能够更好地满足人民日益增长的美好生活需要，给人们带来更大的获得感、幸福感、安全感。第二，高质量发展是 GDP 内涵更加丰富的发展。GDP 的内涵直接决定着 GDP 的福利效应、产品层次、产业水平及资源环境代价等，也决定着一个区域产业经济发展的整体情况。第三，高质量发展是动力和活力更强、效率更高的发展。动力和活力主要体现在创新上，创新驱动成为主要引领和支撑，科技创新对经济增长的贡献更大。效率主要体现在消耗和产出上，资源消耗更少、环境代价更小、产出效率更高，劳动生产率、资本产出率、全要素生产率全面提升。第四，高质量发展是更高水平、层次、形态的发展，包括产业发展的水平和层次更高、产品和服务的层次和质量更高、经济形态的层次更高、人民生活水平和质量普遍提高。第五，高质量发展是更加全面协调可持续的发展，即经济结构更加合理，空间布局更加科学，产业分工更加精细，产业部门之间发展的协调性、联动性、均衡性更强，新型工业化、信息化、城镇化、农业现代化同步发展，发展的全面性不断提高，城乡区域之间实现融合发展、联动发展、均衡发展，发展差距明显缩小，发展成果共享程度更高，发展的整体性不断增强。

3. 基本要求

高质量发展的内涵、特征，决定了高质量发展的基本要求。一是必须树立质量第一的发展理念，着力提高供给体系质量。进一步深化资源配置的市场化改革，提高产品质量，深入推进政府行政管理体制改革，降低供给成本，以实施创新驱动发展战略为统领，建立高水平科技创新体系，提高供给效率。二是必须建设现代化经济体系，提升经济发展的水平、层次、形态和全面性、协调性、可持续性，建设现代化经济体系。建设创新引领协同发展的产业体系，统一开放、竞争有序的市场体系，体现效率、促进公平的收入分配体系，彰显优势、协调联动的城乡区域发展体系，资源节约、环境友好的绿色发展体系，多元平衡、安全高效的现代化经济体系。三是必须丰富 GDP 的内涵，提高 GDP 的质量。必须挤掉 GDP 的水分，降低单位 GDP 的资源消耗和环境代价，优化 GDP 的结构，提高供给结构与需求结构的匹配度，增强供给结构对需求变动的适应性和灵活性。四是必须处理好数量和速度的关系，坚持速度和质量的统一高质量发展。必须注重质量和效益，坚持质量和速度的有机统一，要改变提高速度和增加数量的方式、手段、途径、思路，要走生态优先、绿色发展之路，正确处理好质量和速度之间的辩证关系。

二、科技创新对经济高质量发展的作用机制

随着经济发展逐步从高速增长阶段向高质量发展阶段转变，中国经济社会发展对科技

创新也提出更高的要求和期待。党的十八大以来，习近平总书记结合时代特点，深入分析了新时代我国科技创新面临的一系列问题，围绕实施创新驱动发展战略、建设创新型国家，对我国科技创新发展作出一系列战略性、全局性谋划，系统提出了我国世界科技强国的发展目标，正式吹响了向世界科技强国进军的号角。从"抓住了创新，就抓住了牵动经济社会发展全局的'牛鼻子'""谁走好了科技创新这步先手棋，谁就能占领先机、赢得优势""科学技术从来没有像今天这样深刻影响着国家前途命运，从来没有像今天这样深刻影响着人民生活福祉"到"全面建设社会主义现代化国家，必须坚持科技为先，发挥科技创新的关键和中坚作用"，习近平科技创新思想一脉相承，科技创新逐渐成为人类社会发展的重要引擎、应对全球性挑战的有力武器，它是高质量发展的动力源泉、内在要求和战略支撑。因此，坚持科技创新在现代化建设全局的核心位置，其关键和中坚作用凸显。

根据创新价值链理论，科技创新活动可分解为科技研发和成果转化两个相连的子阶段，既包括所有研发活动，又包括为实现创新而专门进行的获得机器设备和软件、获取相关技术，以及相关的培训、设计、市场推介、工装准备等活动。在两个子阶段中，科技创新分别从经济、环境和社会三个作用点，实现对经济高质量发展的整体效率拉动。在科技研发阶段，新原理、新设计不断被提出，通过反复的科学实验对其进行不断修正，最终形成完善的科研理论支撑，新的科学技术会逐步由局部到整体发展起来，最后出现新的技术革命，如此反复进行，使科学技术在不断淘汰、修正旧的技术过程中不断积累，产生新的更先进的科学技术，使得科技对生产力的推进作用越来越大，从而降低各类生产要素成本，实现经济效益的不断提升。在成果转化阶段，将上一阶段的新理论、新技术应用于劳动资料的制造、改造中，提高劳动者的素质和技术水平，增加产品产量、降低消耗、提高产品质量，最终实现劳动生产率的提升，同时通过对外开放实现成果共享，最终推动实现环境效益和社会效益的双向提升（图1-1）。

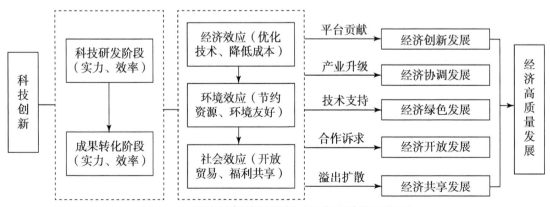

图1-1 科技创新对经济高质量发展的作用机制

科技创新对经济高质量发展的作用还体现在科技创新对创新、协调、绿色、开放、共享五大发展理念的推动作用上。

（1）科技创新是经济高质量发展的第一动力，能够为经济发展提供技术平台，推动科技成果转化为现实生产力，显著提高企业的生产效率，也可以促使技术进步，提高技术效率，提升全要素生产率，扩大经济生产活动的可能性边界。

（2）科技创新能够丰富产品的多样性，促进产业升级和多元化，刺激居民消费升级，满足人们对美好生活的追求，有助于经济发展中成果共享及社会福利水平的提高，使得人们获得更多的幸福感。科技创新可以推动信息更加充分的市场经济运行机制建立，有利于缩小城乡收入差距，实现协调发展。

（3）科技创新为绿色发展提供技术支持，高消耗、高污染企业逐渐被淘汰，新能源等科技成果不断涌现，低耗能的绿色产业在产业结构中的占比不断上升，助推绿色产业蓬勃发展，进而能够改善生态环境质量，实现资源节约和环境友好。

（4）在国际分工体系中，科技创新可以提高国家在全球价值链中的位置。发达国家向发展中国家有偿输送高端技术，发达国家获得利润的同时，发展中国家可以学习新技术，提高产出效率，带动国内创新环境形成良性循环，有助于提升双方的经济增长质量。

（5）科技创新可以通过影响资本、人力及技术，进而对经济发展、社会发展、生态环境等产生外溢作用，带来福利和溢出效应，推动经济共享发展。

第三节　发挥关键和中坚作用的科技创新指标研究

一、科技创新能力评价指标体系介绍

科技创新指标体系构建的完善程度从侧面反映了某个国家、区域对科技创新的重视程度。各国政府都非常重视科技创新，也制定了一些比较完善的指标体系，其中有权威性的有国家创新能力指数、创新型联盟记分牌、全球创新指数等。我国从20世纪90年代开始也开展了科技创新指标体系的研究，发布了中国创新指数、中国城市创新报告指标体系、区域科技创新评价指标体系、区域创新能力评价指标体系等。

1. 国家创新能力指数

哈佛大学教授波特（Porter）与麻省理工学院教授斯特恩（Stern）在 1999 年构建了国家创新能力指数。主要涉及科技创新投入、科技创新环境，但是缺少科技创新绩效的评价指标，且涉及的二级指标数量较少，存在部分与科技创新关联度不高的信息，实际的操作性并不理想（表 1-1）。

表 1-1　国家创新能力指数

一级指标	二级指标
公共创新基础设施	研发人力雇佣总数
	研究开发支出总额
	国际贸易和投资的开放程度
	知识产权保护的强度
	高等教育支出占 GDP 的比例
	人均 GDP
企业群体创新环境	私有企业 R&D 支出占总支出比重
联系的质量	大学执行研发的比例
其他相关	市场资金进出的难易
	国家反垄断政策的强度

2. 创新型联盟记分牌

2011 年，欧盟委员会发布了欧盟的第一个"创新型联盟记分牌"（Innovation Union Scoreboard，IUS），原名为"欧洲创新记分牌"（European Innovation Scoreboard，EIS），是欧盟依照里斯本战略（Lisbon Strategy）发展出来的综合性创新评价指标体系，用以衡量及比较欧洲各国的创新表现，自 2011 年开始持续发布 12 年。报告使用来自欧洲统计局、OECD、汤姆森·路透集团等 2007 年（4 个指标）、2008 年（10 个指标）和 2009 年（10 个指标）的数据，对欧盟 27 国与美国、日本和"金砖国家"（BRICS）的创新绩效进行了比较分析。IUS 是一个动态的、不断修正并趋于合理的综合性创新评价指标体系。自 2011 年欧盟委员会发布首份正式 IUS 报告起，IUS 经历了一系列的修订，相关领域的专家、政策制定者及成员国代表也会被邀请参与 IUS 指标体系及研究方法修订，2008—2010 年 IUS 指标体系从 2007 年的五大领域扩大到了七大领域，并被分成了创新驱动、企业活动、创新产出三大板块；指标数也由原来的 25 个增加到 29 个。这些指标涵盖了创新的各个方面，指标与指标之间具有内在的相互联系和相对独立性（表 1-2）。

表 1-2 创新型联盟记分牌（IUS）

一级指标	二级指标
创新驱动	人力资源
	开放的、卓越的、具有吸引力的研究系统
	财务支持
企业活动	企业投资
	创业与合作
	知识资产
创新产出	创新企业
	经济效益

3. 全球创新指数

全球创新指数（Global Innovation Index，GII）是世界知识产权组织、康奈尔大学、欧洲工商管理学院于 2007 年共同创立的年度排名，衡量全球 120 多个经济体在创新能力方面的表现，是全球政策制定者、企业管理执行者等人士的主要基准工具。全球创新指数不同于传统的创新指标，是通过评估制度、人力技能、公共建设、商业和市场的成熟度，以及科学产出和创意产出来衡量一个经济体广泛的经济创新能力。全球创新指数是一个详细的量化工具，从 2007 年起每年发布，有助于全球决策者更好地理解如何激励创新活动，以此推动经济增长和人类发展（表 1-3）。

表 1-3 全球创新指数（GII）

一级指标	二级指标	三级指标数量/个
制度	政治环境	3
	制度环境	3
	商业环境	3
人力资本与研究	教育	5
	培训	6
	研发	3
基础设施	信息通信技术（ICT）	4
	能源	4
	一般基础设施	3

一级指标	二级指标	三级指标数量 / 个
市场成熟度	信贷	4
	投资	4
	贸易与竞争	5
商业成熟度	知识型员工数量	4
	创新合作	5
	知识获取	4
科学产出	知识创造	4
	知识影响	4
	知识扩散	5
创意产出	创意类无形资产	4
	创意类产品与服务	5

4. 中国创新指数

中国创新指数由中国人民大学发布，该指数依据创新经济学和创新实证分析的国际前沿理论，借鉴美国和欧盟创新指数的实践，从中国实际出发，完成 3 个层次的创新指数设计：第一个层次反映我国创新总体发展情况，通过计算创新总指数实现；第二个层次反映我国在创新环境、创新投入、创新产出和创新成效等 4 个领域的发展情况，通过计算分领域指数实现；第三个层次反映构成创新能力各要素的具体发展情况，通过在上述 4 个领域选取的 21 个评价指标实现（表 1-4）。

表 1-4　中国创新指数

领域	指标名称
创新环境	1.1　经济活动人口中大专及以上学历人数
	1.2　人均 GDP
	1.3　信息化指数
	1.4　科技拨款占财政拨款的比重
	1.5　享受加计扣除减免税企业所占比重

领域	指标名称	
创新投入	2.1	每万人 R&D 人员全时当量
	2.2	R&D 经费占 GDP 比重
	2.3	基础研究人员人均经费
	2.4	R&D 经费占主营业务收入的比重
	2.5	有研发机构的企业所占比重
	2.6	开展产学研合作的企业所占比重
创新产出	3.1	每万人科技论文数
	3.2	每万名 R&D 人员专利授权数
	3.3	发明专利授权数占专利授权数的比重
	3.4	每百家企业商标拥有量
	3.5	每万名科技活动人员技术市场成交额
创新成效	4.1	新产品销售收入占主营业务收入的比重
	4.2	高技术产品出口额占货物出口额的比重
	4.3	单位 GDP 能耗
	4.4	劳动生产率
	4.5	科技进步贡献率

5. 中国城市创新报告指标体系

《中国城市创新报告》由中国城市发展研究会发布，该报告立足我国城市创新实践，不断优化城市创新能力评价指标体系，从创新基础条件与支撑能力、技术产业化能力、品牌创新能力3个方面对城市自主创新能力进行评估，系统分析了我国城市创新总体进程和格局。指标体系共分两级，包含21个指标（表1-5）。

表 1-5 中国城市创新报告指标体系

一级指标	二级指标	
创新基础条件与支撑能力	1.1	R&D 经费占 GDP 比重
	1.2	R&D 人员占企业职工总量比重

一级指标	二级指标
创新基础条件与支撑能力	1.3 高等教育毛入学率
	1.4 教育经费投入占 GDP 比重
	1.5 每万人拥有企业数量
	1.6 企业综合实力指数
	1.7 每万人互联网用户数
	1.8 风险投资总额
	1.9 科技园区数量
技术产业化能力	2.1 每万 R&D 研究人员科技论文数
	2.2 每万人三种专利授权数
	2.3 新产品销售额占总产值比重
	2.4 科技进步对经济增长的贡献率
	2.5 每万元 GDP 综合能耗指标
	2.6 人均 GDP
	2.7 高技术产业增加值占 GDP 比重
	2.8 高技术产品出口额占工业制成品出口额比重
品牌创新能力	3.1 城市综合知名度
	3.2 注册商标数量与企业数量比值
	3.3 国内知名品牌影响力
	3.4 国际知名品牌影响力

6. 区域科技创新评价指标体系

《中国区域科技创新评价报告》由中国科学技术发展战略研究院编制，是聚焦于科技创新、着眼于区域创新发展的报告。其通过测算"指数"，评价各地区科技进步对经济社会发展的促进作用，重点反映区域科技、经济与社会综合发展实力。指标体系属于三级架构，由科技创新环境、科技活动投入、科技活动产出、高新技术产业化和科技促进经济社会发展 5 个一级指标、12 个二级指标和 39 个三级指标组成，其中科技创新指标约占 1/3。该项指数选取结构性指标，采用加权综合评价法对各级指标进行综合汇总，不考虑发展速度（图 1-2）。

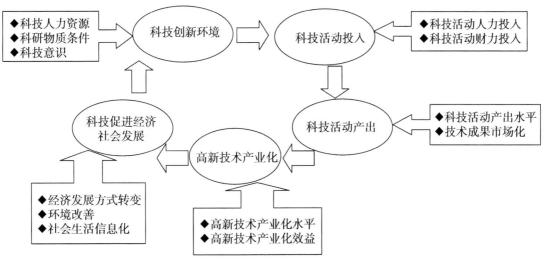

图 1-2　区域科技创新评价指标体系

7. 区域创新能力评价指标体系

《中国区域创新能力评价报告》由中国科学院大学中国创新创业管理研究中心编制，是以区域创新体系建设为主题的综合性、连续性的年度研究报告。其通过测算"效用值"，比较各地区的创新能力。指标体系属于四级架构，包括知识创造、知识获取、企业创新、创新环境和创新绩效 5 个一级指标、20 个二级指标、40 个三级指标和 138 个四级指标（2019年以前有 137 个四级指标），其中科技创新指标约占 1/2。该项指数选取 45 个实力指标、47 个效率指标和 46 个潜力指标，采用加权综合评价法，兼顾了区域发展的存量、相对水平和增长率 3 个维度（图 1-3）。

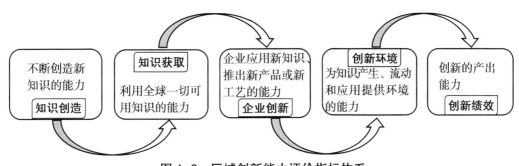

图 1-3　区域创新能力评价指标体系

二、高质量发展综合绩效评价指标体系介绍

1. 国家高质量发展综合绩效评价指标体系情况

近年来，党中央、国务院及相关部委先后印发了《关于推动高质量发展的意见》《高

质量发展综合绩效评价办法（试行）》《高质量发展综合绩效评价体系（试行）》等一系列重要文件，逐步健全了推动高质量发展的"六大体系"，为新时代推动高质量发展指明了前进方向、提供了根本遵循。国家高质量发展综合绩效评价指标体系紧紧围绕大力实施创新驱动发展战略设置了 14 项"创新发展"评价指标，进一步强化创新驱动发展的鲜明导向，突出以科技创新引领全面创新，积极营造创新创业的良好环境，加快新产业、新模式和新业态的发展，激发各类市场主体的创新活力，增强经济发展内生动力（表 1-6）。

表 1-6　国家高质量发展综合绩效评价指标体系"创新发展"指标

一级指标	二级指标	三级指标
创新发展	研发支出与地区生产总值之比	
	工业战略性新兴产业总产值占工业总产值比重	
	技术合同成交额与地区生产总值之比	
	每万家企业法人中高新技术企业数	
	规模以上工业企业中有研发活动企业占比	
	创新发展其他重要指标	基础研究支出占研发支出比重
		高技术产业投资占比
		研发人员占比
		规模以上工业企业新产品销售收入占比
		专利质量
		人均民口单位军品收入
		新注册企业三年存活率
		创业投资累计金额占地区生产总值之比
		宽带用户下载速率

2. 其他省市高质量发展综合绩效评价指标体系情况

（1）江苏。自 2018 年开始，江苏从高质量发展的多维性和动态性特征出发，立足省情实际和阶段性特征，以省委提出的"六个高质量"发展部署为思路框架，率先在全国研究构建高质量发展绩效评价指标体系，并组织开展监测评价考核工作。2020 年江苏高质量发展绩效评价指标体系共 3 套：一是区市绩效评价指标体系，由六大类 45 项 68 个共性指标和若干个性指标两部分构成，另设加减分项；二是县（市、区）绩效评价指标体系，由六大类 37 个指标构成；三是城区绩效评价指标体系，由六大类 24 个指标构成。在权重设置上，对高质量发展核心指标和反映年度重点任务指标设置相对较高的权重，体现"重点指标、重点权重"，既注重质效提升，又强调底线约束。

（2）湖南。2019 年，湖南省政府办公厅印发《湖南省高质量发展监测评价指标体系（试行）》，主要由全省高质量发展监测评价指标体系和市州高质量发展监测评价指标体系两个部分组成。全省高质量发展监测评价指标体系主要作为全省高质量发展的宏观引导，从综合质量效益和创新发展、协调发展、绿色发展、开放发展、共享发展方面设置 34 个主要指标。其中，综合质量效益方面，从提高总体产出水平、优化产业结构、提升财税质量、扩大民间投资、促进消费增长、发展"四上企业"、提高园区产出水平、金融支持实体经济、防范化解风险等方面设置 9 个主要指标；创新发展方面，从研发投入、创新产出、"三新"经济、高新技术产业、高技术人才等方面设置 5 个主要指标；协调发展方面，从农村贫困发生率、城镇化率、农村基础设施建设水平等方面设置 3 个主要指标；绿色发展方面，从能源资源节约集约利用、主要污染物减排、空气质量改善、地表水水质提升、土壤修复治理、生态环境保护、城镇污水垃圾处理等方面设置 7 个主要指标；开放发展方面，从对外贸易、招商引资、营商环境便利度等方面设置 3 个主要指标；共享发展方面，从收入、就业、文化、教育、卫生、养老、安全等方面设置 7 个主要指标。

（3）佛山。2019 年，佛山市顺德区在全省率先发布高质量发展评价指标体系。按照"系统考量、体现区情、突出重点、对标最优"的原则，高质量发展评价指标体系初步围绕"经济提质、产业升级、动能转换、环境优化、民生改善"5 个维度，设置 18 个一级指标、58 个二级指标。"经济提质"强调经济发展质量和效益，设置效益提升、金融支撑、开放发展、风险防控等 4 个一级指标及 13 个二级指标，其中 13 个二级指标包含村改成效、单位用地产出、税收质量、融资能力、外贸结构、外贸方式、安全生产、金融风险等方面；"产业升级"紧扣制造业强区的定位，设置结构优化、产品强质、智能发展、规模成长等 4 个一级指标及 10 个二级指标，其中 10 个二级指标包含先进制造、高新技术、现代服务、工业设计、机器人应用、产品质量、规模企业等方面；"动能转换"聚焦发展新动力、新活力，在创新投入、知识产权保护、创新成效、人才发展等方面设置 4 个一级指标及 10 个二级指标，其中 10 个二级指标包含 R&D 经费、工业技改、研发机构、专利申请、商标密度、高层次人才等方面；"环境优化"着眼可持续发展，在资源集约利用、环境整治、环境质量提升等方面设置 3 个一级指标及 11 个二级指标，其中 11 个二级指标包含单位能耗水耗、垃圾处理、污水处理、空气质量、水环境质量、绿化建设、绿色生活等方面；"民生改善"关注群众获得感，在服务共享、就业收入、安全保障等方面设置 3 个一级指标及 14 个二级指标，其中 14 个二级指标包含教育、医疗卫生、养老、文体服务、志愿服务、就业收入、食品药品安全、公共治安等方面。

3. 贵州高质量发展综合绩效评价指标体系情况

贵州自 2021 年出台《贵州省年度综合考核工作规定（试行）》《贵州省年度综合考核实施办法（试行）》后开始开展市（州）、县（市、区）高质量发展绩效评价。其根据资源禀赋、发展阶段、功能定位等不同特点，将市（州）分为Ⅰ类地区、Ⅱ类地区两个类别，将县（市、区）分为Ⅰ类地区、Ⅱ类地区、Ⅲ类地区 3 个类别进行绩效评价。

绩效评价指标覆盖高质量发展涉及的重点领域，分为市（州）和县（市、区）两个层面，每个层面指标保持统一，由综合绩效评价指标、领导评价和加减分项指标组成。其主要评价各市（州）、县（市、区）坚持以高质量发展统揽全局，落实围绕"四新"主攻"四化"主战略和"四区一高地"主定位，守好发展和生态两条底线，统筹发展和安全，持续推进改善民生等方面的情况。

其中，综合绩效评价指标主要包含共性指标和个性指标。共性指标包括四新质效、四化建设、民生保障 3 个方面，并赋予差异化指标权重。根据《2022 年市县推动高质量发展绩效评价指标体系》，市（州）指标体系"科技创新水平"包括"每万家企业法人中高新技术企业数及增速""研发支出与地区生产总值之比及增幅""三上企业中有 R&D 活动企业占比""高价值发明专利数及增速""技术合同成交额与地区生产总值之比" 5 个指标。县（市、区）指标体系"科技创新水平"包括"每万家企业法人中高新技术企业数及增速""研发经费支出及增速""三上企业中有 R&D 活动企业占比""技术合同成交额与地区生产总值之比" 4 个指标。个性指标根据省委、省政府对各地的发展要求和各地推动高质量发展的侧重点提出，采取自上而下、自下而上相结合的方式确定。

三、主要科技创新指标分析

通过对国内外科技创新能力评价指标体系及国家、部分省市、贵州高质量发展绩效评价指标体系中的科技创新指标进行分析，发现各套指标体系的共同点体现在指标构成上，即都是从投入（人、财、物）、产出（论文、专利、新产品、获奖）、环境基础（创新平台、基础设施、科技金融、政策制度）及绩效（经济增长、进出口、高技术产业、技术交易）等方面考察一国或一地区的竞争力或创新力。区别主要有以下几点：一是从指标涵盖内容看，国际的指标体系强调从政府效率、制度、政策（财税、金融）及创业合作等供给方进行测度，而国内的指标体系则强调从产出方进行测度；二是考察的重点不同、指标体系不同、评价方法不同，评价结果自然不同。

结合已有的科技创新指标体系，从科技投入、科技产出、科技成果转化、科技支撑产业发展、科技创新主体、科技环境基础、科技意识等多个维度，选取使用频度较高、能表征综合发展特征的主要科技创新指标共计 49 个进行分析（表 1-7）。

表 1-7　科技创新指标分类汇总

序号	指标维度	指标名称	指标含义
1	科技投入类	万人 R&D 研究人员数	R&D 人员指报告期 R&D 活动单位中从事基础研究、应用研究和试验发展活动的人员。研究人员指从事新知识、新产品、新工艺、新方法、新系统的构想或创造的专业人员及 R&D 项目（课题）主要负责人和 R&D 机构的高级管理人员。R&D 研究人员一般应具备中级及以上职称或博士学历。从事 R&D 活动的博士研究生应被视作研究人员
2		万人 R&D 人员全时当量	R&D 人员全时当量指报告期 R&D 人员按实际从事 R&D 活动时间计算的工作量，R&D 人员按照工作时间划分为全时人员和非全时人员
3		R&D 人员全时当量增长率	
4		R&D 经费支出与 GDP 比值	R&D 经费支出是衡量国家或地区科技投入强度最为重要、最为综合的指标。R&D 指为增加知识存量（也包括有关人类、文化和社会的知识）及设计已有知识的新应用而进行的创造性、系统性工作
5		R&D 经费支出增长率	
6		财政科技支出占地方财政支出比重	用来衡量地方政府科技投入力度。财政支出中的科技支出指用于科技方面的支出，包括科技管理事务、基础研究、应用研究、技术研究与开发、科技条件与服务、社会科学、科技普及、科技交流与合作等
7		财政科技支出增长率	
8		……	
9	科技产出类	专利质量	包括每十亿元地区生产总值发明专利拥有量、每万亿元地区生产总值海外发明专利授权量、高维持年限发明专利拥有量、战略性新兴产业高价值发明专利授权量
10		万人发明专利拥有量	发明专利拥有量指拥有经国内外知识产权行政部门授权且在有效期内的发明专利件数
11		每万名研发人员发明专利授权数	发明专利授权数指报告期内由专利行政部门授予发明专利权的件数
12		每万人口高价值发明专利拥有量	包括：①战略性新兴产业的有效发明专利；②在海外有同族专利权的有效发明专利；③维持年限超过 10 年的有效发明专利；④实现较高质押融资金额的有效发明专利；⑤获得国家科学技术奖或中国专利奖的有效发明专利

序号	指标维度	指标名称	指标含义
13	科技产出类	万人科技论文数	科技论文数指国外主要检索工具 SCI 收录的我国科技论文数和中国科学技术信息研究所从国家期刊管理部门批准正式出版、公开发行的刊物中选作统计源的期刊刊载的学术论文数。只统计本单位科技人员为第一作者的论文
14		获国家级科技成果奖系数	国家级科技成果奖包括国家自然科学奖、国家科学技术进步奖和国家技术发明奖
15		……	
16	科技成果转化类	万人输出技术成交额	技术市场的发展和技术成果交易的繁荣，对技术成果迅速转化为生产力具有十分重要的作用
17		技术合同成交额增长率	技术合同成交额指经技术市场管理办公室认定登记的技术合同（技术开发合同、技术转让合同、技术咨询合同、技术服务合同）的合同标的金额的总和
18		……	
19	科技支撑产业发展类	工业战略性新兴产业总产值占工业总产值比重	根据《战略性新兴产业分类（2018）》，战略性新兴产业包括新一代信息技术产业、高端装备制造产业、生物产业、新能源产业、新材料产业、新能源汽车产业、节能环保产业、数字创意产业、相关服务业等九大领域
20		高技术产业劳动生产率	根据《高技术产业（制造业）分类（2017）》，高技术产业包括医药制造业，航空、航天器及设备制造业，电子及通信设备制造业，计算机及办公设备制造业，医疗仪器设备及仪器仪表制造业，信息化学品制造业等6类
21		高新技术企业营业收入占规模以上工业企业营业收入比重	指高新技术企业营业收入与规模以上工业企业营业收入之比，反映了高新技术企业的规模效益
22		高技术产业营业收入占工业营业收入比重	反映了科技创新对产业结构的优化程度。高技术产业营业收入按照国家统计局发布的《高技术产业（制造业）分类（2017）》统计
23		知识密集型服务业增加值占生产总值比重	知识密集型服务业包括信息传输、软件和信息技术服务业，金融业，租赁和商务服务业，科学研究和技术服务业

序号	指标维度	指标名称	指标含义
24	科技支撑产业发展类	资本生产率	反映的是资本投入与经济产出之间的关系，即生产总值与资本投入之比。反映资本投入的指标为固定资本形成存量净额，由各地区基年（1952 年）的固定资本形成存量净额、每年的固定资本形成和折旧额，用永续盘存法求得
25		劳动生产率	反映的是劳动效率的提高，为生产总值与就业人员之比
26		……	
27	科技创新主体类	每万家企业法人中高新技术企业数	指一定时期内每万家企业法人中有效高新技术企业的数量，可以反映国家或地区高新技术企业的密集度、高技术产业发展水平和产业结构优化调整的情况
28		规模以上工业企业中有研发活动企业占比	指规模以上工业企业中有研发活动企业占规模以上工业企业比重
29		规模以上工业企业新产品销售收入占比	新产品既包括经政府有关部门认定并在有效期内的新产品，也包括企业自行研制开发，未经政府有关部门认定，从投产之日起一年之内的新产品
30		规模以上工业企业 R&D 经费支出占营业收入比重	是衡量企业科技经费投入的重要指标
31		规模以上工业企业 R&D 研究人员占比	指规模以上工业企业 R&D 人员占全社会 R&D 人员比重
32		规模以上工业企业中有研发机构的企业占总企业数的比例	指规模以上工业企业中有研发机构的企业与总企业数之比
33		……	
34	科技环境基础类	十万人博士毕业生数	拥有博士毕业生的规模和水平是科技创新人力资源充裕与否的重要体现，也是反映一国、一地区是否具有较好的创新人力资源吸引力的重要指标
35		万人高等学校在校学生数	在校生，特别是在校博士生和硕士生，已逐渐成为科学研究的主力，成为重要的科技活动人力资源
36		万人大专以上学历人数	万人大专以上学历人数是反映科技人力资源水平的重要指标。大专以上学历人数来源于政府统计部门的人口调查

序号	指标维度	指标名称	指标含义
37	科技环境基础类	教育经费投入占GDP比重	指教育经费投入与本地区的地区生产总值之比，反映教育投入情况
38		每名R&D人员研发仪器和设备支出	用于研究与发展活动的科研仪器设备是科技活动重要的物质技术基础
39		享受加计扣除减免税企业所占比重	该指标反映企业获得税收优惠政策支持的能力。其中，研发费用享受加计扣除优惠减免税指企业按照税法规定享受研究开发费用税前加计扣除优惠折算为减免的企业所得税税额
40		宽带用户下载速率	指宽带用户下载速度
41		万人移动互联网用户数	移动互联网是科技发展直接的成果和体现。移动互联网用户数采用的是工业和信息化部统计并公布的数据
42		……	
43	科技意识类	科技企业孵化器数量	包括国家科技企业孵化器（由科技部根据《科技企业孵化器认定和管理办法》认定）和省科技企业孵化器［由贵州省科技厅根据《省科技厅权责事项运行规定（暂行）》认定］
44		十万人累计孵化企业数	科技企业孵化器是以促进科技成果转化、培养高新技术企业和企业家为宗旨的科技创业服务载体，其累计孵化企业数是科技创新环境的重要体现。该指标来源于《中国火炬统计年鉴》中全国科技企业孵化器孵化企业累计毕业数
45		基础研究人员投入占比	基础研究人员投入占比是基础研究人员投入与R&D活动人员投入之比，既可以体现原始创新水平，也可以体现对原始创新的重视程度
46		基础研究支出占研发支出比重	基础研究支出占研发支出比重是基础研究经费投入与R&D活动经费投入之比
47		科技型中小企业数量	指依托一定数量的科技人员从事科学技术研究开发活动，取得自主知识产权并将其转化为高新技术产品或服务，从而实现可持续发展的中小企业
48		科学研究和技术服务业固定资产占比重	指科学研究与技术服务业固定资产占全社会固定资产的比重
49		科技服务业从业人员数	科学研究和技术服务业包括《国民经济行业分类》中的研究和试验发展、专业技术服务业、科技推广和应用服务业等（第73～75大类）
50		……	

第四节　支撑高质量发展的
评价指标体系设计

一、总体思路

贵州第十三次党代会报告提出"使科技创新这个关键'变量'转化为高质量发展的'最大增量'"，怎样科学测度这个"增量"，客观衡量科技创新对贵州经济增长的实际贡献，反映科技创新的供给能力和支撑引领能力，对贵州加快科技创新发展具有重要的意义。新国发 2 号文《关于支持贵州在新时代西部大开发上闯新路的意见》要求贵州发挥改革的先导和突破作用，迫切需要构建贵州科技创新支撑高质量发展的评价指标体系，测算科技创新对贵州高质量发展的贡献度。

反映科技创新支撑引领高质量发展的水平是科技投入、科技产出、科技绩效、科技贡献等诸多概念的总和。因此，贵州科技创新支撑高质量发展的评价指标体系构建在充分考虑贵州经济发展阶段和现行统计制度设置的基础上，借鉴了国际和国内创新评价的实践经验，研究确定出多层次指标体系。一方面，加强与国家、贵州高质量发展考核评价体系、区域创新能力评价指标体系等的衔接，通过选取多维指标，降低依赖某项指标产生的偏差，考虑绝对值、相对值和增长率等各类型指标，兼顾发展的存量、相对水平和增长率，全面、有效地构建评价指标体系，对贵州科技创新发展现状进行综合评价；另一方面，围绕区域、创新主体的科技创新特征，结合贵州市县、高校、科研院所、企业科技创新实际情况，分别开展科技创新评价，从不同维度综合反映贵州科技创新支撑高质量发展水平和发展态势，为各监测对象强优势、寻短板、定措施、抓落实提供决策支撑。

二、遵循原则

评价指标体系是由多个相互联系、相互作用的评价指标，按照一定层次结构组成的有机整体，其构建应遵循以下原则。

（1）加强衔接，突出重点。加强各级指标体系的衔接，确保关键核心指标协调一致。

指标的选取既要全面系统，尽可能照顾到系统的主要方面，又要认识到系统指标不是简单堆砌，应有一定的层次性。通过选取使用频度较高、能表征科技综合发展特征的科技创新指标，突出科技创新在高质量发展中的关键和中坚作用。

（2）系统全面，整体性好。评价指标体系应体现整体性原则，反映被评价问题的各个侧面，绝对不可以"扬长避短"。体系内各项指标相互联系、互为补充，使体系的整体功能大于单一指标功能的简单加总。

（3）科学合理，方便可操。围绕贵州创新链建设，选取反映科技活动规模的总量数据、科技活动进展的增速数据、科技活动结构的相对数据、科技活动强度的平均数据，降低依赖某项指标产生的偏差，能够清晰地反映目标与指标间的关系。

（4）导向性好，可比性强。评价指标体系中不能包括有明显"倾向性"的指标，要反映科技创新的内涵要求，揭示高质量发展的本质，突出科技先导作用。充分考虑数据的可得性，选择含义明确、口径一致的评价指标，建立具备动态可比性和横向可比性的监测体系。

三、框架设计

按照监测对象的不同，指标体系框架可分为贵州、市（州）、县（市、区、特区）、高等学校、科研院所、重点企业6套科技创新发展统计监测指标体系。

1. 贵州科技创新支撑高质量发展指标体系

贵州科技创新支撑高质量发展指标体系由科技创新发展基础、科技投入水平、科技产出水平、科技支撑产业水平4个一级指标、22个二级指标构成，重点突出科技创新支撑高新技术产业、知识密集型产业高质量发展的水平（表1-8）。

表1-8 贵州科技创新支撑高质量发展指标体系

序号	一级指标	二级指标
1	科技创新发展基础	十万人博士毕业生数（人/10万人）
		万人高等学校在校学生数（人/万人）
		每万家企业法人中高新技术企业数（家）
		科技型中小企业数量（个）
		科技企业孵化器数量（个）
		规模以上工业企业中有研发活动企业占比（%）

序号	一级指标	二级指标
2	科技投入水平	万人 R&D 人员数（人年）
		规模以上工业企业 R&D 人员占比（%）
		R&D 经费支出与 GDP 比值（%）
		规模以上工业企业 R&D 经费支出占营业收入比重（%）
		基础研究支出占研发支出比重（%）
		财政科技支出占地方财政支出比重（%）
3	科技产出水平	万人发明专利拥有量（件）
		技术合同成交额占地区生产总值之比（%）
		技术合同数增长率（%）
		万人科技论文数（篇/万人）
		规模以上工业企业新产品销售收入占营业收入比重（%）
4	科技支撑产业水平	高新技术企业营业收入占规模以上工业企业营业收入比重（%）
		高技术产业营业收入占规模以上工业企业营业收入比重（%）
		知识密集型服务业增加值占生产总值比重（%）
		高新技术产业产值（亿元）
		劳动生产率（万元/人）

2. 市（州）科技创新发展指标体系

市（州）科技创新发展指标体系由产业转型升级水平、科技成果及转化水平、企业培育水平和研发活动水平 4 个一级指标、25 个二级指标构成（表 1-9）。

表 1-9　市（州）科技创新发展指标体系

序号	一级指标	二级指标
1	产业转型升级水平	劳动生产率（万元/人）
		高技术产业营业收入占规模以上工业企业营业收入比重（%）
		高技术产业新产品销售收入占主营业务收入的比重（%）
		高新技术企业营业收入占规模以上工业企业营业收入比重（%）
		工业战略性新兴产业总产值占工业产值比重（%）

序号	一级指标	二级指标
1	产业转型升级水平	科技服务业从业人员数（万人）
		科学研究和技术服务业工资增速（%）
		科学研究和技术服务业营业额增速（%）
2	科技成果及转化水平	高价值发明专利拥有量（件）及同比增速（%）
		技术合同成交额占地区生产总值之比及技术合同成交额增长率（%）
		科技企业孵化器数量（个）
		十万人累计孵化企业数（个/十万人）
		科技企业孵化器孵化基金总额（万元）
		平均每个科技企业孵化器创业导师人数（人/个）
		十万人创新中介从业人员数（人/十万人）
3	企业培育水平	规模以上工业企业 R&D 经费支出占营业收入比重（%）
		规模以上工业企业 R&D 人员占比（%）
		规模以上工业企业中有研发活动企业占比（%）
		规模以上工业企业新产品销售收入占营业收入比重（%）
		每万家企业法人中高新技术企业数（家）
		科技型中小企业数量（个）及增长率（%）
4	研发活动水平	万人 R&D 研究人员数（人/万人）
		万人 R&D 人员全时当量（人年/万人）及 R&D 人员全时当量增长率（%）
		R&D 经费支出与 GDP 比值及 R&D 经费支出增长率（%）
		财政科技支出占地方财政支出比重及财政科技支出增长率（%）

3. 县（市、区、特区）科技创新发展指标体系

县（市、区、特区）科技创新发展指标体系由产业转型升级水平、科技成果及转化水平、企业培育水平和研发活动水平 4 个一级指标、18 个二级指标构成（表 1–10）。

表 1-10　县（市、区、特区）科技创新发展指标体系

序号	一级指标	二级指标
1	产业转型升级水平	高新技术企业营业收入占规模以上工业企业营业收入比重（%）
		科学研究和技术服务业工资增速（%）
		科学研究和技术服务业营业额增速（%）
2	科技成果及转化水平	高价值发明专利拥有量（件）及同比增速（%）
		技术合同成交额占地区生产总值之比及技术合同成交额增长率（%）
		科技企业孵化器数量（个）
		十万人累计孵化企业数（个/十万人）
		科技企业孵化器孵化基金总额（万元）
		平均每个科技企业孵化器创业导师人数（人/个）
		十万人创新中介从业人员数（人/十万人）
3	企业培育水平	规模以上工业企业 R&D 经费支出占营业收入比重（%）
		规模以上工业企业 R&D 人员占比（%）
		规模以上工业企业中有研发活动企业占比（%）
		每万家企业法人中高新技术企业数（家）
		科技型中小企业数量（个）及增长率（%）
4	研发活动水平	万人"三上"企业 R&D 人员数（人/万人）
		"三上"企业 R&D 经费支出占营业收入比重及"三上"企业 R&D 经费支出增长率（%）
		财政科技支出占地方财政支出比重及财政科技支出增长率（%）

4. 高等学校科技创新发展指标体系

高等学校科技创新发展指标体系由创新人才培养水平、研发活动水平、科技成果及转化水平和开放合作水平 4 个一级指标、18 个二级指标构成（表 1-11）。

表 1-11　高等学校科技创新发展指标体系

序号	一级指标	二级指标
1	创新人才培养水平	高等学校在校学生数（人）
		博士生毕业数（人）

序号	一级指标	二级指标
2	研发活动水平	研发人员占比（%）
		基础研究支出占研发支出比重（%）
		人均 R&D 经费支出（万元／人）及增长率（%）
		每名研发人员研发仪器和设备支出（万元／人年）
3	科技成果及转化水平	科技论文数（篇）
		国际论文数（篇）
		有效发明专利数（件）及增速（%）
		发明专利授权数（件）
		人均输出技术成交额（万元／人）
		大学科技园管理机构从业人员数（人）
		孵化企业累计毕业数（个）
		获国家级科技成果奖数量（项）
4	开放合作水平	作者异国合作科技论文数（篇）
		作者异省合作科技论文数（篇）
		作者同省异单位科技论文数（篇）
		研发经费内部支出额中来自企业资金的比例（%）

5. 科研院所科技创新发展指标体系

科研院所科技创新发展指标体系由创新人才培养水平、研发活动水平、科技成果及转化水平和开放合作水平 4 个一级指标、15 个二级指标构成（表 1-12）。

表 1-12　科研院所科技创新发展指标体系

序号	一级指标	二级指标
1	创新人才培养水平	研究生导师数（人）
2	研发活动水平	研发人员占比（%）
		基础研究支出占研发支出比重（%）
		人均 R&D 经费支出（万元／人）及增长率（%）
		每名研发人员研发仪器和设备支出（万元／人年）

序号	一级指标	二级指标
3	科技成果及转化水平	科技论文数（篇）
		国际论文数（篇）
		有效发明专利数（件）及增速（%）
		发明专利授权数（件）
		人均输出技术成交额（万元／人）
		获国家级科技成果奖数量（项）
4	开放合作水平	作者异国合作科技论文数（篇）
		作者异省合作科技论文数（篇）
		作者同省异单位科技论文数（篇）
		研发经费内部支出额中来自企业资金的比例（%）

6. 重点企业科技创新发展指标体系

重点企业科技创新发展指标体系由研发活动水平、协同创新水平和成果及市场化水平3个一级指标、10个二级指标构成（表 1-13）。

表 1-13　重点企业科技创新发展指标体系

序号	一级指标	二级指标
1	研发活动水平	研究开发人员占从业人员比重（%）
		研究开发经费支出占营业收入比重（%）
		每名研究开发人员研发仪器和设备支出（万元／人年）
		研发机构设置
2	协同创新水平	研究开发经费外部支出（万元）
		技术改造经费支出占企业营业收入比重（%）
		人均技术合同成交额（万元）
3	成果及市场化水平	人均有效发明专利数（件）
		人均发明专利授权量（件）
		新产品销售收入占营业收入比重（%）

四、权重确定

为体现各项指标在指标体系中的作用、地位及重要程度，在指标体系确定后，必须对各项指标赋予不同的权重系数。

1. 方法介绍

常见的有因子分析法、主成分法、AHP层次法、优序图法、熵值法、CRITIC权重法、独立性权重法、信息量权重法。这8类权重计算方法的原理各不相同，结合其原理大致可分成4类。

（1）因子分析法和主成分法。此类方法利用方差解释率进行权重计算，都是依据信息浓缩的思想。其区别在于，因子分析法加上了"旋转"的功能，而主成分法更多的是浓缩信息。使用浓缩信息的原理进行权重计算时，只能得到各个因子的权重，无法得到具体每个分项的权重，此时可继续结合后续的权重方法（通常是熵值法）得到具体各项的权重，然后汇总在一起，最终构建出权重体系。

（2）AHP层次法和优序图法。此类方法主要利用数字相对大小，数字越大其权重会相对越高。一般在问卷研究和专家打分时，使用AHP层次法或优序图法较多。

（3）熵值法。熵值法属于客观赋权法，利用信息量的多少，即数据携带的信息量大小（物理学上的熵值原理）进行权重计算。信息量越大，不确定性越小，熵值也越小；信息量越小，不确定性越大，熵值也越大。熵值法在确定权重系数的过程中避免了人为因素的干扰，能够较客观地反映各评价指标在综合评价指标体系中的重要性，因此，被广泛应用到各个学科领域。在实际研究中，通常情况下是先应用信息浓缩法（因子分析法或主成分法）得到因子或主成分的权重，即得到高维度的权重，想得到具体每项的权重时，可使用熵值法进行计算。

（4）CRITIC权重法、独立性权重法和信息量权重法（变异系数法）。此类方法利用数据波动性大小或数据相关关系大小计算权重。CRITIC权重法适用于比较稳定的数据，且分析的指标或因素之间有着一定关联的数据。独立性权重法只考虑数据之间的相关性，其计算方式是使用回归分析得到复相关系数 R 值来表示共线性强弱（相关性强弱），该值越大说明共线性越强，权重会越低。信息量权重是根据数据波动情况来判断的。

通过对以上几种方法进行比较，本研究采用熵值法对各指标权重进行赋值。

2. 熵值法

（1）含义及特点

熵值法广泛应用于各个领域，对于普通截面数据或面板数据均可计算，根据熵中的信息量获得每个度量的权重。熵值越大，信息量越小，指标对整体的影响越小。熵值法的优点在于：一是该方法是客观确定权重的方法，相较于层次分析法等主观方法而言具有一定的精确性；二是应用该方法确定出的权重可以进行修正，从而决定了其适应性较高的特点。

在信息论中，信息熵的计算公式为：

$$H(x) = -\sum_{j=1}^{n} p(x_i)\ln p(x_i)。$$

信息熵是系统无序程度的度量，信息是系统有序程度的度量，二者绝对值相等、符号相反。某项指标的指标值变异程度越大，信息熵越小，该指标提供的信息量越大，该指标的权重也越大；反之，某项指标的指标变异程度越小，信息熵越大，该指标提供的信息量越小，该指标的权重也越小。所以可以根据各项数据指标的变异程度，利用信息熵这个工具，计算出每项指标的权重，为多指标综合评价提供依据。

（2）计算步骤

第一步：对每项指标进行标准化数据变换。

计算公式为：

$$x'_{ij} = \frac{x_{ij} - \min\limits_{i} x_{ij}}{\max\limits_{i} x_{ij} - \min\limits_{i} x_{ij}}。$$

注意，此公式仅限于正向指标的标准化。随后，对 x'_{ij} 的值进行非负平移，$z_{ij} = 0.001 + x'_{ij}$，平移之后不会在之后的计算中出现 null 值，再计算第 j 项指标下第 i 方案指标值的比重 p_{ij}。

将各指标同度量化，计算第 j 项指标下第 i 方案指标值的比重 p_{ij}：

$$p_{ij} = \frac{z_{ij}}{\sum\limits_{i=1}^{m} z_{ij}}。$$

得到标准矩阵 $P = \{p_{ij}\}_{n \times m}$。

第二步：计算第 j 项指标的熵值 e_j。

计算公式为：

$$e_j = -k\sum_{i=1}^{m} p_{ij}\ln p_{ij}。$$

式中，$k > 0$，ln 为自然对数，$e_j \geqslant 0$。如果 x_{ij} 对于给定的 j 全部相等，那么

$$p_{ij} = \frac{z_{ij}}{\sum\limits_{i=1}^{m} z_{ij}} = \frac{1}{m}。$$

此时 e_j 取极大值，即

$$e_j = -k \sum_{i=1}^{m} (\frac{1}{m}) \ln (\frac{1}{m}) = k \ln m \text{。}$$

式中，若设 $k=1/\ln m$，于是有 $0 \leqslant e_j \leqslant 1$。

第三步：计算第 j 项指标的差异性系数 d_j。

对于给定的 j，x_{ij} 的差异性越小，则 e_j 越大；当 x_{ij} 全部相等时，$e_j = e_{max}=1$，此时对于方案的比较，指标 x_{ij} 毫无作用；当各方案的指标相差越大时，e_j 越小，该指标对于方案的比较所起的作用越大。所以，定义差异性系数 d_j 公式如下：

$$d_j=1-e_j \text{。}$$

当 d_j 越大，指标越重要。

第四步：确定第 j 项指标的信息权重 λ_j。

$$\lambda_j = \frac{d_j}{\sum_{j=1}^{m} d_j} \text{。}$$

各指标较合理的权重系数向量为 $(\lambda_1, \lambda_2, \cdots, \lambda_m)$。

3. 测算结果

通过熵值法赋权，测算出贵州、市（州）、县（市、区、特区）、高等学校、科研院所、重点企业 6 套科技创新发展统计监测指标体系的权重（表 1-14 至表 1-19）。

表 1-14 贵州科技创新支撑高质量发展指标体系权重

一级指标	权重	二级指标	权重
科技创新发展基础	12%	十万人博士毕业生数（人/10万人）	2%
		万人高等学校在校学生数（人/万人）	2%
		每万家企业法人中高新技术企业数（家）	1%
		科技型中小企业数量（个）	1%
		科技企业孵化器数量（个）	2%
		规模以上工业企业中有研发活动企业占比（%）	4%
科技投入水平	47%	万人 R&D 人员数（人年）	7%
		规模以上工业企业 R&D 人员占比（%）	7%
		R&D 经费支出与 GDP 比值（%）	12%
		规模以上工业企业 R&D 经费支出占营业收入比重（%）	7%
		基础研究支出占研发支出比重（%）	9%
		财政科技支出占地方财政支出比重（%）	5%

一级指标	权重	二级指标	权重
科技产出水平	23%	万人发明专利拥有量（件/万人）	4%
		技术合同成交额占地区生产总值之比（%）	3%
		技术合同数增长率（%）	7%
		万人科技论文数（篇/万人）	6%
		规模以上工业企业新产品销售收入占营业收入比重（%）	3%
科技支撑产业水平	18%	高新技术企业营业收入占规模以上工业企业营业收入比重（%）	3%
		高技术产业营业收入占规模以上工业企业营业收入比重（%）	3%
		知识密集型服务业增加值占生产总值比重（%）	3%
		高新技术产业产值（亿元）	5%
		劳动生产率（万元/人）	4%

表 1-15　市（州）科技创新发展指标体系权重

一级指标	权重	二级指标	权重
产业转型升级水平	18%	劳动生产率（万元/人）	5%
		高技术产业营业收入占规模以上工业企业营业收入比重（%）	3%
		高技术产业新产品销售收入占主营业务收入的比重（%）	1%
		高新技术企业营业收入占规模以上工业企业营业收入比重（%）	1%
		工业战略性新兴产业总产值占工业产值比重（%）	1%
		科技服务业从业人员数（万人）	2%
		科学研究和技术服务业工资增速（%）	2%
		科学研究和技术服务业营业额增速（%）	3%
科技成果及转化水平	22%	高价值发明专利拥有量（件）及同比增速（%）	6%
		技术合同成交额占地区生产总值之比及技术合同成交额增长率（%）	6%
		科技企业孵化器数量（个）	1%
		十万人累计孵化企业数（个/十万人）	4%
		科技企业孵化器孵化基金总额（万元）	2%
		平均每个科技企业孵化器创业导师人数（人/个）	1%
		十万人创新中介从业人员数（人/十万人）	2%

续表

一级指标	权重	二级指标	权重
企业培育水平	28%	规模以上工业企业 R&D 经费支出占营业收入比重（%）	6%
		规模以上工业企业 R&D 人员占比（%）	3%
		规模以上工业企业中有研发活动企业占比（%）	7%
		规模以上工业企业新产品销售收入占营业收入比重（%）	4%
		每万家企业法人中高新技术企业数（家）	5%
		科技型中小企业数量（个）及增长率（%）	3%
研发活动水平	32%	万人 R&D 研究人员数（人/万人）	8%
		万人 R&D 人员全时当量（人年/万人）及 R&D 人员全时当量增长率（%）	7%
		R&D 经费支出与 GDP 比值及 R&D 经费支出增长率（%）	10%
		财政科技支出占地方财政支出比重及财政科技支出增长率（%）	7%

表 1-16　县（市、区、特区）科技创新发展指标体系权重

一级指标	权重	二级指标	权重
产业转型升级水平	20%	高新技术企业营业收入占规模以上工业企业营业收入比重（%）	8%
		科学研究和技术服务业工资增速（%）	6%
		科学研究和技术服务业营业额增速（%）	6%
科技成果及转化水平	24%	高价值发明专利拥有量（件）及同比增速（%）	8%
		技术合同成交额占地区生产总值之比及技术合同成交额增长率（%）	8%
		科技企业孵化器数量（个）	2%
		十万人累计孵化企业数（个/十万人）	1%
		科技企业孵化器孵化基金总额（万元）	1%
		平均每个科技企业孵化器创业导师人数（人/个）	1%
		十万人创新中介从业人员数（人/十万人）	3%
企业培育水平	32%	规模以上工业企业 R&D 经费支出占营业收入比重（%）	8%
		规模以上工业企业 R&D 人员占比（%）	8%
		规模以上工业企业中有研发活动企业占比（%）	10%
		每万家企业法人中高新技术企业数（家）	4%
		科技型中小企业数量（个）及增长率（%）	2%

一级指标	权重	二级指标	权重
研发活动水平	24%	万人"三上"企业 R&D 人员数（人/万人）	7%
		"三上"企业 R&D 经费支出占营业收入比重及"三上"企业 R&D 经费支出增长率（%）	10%
		财政科技支出占地方财政支出比重及财政科技支出增长率（%）	7%

表 1-17　高等学校科技创新发展指标体系权重

一级指标	权重	二级指标	权重
创新人才培养水平	10%	高等学校在校学生数（人）	4%
		博士生毕业数（人）	6%
研发活动水平	35%	研发人员占比（%）	10%
		基础研究支出占研发支出比重（%）	8%
		人均 R&D 经费支出（万元/人）及增长率（%）	10%
		每名研发人员研发仪器和设备支出（万元/人年）	7%
科技成果及转化水平	35%	科技论文数（篇）	6%
		国际论文数（篇）	2%
		有效发明专利数（件）及增速（%）	6%
		发明专利授权数（件）	5%
		人均输出技术成交额（万元/人）	7%
		大学科技园管理机构从业人员数（人）	2%
		孵化企业累计毕业数（个）	4%
		获国家级科技成果奖数量（项）	3%
开放合作水平	20%	作者异国合作科技论文数（篇）	4%
		作者异省合作科技论文数（篇）	4%
		作者同省异单位科技论文数（篇）	3%
		研发经费内部支出额中来自企业资金的比例（%）	9%

表 1-18　科研院所科技创新发展指标体系权重

一级指标	权重	二级指标	权重
创新人才培养水平	10%	研究生导师数（人）	10%
研发活动水平	35%	研发人员占比（%）	10%
		基础研究支出占研发支出比重（%）	8%
		人均 R&D 经费支出（万元/人）及增长率（%）	10%
		每名研发人员研发仪器和设备支出（万元/人年）	7%
科技成果及转化水平	35%	科技论文数（篇）	6%
		国际论文数（篇）	2%
		有效发明专利数（件）及增速（%）	7%
		发明专利授权数（件）	7%
		人均输出技术成交额（万元/人）	10%
		获国家级科技成果奖数量（项）	3%
开放合作水平	20%	作者异国合作科技论文数（篇）	4%
		作者异省合作科技论文数（篇）	4%
		作者同省异单位科技论文数（篇）	3%
		研发经费内部支出额中来自企业资金的比例（%）	9%

表 1-19　重点企业科技创新发展指标体系权重

一级指标	权重	二级指标	权重
研发活动水平	45%	研究开发人员占从业人员比重（%）	10%
		研究开发经费支出占营业收入比重（%）	25%
		每名研究开发人员研发仪器和设备支出（万元/人年）	5%
		研发机构设置	5%
协同创新水平	24%	研究开发经费外部支出（万元）	7%
		技术改造经费支出占企业营业收入比重（%）	7%
		人均技术合同成交额（万元）	10%

续表

一级指标	权重	二级指标	权重
成果及市场化水平	31%	人均有效发明专利数（件）	8%
		人均发明专利授权量（件）	8%
		新产品销售收入占营业收入比重（%）	15%

五、评价方法

多指标综合评价是指通过一定的数学函数（综合评价函数）将多个评价指标值"合成"为一个整体性的综合评价值。

1.评价方法介绍

本研究基于知网最近 20 年主题为"综合评价"的论文，对其关键词进行统计分析，总结了目前流行的综合评价方法（表 1-20）。

表 1-20　几种常用的综合评价方法比较

方法名称	优点	缺点	适用对象
数据包络分析法	每一个输入输出的权重是由实际数据求得的最优权重，具有很强的客观性；可找出单元薄弱环节	只能评价单元的相对发展指标，无法表示实际发展水平	评价多输入多输出的大系统
模糊综合评估法	能克服传统数学中"唯一解"的弊端；根据不同可能性得出多个层次的问题解	需要借助其他方法确定各项指标权重；不能解决指标间相关性造成的信息重复问题	对多因素、多层次的复杂问题评判效果比较好
层次分析法	定性分析与定量分析相结合，可靠性较高，误差小	只能确定各项指标的相对重要程度；评价对象因素不能太多（不超过 9 个）	适用于对人的定性判断起重要作用的、对决策结果难以直接准确计量的场合
基于 BP 人工神经网络法	具有自适应能力、可容错性	需要大量的数据进行训练；精度不高，容易陷入"局部最优解"	非线性和非凸性的大型复杂系统

方法名称	优点	缺点	适用对象
灰色关联分析法	对样本量的多少和样本有无规律都同样适用	需要对各项指标的最优值进行现行确定;评价结果反映相对优劣,而非绝对水平	少数据、贫信息不确定性问题

传统的评价方法多为主观评价,如德尔菲法利用专家的知识,主观性较强,多人评价时结论难统一,且不适用于大系统的评价;回归分析、方差分析、主成分分析等方法具有全面性、可比性、客观合理的优点,但这些方法都有下述不足之处:一是要求有大量数据,数据量少就难以找出统计规律;二是要求样本服从某个典型的概率分布;三是要求各因素数据与系统特征数据之间呈线性关系且各因素之间彼此无关,科技创新综合评价体系的指标数据难以满足这种要求,尤其是科技创新的相关统计数据十分有限,许多数据都出现几次"大起大落",没有典型的分布规律。

鉴于科技创新指标的相关数据具有"小样本、贫信息"的特点,传统的评价方法往往效果不理想,因此,本研究利用灰色关联分析法进行评价。

2. 灰色关联分析法

(1)含义及特点

灰色关联分析法对原始指标依次向上逐级递推进行评价,它根据因素之间发展态势的相似或相异程度来衡量因素间关联程度,揭示了事物动态关联的特征和程度。该方法弥补了采用数理统计方法做系统分析所导致的缺憾。它对样本量多少和样本有无规律都同样适用,而且计算量小,十分方便,更不会出现量化结果与定性分析结果不符的情况。关联度反映各评价对象对标准(理想)对象的接近次序,即评价对象的优劣次序,其中灰色关联度最大的评价对象为最佳。

灰色关联度评价的过程中需要确定各级指标的权重,而综合评价过程中权数确定是否科学、合理,直接影响着评估的准确性。

(2)实施步骤

第一步:确定参考数列和比较数列。

参考数列,又称母数列,比较数列又称子数列,其中母数列通常选取研究对象,子数列选取研究对象的影响因素。有时,母数列的确定可以依据各项指标的具体含义,选择每一项指标的最优数值,将上述各项指标最优数值进行归总,即将最优数值列为参考数列。

第二步:对数据进行无量纲化处理。

要素的含义不同,通常情况下各要素之间单位并不统一,这样不利于分析,所以需要对各指标进行无量纲化处理。无量纲化处理的方法有很多种，如初始化方法、均值化方法、归一化方法等。

第三步：计算关联系数$\xi_i(k)$。

$y_i(k)$与$x_i(k)$关联系数的计算公式为：

$$\xi_i(k) = \frac{\min\limits_i \min\limits_k |y_i(k) - x_i(k)| + \rho \max\limits_i \max\limits_k |y_i(k) - x_i(k)|}{|y_i(k) - x_i(k)| + \rho \max\limits_i \max\limits_k |y_i(k) - x_i(k)|}。$$

记$\Delta_i(k) = |y_i(k) - x_i(k)|$，则

$$\xi_i(k) = \frac{\min\limits_i \min\limits_k \Delta_i(k) + \rho \max\limits_i \max\limits_k \Delta_i(k)}{\Delta_i(k) + \rho \max\limits_i \max\limits_k \Delta_i(k)}。$$

式中，ρ为分辨系数，一般为$0 \sim 1$。在取值过程中，学术界往往会采用选取中间值的办法，即$\rho = 0.5$，然后进行相关运算。

第四步：计算综合评判结果并排序。

关联系数是表明数列之间关联程度的数值，并且能实时反映，因此关联系数表现为多个数值，呈现出的信息具有分散性。学术界为了解决这种分散性问题，一般采用求关联系数平均值的办法，以此来实现数据之间的比较，本研究用熵权值加权求关联性，关联性越接近1，说明相关性越好，影响程度越大。

将熵值法和灰色关联分析法相结合，灰色关联分析法用于质量排序，熵值法用于灰色关联分析法中各指标权重的客观赋值，通过权重系数的计算，客观准确地反映各指标对科技创新高质量发展的贡献，突出各指标差异，避免人为赋权的主观性，使评价结果更客观准确、更切合实际。

六、数据来源

为了保证数据的真实性、可比性、可获得性，指标数据来源于公开出版的统计年鉴、统计公报、政府报告、政府官网，或者由政府相关部门提供。缺失数据按过去5年增速平滑处理，部分缺失数据可采用插值法处理。

第五节　实证分析

本研究以贵州科技创新支撑高质量发展指标体系为例，利用灰色关联分析法进行评

价，分析全省科技创新支撑高质量发展的水平。

一、基础数据整理

贵州科技创新支撑高质量发展指标体系涉及的 22 项指标的主要来源有以下几项：一是来源于历年《贵州统计年鉴》，如 R&D、规上工业企业、地区生产总值、发明专利等相关指标；二是来源于《贵州科技统计年鉴》，如技术合同成交额、技术合同数等相关指标；三是来源于《中国区域科技创新评价报告》，如十万人博士毕业生数、万人高等学校在校学生数、万人科技论文数等；四是来源于贵州省科技厅，如高新技术企业数相关指标、科技型中小企业数量、科技企业孵化器数量等。从不同渠道收集数据并进行整理，得到贵州科技创新支撑高质量发展指标基础数据（表 1–21）。

表 1–21　贵州科技创新支撑高质量发展指标基础数据（2017—2021 年）

一级指标	二级指标	2017 年	2018 年	2019 年	2020 年	2021 年
科技创新发展基础	十万人博士毕业生数（人 /10 万人）	0.14	0.21	0.21	0.32	0.38
	万人高等学校在校学生数（人 / 万人）	200.48	212.90	225.40	245.30	265.45
	每万家企业法人中高新技术企业数（家）	20	34	45	51	44
	科技型中小企业数量（个）	98	604	465	566	839
	科技企业孵化器数量（个）	33	35	39	43	48
	规模以上工业企业中有研发活动企业占比（%）	17.81	16.98	23.00	28.27	31.30
科技投入水平	万人 R&D 人员数（人年）	8.13	9.59	10.85	11.93	11.18
	规模以上工业企业 R&D 人员占比（%）	46.25	46.27	38.42	40.17	63.55
	R&D 经费支出与 GDP 比值（%）	0.71	0.82	0.86	0.91	0.92
	规模以上工业企业 R&D 经费支出占营业收入比重（%）	0.61	0.80	0.93	1.13	1.20
	基础研究支出占研发支出比重（%）	10.22	8.45	9.65	9.10	8.80
	财政科技支出占地方财政支出比重（%）	1.90	2.05	1.92	1.97	0.87

一级指标	二级指标	2017 年	2018 年	2019 年	2020 年	2021 年
科技产出水平	万人发明专利拥有量（件）	2.40	2.90	3.22	3.61	3.93
	技术合同成交额占地区生产总值之比（%）	0.60	1.11	1.35	1.40	1.48
	技术合同数增长率（%）	102.20	−4.90	3.30	18.31	62.56
	万人科技论文数（篇/万人）	1.33	1.30	1.34	1.48	1.50
	规模以上工业企业新产品销售收入占营业收入比重（%）	5.69	7.83	8.39	9.38	10.14
科技支撑产业水平	高新技术企业营业收入占规模以上工业企业营业收入比重（%）	15.33	22.68	25.33	32.57	28.22
	高技术产业营业收入占规模以上工业企业营业收入比重（%）	9.00	11.19	12.56	11.78	10.44
	知识密集型服务业增加值占生产总值比重（%）	10.51	11.60	12.45	11.57	12.60
	高新技术产业产值（亿元）	3977.88	4305.09	4639.8	4719.51	5334.02
	劳动生产率（万元/人）	3.80	4.21	4.60	4.97	5.19

二、测算过程

首先，考虑到所有二级指标均为正向指标，即可在 5 年的基础数据中找到最优的一组数据作为参考数列，应用灰色关联分析法进行评价，得出 2017—2021 年一级指标的评价情况。本研究使用 Python 软件进行计算，过程如下：

```
std=gray.iloc[:，0]## 为标准要素
print（std）
ce=gray.iloc[:，1:]# 为比较要素
print（ce）
n=ce.shape[0]
print（n）
m=ce.shape[1]# 计算行列
```

```
print（m）

# 与标准要素比较，相减
a=zeros（[m, n]）
for i in range（m）：
    for j in range（n）：
        a[i, j]=abs（ce.iloc[j, i]−std[j]）

# 取出矩阵中最大值与最小值
c=amax（a）
d=amin（a）

# 计算值
result=zeros（[m, n]）
for i in range（m）：
    for j in range（n）：
        result[i, j]=（d+0.5*c）/（a[i, j]+0.5*c）
print（result）
# 求均值，得到灰色关联值
b = np.array（[0.119195, 0.468429, 0.230889, 0.181486]）
c = np.dot（result, b）
print（c）
```

其次，根据一级指标权重、评价结果，运用灰色关联分析法再次进行评价，最终得到贵州 2017—2021 年科技创新支撑高质量发展综合指数及一级指数结果（表 1-22）。

表 1-22　贵州 2017—2021 年科技创新支撑高质量发展综合指数及一级指数结果

指标	2017 年	2018 年	2019 年	2020 年	2021 年
科技创新发展基础	86.90	91.14	91.11	93.56	99.78
科技投入水平	80.33	79.59	79.98	79.61	97.09
科技产出水平	98.14	79.50	80.34	81.91	87.62
科技支撑产业水平	83.94	85.71	88.09	88.96	99.82
综合评价	51.55	37.38	38.67	40.24	87.76

三、结果分析

1. 总体情况分析

2017—2021年贵州科技创新支撑高质量发展综合指数呈整体增长态势，5年增加了36.21个百分点（图1-4）。2017—2018年有所下降，之后连续2年保持稳定、缓慢增长，2021年迅速增长，较2020年增加47.52个百分点，增速达118%。由此可见，随着贵州科技创新能力的不断提升，科技创新这个关键"变量"支撑引领经济社会高质量发展的水平也在不断提升。

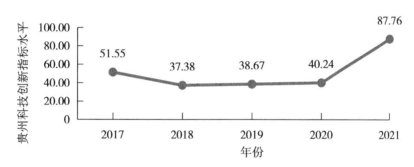

图1-4　2017—2021年科技创新支撑高质量发展综合指数情况

2. 一级指标分析

（1）科技创新发展基础。科技创新发展基础指标由十万人博士毕业生数、万人高等学校在校学生数、每万家企业法人中高新技术企业数、科技型中小企业数量、科技企业孵化器数量、规模以上工业企业中有研发活动企业占比6个二级指标组成。

2017—2021年，科技创新发展基础水平稳定增长，年均增速达3.52%，2021年达到最高水平（图1-5）。"十三五"以来，贵州多个企业科技创新指标翻番，在全国处于第一方阵，超过一些经济强省。每万家企业法人中高新技术企业数2017—2021年年均增速达25.49%，2021年高新技术企业达到1863家，是2016年的3.9倍；规模以上工业企业中有研发活动企业占比为28.3%，居全国第15位，其中有研发机构的规模以上工业企业有603家，居全国第12位；科技型中小企业数量波动幅度较大，2017—2021年年均增速达71.1%。这反映出贵州企业创新主体地位日益凸显，逐渐成为创新的基本盘；但贵州研究生教育，尤其是博士研究生教育发展严重滞后，尽管十万人博士毕业生数2017—2021年年均增速达28.36%，但2021年十万人博士毕业生数仅为0.38人（全国平均水平为5人），在全国长期挂末；企业创新创业能力还不强，十万人累计孵化企业数长期居全国末位，2021年科技企业孵化器当年毕业企业数居全国第27位。

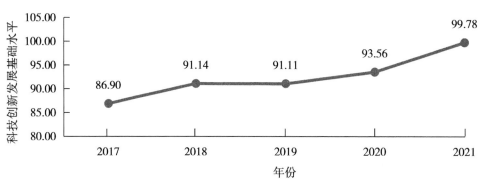

图 1-5　2017—2021 年科技创新发展基础水平情况

（2）科技投入水平。科技投入水平包括万人 R&D 人员数、规模以上工业企业 R&D 人员占比、R&D 经费支出与 GDP 比值、规模以上工业企业 R&D 经费支出占营业收入比重、基础研究支出占研发支出比重、财政科技支出占地方财政支出比重 6 个二级指标。

2017—2020 年科技投入水平整体基本不变，年均增速达 -0.3%，2021 年科技投入迅速增加，较上年增速达到 20.86%（图 1-6）。企业作为创新的主体，近年来研发经费增长较快，规模以上工业企业 R&D 经费支出占营业收入比重 2021 年较上年的增速最高，为 18.77%。规模以上工业企业 R&D 经费内部支出、高校和科研院所研发经费内部支出额中来自企业的资金 2021 年较 2017 年分别增长了 49.67 亿元和 9753.66 万元。随着贵州不断完善科技人才发现、培养、引进、使用和激励的政策体系，优化科技人才发展环境，企业创新人才不断增加，规模以上工业企业 R&D 人员占比在 2021 年增长明显，较 2020 年增长了 58.20%，2021 年规模以上企业 R&D 人员数较 2016 年增加 1.36 万人，2021 年规模以上工业企业 R&D 人员占比较 2016 年提升 11.4 个百分点。但是，贵州研发投入依然不足，基础研究支出占研发支出比重、财政科技支出占地方财政支出比重 2016—2021 年年均增长率均为负值，分别为 -3.02%、-12.92%。全社会研发投入强度远低于全国平均水平，且差距由 2016 年的 1.48 个百分点扩大到 2021 年的 1.52 个百分点。省本级应用研发经费在"十三五"期间呈下降趋势，从 2016 年的 8 亿元下降至 2020 年的 7.2 亿元，2021 年缩减至 6.4 亿元。研发投入结构不优，推动产业发展的试验发展经费仅占全社会研发经费的 78%，而科技成果转化能力强的浙江占 92%、江苏占 91%、广东占 85%、四川占 81%。

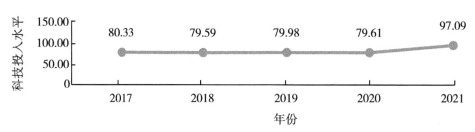

图 1-6　2017—2021 年科技投入水平情况

（3）科技产出水平。科技产出水平包括万人发明专利拥有量、技术合同成交额占地区生产总值之比、技术合同数增长率、万人科技论文数、规模以上工业企业新产品销售收入占营业收入比重 5 个二级指标。

2017—2021 年科技产出水平整体呈下降趋势，2021 年较 2017 年下降 10.52 个百分点，2018—2021 年年均增长率仅为 3.27%（图 1-7）。其主要由以下几个方面的因素引起。一是贵州专利水平不高，2020 年发明专利授权数占专利的比重仅为 7.68%，万人发明专利拥有量为 3.61 件，居全国第 24 位，与全国平均水平（13.8 件）差距较大。每万家规模以上工业企业平均有效发明专利数为 1.65 万件，居全国第 23 位，居西部省份第 7 位。二是技术合同数增长率波动较大，2017—2018 年技术合同数增长率降幅高达 –104.79%。三是贵州科技论文质量还需进一步提升，SCI、EI、CPCI-S 收录的科技论文数量均在全国排第 25 位以后。2021 年贵州国家自然科学基金项目立项项目资助数量和资助经费均创历史新高，但立项数仅占全国的 1.27%，甚至只占上海交通大学（1322 项）的 43.95%，反映出贵州科研产出水平与其他地区依然存在较大差距。

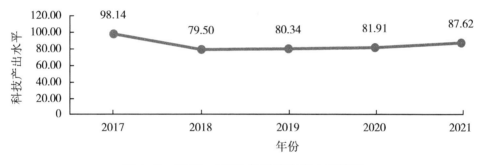

图 1-7　2017—2021 年科技产出水平情况

（4）科技支撑产业水平。科技支撑产业水平包括高新技术企业营业收入占规模以上工业企业营业收入比重、高技术产业营业收入占规模以上工业企业营业收入比重、知识密集型服务业增加值占生产总值比重、高新技术产业产值、劳动生产率 5 个二级指标。

科技支撑产业水平连续 5 年稳步增长，2017—2021 年年均增速达 4.4%（图 1-8）。5 个指标 2017—2021 年年均增速均为正值，其中增速最高的为高新技术企业营业收入占规模以上工业企业营业收入比重，年均增速达 16.48%。全省高新技术产业产值从 2015 年的 2820.82 亿元增加到 2021 年的 5334.02 亿元，年均增速达 11.2%，连续 7 年保持两位数增长，2021 年全省高新技术产业产值规模突破 5000 亿元，实现了高新技术产业发展的“十四五”良好开局；同时值得注意的是，高新技术产业对全省经济贡献还需进一步提升，高技术产业营业收入占规模以上工业企业营业收入比重 2020—2021 年连续两年增速为负。2021 年高新技术产业工业增加值占全省规模以上工业增加值比重为 14.8%，而 2021 年煤电烟酒合计工业增加值占全省规模以上工业增加值比重超过 60%，对全省工业经济增长的贡献率超过 80%，说明贵州工业优势仍为传统产业。

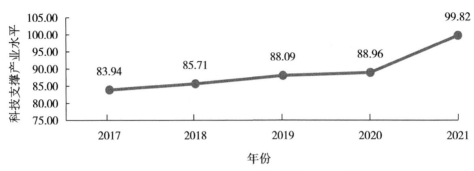

图 1-8　2017—2021 年科技支撑产业水平情况

第六节　对策建议

一、开展理论方法研究

创新的概念和理论研究处于不断发展过程中，从统计角度客观衡量科技创新促进经济发展的水平和整体效益，有助于拓展经济增长理论和创新理论的应用范畴，应鼓励专家学者开展相关理论方法研究，为贵州科技创新测度提供更多理论依据。一是在基础研究计划项目指南中增加科技创新理论、习近平总书记关于科技创新的新思想与马克思主义政治经济学的关系等相关研究课题；二是在基础研究领域加强需求导向牵引，瞄准贵州科技创新对经济增长贡献度测算过程中的重点和难点，解决统计技术瓶颈背后的关键科学问题。

二、不断改进方法与技术

为保障贵州核算方法的科学性、合理性及测算结果的横向可比性，及时跟踪国内外科技创新对经济增长贡献度测算的最新研究成果，应不断完善贵州测算方法。一是梳理国内外最新的相关测算方法，结合贵州科技创新发展现状与特征，建立以项目法测算科技创新对经济增长贡献度的核算体系，制定适合贵州科技创新发展且满足与外省可比性的测算方法；二是借鉴国内外统计核算和数据采集前沿性研究经验，探索新型数据采集方法。国际上已有一些国家政府统计机构（如英国统计局等）运用大数据、云计算、网络爬虫等技术对统计核算和数据采集等工作展开了前沿性的研究，可借鉴相关经验，在大力发展大数据、云计算等技术的基础上，探索大数据技术在贵州数据采集领域的方法。

三、不断完善指标体系

科技创新支撑引领高质量发展涉及不同层级、不同对象，涉及内容多、维度大，且不同对象的指标体系不同，所需要关注的重点指标也不同，需要逐步完善指标体系及方法。一是及时跟踪国家高质量发展综合绩效评价、国家对地方真抓实干成效明显的激励评价、区域科技创新评价、区域创新能力评价4套国家指标体系的调整情况，不断完善和修订科技创新监测指标体系。二是根据贵州实际情况，逐步增加研究对象，扩大研究范围，与时俱进、综合研判，保证贵州科技创新指标体系的科学性、适应性、完整性、时效性和可比性，突出供给侧结构性改革，重点强化企业加大研发投入、加快培养研发人员、促进科技成果转化的指标，以便更加真实和全面地反映贵州科技创新支撑引领高质量发展现状。

四、加强政府引导力度

贵州科技创新基础相对薄弱，科技创新支撑引领高质量发展水平不足，应立足关键要素，提高科技基础供给能力，针对薄弱环节、重点指标，加大支持力度。一是加大政府科技创新投入，特别是加大人力和财力投入，通过人才引进、政策支持、薪酬奖励等方式吸引人才，立足优秀人才为我所用原则，加强与国内外顶尖人才团队合作，发挥高水平科研团队引领作用，促进科技创新引领地方发展；加大科技创新财力投入，没有资金保障科技创新就无从谈起，政府部门应加大科技创新扶持力度，加大财政科技投入，并制定严格的使用措施，确保资金落实，支持科技金融业发展，通过政策支持和引导，促进科技金融全方位立体化发展。二是加大企业科技创新扶持力度。企业作为科技创新的主体，抓科技创新必须要抓企业创新，要提升企业科技创新的主体地位，为企业提供政策、资金、人才便利，让企业能够综合财力、人力和政策优势实现科技创新力量的集中，为贵州科技创新支撑引领高质量发展做好关键支撑。

五、提升科技创新对经济增长的贡献度

从投入、技术、政策方面建立健全科技创新体系，提高科技创新对经济增长的贡献

度。一是高强度的研发投入有助于迅速提升技术水平和创新能力，进一步完善政策体系，引导市场主体、科研院所、高校等加大研发投入力度，提高资金使用效率。二是推行和落实人才引进的相关政策，营造良好的科技创新环境，吸引和留住人才。坚持"揭榜挂帅"制度，吸引高水平团队进驻。三是基于创新链全链条提升技术效率，打通科技向经济转化的渠道。在创新链前端坚持企业创新主体地位，以企业技术需求为靶向提高技术供给质量，在创新链中后端做好技术增值。四是深化科技体制改革，着力深化技术市场要素配置改革，提升技术的配置效率，为更好利用市场机制配置研发资源创造条件，确保研发投入的针对性、及时性、有效性。

第二章

面向 2030 年的贵州科技创新指标研究

本研究围绕《中国区域科技创新评价报告》中的区域综合科技创新水平指数和《中国区域创新能力评价报告》中的区域创新能力综合效用值，开展面向 2030 年的科技创新指标研究，科学评估和预判贵州科技创新指标分阶段发展目标，分析和判断贵州科技未来的发展趋势。

第一节　绪论

一、研究背景

我国历来高度重视科技工作，先后作出了一系列重大决策和部署。新中国成立之初毛泽东同志就提出"向科学进军"的号召，改革开放伊始邓小平同志提出"科学技术是第一生产力"，20 世纪 90 年代中期党中央提出"科教兴国"战略；进入 21 世纪以来，党中央又提出"建设创新型国家"的奋斗目标。2006 年，党中央、国务院召开的全国科学技术大会，对未来十几年我国科技发展进行了前瞻性、战略性和全局性部署。2007 年，党的十七大把提高自主创新能力、建设创新型国家作为国家发展战略的核心和提高综合国力的关键，摆在促进国民经济又好又快发展的突出位置。2010 年，党的十七届五中全会提出，要坚持把科技进步和创新作为加快转变经济发展方式的重要支撑。2012 年，党的十八大报告明确提出要实施创新驱动发展战略，强调科技创新是提高社会生产力和综合国力的战略支撑，必须摆在国家发展全局的核心位置。2015 年，党的十八届五中全会首次提出"创新、协调、绿色、开放、共享"五大新理念，创新位列新发展理念之首，居国家发展全局的核心位置。2016 年，习近平总书记在全国科技创新大会、两院院士大会、中国科协第九次全国代表大会上讲话时提出，要尊重科技创新的区域集聚规律，因地制宜探索差异化的创新发展路径。同年，习近平总书记明确指出，越是欠发达地区，越需要实施创新驱动发展战略。2017 年，党的十九大报告 50 余次提到创新，强调创新是建设现代化经济体系的战略支撑，从四大方面提出了实施创新驱动发展战略、加快建设创新型国家的具体举措。党的十八大以来，以习近平同志为核心的党中央始终站在时代前沿、国家前途和民族命运的战略高度，把创新摆在国家发展全局的核心位置，提出了一系列新理念新思想新战略，形成了指导新时期科技创新工作的行动纲领。党中央、国务院明确提出到 2020 年使我国进入创新型国家行列，到 2030 年使我国进入创新型国家前列，到新中国成立 100 年时使我国成为世界科技强国。当前，我国科技创新步入以跟踪为主转向跟踪、并跑和领跑并存的新阶段，正处于从量的积累向质的飞跃、从点的突破向系统能力提升的重要时期。

在党中央和国务院的领导下，各省、自治区、直辖市高度重视创新能力建设，推进自主创新、建设创新型国家已成为全社会的共同行动，创新驱动进入了重要跃升期。特别是发达地区凭借强大的经济实力，不断加大科技投入，大力引进培养创新人才，率先推动经济发展由要素驱动向创新驱动转变，在基础研究、企业创新、高层次人才队伍建设等方面位居全国前列。北京、上海正在成为"一北一南"两个具有全球影响力的科技创新中心，成为创新型国家和世界科技强国建设的两大战略支点；粤港澳大湾区、长三角、京津冀等区域是创新驱动的第一梯队，科技创新发展指数均大幅高于其他地区；以山东半岛为代表的创新成长区域是第二梯队；成渝城市群等创新追赶区域是第三梯队，对中西部地区的创新辐射引领作用日益凸显，形成了一个层次较为清晰、覆盖面较为广泛、重点比较突出的多层次区域创新格局。

贵州作为全国典型的欠发达地区、重要生态屏障区、扶贫开发示范区，集中体现了区域发展不平衡不充分的问题，因此贵州在分享中央"优结构""补短板"的创新政策倾斜上具有先天优势，社会主要矛盾变化为贵州创新发展提供了新机遇。党的十八大以来，贵州省委、省政府坚持不懈推动创新驱动发展，对全省实施创新驱动发展战略作出一系列部署，始终把科技创新摆在全省经济社会发展全局的重要位置来抓。贵州经济增速在2011—2020年已连续10年位居全国前列，当前正处在转变发展方式、优化经济结构、转换增长动力的攻坚期，为贵州加快创新驱动发展战略实施，不断塑造新优势、培育新动能奠定经济基础。贵州既有以贵安新区为龙头的"1+8"国家级开放创新平台，又有数博会、生态文明贵阳国际论坛、酒博会等国家级国际性开放活动平台，国家大数据综合试验区、国家生态文明试验区和国家内陆开放型经济试验区"三大国家级试验区"加快建设，不断完善的开放创新平台，在协同创新、创新成果转化、集聚高水平创新人才等方面发挥了主力军作用，也是提升区域创新能力、推动产业转型升级和实现经济高质量发展的重要支撑。交通格局的改变，凸显了贵州战略区位的新优势，拓展了贵州开放创新的"朋友圈"，将吸引更多高端创新要素汇聚，为贵州科技创新提供了新机遇。作为生态文明先行示范区，贵州良好的气候资源和丰富的旅游资源，既为集聚创新人才也为创新孕育新业态提供机遇。

在经济社会加快发展的同时，也要看到当前贵州科技创新还面临诸多困难和挑战。

一是世界经济发展不确定因素和潜在风险增加，贸易保护主义抬头，贸易摩擦加剧，发达国家对我国的技术打压和封锁将成为常态，将对贵州借助开放创新快速提升自身创新能力造成一定的影响和制约。二是国内形成各具特色的创新格局，创新增长极和创新中心基本形成，聚集了大量的创新资源和创新要素，对贵州加快提升创新能力形成倒逼态势的同时，较为严重地挤压了创新发展空间。三是近年来贵州发展保持了较高的增长速度，但增长主要是依靠基础设施投资拉动和增加资源、资本、劳动力等要素的投入，未来几年，随着贵州交通、水利等基础设施日趋完善，基础设施投资将不可避免地出现大幅回落，对全省经济的拉动作用将会逐渐减小，对加快依靠创新能力提升、实现新旧动能转换造成了较大的压力。四是贵州科技资源薄弱的短板依然突出，且在短期内很难改善，创新能力与实现经济高质量发展的新任务、新要求相比，还存在不小差距，在视野格局、资源配置、体制政策、创新能力等方面发展短板依然突出，创新体制机制方面存在的一些深层次问题没有得到有效解决。

当前贵州正处在转变发展方式、优化经济结构、转换增长动力的攻坚期，既面临赶超跨越的难得历史机遇，也面临差距拉大的严峻挑战，比以往任何时候都更加迫切需要依靠科技创新培育新动能、打造新优势、实现新发展。因此，未来10年，贵州要面向经济发展主战场、瞄准产业科技前沿和高质量发展的瓶颈制约，以支撑经济社会高质量发展为根本目标，不断塑造新优势、培育新动能，大力推进科技创新，采取非均衡发展战略，以主要领域和关键环节的创新突破带动全局、形成领先优势，努力走出一条有别于东部、不同于西部其他省份的差异化创新路子，下好先手棋、打好主动仗，加快推动贵州经济从依靠要素投入的外延式增长向依靠创新驱动的内涵型增长转变，奋力在"双循环"中抢占先机、赢得优势。

二、研究目的及意义

为深入贯彻习近平总书记关于科技创新的重要论述和全国科技创新大会精神，认真落实《国家创新驱动发展战略纲要》，更好地发挥科技创新对高质量发展的支撑引领作用，2019年贵州全面启动《贵州省科技创新2030实施纲要》（简称《纲要》）编制工作。同时，"十四五"时期是贵州全面建成小康社会、实现第一个百年奋斗目标之后，乘势而上开启全面建设社会主义现代化新征程、向第二个百年奋斗目标进军的第一个五年，也是站在新的历史起点，转向新发展阶段、实现加快发展的五年，为深入贯彻落实新发展理念，把科技创新作为推动全省发展的战略支撑，2020年贵州全面启动《贵州省"十四五"科技创新规划》（简称《规划》）编制工作。为科学指导《纲要》《规划》编制，确保2030年贵州实现基本建成特色科技强省目标，及时确立"十四五"时期科技创新发展目标，亟须开展面向2030年的贵州科技创新指标研究，科学设置科技创新领域重点指标，评估和预判贵州科技创新指标及分阶段发展目标，分析和判断贵州科技未来的发展趋势，充分发挥科技创新指标在服务全省科技创新发展中的晴雨表、测量仪和风向标作用。这对正确引领贵州建设创新型省份、特色科技强省及客观评价建设成果具有重要意义，也有助于省委、省政府掌握贵州科技创新水平，为制定创新政策和推动创新工作提供有力支撑。

因此，本研究在摸清贵州区域综合科技创新水平指数（简称"指数"）和区域创新能力综合效用值（简称"效用值"）现状的基础上，梳理和总结国内外数据测算有关基础理论、实现方法和建模策略，明确指标测算方法，以贵州"指数"和"效用值"（简称"两项指数"）在 2030 年分别进入全国前 20 位和前 15 位为目标，以涉及的 176 项指标为研究对象，运用定位定标分析法，将贵州科技创新发展水平进行全国视野比较分析，采取"自下而上"的方式，开展测算研究。同时，为确保 2020 年、2025 年、2030 年分阶段目标的实现，测算出每项指标的元数据目标，并针对不同类别的指标提出相应措施。

三、相关理论基础

1. 创新

创新作为一种理论，可追溯到 1912 年美国哈佛大学教授熊彼特的《经济发展理论》。熊彼特在其著作中提出："创新是指把一种新的生产要素和生产条件的'新结合'引入生产体系。"熊彼特独具特色的创新理论奠定了其在经济思想发展史研究领域的独特地位，也成为他经济思想发展史研究的主要成就。熊彼特认为，资本主义经济打破旧的均衡而又实现新的均衡主要来自内部力量，其中最重要的就是创新，正是创新引起经济增长和发展。熊彼特在由创新波动引起的繁荣和衰退交替出现的"纯模式"的基础上，提出了"第二次浪潮"的概念，即创新浪潮的后续反应，其特点是需求、物价和投资膨胀，投机行为急剧增加，并导致失误和过度投资。由此说明了"纯模式"和资本主义实际经济周期的"四阶段模式"（繁荣、衰退、萧条、复苏）之间的内在联系。他还认为，由于经济领域中存在多种创新活动，而不同的创新活动所需的时间长短不一，对经济的影响范围和程度也各不相同，因此出现多种周期。熊彼特关于创新的基本观点中最基础的一点即创新是生产过程中内生的。他认为经济生活中的创新和发展并非外部强加而来，而是内部自行发生的变化。这实际上强调了创新中应用的本源驱动和核心地位。20 世纪 60 年代，新技术革命迅猛发展。美国经济学家罗斯托提出了"起飞"六阶段理论，"技术创新"在创新活动的地位日益重要。但随着技术创新的迅猛发展，其表现出越来越强的知识依赖性。创新由易变难，逐渐成为高知识积累群体才能完成的工作，这也在无形中使创新与应用间壁垒形成。

创新在研究领域产生，随后经过一个过程后在应用领域得到接受和采纳，这成了第二次世界大战后人类更熟悉的创新扩散模式。在创新扩散研究中，最有代表性的是罗杰斯的研究工作，他所提出的创新扩散理论从 20 世纪 60 年代起一直在领域内居主导地位。罗杰斯认为创新扩散受创新本身特性、传播渠道、时间和社会系统的影响，并深入分析了影响创新采纳率和扩散网络形成的诸多因素。进入 21 世纪，在信息技术推动下知识社会的形成及其对创新的影响进一步被认识，科学界进一步反思对技术创新的认识，创新被认为是各创新主体、创新要素交互复杂作用下的一种复杂涌现现象，是创新生态下技术进步与应用创新的创新双螺旋结构共同演进的产物，关注价值实现、关注用户参与的以人为本的创新 2.0 模式也成为 21 世纪对创新重新认识的探索和实践。

创新生态系统（Innovation Ecosystem）是近年来在国外兴起的一种新型创新管理范式，创新生态系统可以理解为一个以企业技术创新为主体，以大学、科研机构、政府、金融等中介服务机构为创新要素载体的复杂创新网络结构，通过组织间的网络协作创新，深入整合人力、技术、信息、资本等创新要素，实现创新因子有效汇聚和创新能力提升，为创新网络中各个主体带来价值创造。创新生态系统重视创新环境的培育，强调创新的文化氛围，已成为经济全球化背景下创新创业、政府管理、产业发展的一种重要理念。近年来，创新生态系统的概念已运用于创新环境构建、产业集群发展、区域创新政策制定等多个领域，构建运行良好、具有活力的创新生态系统已成为提升创新能力、实现经济社会可持续发展的重要途径。

2. 创新能力

当今世界，科技发展突飞猛进，创新创造日新月异，科技创新能力已经成为一个国家和地区核心竞争力的决定性因素，谁掌握了先进科学技术，谁就掌握了经济社会发展的主动权，谁就掌握了综合国力竞争的主动权。纵观全球，许多国家都把强化科技作为国家战略，把科技投资作为战略性投资，大幅增加科技投入，并超前部署和发展前沿技术及战略产业，实施重大科技计划，着力增强国家创新能力和国际竞争力。20 世纪 90 年代国家创新系统研究风靡全球后，作为其重要组成部分的区域创新系统受到学术界和实务界的广泛关注。在经济全球化的浪潮下，区域创新系统日益成为各区域加快经济发展、提升产业整体竞争力的战略选择，而作为区域创新系统核心能力的区域科技创新能力，也日益成为区域经济获取国际竞争优势的决定性因素和区域经济获取竞争优势的重要标志。

创新能力的概念由 Burns 和 Stalker 提出，用于表示"组织成功采纳或实施新思想、新工艺及新产品的能力"，主要反映的是企业利用新技术生产新产品的能力。随着后续研究的不断深入，对创新能力的理解也渐渐延伸到了城市甚至是国家的层面。同时，随着科技的进步与经济的发展，创新能力已经越来越成为衡量国家和区域竞争力的重要指标。目前，最常提及的有国家创新能力、区域创新能力、企业创新能力等，并且存在多个衡量创新能力的创新指数的排名。

3. 区域创新能力

在区域创新能力的界定上，国外的研究较早，也较为系统。Cooke 认为，特定的区域创新能力的形成不仅需要借助于企业与大学或研究机构的互动、小企业与大企业的互动，而且需结合社会资本、文化等区域资源；Tura 和 Harmaakorpi 在此基础上对区域创新能力的界定进行了拓展，指出区域创新能力更是一种将经济、智力和社会等资源及应用这些资源的能力进行有效结合的能力；Teece 和 Dosi 将区域创新能力定义为个体感知环境变化、发掘现有资源和培育竞争力，以通过开展创新活动重新整合资源、塑造竞争力的能力；Riddel 和 Schwer 将区域创新能力定义为区域内不断产生与商业相关联的创新的潜力。国内大量学者也对区域创新能力进行了研究，甄峰、黄朝永和罗守贵认为，区域创新能力是一种在创新过程中充分利用现代信息和通信技术，将技术、知识和信息等要素不断纳入社会生产过程的一种能力；吴海林认为，区域创新能力是对生产要素进行创造性集成的能力；黄鲁成、柳卸林、李永忠和冯俊文等将区域创新能力定义为一个地区以技术能力为基础将知识转化为新产品、新工艺、新服务的能力。

在区域创新能力的研究内容上，国内外大量学者将研究集中于区域创新能力现状，区域创新能力的发展及其影响因素，区域创新能力发展对经济、人口、环境等宏观因素的作用。Furman、Porter 和 Stern 建立生产函数，并利用 1973—1996 年 17 个 OECD 国家的专利活动数据，探寻不同国家创新能力差异的来源；J.Youtie 等（2008）研究了创新集群的建立，通过案例分析了大学在区域技术及经济发展中的角色。Alireza 等（2015）、Seokkyun 等（2015）、Nikolaos 等（2016）分别通过实证研究证明了知识产权对于区域创新能力的影响情况。Furman 等认为国家创新能力依赖创新基础设施、产业集群中更具体的创新环境及两者间的联系。Riddel 和 Schwer 结合 Furman 的理论框架进一步研究，发现高科技就业是影响创新能力的最重要因素，之后是学位授予量、行业研发投资和专利存量。邵云飞、范群林和唐小我对 Riddel 建立的公式进行了适当调整，对中国 30 个省（自治区、直辖市）的区域创新能力进行实证研究，发现地区的文化积累、高技术产业就业人员数、专利存量均是影响区域创新能力的重要内生因素；官建成和刘顺忠基于 Furman 的框架进行研究，认为增加企业创新资源投入是提高区域创新能力的更为有效的方法；魏守华、吴贵生和吕新雷对 Furman 的分析框架进行了完善，对 1998—2007 年中国省级创新能力的影响因素进行研究，结果表明区域创新能力不仅受 R&D 活动规模等创新基础条件的影响，而且受区域创新效率的影响；王思红与王德禄早期曾以中关村为研究范围，分析宏观政策对创新发展的影响作用；黄栋等（2002）曾分析社会资本对区域创新能力的影响作用。

4. 区域创新能力评价研究

在区域科技创新评价指标体系的研究上，国外学者更注重科技创新指标的选取。科技创新评价指标体系最早起源于美国的科技情报分析，从 19 世纪 50 年代开始，美国对自己的科技竞争力进行系统评价，直至 1972 年《科学指标》的出版，科技创新能力评价指标体系由此诞生。在这之后也有一些学者对科技创新指标进行了研究，2001 年美国首先应用科技创新指标体系对部分城市进行了创新性评价；之后，意大利从专利、技术、出口这 3 个方面构建了指标体系，客观上相对比较严谨，主要是对专利指标的构建相比以前更加完整；然后，日本科学技术厅发布了相对权威的指标体系，指出应将制造品的附加值、专利、技术作为重要指标。中国学者则注重对创建指标体系方法的研究，尤其是对数值方法的研究。我国对科技创新评价指标体系的研究是从 20 世纪 80 年代开始的，近年来有关创新政策及评估的研究方兴未艾。1995 年杨云提出技术创新的概念，同时指出了我国在国家创新能力评价方面的难点，这为后人研究我国科技创新奠定了基础。2001 年在《全球竞争力报告》的基础上，王海燕从人力资源、知识和资金三方面构建了国家创新能力指标体系，从而对国家创新能力指标体系的研究起到了一定的作用。2000—2012 年以彭纪生为代表的学者们对科技创新政策及评估进行了跟踪研究。魏康宁等按照科技创新的主体要素，将指标体系分为六大子系统，即政府、技术实力、中介、当地经济水平、企业技术创新、基础设施，将安徽作为实例，采用 TOPSIS 模型对其他 9 个省份的区域科技创新能力进行了对比研究，进而立足宏观层面，将安徽科技创新情况真实地反映出来。2006 年石忆邵等从创新投入与产出的角度对上海市科技绩效进行了评价研究，2009 年吕明洁提出政府需要加大对创新体系的投入，加强对专业化服务人才的培养，并完善相关创新服务政策法规。高建平等在将湖北省区域科技创新能力评估指标体系作为框架的基础上，对其空间分布问题进行了探究，提出了相应方法进而提升区域创新能力。

在城市科技创新评价的研究上，国外的研究较为深入。自 20 世纪 90 年代以来，国外对创新型城市（Creative/Innovative City）进行了探讨，其包含空间规划、制度等诸多领域内的创新。《创意产业发展策略》由以成为全球文化及设计业的中心为目标的新加坡于 2002 年提出，其中指出应基于创意产业的发展来建设创新型城市。不同于其他产业，生产服务业对人力及知识成本均有着较高要求，纽约将通过知识增加产业的额外价值作为切入点，加大了这一产业的发展力度，力求在全球范围内建立首个金融中心。韩国大田对科学城进行大力创新投入，基于专业的科学研究基地建立亚洲新硅谷，引入了大量科学研究及教育机构等。相较于周边地区，在人力及其他资源、经济实力等方面，作为各国传统的经济中心，上述创新型城市具有独到的优势。美国学者 Richard Florida 针对创新型城市的评价问题提出了以下观点：除了城市创新能力的核心构成，宽容、人才、技术三大指标也是创新型城市的建设基准。他还提出了用于评估城市创新能力的创新力指数。国内学者对城市科技创新的研究起步较晚，张春强等针对武汉"1+8"城市圈区域的科学技术创新能力问题进行了实证研究、综合评估，并对其创新能力的发展资质、所面临的阻碍进行了探究。卢山基于线性综合评价法的应用，以连云港市为实例分析对象，立足六大视角，即知识生产与扩散能力、长足发展、创新环境与效益等，对当地的区域科技创新发展情况进行了探究。基于聚类分析法、因子分析法的综合应用，毕亮亮、施祖麟对长三角地区 16 个城市科技创新的实际情况、不同城市的科技创新水平进行了对比研究、全面评估，并以上海为中心，建立了区域科技创新的经济圈，为长三角地区科学技术的创新发展提出了相关意见、应对方案。

在县域科技创新评价方面，我国的学者也进行了相关研究。廉军伟从企业研究院的视角研究探讨了县级区域科技创新路径与模式，并对该方法进行了实证研究与探索。梅姝娥认为县级区域创新驱动发展的首要任务是要依靠创新加快现代产业转型升级，之后是"培育壮大创新型企业"，具体包括在有条件的县（市、区）发展一批具有高新技术的企业，该批企业的主要特点是具有较强的自主创新能力和一定的国际竞争力。徐南平认为把培育高新技术企业和创新型企业家作为县级区域创新驱动发展的重中之重，有利于夯实企业技术创新主体地位，激活其创新驱动发展活力，培育新动能，发展新经济。

第二节　贵州科技创新能力评价

为深入实施创新驱动发展战略，贯彻习近平总书记关于"建立符合国情的全国创新调查制度，准确测算科技创新对经济社会的贡献，并为制定政策提供依据"的指示精神，2013 年国家启动创新调查制度。2017 年国务院批准实施《国家创新调查制度实施办法》，每年公布国家、区域、园区、创新主体等 10 项监测评价报告。

围绕区域创新调查，国家权威机构每年发布《中国区域科技创新评价报告》和《中国区域创新能力评价报告》，公布"两项指数"的数据及全国排位情况，为实施创新驱动发展战略、服务科技创新提供有效支撑。

《中国区域科技创新评价报告》由中国科学技术发展战略研究院编制，是聚焦于科技创新、着眼于区域创新发展的报告；通过测算"指数"，评价各地区科技进步对经济社会发展的促进作用，重点反映区域科技、经济与社会综合发展实力。指标体系属于三级架构，由科技创新环境、科技活动投入、科技活动产出、高新技术产业化和科技促进经济社会发展 5 个一级指标、12 个二级指标和 39 个三级指标组成，其中科技创新指标约占 1/3。该项指数选取结构性指标，采用加权综合评价法对各级指标进行综合汇总，不考虑发展速度。

《中国区域创新能力评价报告》由中国科学院大学中国创新创业管理研究中心编制，是以区域创新体系建设为主题的综合性、连续性的年度研究报告；通过测算"效用值"，比较各地区的创新能力。指标体系属于四级架构，包括知识创造、知识获取、企业创新、创新环境和创新绩效 5 个一级指标、20 个二级指标、40 个三级指标和 138 个四级指标（2019 年以前有 137 个四级指标），其中科技创新指标约占 1/2。该项指数选取 45 个实力指标、47 个效率指标和 46 个潜力指标，采用加权综合评价法，兼顾了区域发展的存量、相对水平和增长率 3 个维度。

一、贵州区域综合科技创新水平指数实现赶超进位

《中国区域科技创新评价报告2022》显示：2022年贵州区域综合科技创新水平指数为53.82%，保持在全国第25位，较上年（49.05%）提升了4.77个百分点，提高百分点居全国第3位，区域综合科技创新水平指数稳中有进。

1. 总体情况分析

《中国区域科技创新评价报告2022》采用的指标体系架构不变，仍为三级架构，包含5个一级指标、12个二级指标、43个三级指标（新增4个三级指标，但未参与计算）。

2022年5个一级指数均保持正向增长，其中科技活动投入指数提高最快，较上年提升7.08个百分点，位次上升2位；高新技术产业化指数和科技创新环境指数分别较上年提升5.86个百分点和4.27个百分点，位次分别上升4位、1位；科技活动产出指数、科技促进经济社会发展指数较上年分别提升4.09个百分点和2.65个百分点，位次保持不变（表2-1）。

表2-1 5个一级指数评价情况

指数	评价值		位次		增（减）幅	
	2022年	2021年	2022年	2021年	指数（个百分点）	位次
科技创新环境	45.85%	41.58%	28	29	4.27	1
科技活动投入	51.26%	44.18%	21	23	7.08	2
科技活动产出	51.81%	47.72%	22	22	4.09	0
高新技术产业化	57.51%	51.65%	23	27	5.86	4
科技促进经济社会发展	60.55%	57.90%	28	28	2.65	0

三级指标中处于前10位的有4项（企业技术获取和技术改造经费支出占企业主营业务收入比重、每万人口高价值发明专利拥有量、高技术产品出口额占商品出口额比重、环境质量指数），占全部指标的9.3%；11～20位的有13项，占全部指标的30.2%；处于第21位及以后的有26项，占全部指标的60.5%。由此可见，贵州大部分指标在全国的排位依然较靠后。其中，劳动生产率、高技术产业劳动生产率为第31位，万人大专以上学历人数、十万人累计孵化企业数、十万人博士毕业生数为第30位，万人科技论文数、科学研究和技术服务业新增固定资产占比重为第29位。与2021年相比，2022年居第30位的指标新增1项、居第29位的指标减少1项。

2. 一级指数分析

（1）科技创新环境指数。2022年贵州科技创新环境指数为45.85%，较上年提升4.27个百分点，位次上升1位（表2-2）。二级指标中，2022年科技人力资源指数和科技意识指数较上年分别上升3位和1位，科研物质条件指数较上年下降1位，较上年下降的主要原因是每名R&D人员研发仪器和设备支出（从第16位下降到第22位，是位次下降最多的三级指标）、十万人累计孵化企业数（从第29位下降到第30位）、万名就业人员专利申请数（从第25位下降到第28位）、万人高等学校在校学生数（从第24位下降到第25位）等指标的位次下降或排位挂末。科研仪器设备、科技创业服务载体等减少及专利申请数下降，反映贵州科研物质条件仍未得到有效改善，企业创新创业的积极性不高、动力不足。

表2-2　科技创新环境指数构成及评价结果

指标名称	评价值		位次	
	2022年	2021年	2022年	2021年
科技创新环境	45.85%	41.58%	28	29
科技人力资源	58.50%	50.24%	27	30
万人研究与发展（R&D）人员数	11.93%	10.85%	23	24
十万人博士毕业生数	0.38%	0.32%	30	30
万人大专以上学历人数	1207.43%	832.07%	30	31
万人高等学校在校学生数	265.45%	245.30%	25	24
十万人创新中介从业人员数	1.21%	1.18%	28	29
科研物质条件	32.04%	31.40%	29	28
每名R&D人员研发仪器和设备支出	3.05%	3.19%	22	16
科学研究和技术服务业新增固定资产占比重	0.45%	0.42%	29	29
十万人累计孵化企业数	2.86%	2.27%	30	29
科技意识	42.81%	40.21%	21	22
万名就业人员专利申请数	20.48%	18.45%	28	25
科学研究和技术服务业平均工资比较系数	81.82%	77.72%	25	25
万人吸纳技术成交额	1118.52%	816.21%	17	20
有R&D活动的企业占比重	28.27%	23.00%	15	17

（2）科技活动投入指数。2022年贵州科技活动投入指数为51.26%，较上年提升7.08

个百分点，位次上升2位（表2-3）。二级指标中，2022年科技活动人力投入指数较上年提高了18.51个百分点，位次上升8位。万人R&D研究人员数（从第29位上升到第28位）、企业R&D研究人员占比重（提升了23.38个百分点）这两个三级指标是其主要拉升指标。科技活动财力投入指数较上年提高了2.19个百分点，位次上升1位，地方财政科技支出占地方财政支出比重、企业R&D经费支出占主营业务收入比重这两个三级指标是其主要拉升指标。可见，与上年相比，2022年贵州政府科技投入力度加大、企业研发投入强度增幅较大。其余三级指标中，企业技术获取和技术改造经费支出占企业主营业务收入比重出现位次和指数双下滑的情况，但排位仍然保持在全国前列（从第7位下降到第9位），R&D经费支出与GDP比值虽然从第25位下降到第26位，但提升了0.05个百分点，反映贵州研发经费投入增长缓慢。

表2-3　科技活动投入指数构成及评价结果

指标名称	评价值		位次	
	2022年	2021年	2022年	2021年
科技活动投入	51.26%	44.18%	21	23
科技活动人力投入	83.61%	65.10%	19	27
万人R&D研究人员数	5.52%	4.92%	28	29
基础研究人员投入强度指数	0.21%	0.19%	20	20
企业R&D研究人员占比重	63.55%	40.17%	15	15
科技活动财力投入	37.40%	35.21%	20	21
R&D经费支出与GDP比值	0.91%	0.86%	26	25
基础研究经费投入强度指数	0.09%	0.10%	18	18
地方财政科技支出占地方财政支出比重	1.97%	1.92%	14	15
企业R&D经费支出占主营业务收入比重	1.13%	0.93%	14	16
企业技术获取和技术改造经费支出占企业主营业务收入比重	0.44%	0.62%	9	7
上市公司R&D经费投入强度指数	0.01%	0.01%	28	28

（3）科技活动产出指数。2022年贵州科技活动产出指数为51.81%，与上年相比提高了4.09个百分点，位次不变（表2-4）。二级指标中，2022年技术成果市场化指数提升较快，提高1.03个百分点，位次上升4位，主要由万元生产总值技术国际收入（从第25位上升到第21位）、万人输出技术成交额（增幅达36.24个百分点）两个三级指标推动。2022年

贵州技术市场吸纳技术成交额比上年增长了39.41%，技术市场输出技术成交额比上年增长了9.66%，技术国际收入比上年增长了134.89%，技术成果市场化成效明显。另一个二级指标科技活动产出水平指数提高了6.14个百分点，位次保持不变，其中4个三级指标指数均保持正向增长，但从排位变化情况来看，仍有3个三级指标下降：万人科技论文数（从第27位下降到第29位）、万人发明专利拥有量（从第24位下降到第25位）、每万人口高价值发明专利拥有量（从第4位下降到第6位），说明科技产出水平较低依然是贵州科技创新的短板。

表2-4　科技活动产出指数构成及评价结果

指标名称	评价值		位次	
	2022年	2021年	2022年	2021年
科技活动产出	51.81%	47.72%	22	22
科技活动产出水平	51.77%	45.63%	23	23
万人科技论文数	1.51%	1.48%	29	27
获国家级科技成果奖系数	4.87%	4.06%	13	17
万人发明专利拥有量	3.61%	3.22%	25	24
每万人口高价值发明专利拥有量	12.20%	10.90%	6	4
技术成果市场化	51.88%	50.85%	18	22
万人输出技术成交额	501.05%	464.81%	18	18
万元生产总值技术国际收入	0.38%	0.17%	21	25

（4）高新技术产业化指数。2022年贵州高新技术产业化指数为57.51%，较上年提高5.86个百分点，位次上升4位（表2-5）。二级指标中，2022年高新技术产业化水平指数提高了9.25个百分点，位次上升3位，主要是由高技术产品出口额占商品出口额比重（从第14位上升到第9位，指数提高14.39个百分点）、知识密集型服务业增加值占生产总值比重（从第29位上升到第27位）两个三级指标拉动。2022年，贵州高技术产品出口额比上年增长了72.69%，增速排在全国第1位；知识密集型服务业增加值比上年增长了15.78%，推动高新技术产业化水平进一步提升。另一个二级指标高新技术产业化效益指数上升2.47个百分点，位次保持不变，仅排第30位，亟须提升，三级指标高技术产业劳动生产率在全国挂末（从第30位下降到第31位，指数下降8.24个百分点），反映出贵州高新技术产业化效益较低。

表 2-5　高新技术产业化指数构成及评价结果

指标名称	评价值		位次	
	2022 年	2021 年	2022 年	2021 年
高新技术产业化	57.51%	51.65%	23	27
高新技术产业化水平	53.53%	44.28%	14	17
高技术产业主营业务收入占工业主营业务收入比重	10.44%	11.78%	17	11
知识密集型服务业增加值占生产总值比重	12.60%	11.57%	27	29
高技术产品出口额占商品出口额比重	41.85%	27.46%	9	14
新产品销售收入占主营业务收入比重	9.38%	8.39%	23	23
高新技术产业化效益	61.49%	59.02%	30	30
高技术产业劳动生产率	61.02%	69.26%	31	30
高技术产业利润率	6.40%	5.03%	21	26
知识密集型服务业劳动生产率	48.93%	43.85%	26	25

（5）科技促进经济社会发展指数。2022 年贵州科技促进经济社会发展指数为 60.55%，较上年提高 2.65 个百分点，位次不变（表 2-6）。二级指标中，2022 年经济发展方式转变指数提高了 1.04 个百分点，但排位仍居全国末位，主要是 4 个三级指标位次均没有变化，且劳动生产率指标长期挂末（居全国第 31 位），经济发展方式转变滞后，严重制约贵州科技促进经济社会发展。环境改善指数提高了 1.48 个百分点，位次上升 3 位，其中环境质量指数、环境污染治理指数均居全国前 20 位。社会生活信息化指数提高了 5.42 个百分点，位次上升 1 位，主要是信息传输、计算机服务和软件业增加值占生产总值比重指标（从第 19 位上升到第 14 位）拉动作用较大。

表 2-6　科技促进经济社会发展指数构成及评价结果

指标名称	评价值		位次	
	2022 年	2021 年	2022 年	2021 年
科技促进经济社会发展	60.55%	57.90%	28	28
经济发展方式转变	39.17%	38.13%	31	31
劳动生产率	5.19%	4.97%	31	31
资本生产率	0.22%	0.23%	21	21
综合能耗产出率	9.54%	9.30%	25	25
装备制造业区位熵	45.43%	40.97%	21	21

指标名称	评价值		位次	
	2022 年	2021 年	2022 年	2021 年
环境改善	88.33%	86.85%	11	14
环境质量指数	59.47%	57.85%	4	5
环境污染治理指数	95.55%	94.10%	16	16
社会生活信息化	79.17%	73.75%	14	15
万人移动互联网用户数	10340.47%	10118.26%	15	13
信息传输、计算机服务和软件业增加值占生产总值比重	2.89%	2.46%	14	19
电子商务消费占最终消费支出比重	0.09%	0.08%	22	20

3. 与位次相近省份的对比分析

选择位次居贵州前后两位的甘肃、广西、海南、内蒙古进行对比分析，可以看出，贵州 5 个一级指标中表现最好的是科技活动投入，高于甘肃、广西、海南和内蒙古。但与排前一位的广西相比，除科技活动投入和科技活动产出指数外，贵州在科技创新环境指数、高新技术产业化指数和科技促进经济社会发展指数上均处于劣势；与排后一位的海南相比，贵州在科技创新环境指数、科技活动产出指数和科技促进经济社会发展指数上均处于劣势，说明贵州增比进位形势依然严峻（表 2-7）。

表 2-7 2022 年贵州与位次相近省份指数比较

指标名称	位次				
	甘肃	广西	贵州	海南	内蒙古
区域综合科技创新水平指数	23	24	25	26	27
科技创新环境	22	24	28	23	25
科技活动投入	23	27	21	28	26
科技活动产出	21	26	22	19	28
高新技术产业化	21	11	23	29	27
科技促进经济社会发展	27	21	28	13	24

从三级指标对比情况来看，贵州与广西相比，优势明显的指标（领先 10 个位次以上）

有 4 项，分别是有 R&D 活动的企业占比重、企业 R&D 经费支出占主营业务收入比重、获国家级科技成果奖系数、每万人口高价值发明专利拥有量；优势较大的指标（领先 5 个位次以上不足 10 个位次）有 6 项，分别是万人研究与发展（R&D）人员数、企业 R&D 研究人员占比重、地方财政科技支出占地方财政支出比重、万人输出技术成交额、万元生产总值技术国际收入、环境污染治理指数；劣势明显的指标（落后 10 个位次以上）有 5 项，分别是万人高等学校在校学生数、每名 R&D 人员研发仪器和设备支出、科学研究和技术服务业新增固定资产占比重、高技术产业劳动生产率、综合能耗产出率；劣势较大的指标（落后 5 个位次以上不足 10 个位次）有 7 项，分别是科学研究和技术服务业平均工资比较系数、基础研究人员投入强度指数、企业技术获取和技术改造经费支出占企业主营业务收入比重、万人发明专利拥有量、知识密集型服务业增加值占生产总值比重、新产品销售收入占主营业务收入比重、知识密集型服务业劳动生产率。

贵州与海南相比，劣势明显的指标（落后 10 个位次以上）有 8 项，分别是每名 R&D 人员研发仪器和设备支出、科学研究和技术服务业新增固定资产占比重、万名就业人员专利申请数、万人科技论文数、高技术产业利润率、综合能耗产出率、环境污染治理指数、电子商务消费占最终消费支出比重；劣势较大的指标（落后 5 个位次以上不足 10 个位次）有 9 项，分别是十万人博士毕业生数、万人大专以上学历人数、万人高等学校在校学生数、十万人创新中介从业人员数、万人发明专利拥有量、万元生产总值技术国际收入、高技术产业劳动生产率、劳动生产率、万人移动互联网用户数。

通过上述对比分析，贵州区域综合科技创新水平指数要赶超广西、防止被海南超越，还存在较大压力；贵州要在企业 R&D 相关活动、高价值发明专利拥有量、技术成交额等知识产权能力、地方财政科技支出、环境治理等方面继续扩大领先优势，同时在科技创新人才、全社会 R&D 研究活动、劳动生产率相关指标等具有明显劣势方面着力实现赶超。

4. 存在的问题

（1）科技创新环境指标短板仍然明显。2022 年贵州科技创新环境指数居全国第 28 位，在 12 个二级指标中，6 个指标（占比 50%）居第 28 位及以后，4 个指标位次下降，主要由贵州创新基础薄弱、科技人力资源不足、科研物质水平低等现实问题造成。一方面，科技人力资源不足，贵州万人大专以上学历人数和十万人博士毕业生数均排在全国第 30 位，万人研究与发展（R&D）人员数排在全国第 23 位，十万人创新中介从业人员数排在全国第 28 位，万人高等学校在校学生数位次下降 1 位；另一方面，科研物质条件有待改善，贵州研发仪器和设备支出增长缓慢，每名 R&D 人员研发仪器和设备支出位次下降了 6 位，科学研究和技术服务业新增固定资产占比重排在全国第 29 位，十万人累计孵化企业数位次下降至全国第 30 位。

（2）R&D 相关指标存在较大提升空间。整个监测指标体系中，与 R&D 相关的三级指标共有 8 项，占总权重的 25% 左右，尤为重要。贵州除与企业 R&D 相关的 2 项指标表现较好外，其余涉及 R&D 经费和 R&D 人员的指标均排在全国第 22 位及以后。2022 年 R&D 经费投入增长缓慢，R&D 经费支出与 GDP 比值虽然比上年有所提高，但位次下降 1 位，万人 R&D 研究人员数和上市公司 R&D 经费投入强度指数均居第 28 位。

（3）经济发展方式转变滞后。当前贵州经济正在由高速增长转向高质量发展的阶段，实现经济高质量发展必须提高全要素生产率，而贵州的劳动生产率长期挂末，高新技术产业化效益较低，高技术产业劳动生产率位次下降至全国最后 1 位，知识密集型服务业劳动生产率位次下降至全国第 26 位，经济发展方式转变滞后成为制约全省创新驱动高质量发展的重要因素。

（4）科技活动产出水平整体质量不高。科技论文和专利的数量是反映一个地区科技活动质量的重要指标，虽然 2022 年贵州科技活动产出水平指数位次保持在第 23 位，但从三级指标来看，万人科技论文数为 1.51 篇 / 万人，全国平均水平为 67 篇，位次较上年下降 2 位，居第 29 位；万人发明专利拥有量为 3.61 件，全国平均水平为 16.50 件，与上年相比位次下降 1 位，居第 25 位，贵州与全国的差距仍然明显。

二、贵州区域创新能力跨进中等省份行列

近年来，贵州始终把创新摆在发展全局的核心位置，特色科技创新强省建设不断取得新成效，区域创新能力和水平稳步提升。根据《中国区域创新能力评价报告 2022》（简称《报告》），2022 年贵州区域创新能力排第 20 位，尽管较上年下降 2 位，但仍连续 7 年处于全国第二方阵（前 20 位）。

1. 整体情况分析

根据《报告》，2022 年贵州区域创新能力在全国排第 20 位，较上年下降 2 位。从实力、效率、潜力 3 种类型的指标看，贵州潜力指标表现仍然突出，居全国第 5 位，实力和效率指标分别为第 24 位和第 25 位，与上年相比均有下滑（表 2-8）。

表 2-8　区域创新能力综合值和分项指标排名对比

年份	区域创新能力		分项指标排名		
	效用值	排名	实力	效率	潜力
2021	25.99	18	23	22	2
2022	23.59	20	24	25	5

2. 一级指标分析

《报告》显示，2022年贵州5个一级指标优势突出、短板明显。知识创造、知识获取、企业创新、创新环境、创新绩效分别排全国第22位、第14位、第20位、第14位和第28位。相比综合排名，贵州的优势指标是知识获取和创新环境，劣势指标是创新绩效。其中，创新环境排名较上年提升了3位。企业创新与综合排名相当，居全国第20位，较上年提升了3位。但知识创造和创新绩效均不尽人意，与贵州整体创新能力相比，仍有一定的提升空间，主要是因为外部的科技资助没有转化为本地的经济产出，缺乏与之配套的企业创新能力，对外来技术的消化吸收再创新能力不足，科技资源尚未转化为经济效益（表2-9）。

表2-9 一级指标排名对比

年份	知识创造	知识获取	企业创新	创新环境	创新绩效
2021	16	13	23	17	19
2022	22	14	20	14	28

3. 基础指标分析

从基础指标来看，与2021年相比，2022年贵州排全国前五的优势指标减少5个，有18个，主要集中在技术市场交易额、国际论文数、移动互联网人均接入流量、第三产业增加值、规模以上工业企业新产品销售收入等方面。其中增长率指标有14个，占77.78%。本地区上市公司平均市值、科技服务业从业人员增长率两个指标并列排全国第1位（表2-10）。

表2-10 排全国前五的基础指标对比

2021年		2022年	
指标名称	全国排名	指标名称	全国排名
本地区上市公司平均市值	1	本地区上市公司平均市值	1
地区GDP增长率	1	科技服务业从业人员增长率	1
高技术产品出口额增长率	1	地区GDP增长率	2
研究与试验发展全时人员当量增长率	2	技术市场企业平均交易额（按流向）	2
国内论文数量增长率	2	技术市场交易金额的增长率（按流向）	2
规模以上工业企业国外技术引进金额增长率	2	国际论文数增长率	2

续表

2021 年		2022 年	
指标名称	全国排名	指标名称	全国排名
科技企业孵化器当年获风险投资额增长率	2	作者异国科技论文数增长率	2
废气中主要污染物排放量增长率	2	研究与试验发展全时人员当量增长率	3
每十万研发人员作者同省异单位科技论文数	3	移动互联网人均接入流量	3
规模以上工业企业国内技术成交金额增长率	3	移动互联网接入流量增长率	3
规模以上工业企业研发活动经费内部支出总额增长率	3	教育经费支出增长率	3
规模以上工业企业研发经费外部支出增长率	3	第三产业增加值增长率	3
移动互联网人均接入流量	3	规模以上工业企业研发活动经费内部支出总额增长率	4
技术市场企业平均交易额（按流向）	4	规模以上工业企业新产品销售收入增长率	4
移动互联网接入流量增长率	4	按目的地和货源地划分进出口总额增长率	4
教育经费支出占 GDP 的比例	4	教育经费支出占 GDP 的比例	5
教育经费支出增长率	4	政府研发投入增长率	5
本地区上市公司市值增长率	4	6 岁及 6 岁以上人口中大专以上学历人口增长率	5
高技术企业数增长率	4		
政府研发投入增长率	5		
每亿元研发经费内部支出产生的发明专利申请数	5		
技术市场交易金额的增长率（按流向）	5		
外商投资企业年底注册资金中外资部分增长率	5		

　　从排名变动超过 15 位的指标来看，2022 年贵州全国排名较 2021 年提升超过 15 位的基础指标有 12 个，其中废气中主要污染物排放量增长率、高技术产品出口额增长率、高技术企业数增长率、规模以上工业企业国内技术成交金额增长率指标上升幅度排名靠前，分别上升了 28 位、26 位、26 位、24 位；2022 年贵州全国排名较 2021 年下降超过 15 位的基础指标有 8 个，其中科技服务业从业人员增长率、按目的地和货源地划分进出口总额增长率、

科技企业孵化器当年毕业企业数增长率指标下降幅度较大，分别下降了 30 位、26 位、21 位（表 2-11）。

表 2-11　排名变动超过 15 位（包括 15 位）的基础指标对比

指标名称	排名变动	指标名称	排名变动
废气中主要污染物排放量增长率	28	科技服务业从业人员增长率	−30
高技术产品出口额增长率	26	按目的地和货源地划分进出口总额增长率	−26
高技术企业数增长率	26	科技企业孵化器当年毕业企业数增长率	−21
规模以上工业企业国内技术成交金额增长率	24	城镇登记失业人数	−17
每亿元 GDP 废气中主要污染物排放量	23	有电子商务交易活动的企业数增长率	−16
废气中主要污染物排放量	22	作者异国科技论文数增长率	−15
规模以上工业企业国外技术引进金额增长率	18	高技术产业新产品销售收入增长率	−15
万元地区生产总值能耗（等价值）	18	万元地区生产总值能耗（等价值）下降率	−15
高技术产业就业人数增长率	18		
废水中主要污染物排放量增长率	18		
规模以上工业企业国内技术成交金额	17		
规模以上工业企业平均国内技术成交金额	16		

4. 存在问题分析

（1）劣势指标依然较多。2022 年贵州排名位于全国后 6 位的基础指标有 24 个，较 2021 年增加了 5 个，并且排名位于全国前 5 位的指标还减少了 5 个，主要涉及发明专利、研发人员、高技术产品、规模以上工业企业等方面相关指标（表 2-12）。

表 2-12　排名位于全国后 6 位的基础指标对比

2021 年		2022 年	
指标名称	全国排名	指标名称	全国排名
作者异国合作科技论文数	26	每万名研发人员发明专利授权数	26
高技术产品出口额	26	高技术产品出口额	26

2021 年		2022 年	
指标名称	全国排名	指标名称	全国排名
居民人均消费支出	26	每十万研发人员平均发表的国际论文数	26
6 岁及 6 岁以上人口中大专以上学历人口数（抽样数）	27	高技术产品出口额增长率	27
平均每个科技企业孵化器当年毕业企业数	27	规模以上工业企业国内技术成交金额增长率	27
按目的地和货源地划分进出口总额	27	高技术产业就业人数增长率	27
科技服务业从业人员数	27	废水中主要污染物排放量增长率	27
科技企业孵化器当年毕业企业数	27	规模以上工业企业国外技术引进金额	27
科技企业孵化器当年毕业企业数增长率	28	按目的地和货源地划分进出口总额	27
发明专利授权数增长率	28	科技服务业从业人员数	27
每十万研发人员平均发表的国际论文数	28	科技企业孵化器当年毕业企业数	27
规模以上工业企业平均国外技术引进金额	28	规模以上工业企业平均国外技术引进金额	27
按目的地和货源地划分进出口总额占GDP 比重	29	规模以上工业企业有效发明专利增长率	28
按目的地和货源地划分进出口总额增长率	30	人均 GDP 水平	28
有电子商务交易活动的企业数增长率	30	按目的地和货源地划分进出口总额占GDP 比重	29
科技服务业从业人员增长率	31	平均每个科技企业孵化器创业导师人数	29
平均每个科技企业孵化器创业导师人数	31	科技服务业从业人员占第三产业从业人员比重	29
科技服务业从业人员占第三产业从业人员比重	31	废气中主要污染物排放量增长率	30
6 岁及 6 岁以上人口中大专以上学历所占的比例	31	高技术企业数增长率	30
		发明专利申请受理数（不含企业）增长率	30

续表

2021 年		2022 年	
指标名称	全国排名	指标名称	全国排名
		居民人均消费支出	30
		6 岁及 6 岁以上人口中大专以上学历所占的比例	30
		每亿元 GDP 废气中主要污染物排放量	31
		废气中主要污染物排放量	31

（2）大部分劣势指标未得到有效提升。贵州连续两年排名均为全国后 5 位的基础指标有 8 个，如果再加上类似指标，至少达到 15 个，表明部分劣势指标近两年依然没有改善。

（3）部分指标增长速度下滑。2022 年贵州全国排名较 2021 年下降超过 15 位（包括 15位）的基础指标中涉及增长率的有 7 个，占比达到 87.5%；2022 年贵州基础指标排名位于全国后 6 位的指标涉及增长率的有 8 个，占比达到 1/3。表明贵州部分指标增长速度有所放缓，这也直接影响到贵州潜力指标排名的下滑，进而影响到区域创新能力全国排名的下降。

第三节　贵州科技创新能力预测

一、预测方法

经查阅文献资料，指标测算方法主要有德尔菲法、回归分析法、分解分析法、增速法、趋势外推法、移动平滑法、平稳时间序列预测法、灰色预测法、景气预测法、滚动预测法等。其各有优缺点，可以根据实际情况进行选择。若测算对象的相关数据难以收集或收集不完整，可以考虑使用德尔菲法进行测算；若测算对象的相关数据呈现出较明显的线性关系，则优先考虑使用回归分析法；若历史数据完整，要根据历史数据预测中长期趋势，则优先使用趋势外推法；若数据量大，且指标间不交叉，则考虑算法简便、计算量较小、节省存贮单元、快速且便于实时处理非平稳数据的增速法。

通过比较以上各种测算方法，综合考虑是否预先估计参数、消除指标量纲影响、简化运算等各方面因素，采用增速法和滚动预测法，并运用 MATLAB 软件对计算过程进行编程，节省计算量。

1. 增速法

统计中由于采用基期不同，发展速度可分为同比发展速度、环比发展速度和定基发展速度。定基发展速度（总速度），一般是指报告期水平与某一固定时期水平之比，表明这种现象在较长时期内总的发展速度；同比发展速度，一般是指本期发展水平与上年同期发展水平对比，而达到的相对发展速度；环比发展速度，一般是指报告期水平与前一时期水平之比，表明现象逐期的发展速度。本测算主要采用同比增长速度及同比增长速度的中位数、几何平均数、最近速度。

同比增长速度计算公式：报告年水平 / 前一年水平 × 100%−1。

同比增长速度的中位数又称中值，是按顺序排列的一组数据中居中间位置的数。对于有限的数集，把所有观察值按从高到低排序后找出正中间的一个作为中位数。假如有 10 个同比增长速度值，对其进行排序，并记为 $s_1, s_2, s_3, \cdots, s_{10}$，则同比增长速度的中位数计算公式为 $(s_5 + s_6)/2$。

同比增长速度的几何平均数计算公式：$\sqrt[n]{(1 + s_1)(1 + s_2) \cdots (1 + s_n)} - 1$。

同比增长速度的最近速度，即最近年份的同比增长速度。

以 2010—2018 年贵州"研发投入强度"为例，其 2010 年同比增长速度为 0.65/0.68 × 100%−1；2011 年同比增长速度为 0.64/0.65 × 100%−1；2012 年同比增长速度为 0.61/0.64 × 100%−1；2013—2018 年同理（表 2-13）。

表 2-13　2010—2018 年贵州"研发投入强度"同比增长速度

时间	同比增长速度
2010—2011 年	−1.5385%
2011—2012 年	−4.6875%
2012—2013 年	−3.2787%
2013—2014 年	1.6949%
2014—2015 年	−1.6667%
2015—2016 年	6.7797%
2016—2017 年	12.6984%
2017—2018 年	15.4930%

"研发投入强度"同比增长速度的中位数为（1.6949%−1.6667%）/2=0.0141%。

"研发投入强度"同比增长速度的几何平均数为

$$\sqrt[8]{（1-0.015\,385）（1-0.046\,875）（1-0.032\,787）（1+0.016\,949）（1-0.016\,667）（1+0.067\,797）（1+0.126\,984）（1+0.154\,930）}$$
$$-1=2.95\%。$$

2. 滚动预测法

借鉴国外开展指标预测时采取滚动预测的方式，即用 n_1 年以前的数据预测 n_1+1 年的数据，用 n_1+1 年以前的数据预测 n_1+2 年的数据，用 n_1+2 年以前的数据预测 n_1+3 年的数据……用 n_1+n 年以前的数据预测 $n_1+（n+1）$ 年的数据，依次类推，逐年向前滚动预测。

举例：

2017 年"研发投入强度"为 0.71%，最近同比增速为 12.70%，测算 2018 年的值为 0.80%（比实际值小 0.02 个百分点）。

2018 年"研发投入强度"为 0.80%，最近同比增速为 12.68%，测算 2019 年的值为 0.89%。

2019 年"研发投入强度"为 0.89%，最近同比增速为 11.25%，测算 2020 年的值为 1.01%。

2021—2030 年同理（表 2-14）。

表 2-14　2006—2030 年贵州"研发投入强度"测算数值

年份	研发投入强度	年份	研发投入强度
2006	0.64%	2019	0.89%（比实际值大 0.03 个百分点）
2007	0.50%	2020	1.01%
2008	0.57%	2021	1.07%
2009	0.68%	2022	1.26%
2010	0.65%	2023	1.43%
2011	0.64%	2024	1.61%
2012	0.61%	2025	1.79%
2013	0.59%	2026	2.03%
2014	0.60%	2027	2.29%
2015	0.59%	2028	2.56%
2016	0.63%	2029	2.87%
2017	0.71%	2030	3.21%
2018	0.80%（比实际值小 0.02 个百分点）		

为科学、客观地测算出各地区的"指数"，需使用中国科学技术发展战略研究院计算

"指数"的公式及过程。考虑到数据时间跨度较大、涉及地区较多，为节省计算量，使用了 MATLAB 软件，将标准值、权重、指标历史数据输入软件，运用加权综合指数法[1]对计算过程进行编程，最终计算出"指数"；同时对计算 31 个地区 39 项指标的同比增长速度及其中位数、几何平均数、最近速度、3 种速度类型选择、滚动预测等测算过程进行编程，39 项科技创新评价指标的测算软件界面如图 2-1 所示。

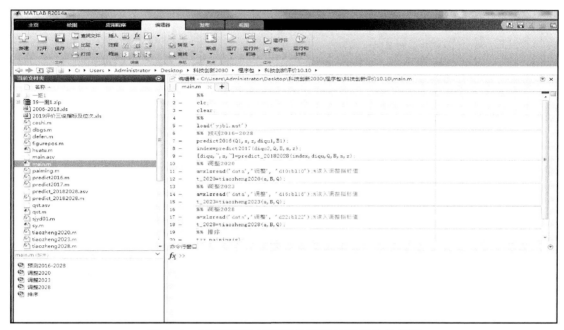

图 2-1　39 项科技创新评价指标的测算软件界面

二、测算思路

1. "指数"测算思路

（1）采用中国科学技术发展战略研究院计算"指数"时的标准值、权重和计算方法，还原测算 31 个地区"指数"的过程，建立计算模型。

（2）测算 30 个地区 39 项指标的同比增长速度及其中位数、几何平均数、最近速度，按照误差最小原则，确定速度类型，并按该类型滚动测算出 30 个地区 39 项指标 2030 年的预测值。

（3）将预测值输入计算模型，测算出 30 个地区 2030 年的 "综合指数"及排位。根据

---

[1]　加权综合指数法：中国科学技术发展战略研究院采用的计算方法，即将各项指标转化为同度量的个体指数，通过加权层层汇总得出综合评价指数。

该结果和贵州在 2020 年、2025 年、2030 年需要达到的目标位次，确定贵州在 2020 年、2025 年、2030 年 39 项指标的目标值（图 2-2）。

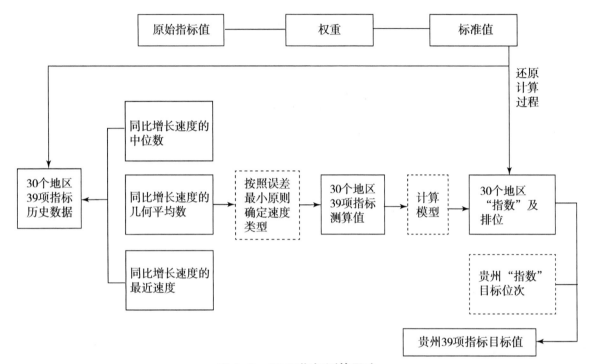

图 2-2　39 项指标测算思路

2. "效用值"测算思路

（1）基于 2006—2019 年 31 个地区的"效用值"，测算"效用值"的中位数及对应的位次。

（2）测算 137 项指标的最大值和最小值。第一步，基于 137 项指标最大值和最小值的历史数据，分别计算各类增长速度。计算其中 91 项实力和效率指标的同比增长速度中位数、几何平均数、最近速度、最大速度、最小速度，计算其中 46 项潜力指标的中位数、几何平均增长率、最近增长率、最大增长率、最小增长率。第二步，在 2017 年数据基础上用不同类别的同比增长速度计算出 2018 年最大值和最小值的预测值，并与发布的实际值进行对比，根据误差最小原则确定最优的速度类别。第三步，在 2018 年 137 项指标最大值和最小值数据基础上，按照该速度类别逐年向前滚动，得到测算年份 137 项指标最大值和最小值的测算值。

（3）确定贵州 137 项指标测算值，方法同最大值、最小值。

（4）根据贵州在 2020 年、2025 年、2030 年"效用值"需要达到的目标位次及 137 项指标最大值、最小值区间调整贵州 137 项指标测算值，确定贵州在 2020 年、2025 年、2030 年 137 项指标的目标值（图 2-3）。

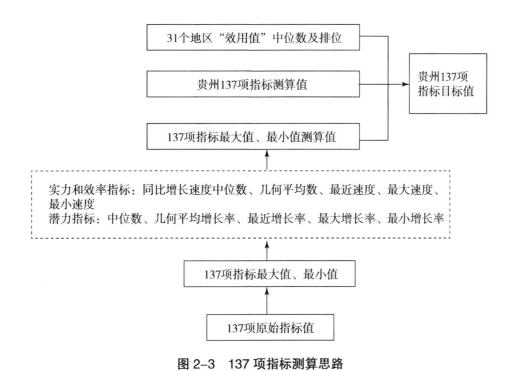

图 2-3 137 项指标测算思路

三、具体测算过程

1."指数"测算过程

为更真实地还原中国科学技术发展战略研究院计算"指数"的公式及过程，建立科学、可行的计算模型，做出以下两个假定：①假定预测周期内的评价方法保持不变，包括评价指标体系不变、各级指标权重不变、标准值不变（经核实自"十五"以来，39 项指标的标准值仅有 10 项做了调整，且无规律可循，故本测算假定标准值不变）；②假定其他 30 个地区测算年份不会采取激进措施，各项指标保持原有增长函数，同比增长速度类别保持不变，不同地区、不同指标根据误差最小原则适用不同的同比增长速度类别。

在假定条件成立的基础上，采取以下步骤进行测算（以指标"研发投入强度"为例，下同）：

（1）对数据进行预处理。整理 31 个地区 39 项指标的原始数据，并对部分指标进行折算，使所有指标保持统一口径（表 2-15）。

表 2-15 31 个地区"研发投入强度"原始数据

地区	2006 年	2007 年	2008 年	2009 年	2010 年	2011 年	2012 年	2013 年	2014 年	2015 年	2016 年	2017 年	2018 年
北京	5.50%	5.40%	5.25%	5.50%	5.82%	5.76%	5.95%	6.08%	5.95%	6.01%	5.96%	5.64%	6.17%
天津	2.18%	2.27%	2.45%	2.37%	2.49%	2.63%	2.80%	2.98%	2.95%	3.08%	3.00%	2.47%	2.62%

续表

地区	2006年	2007年	2008年	2009年	2010年	2011年	2012年	2013年	2014年	2015年	2016年	2017年	2018年
河北	0.66%	0.66%	0.67%	0.78%	0.76%	0.82%	0.92%	1.00%	1.06%	1.18%	1.20%	1.26%	1.39%
山西	0.76%	0.86%	0.90%	1.10%	0.98%	1.01%	1.09%	1.23%	1.19%	1.04%	1.03%	0.99%	1.05%
内蒙古	0.34%	0.40%	0.44%	0.53%	0.55%	0.59%	0.64%	0.70%	0.69%	0.76%	0.79%	0.82%	0.75%
辽宁	1.47%	1.50%	1.41%	1.53%	1.56%	1.64%	1.57%	1.65%	1.52%	1.27%	1.27%	1.80%	1.82%
吉林	0.96%	0.96%	0.82%	1.12%	0.87%	0.84%	0.92%	0.92%	0.95%	1.01%	0.94%	0.84%	0.76%
黑龙江	0.92%	0.93%	1.04%	1.27%	1.19%	1.02%	1.07%	1.15%	1.07%	1.05%	0.99%	0.90%	0.83%
上海	2.50%	2.52%	2.59%	2.81%	2.81%	3.11%	3.37%	3.60%	3.66%	3.73%	3.82%	4.00%	4.16%
江苏	1.60%	1.67%	1.92%	2.04%	2.07%	2.17%	2.38%	2.51%	2.54%	2.57%	2.66%	2.63%	2.70%
浙江	1.42%	1.50%	1.60%	1.73%	1.78%	1.85%	2.08%	2.18%	2.26%	2.36%	2.43%	2.45%	2.57%
安徽	0.97%	0.95%	1.11%	1.35%	1.32%	1.40%	1.64%	1.85%	1.89%	1.96%	1.97%	2.05%	2.16%
福建	0.89%	0.89%	0.94%	1.11%	1.16%	1.26%	1.38%	1.44%	1.48%	1.51%	1.59%	1.68%	1.80%
江西	0.81%	0.89%	0.97%	0.99%	0.92%	0.83%	0.88%	0.94%	0.97%	1.04%	1.13%	1.23%	1.41%
山东	1.06%	1.20%	1.40%	1.53%	1.72%	1.86%	2.04%	2.15%	2.19%	2.27%	2.34%	2.41%	2.15%
河南	0.64%	0.67%	0.66%	0.90%	0.91%	0.98%	1.05%	1.11%	1.140%	1.18%	1.23%	1.29%	1.40%
湖北	1.25%	1.21%	1.31%	1.65%	1.65%	1.65%	1.73%	1.81%	1.87%	1.90%	1.86%	1.92%	2.09%
湖南	0.71%	0.80%	1.01%	1.18%	1.16%	1.19%	1.30%	1.33%	1.36%	1.43%	1.50%	1.64%	1.81%
广东	1.19%	1.30%	1.41%	1.65%	1.76%	1.96%	2.17%	2.32%	2.37%	2.47%	2.56%	2.61%	2.78%
广西	0.38%	0.40%	0.46%	0.61%	0.66%	0.69%	0.75%	0.75%	0.71%	0.63%	0.65%	0.70%	0.71%
海南	0.20%	0.21%	0.23%	0.35%	0.34%	0.41%	0.48%	0.47%	0.48%	0.46%	0.54%	0.52%	0.56%
重庆	1.06%	1.14%	1.18%	1.22%	1.27%	1.28%	1.40%	1.39%	1.42%	1.57%	1.72%	1.87%	2.01%
四川	1.25%	1.32%	1.28%	1.52%	1.54%	1.40%	1.47%	1.52%	1.57%	1.67%	1.72%	1.72%	1.81%
贵州	0.64%	0.50%	0.57%	0.68%	0.65%	0.64%	0.61%	0.59%	0.60%	0.59%	0.63%	0.71%	0.82%
云南	0.52%	0.55%	0.54%	0.60%	0.61%	0.63%	0.67%	0.68%	0.67%	0.80%	0.89%	0.95%	1.05%
西藏	0.17%	0.20%	0.31%	0.33%	0.29%	0.19%	0.25%	0.29%	0.26%	0.30%	0.19%	0.22%	0.25%
陕西	2.24%	2.23%	2.09%	2.32%	2.15%	1.99%	1.99%	2.14%	2.07%	2.18%	2.19%	2.10%	2.18%
甘肃	1.05%	0.95%	1.00%	1.10%	1.02%	0.97%	1.07%	1.07%	1.12%	1.22%	1.22%	1.15%	1.18%
青海	0.52%	0.49%	0.41%	0.70%	0.74%	0.75%	0.69%	0.65%	0.62%	0.48%	0.54%	0.68%	0.60%
宁夏	0.70%	0.84%	0.69%	0.77%	0.68%	0.73%	0.78%	0.81%	0.87%	0.88%	0.95%	1.13%	1.23%
新疆	0.28%	0.28%	0.38%	0.51%	0.49%	0.50%	0.53%	0.54%	0.53%	0.56%	0.59%	0.52%	0.53%

（2）确定计算模型。采用《中国区域科技创新评价报告》计算"综合指数"的公式及过程，即用加权综合指数法对各级指标进行加权汇总，建立计算模型。各级评价值均可称为"指数"，综合方法如下：

①将各三级指标除以相应的评价标准，得到三级指标的评价值，即三级指标相应的指数，计算方法为

$$d_{ijk} = \frac{x_{ijk}}{x_{\cdot \cdot k}} \times 100\%。$$

其中，x_{ijk} 为第 i 个一级指标下、第 j 个二级指标下的第 k 个三级指标；$x_{\cdot \cdot k}$ 为第 k 个三级指标相应的标准值；当 $d_{ijk} \geq 100$ 时，取 100 为其上限值。

②二级指标评价值（二级指数）$d_{ij\cdot}$ 由三级指标评价值加权综合而成，即

$$d_{ij\cdot} = \sum_{k=1}^{n_i} w_{ijk} d_{ijk}。$$

其中，w_{ijk} 为各三级指标评价值相应的权数；n_i 为第 j 个二级指标下设的三级指标的个数。

③一级指标评价值（一级指数）$d_{i\cdot}$ 由二级指标评价值加权综合而成，即

$$d_{i\cdot} = \sum_{i=1}^{n_i} w_{ij\cdot} d_{ij\cdot}。$$

其中，w_{ij} 为各二级指标评价值相应的权数；n_i 为第 i 个一级指标下设的二级指标的个数。

④总评价值（总指数）d 由一级指标评价值加权综合而成，即

$$d = \sum_{i=1}^{n} w_i d_{i\cdot}。$$

其中，w_i 为各一级指标评价值相应的权数；n 为一级指标个数。

在各级指标评价中，如果多个地区评价值均为 100%，应视为并列第一。

（3）确定指标测算值。根据 30 个地区 39 项指标的历史数据，采用增速法滚动测算出 30 个地区 39 项指标在 2020 年、2025 年、2030 年的测算值。具体方法如下：

①计算 30 个地区 39 项指标的同比增长速度。假设今年指标值为 X，上年指标值为 Y，那么同比增长速度计算公式为（$X–Y$）/Y（30 个地区"研发投入强度"2006—2018 年同比增长速度如表 2–16 所示）。

②计算 30 个地区 39 项指标同比增长速度的中位数、几何平均数、最近速度。

共计算出指标"研发投入强度"的 10 个同比增长速度，对其进行排序，并记为 $s_1, s_2, s_3, \cdots, s_{10}$，则同比增长速度的中位数计算公式为：（$S_5+S_6$）/2；同比增长速度的几何平均数计算公式为 $\sqrt[10]{(1+s_1)(1+s_2)\cdots(1+s_{10})} -1$；同比增长速度的最近速度为 2016—2018 年的同比增长速度[①]（表 2–17）。

---

① 2019 年的报告采用的是 2017 年的数据，因此最近速度是 2016—2017 年的速度。

表2-16 30个地区"研发投入强度"2006—2018年同比增长速度

地区	2006—2007年	2007—2008年	2008—2009年	2009—2010年	2010—2011年	2011—2012年	2012—2013年	2013—2014年	2014—2015年	2015—2016年	2016—2017年	2017—2018年
北京	-0.0182%	-0.0278%	0.0476%	0.0582%	-0.0103%	0.0330%	0.0218%	-0.0214%	0.0101%	-0.0083%	-0.0537%	0.0940%
天津	0.0413%	0.0793%	-0.0327%	0.0506%	0.0562%	0.0646%	0.0643%	-0.0101%	0.0441%	-0.0260%	-0.1767%	0.0607%
河北	0	0.0152%	0.1642%	-0.0256%	0.0789%	0.1220%	0.0870%	0.0600%	0.1132%	0.0169%	0.0500%	0.1032%
山西	0.1316%	0.0456%	0.2222%	0.1091%	0.0306%	0.0792%	0.1284%	-0.0325%	-0.1261%	-0.0096%	-0.0388%	0.0606%
内蒙古	0.1765%	0.1000%	0.2045%	0.0377%	0.0727%	0.0847%	0.0938%	-0.0143%	0.1014%	0.0395%	0.0380%	-0.0854%
辽宁	0.0204%	-0.0600%	0.0851%	0.0196%	0.0513%	-0.0427%	0.0510%	-0.0788%	-0.1645%	0	0.4173%	0.0111%
吉林	0	-0.1458%	0.3659%	-0.2232%	-0.0345%	0.0952%	0	0.0326%	0.0632%	-0.0693%	-0.1064%	-0.0952%
黑龙江	0.0109%	0.1183%	0.2212%	-0.0630%	-0.1429%	0.0490%	0.0748%	-0.0696%	-0.0187%	-0.0571%	-0.0909%	-0.0778%
上海	0.0080%	0.0278%	0.0849%	0	0.1068%	0.0836%	0.0682%	0.0167%	0.0191%	0.0241%	0.0471%	0.0400%
江苏	0.0438%	0.1497%	0.0625%	0.0147%	0.0483%	0.0968%	0.0546%	0.0120%	0.0118%	0.0350%	-0.0113%	0.0266%
浙江	0.0563%	0.0667%	0.0813%	0.0289%	0.0393%	0.1243%	0.0481%	0.0367%	0.0442%	0.0297%	0.0082%	0.0490%
安徽	-0.0206%	0.1684%	0.2162%	-0.0222%	0.0606%	0.1714%	0.1280%	0.0216%	0.0370%	0.0051%	0.0406%	0.0537%
福建	0	0.0562%	0.1809%	0.0450%	0.0862%	0.0952%	0.0435%	0.0278%	0.0203%	0.0530%	0.0566%	0.0714%
江西	0.0988%	0.0899%	0.0206%	-0.0707%	-0.0978%	0.0602%	0.0682%	0.0319%	0.0722%	0.0865%	0.0885%	0.1463%
山东	0.1321%	0.1667%	0.0929%	0.1242%	0.0814%	0.0968%	0.0539%	0.0186%	0.0365%	0.0308%	0.0299%	-0.1079%
河南	0.0469%	-0.0149%	0.3636%	0.0111%	0.0769%	0.0714%	0.0571%	0.0270%	0.0351%	0.0424%	0.0488%	0.0853%
湖北	-0.0320%	0.0826%	0.2595%	0	0	0.0485%	0.0462%	0.0331%	0.0160%	-0.0211%	0.0323%	0.0885%
湖南	0.1268%	0.2625%	0.1683%	-0.0169%	0.0259%	0.0924%	0.0231%	0.0226%	0.0515%	0.0490%	0.0933%	0.1037%

续表

地区	2006—2007年	2007—2008年	2008—2009年	2009—2010年	2010—2011年	2011—2012年	2012—2013年	2013—2014年	2014—2015年	2015—2016年	2016—2017年	2017—2018年
广东	0.0924%	0.0846%	0.1702%	0.0667%	0.1136%	0.1071%	0.0691%	0.0216%	0.0422%	0.0364%	0.0195%	0.0651%
广西	0.0526%	0.1500%	0.3261%	0.0820%	0.04455%	0.0870%	0	-0.0533%	-0.1127%	0.0317%	0.0769%	0.0143%
海南	0.0500%	0.0952%	0.5217%	-0.0286%	0.20559%	0.1707%	-0.0208%	0.0213%	-0.0417%	0.1739%	-0.0370%	0.0769%
重庆	0.07555%	0.0351%	0.0339%	0.0410%	0.0079%	0.0938%	-0.0071%	0.0216%	0.1056%	0.0955%	0.0872%	0.0749%
四川	0.0560%	-0.03030%	0.1875%	0.0132%	-0.0909%	0.0500%	0.0340%	0.0329%	0.0637%	0.0299%	0	0.0523%
云南	0.0577%	-0.01820%	0.1111%	0.0167%	0.0328%	0.0635%	0.0149%	-0.0147%	0.1940%	0.1125%	0.0674%	0.1053%
西藏	0.1765%	0.5500%	0.0645%	-0.1212%	-0.3448%	0.3158%	0.1600%	-0.1034%	0.1538%	-0.3667%	0.1579%	0.1364%
陕西	-0.0045%	-0.0628%	0.1100%	-0.0733%	-0.0744%	0	0.0754%	-0.0327%	0.0531%	0.0046%	-0.0411%	0.0381%
甘肃	-0.0952%	0.0526%	0.1000%	-0.0727%	-0.0490%	0.1031%	0	0.0467%	0.0893%	0	-0.0574%	0.0261%
青海	-0.0577%	-0.1633%	0.7073%	0.0571%	0.0135%	-0.0800%	-0.0580%	-0.0462%	-0.2258%	0.1250%	0.2593%	-0.1177%
宁夏	0.2000%	-0.1786%	0.1159%	-0.1169%	0.0735%	0.0685%	0.0385%	0.0741%	0.0115%	0.0795%	0.1895%	0.0885%
新疆	0	0.3571%	0.3421%	-0.0392%	0.0204%	0.0600%	0.0189%	-0.0185%	0.0566%	0.0536%	-0.1186%	0.0192%

表 2-17 30 个地区"研发投入强度"速度

地区	中位数	几何平均数	最近速度
北京	0.1043%	0.8036%	−0.8926%
天津	4.6474%	3.2219%	−2.7516%
河北	7.2709%	6.2015%	1.9388%
山西	4.1221%	3.0242%	−0.7787%
内蒙古	8.8128%	8.6671%	3.5332%
辽宁	0.9822%	−1.4558%	0.0000%
吉林	0.4044%	−0.1811%	−6.5169%
黑龙江	−0.5608%	0.7198%	−5.2892%
上海	2.6856%	4.3437%	2.5180%
江苏	4.6441%	5.2223%	3.5458%
浙江	4.3487%	5.4963%	3.0620%
安徽	4.9122%	7.3972%	0.4076%
福建	5.0306%	6.0271%	5.1280%
江西	6.2244%	3.4044%	9.1215%
山东	9.0493%	8.2357%	3.2978%
河南	4.9297%	6.7688%	4.6165%
湖北	2.5182%	4.0914%	−2.1554%
湖南	4.9886%	7.7908%	5.0559%
广东	7.7214%	7.9198%	3.6611%
广西	5.1971%	5.5771%	3.1232%
海南	7.1412%	10.4495%	17.8354%
重庆	3.7573%	4.9871%	9.4477%
四川	3.5062%	3.2559%	2.7914%
云南	3.8412%	5.4786%	10.8394%
西藏	8.5511%	1.3569%	−37.5792%
陕西	−0.4531%	−0.2279%	0.3830%
甘肃	2.6710%	1.4917%	0.1469%
青海	−5.2732%	0.3630%	12.6706%

地区	中位数	几何平均数	最近速度
宁夏	6.6159%	3.1017%	8.5452%
新疆	3.9615%	7.8024%	5.7986%

③运用公式"2017 年测算值 =2016 年实际数值 ×（1+ 速度）"，计算出 2017 年 30 个地区 39 项指标 3 种速度的测算值。30 个地区 2017 年"研发投入强度"3 种速度的测算值如表 2-18 所示。

表 2-18　30 个地区 2017 年"研发投入强度" 3 种速度的测算值

地区	中位数	几何平均数	最近速度
北京	5.966216731%	6.007895183%	5.906802092%
天津	3.139423138%	3.096656132%	2.917452004%
河北	1.28725021%	1.274417413%	1.223265217%
山西	1.072457142%	1.061149181%	1.021979802%
内蒙古	0.859621257%	0.858470385%	0.817911927%
辽宁	1.28000995%	1.249107326%	1.267560561%
吉林	0.943801295%	0.938297661%	0.878741255%
黑龙江	0.984448071%	0.997126268%	0.937637173%
上海	3.922589786%	3.985928116%	3.916186897%
江苏	2.783532267%	2.798912898%	2.75431931%
浙江	2.535673011%	2.563559442%	2.50440708%
安徽	2.066770758%	2.115724835%	1.978029828%
福建	1.669986793%	1.685830137%	1.671534829%
江西	1.200335688%	1.168469753%	1.23307277%
山东	2.551753642%	2.532715866%	2.417168061%
河南	1.290635874%	1.313256456%	1.286782496%
湖北	1.90683915%	1.936100398%	1.819908979%
湖南	1.574829475%	1.6168624%	1.575838205%
广东	2.757668218%	2.762746661%	2.653725166%

地区	中位数	几何平均数	最近速度
广西	0.683780878%	0.686250825%	0.670300757%
海南	0.578562693%	0.596427101%	0.636311292%
重庆	1.784625397%	1.805777725%	1.882500129%
四川	1.780305953%	1.77600215%	1.768011933%
云南	0.924187029%	0.938759745%	0.986470779%
西藏	0.206247174%	0.192578172%	0.118599445%
陕西	2.180078263%	2.185009916%	2.198388715%
甘肃	1.252586281%	1.238199024%	1.221792475%
青海	0.51152482%	0.541960432%	0.608421402%
宁夏	1.012850624%	0.979466454%	1.031179154%
新疆	0.613372861%	0.636034253%	0.624211987%

④分别计算 2017 年 39 项指标 3 种速度的测算值与 2017 年实际值的误差。"研发投入强度" 3 种速度的测算值与 2017 年实际值的误差如表 2-19 所示。

表 2-19 "研发投入强度" 3 种速度的测算值与 2017 年实际值的误差

地区	中位数	几何平均数	最近速度
北京	0.324675715%	0.366354166%	0.265261075%
天津	0.672559218%	0.629792212%	0.450588084%
河北	0.030351144%	0.017518347%	0.033633849%
山西	0.082477504%	0.071169544%	0.032000165%
内蒙古	0.037871254%	0.036720382%	0.003838076%
辽宁	0.51999005%	0.550892674%	0.532439439%
吉林	0.106547241%	0.101043607%	0.041487201%
黑龙江	0.079566183%	0.09224438%	0.032755285%
上海	0.076915123%	0.013576793%	0.083318013%
江苏	0.152522513%	0.167903145%	0.123309556%
浙江	0.089502674%	0.117389105%	0.058236744%
安徽	0.013910682%	0.062864758%	0.074830249%

地区	中位数	几何平均数	最近速度
福建	0.011492283%	0.004351061%	0.009944246%
江西	0.028393567%	0.060259502%	0.004343515%
山东	0.139740848%	0.120703072%	0.005155267%
河南	0.003157448%	0.019463134%	0.007010827%
湖北	0.011476129%	0.01778512%	0.098406299%
湖南	0.06877219%	0.026739265%	0.067763459%
广东	0.150137735%	0.155216178%	0.046194683%
广西	0.013301772%	0.010831825%	0.026781893%
海南	0.060697531%	0.078561939%	0.11844613%
重庆	0.085250712%	0.064098385%	0.01262402%
四川	0.055465051%	0.051161248%	0.043171032%
云南	0.030124055%	0.015551339%	0.032159695%
西藏	0.012335492%	0.026004494%	0.099983222%
陕西	0.075232109%	0.080163762%	0.093542561%
甘肃	0.101003371%	0.086616114%	0.070209565%
青海	0.16619805%	0.135762438%	0.069301467%
宁夏	0.114437133%	0.147821302%	0.096108602%
新疆	0.091839339%	0.114500731%	0.102678465%

⑤根据误差最小原则，为30个地区39项指标选择各自最优的同比增长速度类别。用1代表中位数，用2代表几何平均数，用3代表最近速度。30个地区"研发投入强度"速度类别如表2-20所示。

表2-20　30个地区"研发投入强度"速度类别

地区	类别	地区	类别
北京	3	河南	1
天津	3	湖北	1
河北	2	湖南	2
山西	3	广东	3
内蒙古	3	广西	2

续表

辽宁	1	海南	1
吉林	3	重庆	3
黑龙江	3	四川	3
上海	2	云南	2
江苏	3	西藏	1
浙江	3	陕西	1
安徽	1	甘肃	3
福建	2	青海	3
江西	3	宁夏	3
山东	3	新疆	1

⑥在 2017 年数据基础上按照该速度类别逐年向前滚动，得到 2020 年、2025 年、2030 年 31 个地区 39 项指标的测算值。31 个地区"研发投入强度"预测值如表 2-21 所示。

表 2-21　31 个地区"研发投入强度"预测值

地区	2020 年	2025 年	2030 年
北京	5.986848459%	6.353291479%	7.01454716%
天津	2.617855727%	2.77808944%	3.06723522%
河北	1.499865487%	1.789798832%	2.402835655%
山西	1.050574311%	1.114877863%	1.230915247%
内蒙古	0.92486338%	1.040915447%	1.267589314%
辽宁	1.908169804%	2.02284%	2.229473884%
吉林	0.8885007%	0.942884051%	1.041020181%
黑龙江	0.960267899%	1.019043976%	1.125106892%
上海	4.547862105%	5.171402511%	6.406341688%
江苏	2.792048599%	2.962944309%	3.271329933%
浙江	2.495329845%	2.545477289%	2.631305877%
安徽	2.322943873%	2.628561147%	3.229859993%
福建	2.002790118%	2.385499952%	3.19266021%
江西	1.579754002%	2.03105989%	3.087532271%

地区	2020 年	2025 年	2030 年
山东	2.641623115%	2.893091072%	3.366517323%
河南	1.505720236%	1.752361362%	2.256434017%
湖北	2.104462108%	2.308671996%	2.693999078%
湖南	2.067686804%	2.601195174%	3.813466293%
广东	2.755482649%	2.911829672%	3.192369196%
广西	0.823849283%	0.973668819%	1.286324139%
海南	0.624148533%	0.752244832%	1.026781361%
重庆	2.402514352%	3.086875747%	4.687497815%
四川	1.739445507%	1.754173773%	1.778998531%
贵州	1.005396137%	1.427528242%	2.560533943%
云南	1.124940031%	1.326077097%	1.74435328%
西藏	0.30765545%	0.433025534%	0.765470269%
陕西	2.233679577%	2.236736525%	2.241840737%
甘肃	1.222068997%	1.296869396%	1.431848604%
青海	1.339760857%	2.64851495%	8.24696849%
宁夏	1.883511796%	3.14703736%	7.403853597%
新疆	0.565318982%	0.61278046%	0.700901746%

（4）验证测算方法及过程的合理性。按照第（3）步中的测算方法，分别测算 2016 年和 2017 年 30 个地区 39 项指标的测算值，带入计算模型，测算出 30 个地区 2016 年和 2017 年"指数"的测算值，与发布的 2016 年和 2017 年"指数"的实际值进行对比，30 个地区绝对值平均误差较小（2016 年和 2017 年绝对值平均误差分别为 0.915415 个百分点和 0.82705 个百分点），说明该测算方法及过程的效果较好，比较合理。

（5）计算 30 个地区的"指数"及排位。将第（3）步中得到的 2020 年、2025 年、2030 年 30 个地区 39 项指标测算值带入计算模型，计算出 30 个地区 2020 年、2025 年、2030 年的"指数"及排位（表 2-22）。

表 2-22　30 个地区 2020 年、2025 年、2030 年的"指数"及排位

地区	2020 年		2025 年		2030 年	
	预测综合值	预测排位	预测综合值	预测排位	预测综合值	预测排位
北京	86.5681%	2	87.75067%	3	89.57124%	4
天津	86.17954%	3	88.60788%	2	90.83216%	1
河北	62.02651%	19	66.67405%	20	72.60304%	20
山西	57.85056%	23	60.5279%	27	65.23305%	27
内蒙古	55.23664%	27	61.12973%	26	65.95674%	26
辽宁	69.50305%	13	72.81273%	15	77.34918%	15
吉林	61.20988%	20	63.32166%	21	66.40428%	24
黑龙江	60.82281%	21	62.7586%	23	66.60634%	23
上海	87.77101%	1	89.03106%	1	90.74681%	2
江苏	80.98205%	5	83.64893%	5	87.18588%	5
浙江	80.10415%	6	82.99657%	6	85.04857%	6
安徽	73.40203%	9	77.60359%	9	81.07654%	10
福建	68.78195%	14	72.08413%	16	76.99323%	16
江西	64.89337%	16	75.34365%	11	83.77367%	7
山东	70.2397%	11	74.03504%	13	78.13103%	14
河南	63.56365%	18	69.59275%	17	76.72449%	17
湖北	74.20642%	8	78.30989%	8	82.48352%	9
湖南	68.54207%	15	73.86099%	14	79.58463%	12
广东	85.40037%	4	87.34893%	4	90.2365%	3
广西	56.67708%	25	60.22147%	28	63.68862%	28
海南	49.79698%	29	52.61345%	29	58.85563%	29
重庆	75.73146%	7	79.37555%	7	82.69873%	8
四川	69.93329%	12	75.19998%	12	79.56608%	13
云南	54.84511%	28	61.3258%	25	69.13341%	21
西藏	41.02429%	31	46.19703%	31	50.49636%	31
陕西	72.74262%	10	76.60158%	10	80.38802%	11
甘肃	57.92932%	22	62.44401%	24	66.33049%	25

续表

地区	2020 年		2025 年		2030 年	
	预测综合值	预测排位	预测综合值	预测排位	预测综合值	预测排位
青海	56.28054%	26	62.958%	22	67.13753%	22
宁夏	63.87936%	17	69.52865%	18	74.33458%	19
新疆	45.22752%	30	50.79655%	30	54.78603%	30

（6）确定贵州 39 项指标的目标值。根据贵州"综合指数"2020 年、2025 年、2030 年分别进入全国前 25 位、前 20 位、前 15 位的目标，对标 30 个地区的"综合指数"，确定"综合指数"目标值并对贵州 39 项指标进行调整。调整方法如下：

1）经济社会指标

①按照贵州相关规划目标调整的指标。此类指标仅 1 项，即"万人高等学校在校学生数"，按照《贵州省推进教育现代化建设特色教育强省实施纲要（2018—2027 年）》中的目标，2030 年调整为 300 人，相应地将 2020 年、2025 年的指标值调整为 230 人、250 人。

②暂时无相关规划目标的指标，此类指标均按测算结果处理。此类指标共 11 项，分别为科学研究和技术服务业新增固定资产占比重、科学研究和技术服务业平均工资比较系数、万元生产总值技术国际收入、高技术产业营业收入占工业营业收入的比重、知识密集型服务业增加值占生产总值比重、高技术产业利润率、资本生产率、综合能耗产出率、装备制造业区位商、环境质量指数、电子商务消费占最终消费支出比重。

③特殊处理的 2 项指标。近 5 年高技术产业劳动生产率平均增速为 19.47%，但未来 10 年速度可能趋缓，故采用平均增速折半的方式调整目标值；劳动生产率是地区生产总值和就业人员数之比，测算 39 项指标元数据时分别计算了这两项指标，劳动生产率的目标值按这两项指标之比进行调整。

2）达到或接近标准值的指标

将《中国区域科技创新评价报告 2019》中已经达到或接近标准值指标的 2020 年、2025 年、2030 年测算值均调整为标准值。此类指标共 7 项，分别为万人输出技术成交额、万人移动互联网用户数、万人大专以上学历人数、高技术产品出口额占商品出口额比重、每名 R&D 人员研发仪器和设备支出、万人吸纳技术成交额、知识密集型服务业劳动生产率。

3）科技创新指标

①排目标位次之后的指标。在 2020 年、2025 年、2030 年仍排在第 25 位、第 20 位、第 15 位以后的指标，参考该指标居第 25 位、第 20 位、第 15 位的测算值进行调整。此类

指标共 8 项，分别为万人 R&D 研究人员数、万人研究与发展（R&D）人员数、有 R&D 活动的企业占比重、10 万人累计孵化企业数、十万人博士毕业生数、新产品销售收入占主营业务收入比重、获国家级科技成果奖系数、万人科技论文数。

②排目标位次之前的指标。在 2020 年、2025 年、2030 年分别排在第 25 位、第 20 位、第 15 位以前的指标，按预测结果，保持不变。此类指标共 6 项，分别为企业 R&D 经费支出占主营业务收入比重，信息传输、软件和信息技术服务业增加值占生产总值比重，企业 R&D 研究人员占比重，环境污染治理指数，企业技术获取和技术改造经费支出占企业主营业务收入比重，10 万人创新中介从业人员数。

③特殊处理的 4 项指标。近 5 年万名就业人员专利申请数、万人发明专利拥有量、地方财政科技支出占地方财政支出比重平均增速均保持两位数增长，但随着贵州经济增速放缓，这 3 项指标未来增长速度趋缓，故采用平均增速折半的方式调整其目标值；R&D 经费支出与 GDP 比值 2020 年目标值按贵州近两年研发投入强度平均增速的 12% 左右进行计算，调整为 1.21%，2025 年目标值参考快速增长期平均增速的 10% 进行测算，调整为 1.61%，2030 年贵州研发投入增速进入增长放缓期，速度会逐步趋缓，参考较快增长期平均增速的 8% 进行测算，调整为 2.36%。

2. "效用值"测算过程

由于区域创新能力评价指标体系结构复杂，涉及实力、效率、潜力 3 种类型 137 项指标，数据变化无规律可循，因此测算时将各年度每项指标的最大值、最小值作为切入点，先滚动测算出 137 项指标的最大值和最小值，确定区间，再基于 2006—2019 年 31 个地区"效用值"，测算"效用值"的中位数及对应的位次，然后滚动测算出贵州 137 项指标值，并根据贵州在 2020 年、2025 年、2030 年"效用值"的目标位次及 137 项指标最大值、最小值区间，调整 137 项指标测算值，最终确定贵州在 2020 年、2025 年、2030 年 137 项指标的目标值。

为建立科学、可行的测算模型，首先做出以下 4 个假定：

①假定预测周期内的评价方法保持不变，包括评价指标体系不变、各级指标权重不变（根据最近年份的权重确定测算年份的权重）。

②假定 31 个地区测算年份使用的 137 项指标最大值和最小值向前滚动的方法类型保持不变，不同指标根据误差最小原则，适用不同的最大值和最小值滚动方法。

③假定 31 个地区测算年份的位次与效用值有一定的对应关系。只要测算出某个地区的效用值，就能测算出该地区的位次。

④假定其他 30 个地区测算年份不会采取激进措施，各项指标保持原有增长函数。

在假定条件成立的基础上，采取以下步骤进行测算（以指标"规模以上工业企业就业人员中研发人员比重"为例，下同）。

（1）对数据进行预处理。整理 31 个地区 137 项指标的原始数据，对部分指标进行折算，使所有指标保持统一口径（表 2-23）。

表 2-23　31 个地区 "规模以上工业企业就业人员中研发人员比重" 原始数据

地区	2009 年	2010 年	2011 年	2012 年	2013 年	2014 年	2015 年	2016 年
安徽	2.33%	3.31%	3.11%	4.15%	3.93%	4.35%	4.31%	4.69%
北京	4.43%	5.18%	5.74%	6.43%	6.84%	6.84%	6.59%	6.76%
福建	1.66%	2.54%	2.38%	3.02%	2.91%	3.32%	3.07%	3.44%
甘肃	1.95%	2.43%	2.33%	2.91%	2.21%	3.08%	2.97%	3.04%
广东	2.07%	3.45%	2.93%	3.66%	3.76%	3.71%	3.65%	4.07%
广西	1.31%	2.25%	1.75%	1.98%	1.88%	1.93%	1.57%	1.66%
贵州	1.28%	3.05%	1.57%	2.11%	1.93%	2.03%	2.20%	2.68%
海南	1.24%	1.28%	1.89%	3.26%	3.61%	4.39%	4.77%	3.83%
河北	1.58%	2.37%	2.07%	2.39%	2.40%	2.82%	2.98%	3.33%
河南	2.21%	3.14%	2.24%	2.53%	2.80%	2.64%	2.58%	2.59%
黑龙江	2.52%	3.85%	3.65%	3.60%	3.14%	3.75%	3.44%	3.84%
湖北	2.68%	3.55%	3.44%	3.96%	3.59%	3.66%	3.95%	4.35%
湖南	2.17%	4.42%	2.66%	3.15%	3.15%	3.28%	3.57%	3.87%
吉林	1.39%	2.85%	1.75%	2.24%	2.24%	2.10%	2.27%	2.36%
江苏	2.84%	4.08%	3.41%	4.21%	4.49%	4.82%	5.02%	5.49%
江西	1.70%	2.84%	1.66%	1.66%	1.95%	2.00%	1.96%	2.47%
辽宁	1.86%	2.97%	2.06%	2.28%	2.49%	2.70%	2.57%	3.27%
内蒙古	1.51%	2.01%	1.68%	2.13%	2.48%	2.74%	2.88%	3.18%
宁夏	1.84%	1.67%	1.99%	2.41%	2.32%	2.99%	2.95%	3.24%
青海	1.38%	1.80%	1.44%	1.61%	1.36%	1.54%	0.99%	1.56%
山东	1.95%	3.48%	2.92%	3.52%	3.51%	3.58%	3.73%	4.13%
山西	1.94%	2.16%	1.92%	2.05%	2.01%	2.32%	1.99%	2.24%
陕西	2.70%	3.46%	2.63%	3.56%	3.51%	4.03%	3.74%	4.05%

续表

地区	2009 年	2010 年	2011 年	2012 年	2013 年	2014 年	2015 年	2016 年
上海	2.83%	4.15%	3.86%	4.17%	4.58%	5.03%	5.34%	5.55%
四川	1.86%	2.55%	1.97%	2.58%	2.83%	2.68%	2.66%	3.27%
天津	3.12%	4.19%	4.59%	5.33%	5.72%	6.65%	7.33%	7.57%
西藏	2.30%	0.21%	0.66%	1.44%	1.14%	1.37%	0.84%	1.70%
新疆	1.34%	1.65%	1.45%	1.51%	1.31%	1.41%	1.54%	1.57%
云南	1.44%	0.95%	2.00%	2.10%	1.83%	2.18%	3.01%	3.47%
浙江	2.32%	3.93%	3.47%	4.16%	4.43%	5.01%	5.71%	6.01%
重庆	2.41%	3.80%	2.71%	3.08%	3.29%	3.51%	3.39%	3.79%

（2）确定计算模型。通过中国科学院大学中国创新创业管理研究中心计算"效用值"的公式及过程，即对基础指标无量纲化后，分层逐级综合，最后得出创新能力的综合效用值，建立计算模型。方法如下：

①对基础指标无量纲化。单一指标采用直接获取的区域数据来表示，在无量纲化处理时采用效用值法，效用值规定的值域是［0，100］，即该指标下最优值的效用值为 100，最差值的效用值为 0。

a. 正效指标。该指标值越大，效用值越高，如劳动生产率、人均 GDP、发明专利数等，对这类指标的处理应采用如下方法：

$$y_{ij} = \frac{x_{ij} - x_{i\min}}{x_{i\max} - x_{i\min}} \times 100 \text{。}$$

如果设 i 表示第 i 项指标，j 表示第 j 个区域，那么 x_{ij} 表示 i 指标 j 区域的指标获取值；y_{ij} 表示 i 指标 j 区域的指标效用值；$x_{i\max}$ 表示该指标的最大值；$x_{i\min}$ 表示该指标的最小值。

b. 负效指标。该指标值越大，效用值越低，如失业率［（失业人数 + 下岗人数）/ 当地就业人数］等，对这类指标的处理应采用如下方法：

$$y_{ij} = \frac{x_{i\max} - x_{ij}}{x_{i\max} - x_{i\min}} \times 100 \text{。}$$

式中变量含义同上。

c. 复合指标。复合指标是采用两项或更多的单项数据指标复合计算后得到的，一般是增长率、平均数等，其效用值的处理方法与单项指标是一样的。

②逐级加权综合。加权计算是分层逐级进行的，以图 2-4 为例说明：a、b、c、d 分别表示分层；$f(a)$、$f(b)$…分别表示其权重；$x(a, i)$、$x(b, i)$…分别表示分层分区域

的指标效用值，计算时从右向左进行。

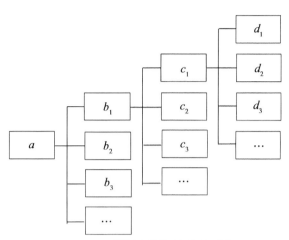

图 2-4 "效用值"的计算过程

如计算 c_i 的指标值（加权效用值），设 $x(c_i, i)$ 是区域 j 在 c_i 指标下的综合效用值；$x(d_i, i)$ 是区域 j 在 d_i 指标下的综合效用值，那么，

$$x(c_1, i) = x(d_1, i)f(d_1) + x(d_2, i)f(d_2) + x(d_3, i)f(d_3) + \cdots。以此类推，$$
求出 $x(c_2, i)$，$x(c_3, i)$，$\cdots$，进一步求出 $x(b_i, i)$：

$$x(b_1, i) = x(c_1, i)f(c_1) + x(c_2, i)f(c_2) + x(c_3, i)f(c_3) + \cdots。以此类推，$$
求出 $x(b_2, i)$，$x(b_3, i)$，$\cdots$，再进一步求出 $x(a, i)$：

$$x(a, i) = x(b_1, i)f(b_1) + x(b_2, i)f(b_2) + x(b_3, i)f(b_3) + \cdots。$$
设 i=1，2，3，$\cdots$，31，分别求出 31 个地区各层次各项指标的效用值。

（3）测算 137 项指标的最大值和最小值。

①基于 2006—2018 年 137 项指标最大值和最小值的历史数据，分别计算最大值和最小值的同比增长速度。计算 91 项实力和效率指标的同比增长速度中位数、几何平均数、最近速度、最大速度、最小速度，计算 46 项潜力指标的中位数、几何平均增长率、最近增长率、最大增长率、最小增长率（计算公式与测算"指数"时的相同）。"规模以上工业企业就业人员中研发人员比重"最大值、最小值速度如表 2-24 所示。

表 2-24 "规模以上工业企业就业人员中研发人员比重"最大值、最小值速度

类别	中位数	几何平均数	最近速度	最大速度	最小速度
最大值	0.071637427%	0.079547451%	−0.036295178%	0.05%	0
最小值	0.201754386%	0.033340077%	2.028911565%	2.142857143%	−0.83064516%

②在 2015 年数据基础上用不同类别的同比增长速度计算出 2016 年最大值和最小值的预测值，并与发布的实际值进行对比，根据误差最小原则确定最优的速度类别。"规模以上工业企业就业人员中研发人员比重"最大值、最小值的最优速度类别如表 2-25 所示。

表 2-25　"规模以上工业企业就业人员中研发人员比重"最大值、最小值的最优速度类别

类别	速度类别
最大值	最大速度
最小值	几何平均数

③在 2016 年 137 项指标最大值和最小值数据基础上，按照该速度类别逐年向前滚动，得到测算年份 137 项指标最大值和最小值的测算值。"规模以上工业企业就业人员中研发人员比重"最大值、最小值测算值如表 2-26 所示。

表 2-26　"规模以上工业企业就业人员中研发人员比重"最大值、最小值测算值

类别	2020 年	2025 年	2030 年
最大值	9.201382313%	10.6517502%	13.59463239%
最小值	1.89618975%	2.195076659%	2.801535869%

（4）验证测算方法及过程的合理性。按照第（3）步中的测算方法，分别测算 2016 年 137 项指标最大值和最小值的测算值，带入第（2）步中建立的计算模型，测算出 31 个地区 2016 年"效用值"的测算值，与发布的 2016 年"效用值"的实际值进行对比，若 31 个地区绝对值平均误差较小（绝对值平均误差为 0.7823），说明该测算方法及过程的效果较好，比较合理。

（5）确定位次与"效用值"之间的对应关系。基于 2004—2017 年 31 个地区的"效用值"，计算各年份"效用值"的中位数及对应的位次，得到位次与"效用值"的对应关系。

（6）确定贵州 137 项指标的测算值。计算贵州 91 项实力和效率指标的同比增长速度中位数、几何平均数、最近速度、最大速度、最小速度，计算 46 项潜力指标的中位数、几何平均增长率、最近增长率、最大增长率、最小增长率，按照误差最小原则确定速度类别，滚动测算出贵州 2019—2030 年 137 项指标的测算值。

（7）计算"效用值"。将 137 项指标的最大值、最小值和贵州 137 项指标的测算值带

入模型，测算贵州在 2020 年、2025 年、2030 年的"效用值"。贵州"规模以上工业企业就业人员中研发人员比重"的目标值如表 2-27 所示。

表 2-27　贵州"规模以上工业企业就业人员中研发人员比重"的目标值

年份	2020	2025	2030
目标值	3.684761257%	4.580494294%	6.068902381%

四、测算结果

根据上述方法测算出 176 项指标 2020 年、2025 年、2030 年分阶段目标值（详见附件 1、附件 2）。

1. "指数"测算结果分析

2020 年"指数"预计达到 56.23%，排第 25 位；除 9 项已达到标准值的指标外，其余 30 项指标中排第 1 ～ 10 位的有 3 项指标，排第 11 ～ 20 位的有 6 项指标，排第 21 ～ 31 位的有 21 项指标。

2025 年"指数"预计达到 63.32%，排第 20 位；除 12 项已达到标准值的指标外，其余 27 项指标中排第 1 ～ 10 位的有 3 项指标，排第 11 ～ 20 位的有 13 项指标，排第 21 ～ 31 位的有 11 项指标。

2030 年"指数"预计达到 77.35%，排第 15 位；除 13 项已达到标准值的指标外，其余 26 项指标中排第 1 ～ 10 位的有 3 项指标，排第 11 ～ 20 位的有 13 项指标，排第 21 ～ 31 位的有 10 项指标。

每项指标具体测算结果如下。

（1）R&D 经费支出与 GDP 比值

该指标 2020 年、2025 年、2030 年预测结果分别为 0.91%、1.10%、2.02%，2020 年、2025 年、2030 年排位分别为第 23 位、第 22 位、第 21 位（图 2-5）。

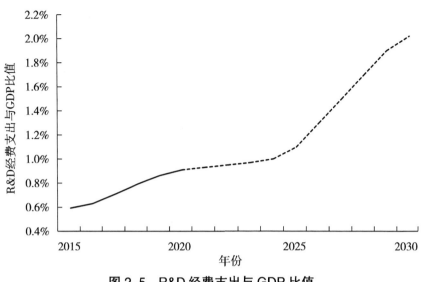

图 2-5　R&D 经费支出与 GDP 比值

（2）劳动生产率

该指标 2020 年、2025 年、2030 年预测结果分别为 5.19 万元/人、7.66 万元/人、8 万元/人，2020 年、2025 年排位分别为第 28 位、第 28 位^①（图 2-6）。

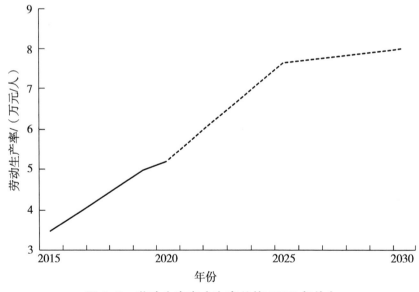

图 2-6　劳动生产率（生产总值 2000 年价）

---

① 2030 年该指标已达到标准值，不进行排位，下同。

（3）资本生产率

该指标 2020 年、2025 年、2030 年预测结果分别为 0.22 万元 / 万元、0.30 万元 / 万元、0.37 万元 / 万元，排位分别为第 21 位、第 15 位、第 13 位（图 2-7）。

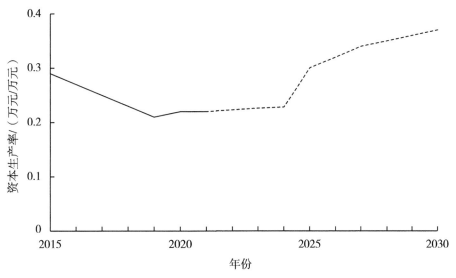

图 2-7 资本生产率（固定资本形成存量净额 2000 年价）

（4）万人科技论文数

该指标 2020 年、2025 年、2030 年预测结果分别为 1.51 篇 / 万人、1.76 篇 / 万人、2.14 篇 / 万人，排位分别为第 28 位、第 28 位、第 27 位（图 2-8）。

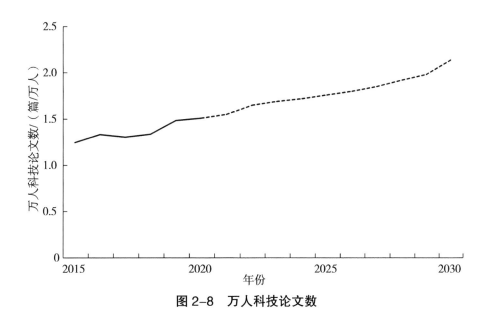

图 2-8 万人科技论文数

（5）万人发明专利拥有量

该指标 2020 年、2025 年、2030 年预测结果分别为 3.61 件 / 万人、4.5 件 / 万人、5.5 件 / 万人，2020 年、2025 年排位分别为第 27 位、第 29 位（图 2-9）。

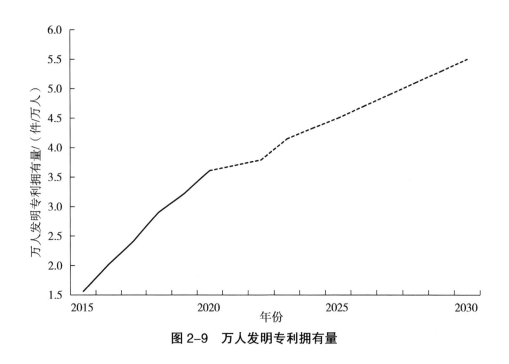

图 2-9　万人发明专利拥有量

（6）万人 R&D 研究人员数

该指标 2020 年、2025 年、2030 年预测结果分别为 5.52 人年 / 万人、7.00 人年 / 万人、7.00 人年 / 万人，2020 年排位为第 24 位（图 2-10）。

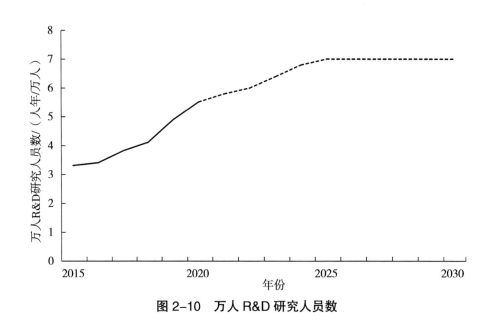

图 2-10　万人 R&D 研究人员数

（7）地方财政科技支出占地方财政支出比重

该指标 2020 年、2025 年、2030 年预测结果分别为 1.97%、3.20%、4.42%，2020 年、2025 年、2030 年排位分别为第 14 位、第 14 位、第 13 位（图 2-11）。

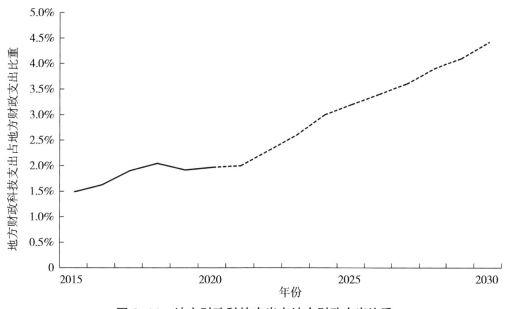

图 2-11 地方财政科技支出占地方财政支出比重

（8）企业 R&D 经费支出占主营业务收入比重

该指标 2020 年、2025 年、2030 年预测结果分别为 1.13%、1.80%、2.50%，2020 年、2025 年排位分别为第 12 位、第 10 位（图 2-12）。

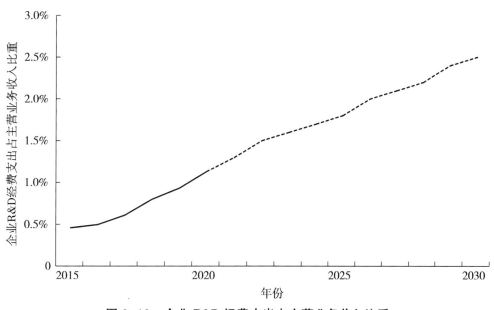

图 2-12 企业 R&D 经费支出占主营业务收入比重

（9）万人输出技术成交额

该指标 2020 年、2025 年、2030 年预测结果分别为 501.05 万元 / 万人、200.00 万元 / 万人、200.00 万元 / 万人（图 2-13）。

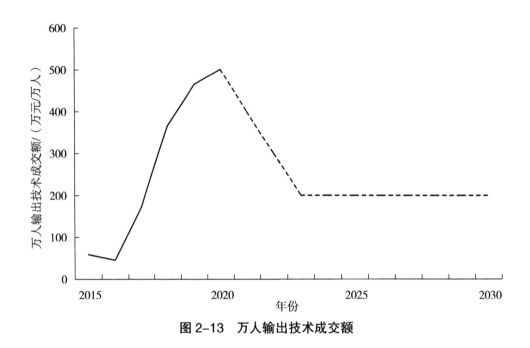

图 2-13　万人输出技术成交额

（10）万元生产总值技术国际收入

该指标 2020 年、2025 年、2030 年预测结果分别为 0.38 美元 / 万元、0.89 美元 / 万元、1.50 美元 / 万元，排位分别为第 20 位、第 18 位、第 17 位（图 2-14）。

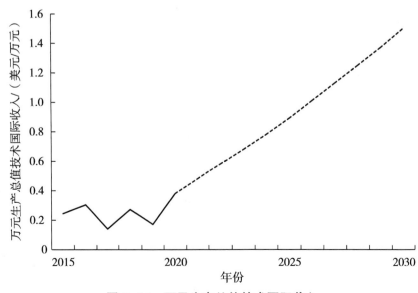

图 2-14　万元生产总值技术国际收入

（11）万人移动互联网用户数

该指标 2020 年、2025 年、2030 年预测结果分别为 10 340.47 人 / 万人、10 000 人 / 万人、10 000 人 / 万人（图 2–15）。

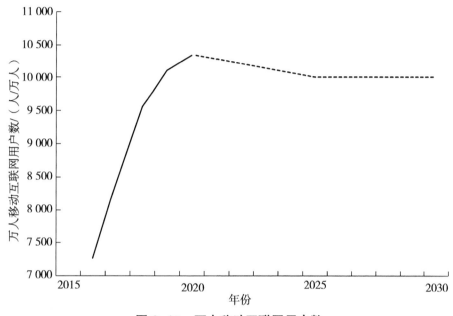

图 2–15　万人移动互联网用户数

（12）信息传输、软件和信息技术服务业增加值占生产总值比重

该指标 2020 年、2025 年、2030 年预测结果分别为 2.89%、3.50%、3.50%，2020 年排位为第 18 位（图 2–16）。

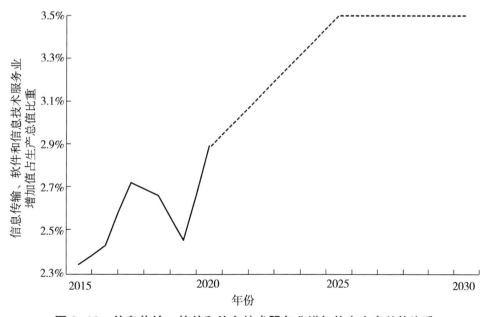

图 2–16　信息传输、软件和信息技术服务业增加值占生产总值比重

（13）企业 R&D 研究人员占比重

该指标 2020 年、2025 年、2030 年预测结果分别为 63.55 %、52.23%、70.00%，2020 年、2025 年排位分别为第 15 位、第 14 位（图 2-17）。

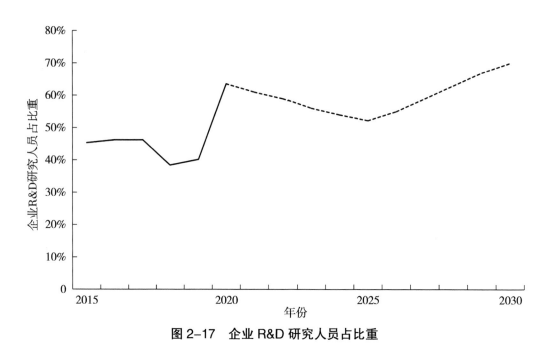

图 2-17　企业 R&D 研究人员占比重

（14）高技术产业劳动生产率

该指标 2020 年、2025 年、2030 年预测结果分别为 61.02 万元 / 人、30.00 万元 / 人、30.00 万元 / 人（图 2-18）。

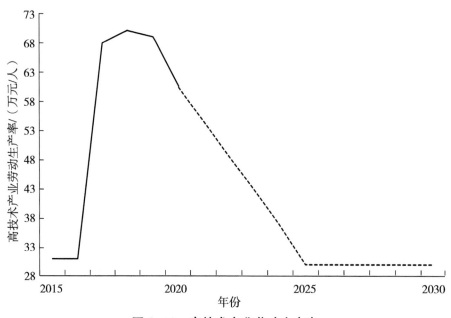

图 2-18　高技术产业劳动生产率

（15）知识密集型服务业劳动生产率（去除邮政业）

该指标 2020 年、2025 年、2030 年预测结果分别为 49.93 万元 / 人、60.00 万元 / 人、60.00 万元 / 人（图 2-19）。

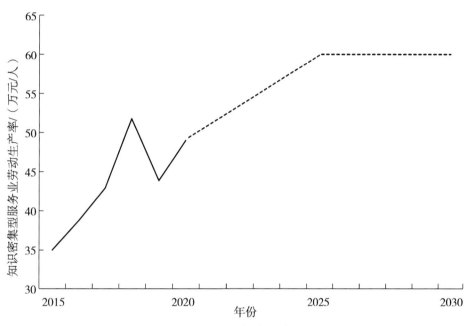

图 2-19　知识密集型服务业劳动生产率（去除邮政业）

（16）环境污染治理指数

该指标 2020 年、2025 年、2030 年预测结果分别为 95.55%、100.00%、100.00%（图 2-20）。

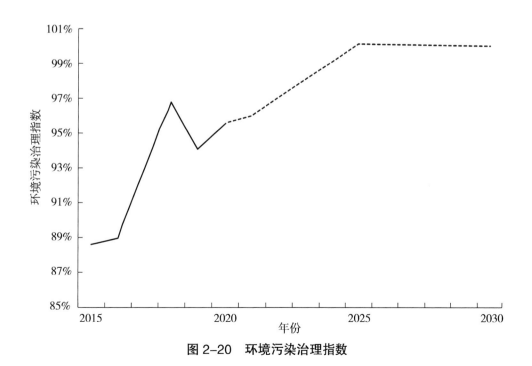

图 2-20　环境污染治理指数

（17）万人研究与发展（R&D）人员数

该指标 2020 年、2025 年、2030 年测算结果分别为 11.92 人年 / 万人、25.56 人年 / 万人、38.00 人年 / 万人，排位分别为第 23 位、第 20 位、第 15 位（图 2-21）。

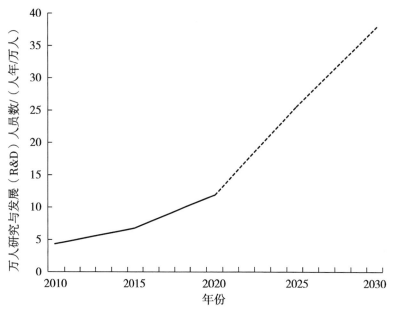

图 2-21 万人研究与发展（R&D）人员数

（18）万人大专以上学历人数

该指标 2020 年、2025 年、2030 年预测结果分别为 1207.43 人 / 万人、1000.00 人 / 万人、1000.00 人 / 万人（图 2-22）。

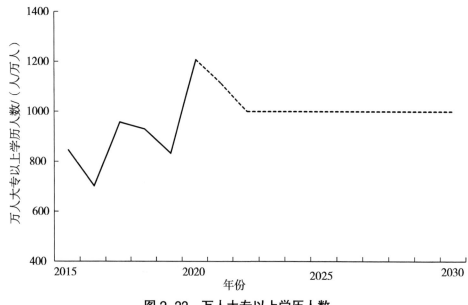

图 2-22 万人大专以上学历人数

（19）获国家级科技成果奖系数

该指标 2020 年、2025 年、2030 年预测结果分别为 4.87 项当量 / 万人、1.39 项当量 / 万人、2.40 项当量 / 万人，排位分别为第 31 位、第 31 位、第 31 位（图 2-23）。

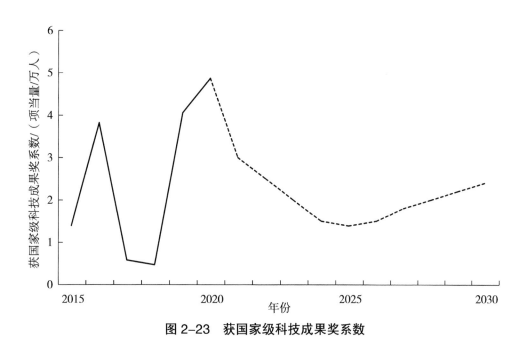

图 2-23　获国家级科技成果奖系数

（20）高技术产业主营业务收入占工业主营业务收入比重

该指标 2020 年、2025 年、2030 年预测结果分别为 13.27%、15.23%，17.48%，排位分别为第 10 位、第 9 位、第 9 位（图 2-24）。

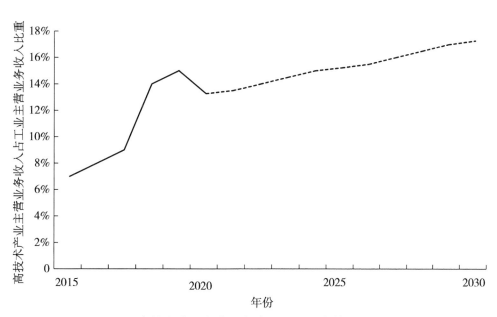

图 2-24　高技术产业主营业务收入占工业主营业务收入比重

（21）高技术产品出口额占商品出口额比重

该指标 2020 年、2025 年、2030 年预测结果分别为 41.85%、40.00%、40.00%（图 2-25）。

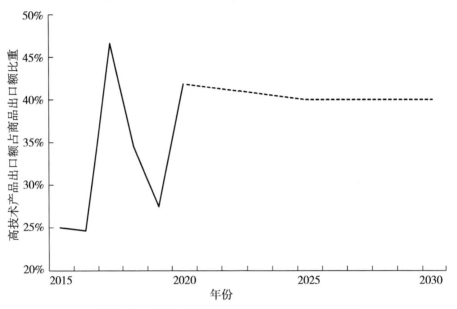

图 2-25　高技术产品出口额占商品出口额比重

（22）每名 R&D 人员研发仪器和设备支出

该指标 2020 年、2025 年、2030 年预测结果分别为 3.05 万元、4.12 万元、6.00 万元，2020 年、2025 年排位分别为第 23 位、第 20 位（图 2-26）。

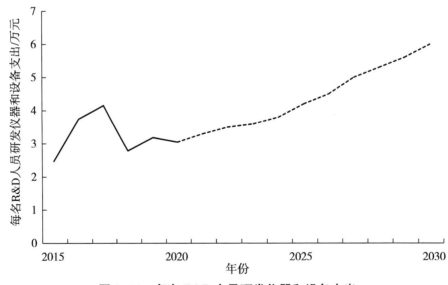

图 2-26　每名 R&D 人员研发仪器和设备支出

（23）科学研究和技术服务业新增固定资产占比重

该指标 2020 年、2025 年、2030 年预测结果分别为 0.45%、0.39%、0.44%，排位分别为第 29 位、第 28 位、第 28 位（图 2-27）。

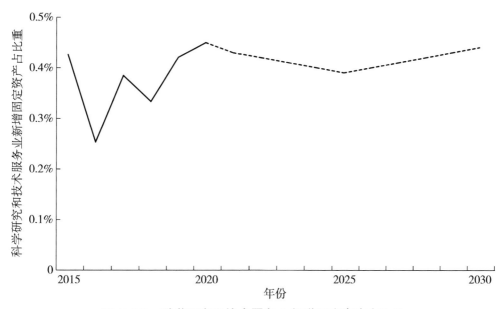

图 2-27 科学研究和技术服务业新增固定资产占比重

（24）企业技术获取和技术改造经费支出占企业主营业务收入比重

该指标 2020 年、2025 年、2030 年预测结果分别为 0.44%、0.65%、0.85%，排位分别为第 6 位、第 5 位、第 5 位（图 2-28）。

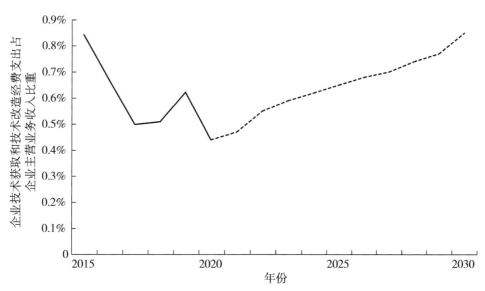

图 2-28 企业技术获取和技术改造经费支出占企业主营业务收入比重

（25）电子商务消费占最终消费支出比重

该指标 2020 年、2025 年、2030 年预测结果分别为 23.04%、35.42%、49.26%，排位分别为第 13 位、第 12 位、第 10 位（图 2-29）。

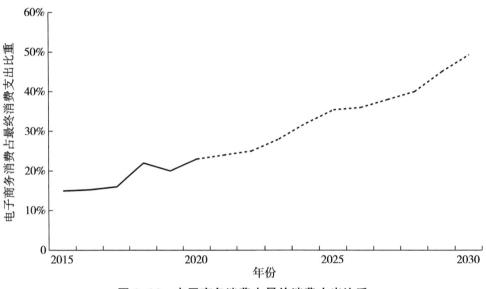

图 2-29　电子商务消费占最终消费支出比重

（26）知识密集型服务业增加值占生产总值比重（去除邮政业）

该指标 2020 年、2025 年、2030 年预测结果分别为 12.60%、20.40%、29.04%，排位分别为第 22 位、第 18 位、第 18 位（图 2-30）。

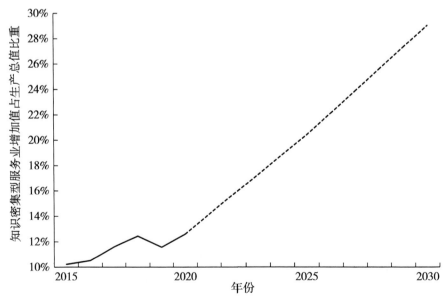

图 2-30　知识密集型服务业增加值占生产总值比重（去除邮政业）

（27）新产品销售收入占主营业务收入比重

该指标 2020 年、2025 年、2030 年预测结果分别为 15.56%、24.14%、40.00%，2020 年、2025 年排位分别为第 17 位、第 15 位（图 2-31）。

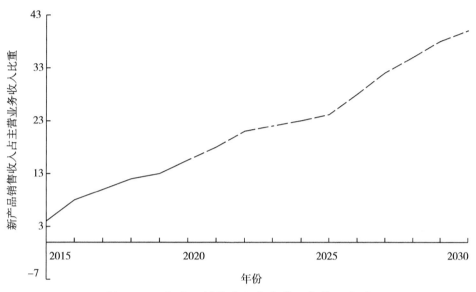

图 2-31　新产品销售收入占主营业务收入比重

（28）高技术产业利润率

该指标 2020 年、2025 年、2030 年预测结果分别为 6.40%、7.06%、11.54%，排位分别为第 22 位、第 21 位、第 16 位（图 2-32）。

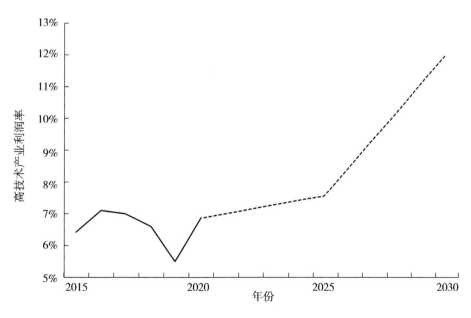

图 2-32　高技术产业利润率

（29）万名就业人员专利申请数

该指标 2020 年、2025 年、2030 年预测结果分别为 20.48 件 / 万人、40.00 件 / 万人、65.00 件 / 万人，排位分别为第 23 位、第 20 位、第 15 位（图 2-33）。

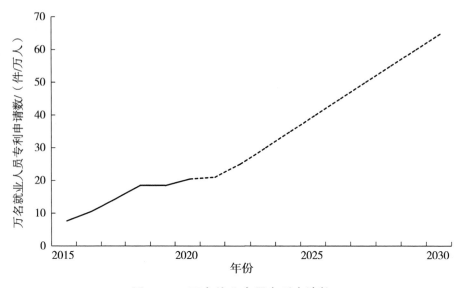

图 2-33　万名就业人员专利申请数

（30）有 R&D 活动的企业占比重

该指标 2020 年、2025 年、2030 年预测结果分别为 28.27%、24.13%、49.74%，排位分别为第 19 位、第 17 位、第 16 位（图 2-34）。

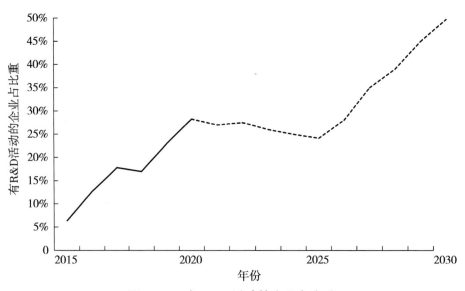

图 2-34　有 R&D 活动的企业占比重

（31）综合能耗产出率

该指标 2020 年、2025 年、2030 年预测结果分别为 9.54 元 / 千克标准煤、14.10 元 / 千克标准煤、19.55 元 / 千克标准煤，排位分别为第 25 位、第 23 位、第 22 位（图 2-35）。

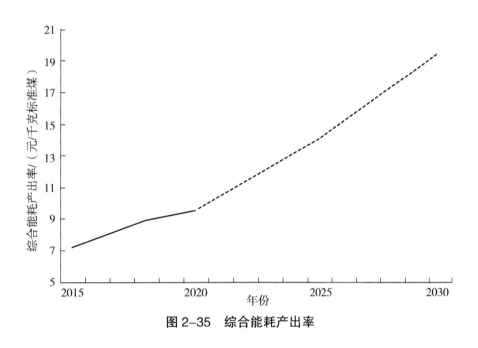

图 2-35　综合能耗产出率

（32）装备制造业区位熵

该指标 2020 年、2025 年、2030 年预测结果分别为 45.43%、72.65%、103.76%，排位分别为第 21 位、第 19 位、第 14 位（图 2-36）。

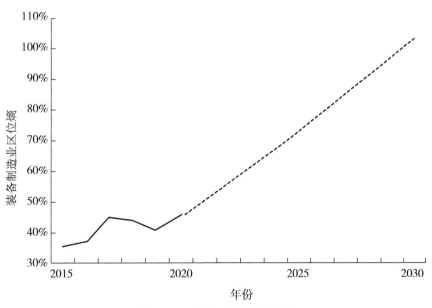

图 2-36　装备制造业区位熵

（33）10万人累计孵化企业数

该指标2020年、2025年、2030年预测结果分别为2.86个/10万人、10.00个/10万人、12.00个/10万人，2020年、2025年排位分别为第28位、第20位（图2-37）。

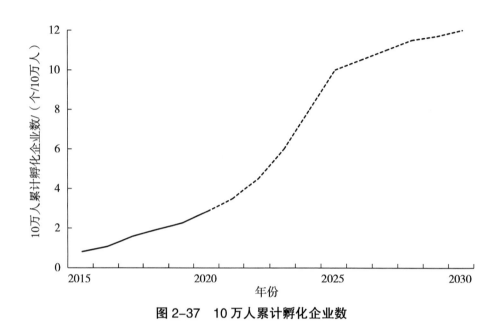

图2-37　10万人累计孵化企业数

（34）科学研究和技术服务业平均工资比较系数

该指标2020年、2025年、2030年预测结果分别为81.82%、90.00%、100.00%，排位分别为第25位、第24位、第24位（图2-38）。

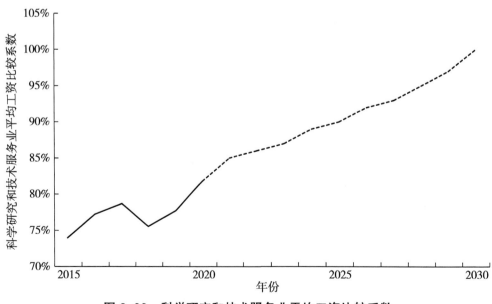

图2-38　科学研究和技术服务业平均工资比较系数

（35）万人吸纳技术成交额

该指标2020年、2025年、2030年预测结果分别为1118.52万元/万人、200.00万元/万人、200.00万元/万人（图2-39）。

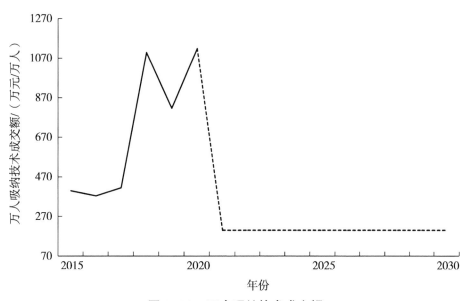

图2-39　万人吸纳技术成交额

（36）环境质量指数

该指标2020年、2025年、2030年预测结果分别为59.47%、80.00%、85.00%，排位分别为第5位、第4位、第4位（图2-40）。

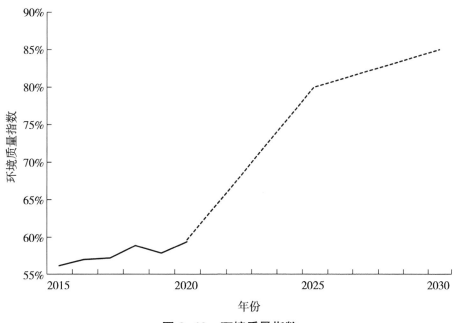

图2-40　环境质量指数

（37）十万人博士毕业生数

该指标 2020 年、2025 年、2030 年预测结果分别为 0.38 人 /10 万人、0.90 人 /10 万人、1.60 人 /10 万人，排位分别为第 26 位、第 26 位、第 25 位（图 2-41）。

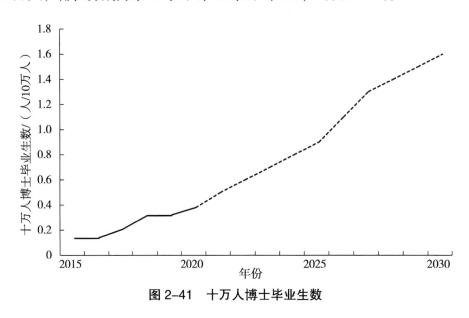

图 2-41　十万人博士毕业生数

（38）万人高等学校在校学生数

该指标 2020 年、2025 年、2030 年预测结果分别为 265.45 人 / 万人、270.00 人 / 万人、300.00 人 / 万人，排位分别为第 21 位、第 20 位、第 18 位（图 2-42）。

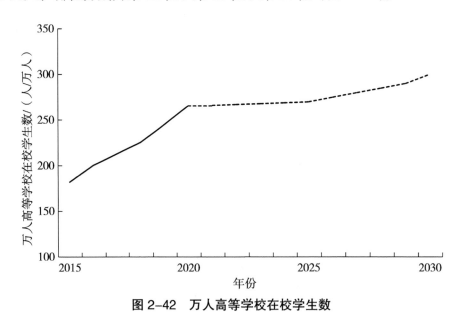

图 2-42　万人高等学校在校学生数

（39）10 万人创新中介从业人员数

该指标 2020 年、2025 年、2030 年预测结果分别为 1.21 人 /10 万人、2.10 人 /10 万人、3.08 人 /10 万人，排位分别为第 23 位、第 19 位、第 16 位（图 2-43）。

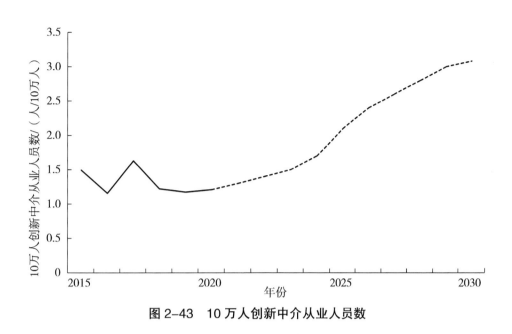

图 2-43　10 万人创新中介从业人员数

2.“效用值”测算结果分析

根据测算结果，贵州 2020 年“效用值”达到 28.17%，排全国第 15 位；2025 年“效用值”达到 29.72%，排全国第 15 位；2030 年“效用值”达到 33.14%，排全国第 15 位。

每项指标具体测算情况如下。

（1）规模以上工业企业就业人员中研发人员比重

2020 年、2025 年、2030 年定量预测结果分别为 3.68%、4.58%、6.07%，调整目标为 5.36%、4.76%、6.00%（图 2-44）。

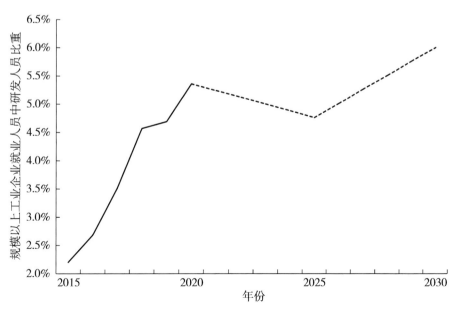

图 2-44　规模以上工业企业就业人员中研发人员比重

（2）规模以上工业企业中有研发机构的企业占总企业数的比例

2020 年、2025 年、2030 年定量预测结果分别为 20.30%、42.86%、131.75%，调整目标为 13.45%、20.00%、25.00%（图 2-45）。

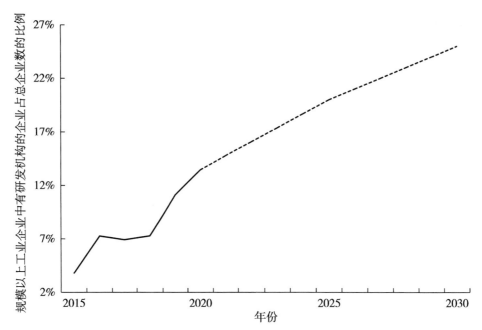

图 2-45　规模以上工业企业中有研发机构的企业占总企业数的比例

（3）规模以上工业企业有研发机构的企业数

2020 年、2025 年、2030 年定量预测结果分别为 1117 个、2012 个、3798 个，调整目标为 603 个、1500 个、2000 个（图 2-46）。

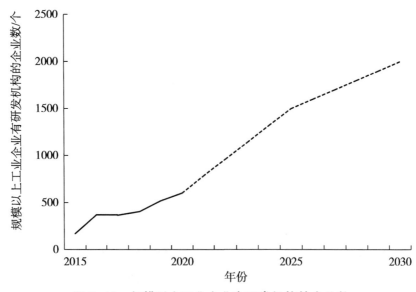

图 2-46　规模以上工业企业有研发机构的企业数

（4）规模以上工业企业研发人员数

2020 年、2025 年、2030 年定量预测结果分别为 182 416.81 万人、11 945 465.03 万人、22 077 015 415.00 万人，调整目标为 41 280 万人、50 000 万人、55 000 万人（图 2–47）。

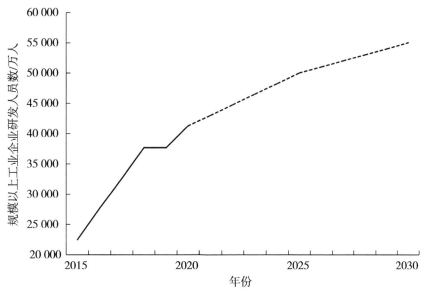

图 2–47 规模以上工业企业研发人员数

（5）规模以上工业企业研发经费外部支出

2020 年、2025 年、2030 年定量预测结果分别为 53.33 亿元、362.68 亿元、6367.09 亿元，调整目标为 7.90 亿元、30.00 亿元、40.00 亿元（图 2–48）。

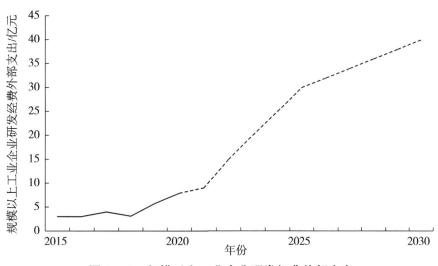

图 2–48 规模以上工业企业研发经费外部支出

（6）规模以上工业企业研发经费内部支出总额占销售收入的比例

2020年、2025年、2030年定量预测结果分别为0.68%、0.84%、1.08%，调整目标为1.13%、0.88%、1.40%（图2-49）。

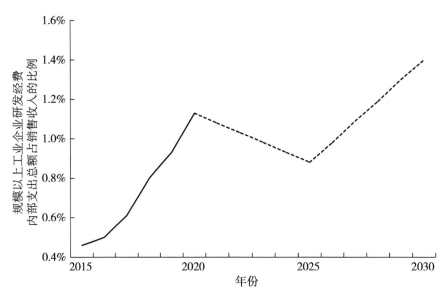

图2-49　规模以上工业企业研发经费内部支出总额占销售收入的比例

（7）规模以上工业企业研发活动经费内部支出总额

2020年、2025年、2030年定量预测结果分别为134.67亿元、226.45亿元、409.23亿元，调整目标为105.36亿元、251.33亿元、280亿元（图2-50）。

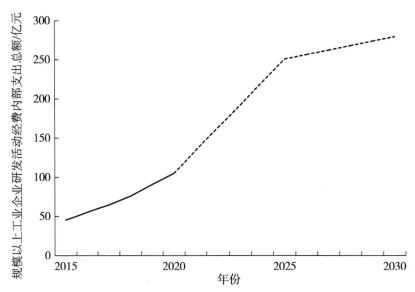

图2-50　规模以上工业企业研发活动经费内部支出总额

（8）规模以上工业企业平均研发经费外部支出

2020 年、2025 年、2030 年定量预测结果分别为 10.85 万元 / 个、20.64 万元 / 个、51.13 万元 / 个，调整目标为 17.64 万元 / 个、20.00 万元 / 个、25 万元 / 个（图 2-51）。

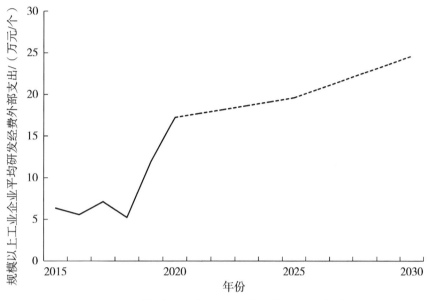

图 2-51　规模以上工业企业平均研发经费外部支出

（9）规模以上工业企业每万名研发人员平均发明专利申请数

2020 年、2025 年、2030 年定量预测结果分别为 1270.93 件 / 万人、1868.34 件 / 万人、3532.10 件 / 万人，调整目标为 842.00 件 / 万人、1500.00 件 / 万人、2000.00 件 / 万人（图 2-52）。

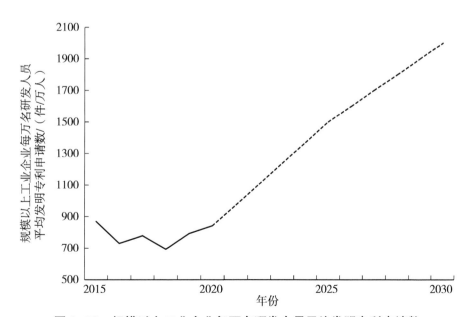

图 2-52　规模以上工业企业每万名研发人员平均发明专利申请数

（10）每万家规模以上工业企业平均有效发明专利数

2020年、2025年、2030年定量预测结果分别为4.19件/万家、11.72件/万家、51.47件/万家，调整目标为1.89件/万家、11.72件/万家、20件/万家（图2-53）。

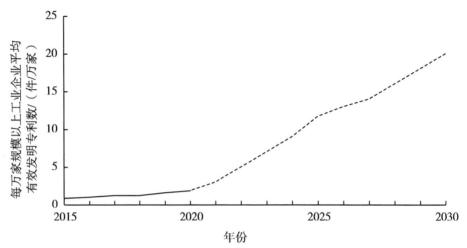

图2-53　每万家规模以上工业企业平均有效发明专利数

（11）规模以上工业企业有效发明专利数

2020年、2025年、2030年定量预测结果分别为31 590.31件、97 913.86件、471 057.34件，调整目标为8 487件、12 000件、15 000件（图2-54）。

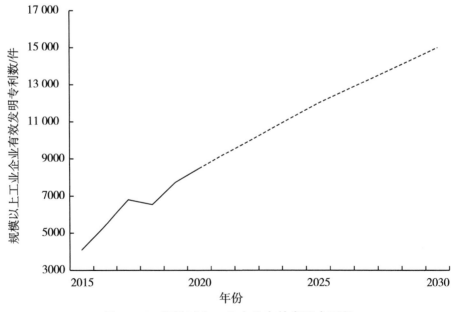

图2-54　规模以上工业企业有效发明专利数

（12）规模以上工业企业发明专利申请数

2020年、2025年、2030年定量预测结果分别为9066.15件、23 643.39件、88 241.07件，调整目标为3475件、15 000件、18 000件（图2-55）。

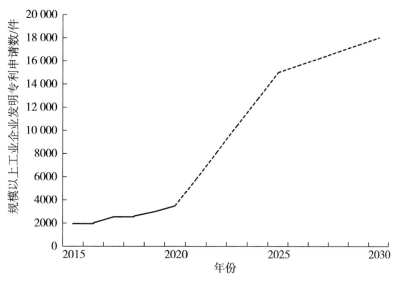

图2-55 规模以上工业企业发明专利申请数

（13）规模以上工业企业新产品销售收入

2020年、2025年、2030年定量预测结果分别为2134.77亿元、4638.13亿元、12 122.14亿元，调整目标为876.09亿元、2500.00亿元、3000.00亿元（图2-56）。

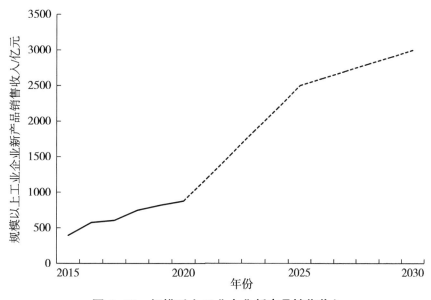

图2-56 规模以上工业企业新产品销售收入

支撑引领高质量发展的科技创新
指标研究

（14）规模以上工业企业新产品销售收入占销售收入的比重

2020 年、2025 年、2030 年定量预测结果分别为 16.98%、50.47%、433.16%，调整目标为 9.38%、25.00%、30.00%（图 2-57）。

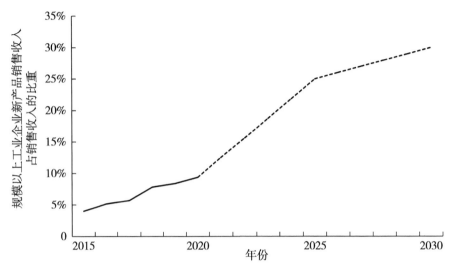

图 2-57　规模以上工业企业新产品销售收入占销售收入的比重

（15）规模以上工业企业平均技术改造经费支出

2020 年、2025 年、2030 年定量预测结果分别为 175.23 万元 / 个、198.36 万元 / 个、211.31 万元 / 个，调整目标为 87.60 万元 / 个、211.31 万元 / 个、203.71 万元 / 个（图 2-58）。

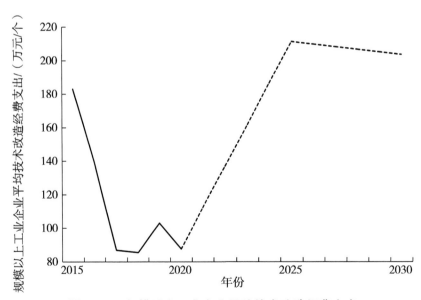

图 2-58　规模以上工业企业平均技术改造经费支出

（16）规模以上工业企业技术改造经费支出

2020 年、2025 年、2030 年定量预测结果分别为 945 485.91 万元、1 087 344.78 万元、1 151 906.40 万元，调整目标为 392 514.20 万元、1 500 000.00 万元、1 800 000.00 万元（图 2-59）。

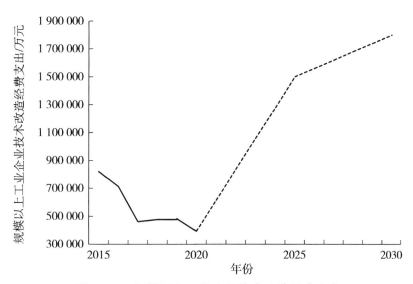

图 2-59　规模以上工业企业技术改造经费支出

（17）有电子商务交易活动的企业数占总企业数的比重

2020 年、2025 年、2030 年定量预测结果分别为 20.52%、28.42%、45.63%，调整目标为 10.60%、25.00%、30.00%（图 2-60）。

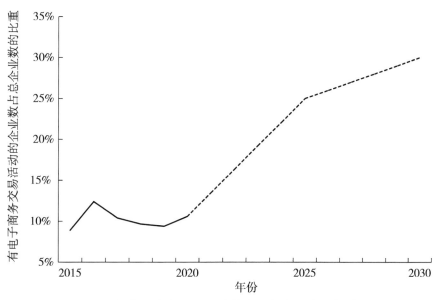

图 2-60　有电子商务交易活动的企业数占总企业数的比重

（18）有电子商务交易活动的企业数

2020 年、2025 年、2030 年定量预测结果分别为 3241.56 个、4801.25 个、7812.36 个，调整目标为 1697 个、5000 个、5500 个（图 2-61）。

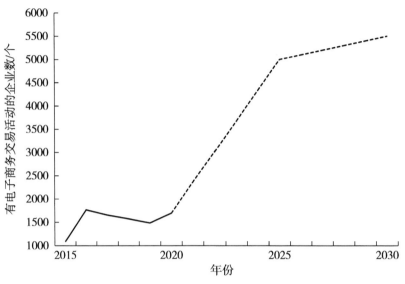

图 2-61　有电子商务交易活动的企业数

（19）每万人平均研究与试验发展全时人员当量

2020 年、2025 年、2030 年定量预测结果分别为 9.19 人年 / 万人、10.87 人年 / 万人、11.99 人年 / 万人，调整目标为 10.80 人年 / 万人、13.00 人年 / 万人、20.00 人年 / 万人（图 2-62）。

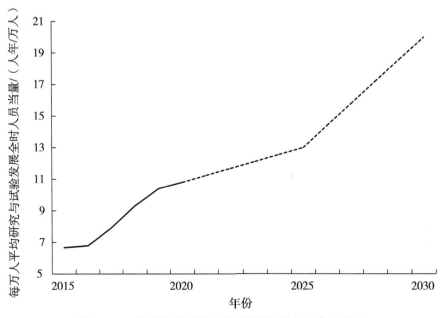

图 2-62　每万人平均研究与试验发展全时人员当量

（20）政府研发投入占 GDP 的比例

2020 年、2025 年、2030 年定量预测结果分别为 0.27%、0.48%、1.21%，调整目标为 0.24%、0.49%、0.60%（图 2-63）。

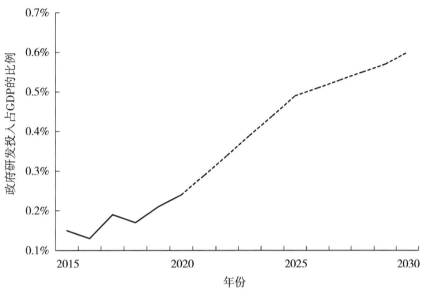

图 2-63 政府研发投入占 GDP 的比例

（21）政府研发投入

2020 年、2025 年、2030 年定量预测结果分别为 29.49 亿元、40.57 亿元、49.16 亿元，调整目标为 43.46 亿元、40.00 亿元、50.00 亿元（图 2-64）。

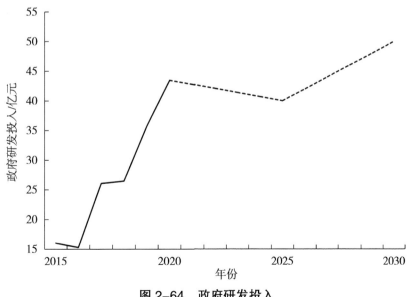

图 2-64 政府研发投入

（22）研究与试验发展全时人员当量

2020 年、2025 年、2030 年定量预测结果分别为 44 223.72 人年、62 596.85 人年、87 709.48 人年，调整目标为 41 496.40 人年、55 000.00 人年、60 000.00 人年（图 2-65）。

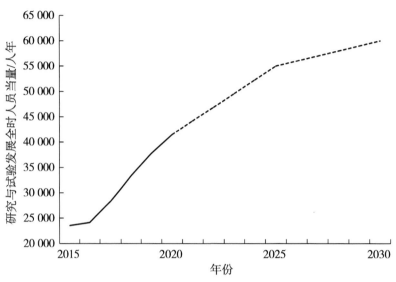

图 2-65　研究与试验发展全时人员当量

（23）国际论文数

2020 年、2025 年、2030 年定量预测结果分别为 5502.39 篇、11 181.82 篇、27 415.29 篇，调整目标为 3884 篇、7500 篇、8000 篇（图 2-66）。

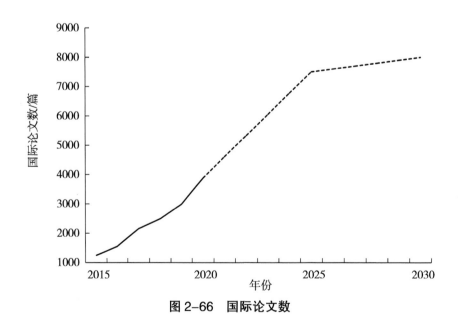

图 2-66　国际论文数

（24）每十万研发人员平均发表的国内论文数

2020 年、2025 年、2030 年定量预测结果分别为 20 486.36 篇 / 十万人、26 598.95 篇 / 十万人、35 533.75 篇 / 十万人，调整目标为 9152 篇 / 十万人、16 000 篇 / 十万人、17 000 篇 / 十万人（图 2-67）。

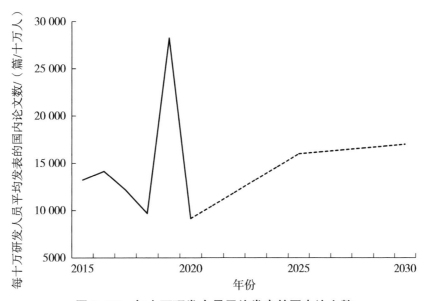

图 2-67　每十万研发人员平均发表的国内论文数

（25）每十万研发人员平均发表的国际论文数

2020 年、2025 年、2030 年定量预测结果分别为 6873.11 篇 / 十万人、11 167.61 篇 / 十万人、24 134.08 篇 / 十万人，调整目标为 5424 篇 / 十万人、6000 篇 / 十万人、7000 篇 / 十万人（图 2-68）。

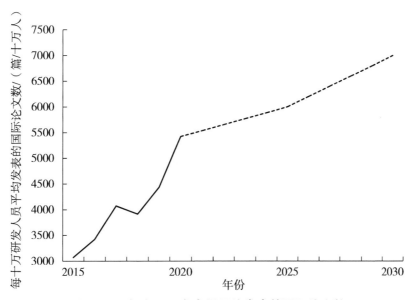

图 2-68　每十万研发人员平均发表的国际论文数

（26）国内论文数

2020 年、2025 年、2030 年定量预测结果分别为 8207.73 篇、9167.16 篇、9093.54 篇，调整目标为 6553 篇、9000 篇、10 000 篇（图 2-69）。

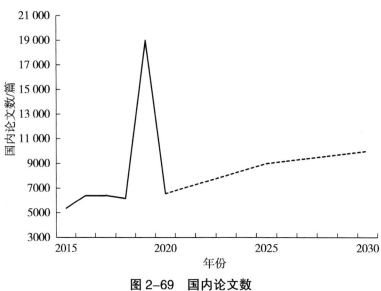

图 2-69　国内论文数

（27）每亿元研发经费内部支出产生的发明专利授权数

2020 年、2025 年、2030 年定量预测结果分别为 56.08 件 / 亿元、92.55 件 / 亿元、189.08 件 / 亿元，调整目标为 14 件 / 亿元、80 件 / 亿元、90 件 / 亿元（图 2-70）。

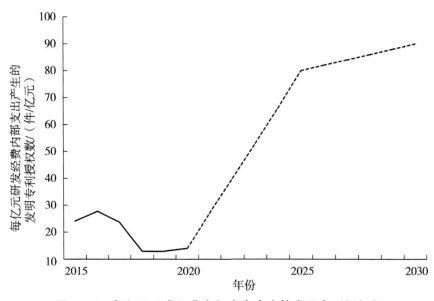

图 2-70　每亿元研发经费内部支出产生的发明专利授权数

（28）每亿元研发经费内部支出产生的发明专利申请数

2020 年、2025 年、2030 年定量预测结果分别为 352.07 件 / 亿元、745.55 件 / 亿元、2260.82 件 / 亿元，调整目标为 45 件 / 亿元、300 件 / 亿元、400 件 / 亿元（图 2-71）。

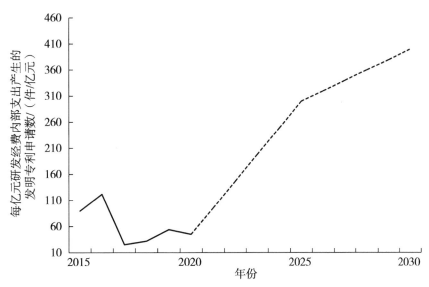

图 2-71　每亿元研发经费内部支出产生的发明专利申请数

（29）每万名研发人员发明专利授权数

2020 年、2025 年、2030 年定量预测结果分别为 654.13 件 / 万人、906.75 件 / 万人、1404.45 件 / 万人，调整目标为 317 件 / 万人、800 件 / 万人、900 件 / 万人（图 2-72）。

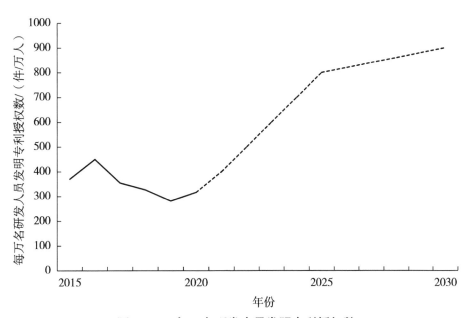

图 2-72　每万名研发人员发明专利授权数

（30）每万名研发人员发明专利申请受理数

2020年、2025年、2030年定量预测结果分别为7036.75件/万人、17 633.63件/万人、71 335.30件/万人，调整目标为1008件/万人、10 000件/万人、10 973件/万人（图2-73）。

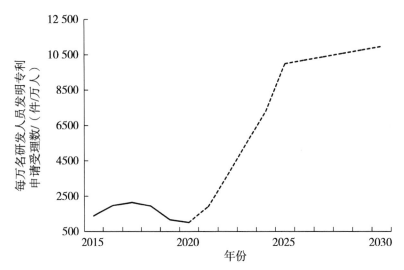

图2-73　每万名研发人员发明专利申请受理数

（31）发明专利授权数

2020年、2025年、2030年定量预测结果分别为3758.11件、5288.91件、7401.51件，调整目标为2268件、5000件、5500件（图2-74）。

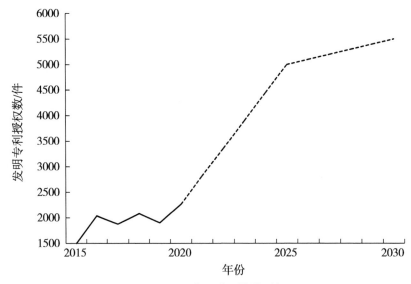

图2-74　发明专利授权数

（32）发明专利申请受理数（不含企业）

2020年、2025年、2030年定量预测结果分别为28 943.41件、64 099.82件、194 768.88件，调整目标为7218件、75 000件、80 000件（图2-75）。

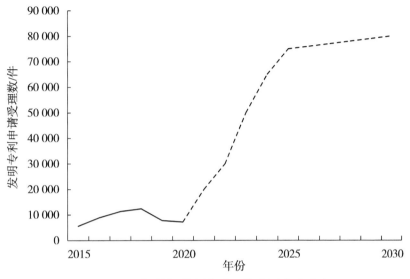

图2-75　发明专利申请受理数（不含企业）

（33）高技术产业主营业务收入占GDP的比重

2020年、2025年、2030年定量预测结果分别为5.36%、7.49%、10.45%，调整目标为5.36%、8.19%、10.00%（图2-76）。

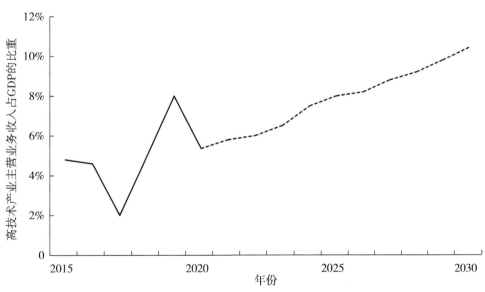

图2-76　高技术产业主营业务收入占GDP的比重

（34）高技术产业主营业务收入

2020年、2025年、2030年定量预测结果分别为2652.04亿元、4602.37亿元、8579.41亿元，调整目标为1472亿元、2000亿元、2300亿元（图2-77）。

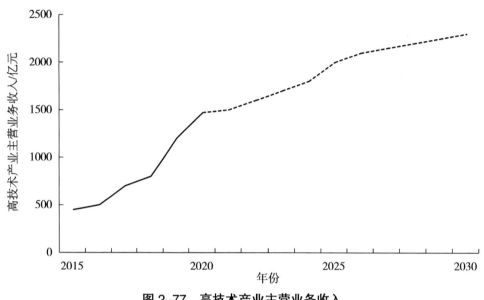

图2-77 高技术产业主营业务收入

（35）高技术产业就业人数占总就业人数的比例

2020年、2025年、2030年定量预测结果分别为4.81%、5.85%、8.07%，调整目标为0.59%、5.85%、8.07%（图2-78）。

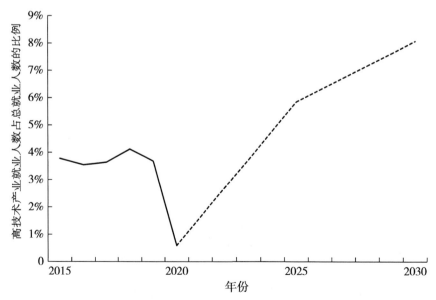

图2-78 高技术产业就业人数占总就业人数的比例

（36）高技术产业就业人数

2020年、2025年、2030年定量预测结果分别为111 858人、241 945.47人、271 362.55人（图2-79）。

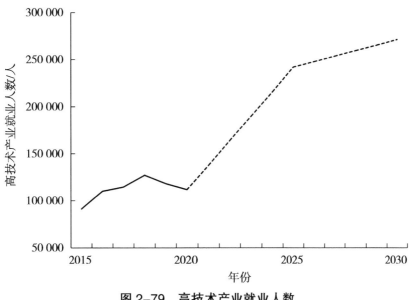

图2-79 高技术产业就业人数

（37）高技术产品出口额占地区出口总额的比重

2020年、2025年、2030年定量预测结果分别为38.57%、50.72%、69.06%，调整目标为0.80%、45.00%、50.00%（图2-80）。

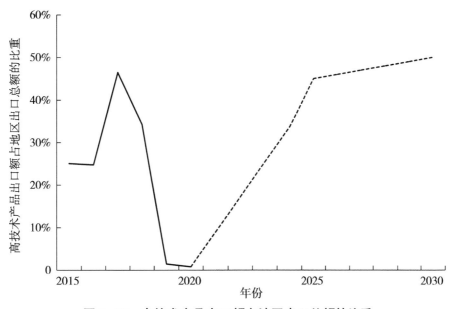

图2-80 高技术产品出口额占地区出口总额的比重

（38）高技术产品出口额

2020 年、2025 年、2030 年定量预测结果分别为 3513.03 百万美元、4694.67 百万美元、4562.88 百万美元，调整目标为 47.40 百万美元、223.00 百万美元、250.00 百万美元（图 2-81）。

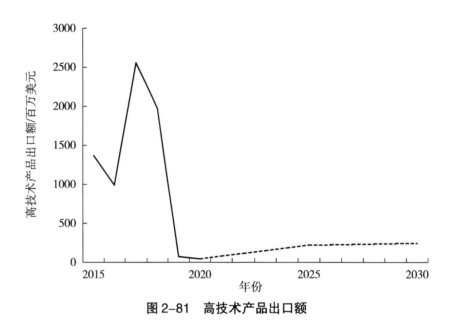

图 2-81　高技术产品出口额

（39）第三产业增加值占 GDP 的比重

2020 年、2025 年、2030 年定量预测结果分别为 51.30%、56.19%、64.16%，调整目标为 50.90%、56.60%、64.16%（图 2-82）。

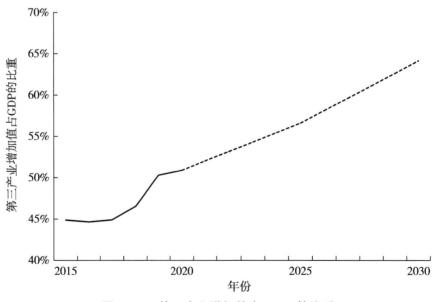

图 2-82　第三产业增加值占 GDP 的比重

（40）第三产业增加值

2020年、2025年、2030年定量预测结果分别为9075.07亿元、18 772.08亿元、36 993.72亿元（图2-83）。

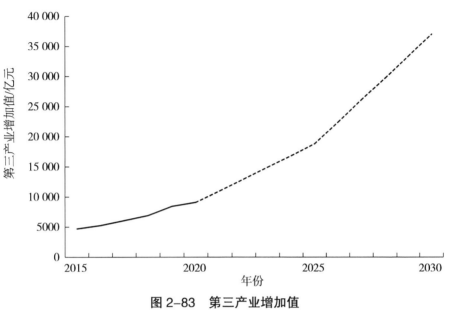

图2-83　第三产业增加值

（41）废气中主要污染物排放量

2020年、2025年、2030年定量预测结果分别为227.39万吨、30.33万吨、13.54万吨（图2-84）。

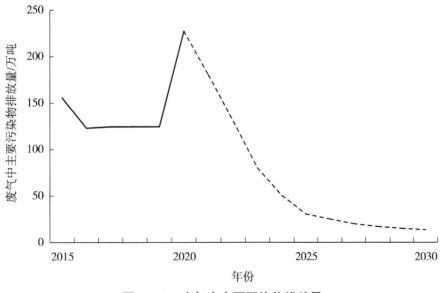

图2-84　废气中主要污染物排放量

（42）每亿元 GDP 废气中主要污染物排放量

2020 年、2025 年、2030 年定量预测结果分别为 127.56 吨 / 亿元、3.31 吨 / 亿元、0.28 吨 / 亿元（图 2-85）。

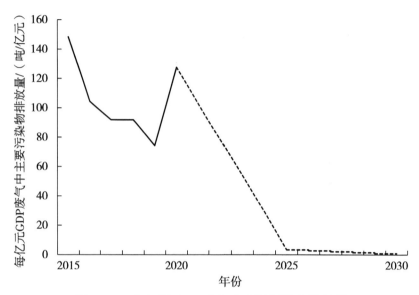

图 2-85　每亿元 GDP 废气中主要污染物排放量

（43）每万元 GDP 工业污水排放量

2020 年、2025 年、2030 年定量预测结果分别为 89.31 吨 / 万元、4.05 吨 / 万元、2.57 吨 / 万元（图 2-86）。

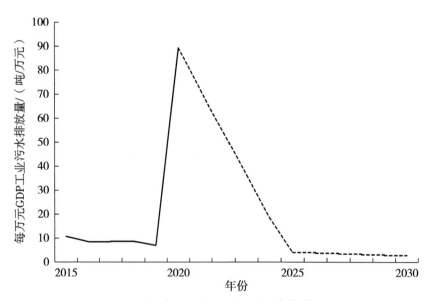

图 2-86　每万元 GDP 工业污水排放量

（44）每万元 GDP 电耗总量

2020 年、2025 年、2030 年定量预测结果分别为 889.68 千瓦小时 / 万元、722.41 千瓦小时 / 万元、576.25 千瓦小时 / 万元（图 2-87）。

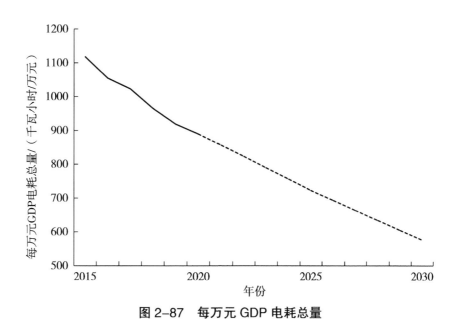

图 2-87　每万元 GDP 电耗总量

（45）工业污水排放总量

2020 年、2025 年、2030 年定量预测结果分别为 159.21 万吨、117 806.02 万吨、135 498.24 万吨（图 2-88）。

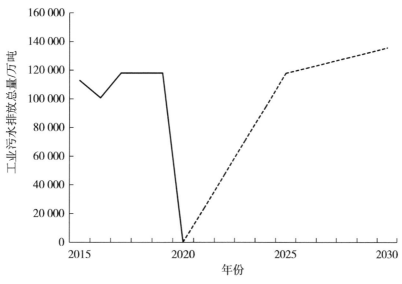

图 2-88　工业污水排放总量

（46）电耗总量

2020年、2025年、2030年定量预测结果分别为1586.00亿千瓦小时、1843.51亿千瓦小时、2558.45亿千瓦小时（图2-89）。

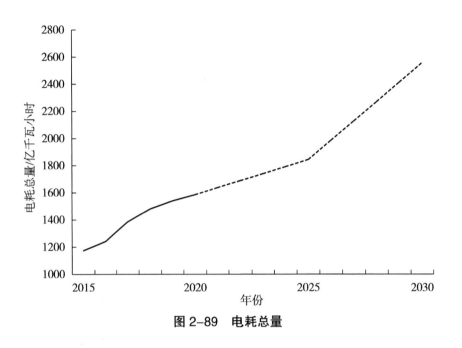

图 2-89　电耗总量

（47）万元地区生产总值能耗（等价值）

2020年、2025年、2030年定量预测结果分别为0.92吨标准煤／万元、2.16吨标准煤／万元、2.76吨标准煤／万元（图2-90）。

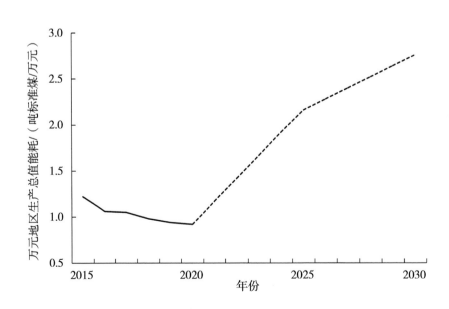

图 2-90　万元地区生产总值能耗（等价值）

（48）地区 GDP

2020 年、2025 年、2030 年定量预测结果分别为 17 961.26 亿元、24 676.88 亿元、41 996.39 亿元，调整目标为 17 826.56 亿元、3000.00 亿元、3500.00 亿元（图 2-91）。

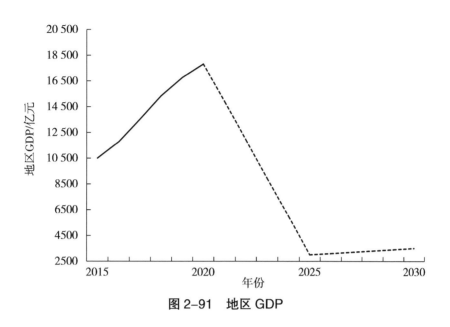

图 2-91　地区 GDP

（49）人均 GDP 水平

2020 年、2025 年、2030 年定量预测结果分别为 41 073.77 元 / 人、48 161.03 元 / 人、62 868.56 元 / 人，调整目标为 46 266.70 元 / 人、83 000.00 元 / 人、62 868.56 元 / 人（图 2-92）。

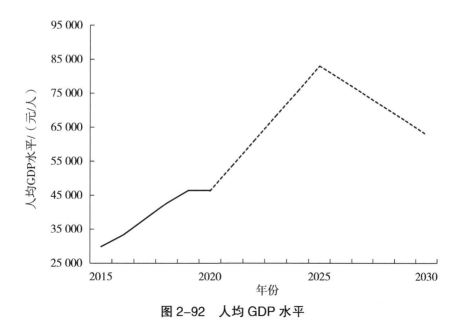

图 2-92　人均 GDP 水平

（50）城镇登记失业率

2020年、2025年、2030年定量预测结果分别为2.70%、2.38%、1.96%，调整目标为3.75%、2.38%、1.96%（图2-93）。

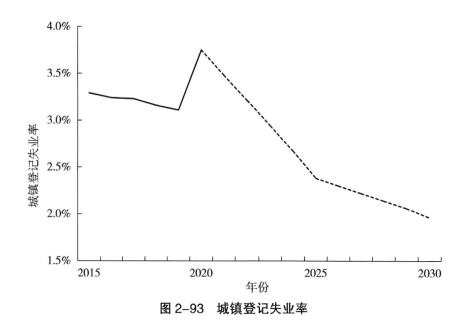

图 2-93　城镇登记失业率

（51）规模以上工业企业研发经费内部支出额中平均获得金融机构贷款额

2020年、2025年、2030年定量预测结果分别为3.33万元/个、4.55万元/个、6.34万元/个，调整目标为3.33万元/个、4.55万元/个、5.00万元/个（图2-94）。

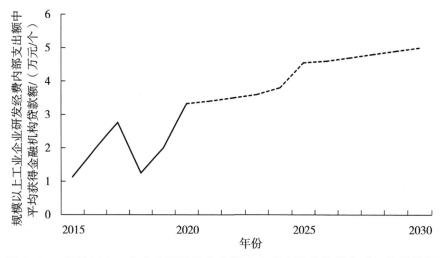

图 2-94　规模以上工业企业研发经费内部支出额中平均获得金融机构贷款额

（52）规模以上工业企业研发经费内部支出额中获得金融机构贷款额

2020年、2025年、2030年定量预测结果分别为18 898.24万元、26 322.36万元、36 691.36万元，调整目标为13 000万元、20 000万元、25 000万元（图2-95）。

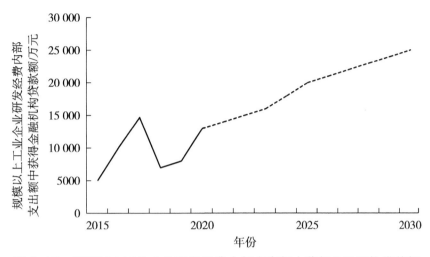

图2-95　规模以上工业企业研发经费内部支出额中获得金融机构贷款额

（53）高技术企业数占规模以上工业企业数比重

2020年、2025年、2030年定量预测结果分别为9.66%、12.55%、17.10%，调整目标为8.90%、30.00%、35.00%（图2-96）。

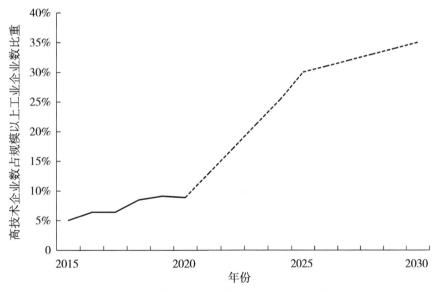

图2-96　高技术企业数占规模以上工业企业数比重

（54）高技术企业数

2020 年、2025 年、2030 年定量预测结果分别为 629.29 家、912.11 家、1341.72 家，调整目标为 399 家、2000 家、2500 家（图 2-97）。

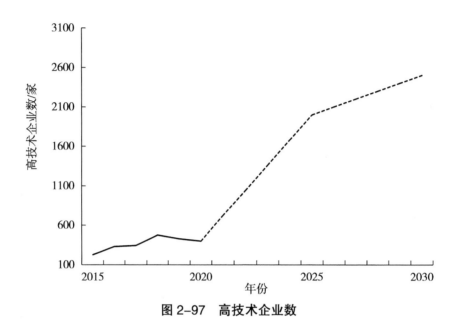

图 2-97　高技术企业数

（55）科技服务业从业人员占第三产业从业人员比重

2020 年、2025 年、2030 年定量预测结果分别为 4.50%、5.21%、6.64%，调整目标为 0.77%、5.21%、7.00%（图 2-98）。

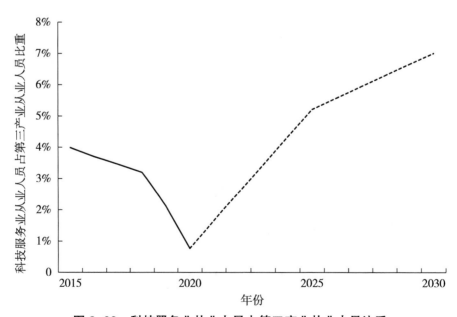

图 2-98　科技服务业从业人员占第三产业从业人员比重

（56）科技服务业从业人员数

2020 年、2025 年、2030 年定量预测结果分别为 8.74 万人、9.99 万人、12.52 万人，调整目标为 5.53 万人、15.00 万人、20.00 万人（图 2-99）。

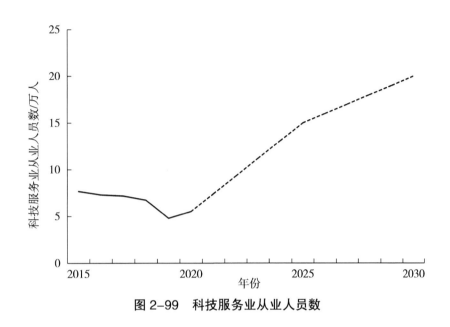

图 2-99　科技服务业从业人员数

（57）6 岁及 6 岁以上人口中大专以上学历所占的比例

2020 年、2025 年、2030 年定量预测结果分别为 10.68%、12.37%、15.78%，调整目标为 12.07%、12.37%、15.78%（图 2-100）。

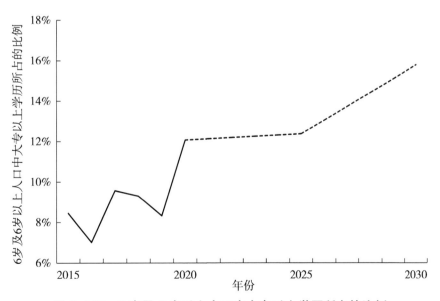

图 2-100　6 岁及 6 岁以上人口中大专以上学历所占的比例

（58）6岁及6岁以上人口中大专以上学历人口数（抽样数）

2020年、2025年、2030年定量预测结果分别为2600人、6086人、5430人，调整目标为3294人、4500人、5500人（图2-101）。

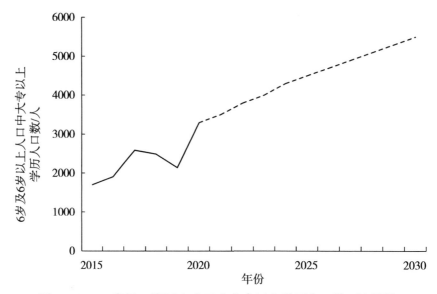

图2-101　6岁及6岁以上人口中大专以上学历人口数（抽样数）

（59）平均每个科技企业孵化器孵化基金额

2020年、2025年、2030年定量预测结果分别为34 540.11万元/个、288 973.19万元/个、8 407 271.44万元/个，调整目标为3974.11万元/个、19 000.00万元/个、20 000.00万元/个（图2-102）。

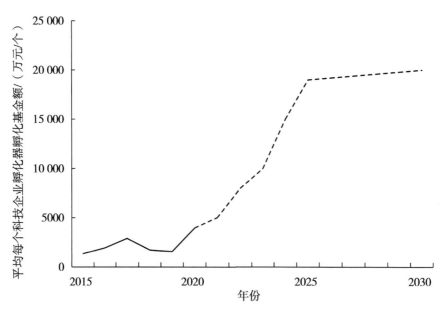

图2-102　平均每个科技企业孵化器孵化基金额

（60）平均每个科技企业孵化器当年新增在孵企业数

2020 年、2025 年、2030 年定量预测结果分别为 28.94 家 / 个、140.56 家 / 个、3 363.98 家 / 个，调整目标为 10 家 / 个、15 家 / 个、20 家 / 个（图 2-103）。

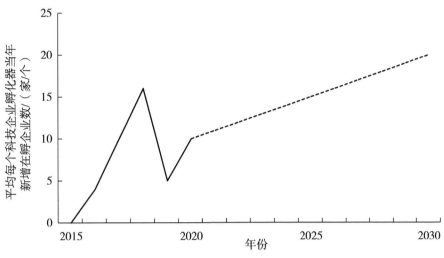

图 2-103　平均每个科技企业孵化器当年新增在孵企业数

（61）平均每个科技企业孵化器创业导师人数

2020 年、2025 年、2030 年定量预测结果分别为 6.52 人 / 个、7.54 人 / 个、9.63 人 / 个，调整目标为 9 人 / 个、15 人 / 个、20 人 / 个（图 2-104）。

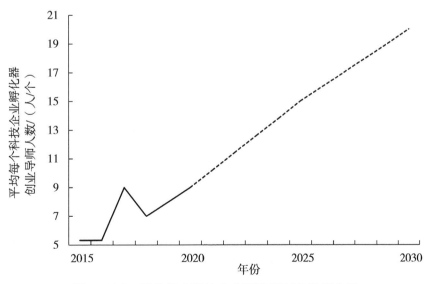

图 2-104　平均每个科技企业孵化器创业导师人数

（62）科技企业孵化器数量

2020 年、2025 年、2030 年定量预测结果分别为 48.16 个、72.65 个、144.8 个，调整目标为 47 个、150 个、200 个（图 2-105）。

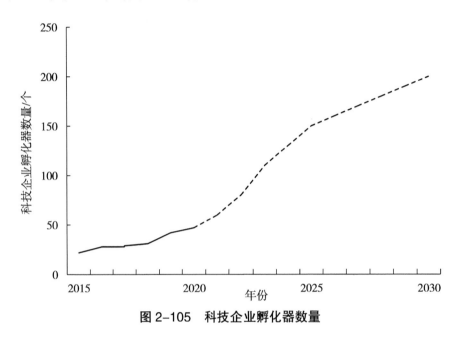

图 2-105　科技企业孵化器数量

（63）科技企业孵化器孵化基金总额

2020 年、2025 年、2030 年定量预测结果分别为 476 856.84 万元、2 140 806.39 万元、20 355 551.35 万元，调整目标为 186 783.10 万元、150 000.00 万元、180 000.00 万元（图 2-106）。

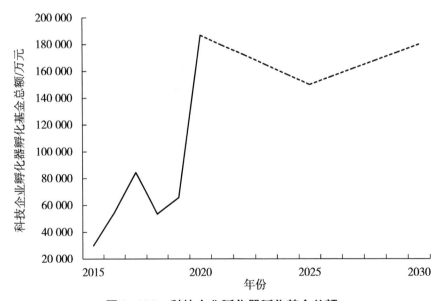

图 2-106　科技企业孵化器孵化基金总额

（64）科技企业孵化器当年新增在孵企业数

2020 年、2025 年、2030 年定量预测结果分别为 232 家、393 家、970 家，调整目标为
270 家、350 家、400 家（图 2-107）。

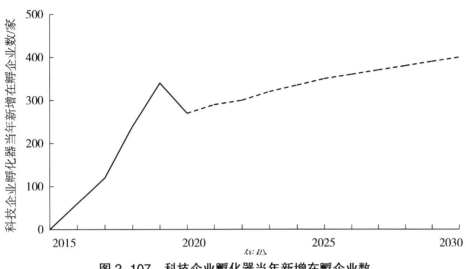

图 2-107　科技企业孵化器当年新增在孵企业数

（65）科技企业孵化器当年获风险投资额

2020 年、2025 年、2030 年定量预测结果分别为 107 954.27 万元、633 948.39 万元、
7 700 683.70 万元，调整目标为 18 319 万元、100 000 万元、130 000 万元（图 2-108）。

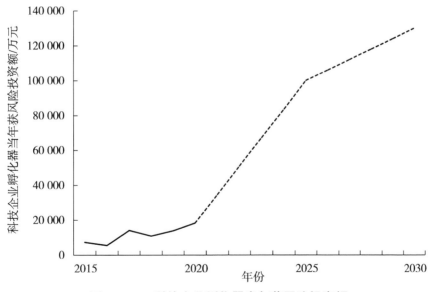

图 2-108　科技企业孵化器当年获风险投资额

（66）科技企业孵化器当年风险投资强度

2020 年、2025 年、2030 年定量预测结果分别为 368.07 万元 / 项、490.80 万元 / 项、672.21 万元 / 项，调整目标为 339.24 万元 / 项、450.00 万元 / 项、500.00 万元 / 项（图 2-109）。

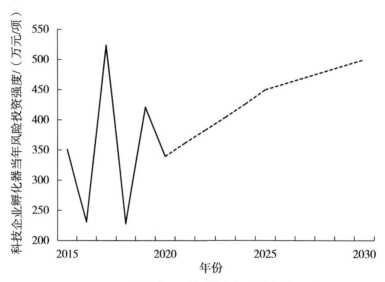

图 2-109　科技企业孵化器当年风险投资强度

（67）教育经费支出占 GDP 的比例

2020 年、2025 年、2030 年定量预测结果分别为 10.45%、12.87%、18.24%，调整目标为 7.64%、12.87%、15.00%（图 2-110）。

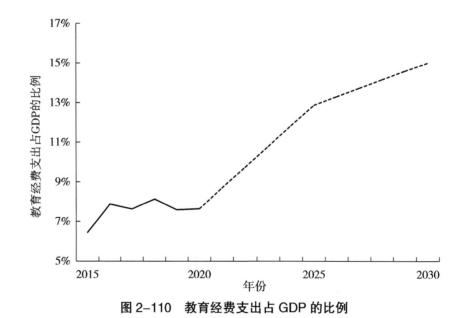

图 2-110　教育经费支出占 GDP 的比例

（68）教育经费支出

2020年、2025年、2030年定量预测结果分别为1333.83亿元、1895.63亿元、4099.42亿元，调整目标为1362.29亿元、1895.63亿元、2200.00亿元（图2-111）。

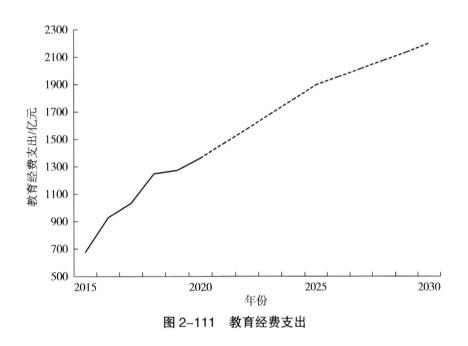

图 2-111　教育经费支出

（69）按目的地和货源地划分进出口总额占GDP比重

2020年、2025年、2030年定量预测结果分别为2.77%、2.06%、1.27%，调整目标为2.90%、8.00%、10.00%（图2-112）。

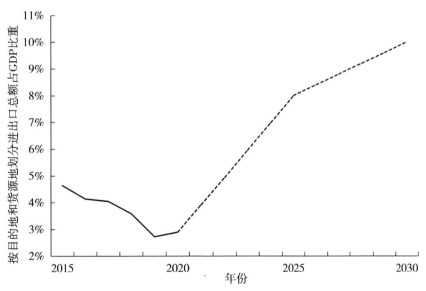

图 2-112　按目的地和货源地划分进出口总额占 GDP 比重

（70）按目的地和货源地划分进出口总额

2020 年、2025 年、2030 年定量预测结果分别为 71.37 亿美元、66.81 亿美元、60.76 亿美元，调整目标为 76.16 亿美元、250.00 亿美元、300.00 亿美元（图 2-113）。

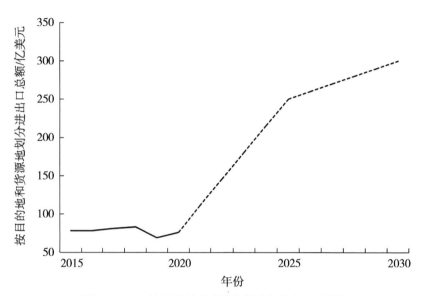

图 2-113 按目的地和货源地划分进出口总额

（71）居民消费水平

2020 年、2025 年、2030 年定量预测结果分别为 12 876.28 元、12 876.28 元、12 876.28 元，调整目标为 14 873.77 元、12 876.30 元、12 876.30 元（图 2-114）。

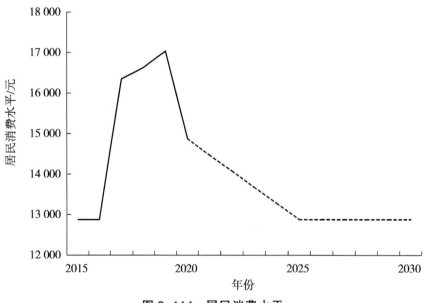

图 2-114 居民消费水平

（72）互联网上网人数

2020年、2025年、2030年定量预测结果分别为1550.50万人、1574.07万人、1621.88万人，调整目标为3260万人、3623万人、4000万人（图2-115）。

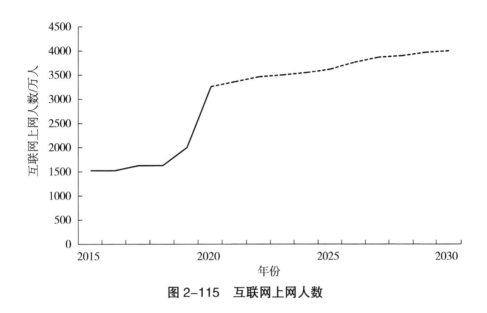

图2-115　互联网上网人数

（73）互联网普及率

2020年、2025年、2030年定量预测结果分别为50.72%、57.47%、71.26%，调整目标为70%、80%、85%（图2-116）。

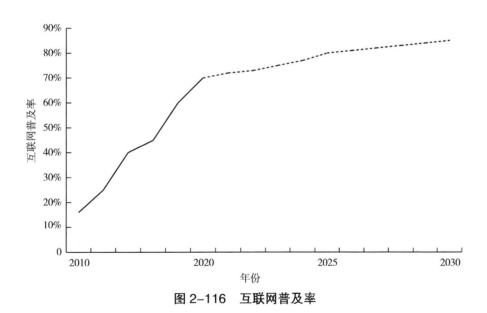

图2-116　互联网普及率

（74）移动电话用户数

2020 年、2025 年、2030 年定量预测结果分别为 4095.30 万户、3765.45 万户、3957.86 万户（图 2-117）。

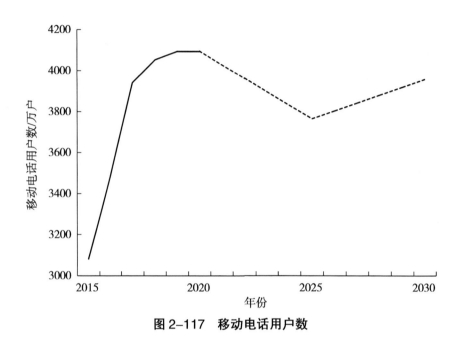

图 2-117　移动电话用户数

（75）移动电话普及率

2020 年、2025 年、2030 年定量预测结果分别为 106.15 部 / 百人、91.33 部 / 百人、94.89 部 / 百人（图 2-118）。

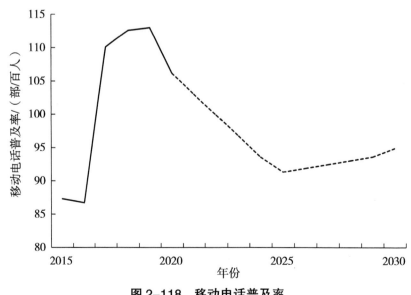

图 2-118　移动电话普及率

（76）高校和科研院所研发经费内部支出额中来自企业资金的比例

2020年、2025年、2030年定量预测结果分别为12.33%、12.24%、11.05%，调整目标为14.86%、12.80%、14.66%（图2-119）。

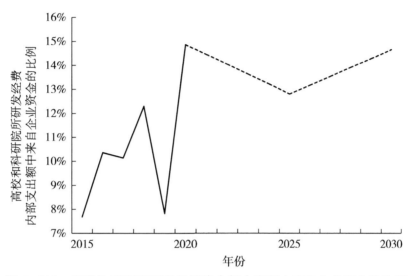

图2-119　高校和科研院所研发经费内部支出额中来自企业资金的比例

（77）高校和科研院所研发经费内部支出额中来自企业的资金

2020年、2025年、2030年定量预测结果分别为56 893.29万元、125 181.91万元、336 899.73万元，调整目标为50 508万元、50 000万元、80 000万元（图2-120）。

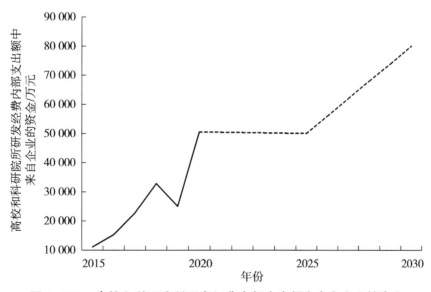

图2-120　高校和科研院所研发经费内部支出额中来自企业的资金

（78）作者异省合作科技论文数

2020 年、2025 年、2030 年定量预测结果分别为 1581.50 篇、2001.43 篇、2444.97 篇，调整目标为 1151 篇、1800 篇、2000 篇（图 2-121）。

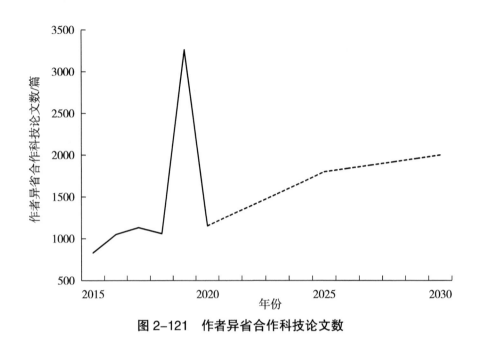

图 2-121　作者异省合作科技论文数

（79）作者异国合作科技论文数

2020 年、2025 年、2030 年定量预测结果分别为 63.03 篇、97.97 篇、155.40 篇，调整目标为 44 篇、75 篇、90 篇（图 2-122）。

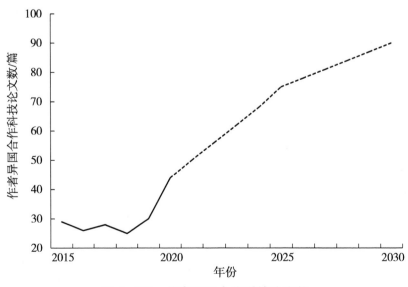

图 2-122　作者异国合作科技论文数

（80）每十万研发人员作者异省科技论文数

2020 年、2025 年、2030 年定量预测结果分别为 2226.53 篇 / 十万人、2136.41 篇 / 十万人、1752.94 篇 / 十万人，调整目标为 1607 篇 / 十万人、2400 篇 / 十万人、3000 篇 / 十万人（图 2-123）。

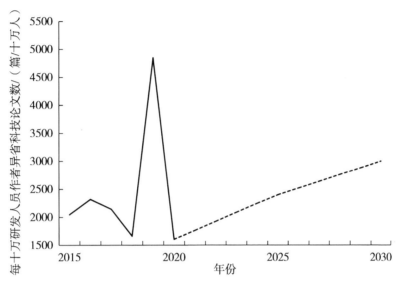

图 2-123　每十万研发人员作者异省科技论文数

（81）每十万研发人员作者异国科技论文数

2020 年、2025 年、2030 年定量预测结果分别为 77.59 篇 / 十万人、91.53 篇 / 十万人、102.80 篇 / 十万人，调整目标为 61 篇 / 十万人、98 篇 / 十万人、100 篇 / 十万人（图 2-124）。

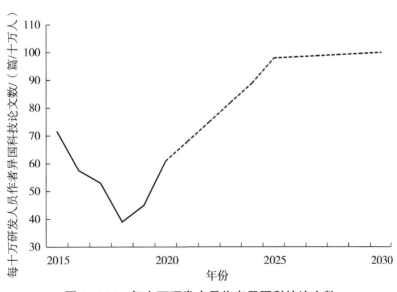

图 2-124　每十万研发人员作者异国科技论文数

（82）每十万研发人员作者同省异单位科技论文数

2020 年、2025 年、2030 年定量预测结果分别为 3727.30 篇/十万人、3855.66 篇/十万人、3528.70 篇/十万人，调整目标为 2022 篇/十万人、4000 篇/十万人、4500 篇/十万人（图 2-125）。

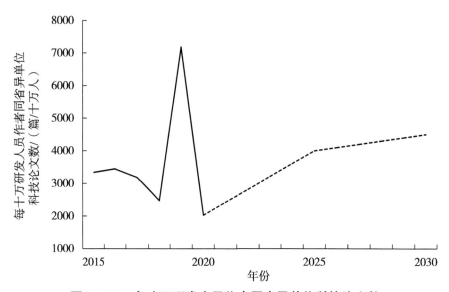

图 2-125　每十万研发人员作者同省异单位科技论文数

（83）作者同省异单位科技论文数

2020 年、2025 年、2030 年定量预测结果分别为 1873.82 篇、1992.44 篇、1856.53 篇，调整目标为 1448 篇、2100 篇、3000 篇（图 2-126）。

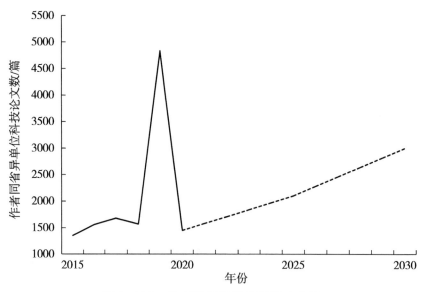

图 2-126　作者同省异单位科技论文数

（84）技术市场企业平均交易额（按流向）

2020 年、2025 年、2030 年定量预测结果分别为 578.09 万元 / 项、809.85 万元 / 项、1171.37 万元 / 项，调整目标为 917.39 万元 / 项、875.08 万元 / 项、1000.00 万元 / 项（图 2-127）。

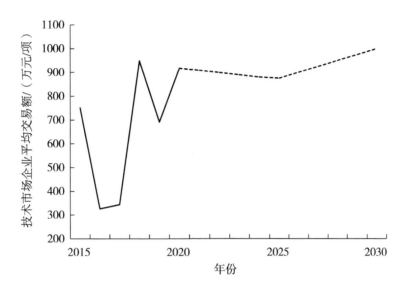

图 2-127　技术市场企业平均交易额（按流向）

（85）技术市场交易金额（按流向）

2020 年、2025 年、2030 年定量预测结果分别为 6 385 998.69 万元、16 483 295.67 万元、66 995 432.67 万元，调整目标为 5 561 194.87 万元、5 000 000.00 万元、6 000 000.00 万元（图 2-128）。

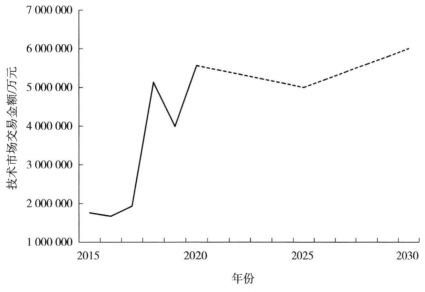

图 2-128　技术市场交易金额（按流向）

（86）规模以上工业企业平均国外技术引进金额

2020年、2025年、2030年定量预测结果分别为2.77万元/项、4.92万元/项、6.99万元/项，调整目标为0.15万元/项、1.50万元/项、1.80万元/项（图2-129）。

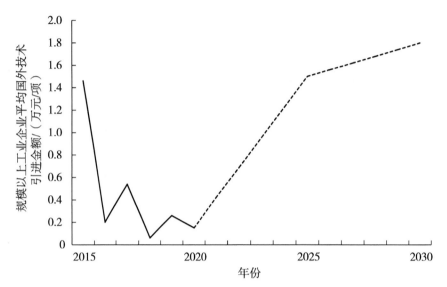

图2-129　规模以上工业企业平均国外技术引进金额

（87）规模以上工业企业平均国内技术成交金额

2020年、2025年、2030年定量预测结果分别为0.08万元/项、0.08万元/项、0.10万元/项，调整目标为3.12万元/项、13.00万元/项、15.00万元/项（图2-130）。

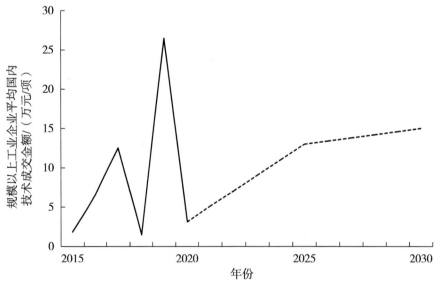

图2-130　规模以上工业企业平均国内技术成交金额

（88）规模以上工业企业国外技术引进金额

2020 年、2025 年、2030 年定量预测结果分别为 110 902.49 万元、665 957.89 万元、7 082 665.75 万元，调整目标为 669 万元、3000 万元、3500 万元（图 2-131）。

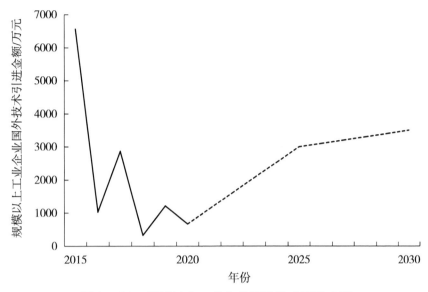

图 2-131　规模以上工业企业国外技术引进金额

（89）规模以上工业企业国内技术成交金额

2020 年、2025 年、2030 年定量预测结果分别为 273 862.17 万元、1 188 896.58 万元、10 910 110.26 万元，调整目标为 13 963.7 万元、90 000.00 万元、95 000.00 万元（图 2-132）。

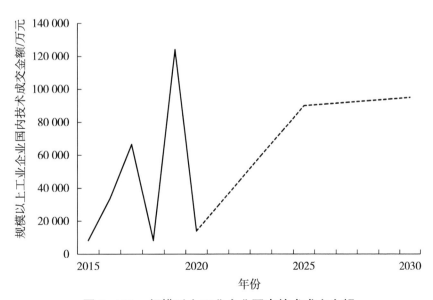

图 2-132　规模以上工业企业国内技术成交金额

（90）外商投资企业年底注册资金中外资部分

2020 年、2025 年、2030 年定量预测结果分别为 155.99 亿美元、222.29 亿美元、422.44 亿美元，调整目标为 328.24 亿美元、300.00 亿美元、400.00 亿美元（图 2–133）。

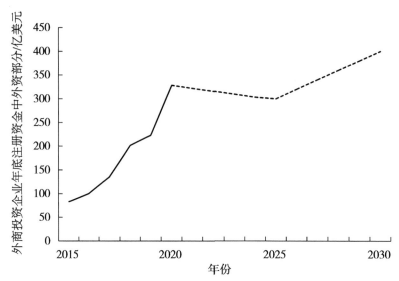

图 2-133　外商投资企业年底注册资金中外资部分

（91）人均外商投资企业年底注册资金中外资部分

2020 年、2025 年、2030 年定量预测结果分别为 407.92 万美元 / 人、537.84 万美元 / 人、862.52 万美元 / 人，调整目标为 681 万美元 / 人、500 万美元 / 人、600 万美元 / 人（图 2–134）。

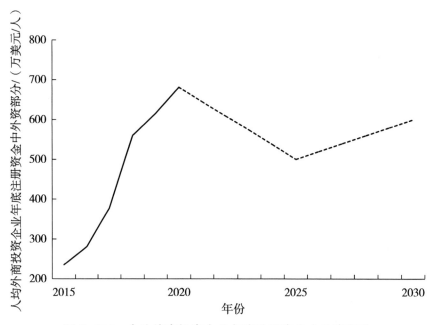

图 2-134　人均外商投资企业年底注册资金中外资部分

（92）规模以上工业企业有研发机构的企业数量增长率

2020 年、2025 年、2030 年定量预测结果分别为 84.06%、76.06%、76.06%，调整目标为 18.12%、50.00%、50.00%（图 2-135）。

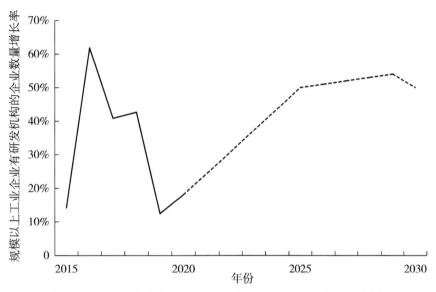

图 2-135 规模以上工业企业有研发机构的企业数量增长率

（93）规模以上工业企业研发人员增长率

2020 年、2025 年、2030 年定量预测结果分别为 23.13%、27.64%、30.17%，调整目标为 8.36%、20.00%、20.00%（图 2-136）。

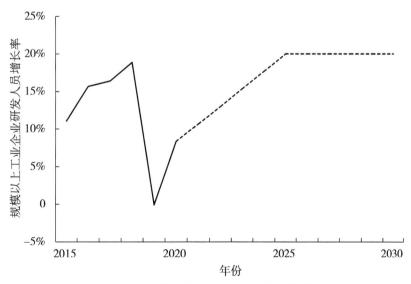

图 2-136 规模以上工业企业研发人员增长率

（94）规模以上工业企业研发经费外部支出增长率

2020年、2025年、2030年定量预测结果分别为52.62%、63.11%、68.99%，调整目标为13.35%、52.00%、52.00%（图2-137）。

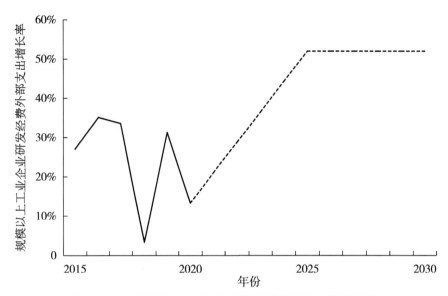

图 2-137 规模以上工业企业研发经费外部支出增长率

（95）规模以上工业企业研发经费内部支出总额增长率

2020年、2025年、2030年定量预测结果分别为17.29%、17.29%、17.29%，调整目标为17.54%、15.00%、15.00%（图2-138）。

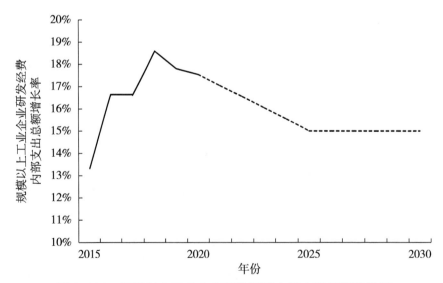

图 2-138 规模以上工业企业研发经费内部支出总额增长率

（96）规模以上工业企业有效发明专利增长率

2020 年、2025 年、2030 年定量预测结果分别为 47.27%、51.60%、54.01%，调整目标为 8.03%、47.00%、47.00%（图 2-139）。

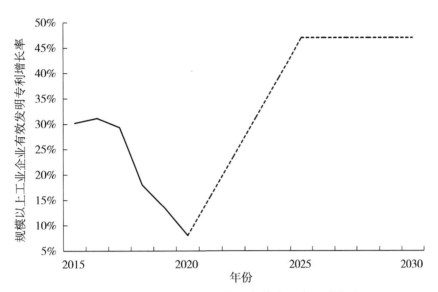

图 2-139　规模以上工业企业有效发明专利增长率

（97）规模以上工业企业发明专利申请增长率

2020 年、2025 年、2030 年定量预测结果分别为 8.80%、12.10%、13.92%，调整目标为 11.15%、9.00%、8.00%（图 2-140）。

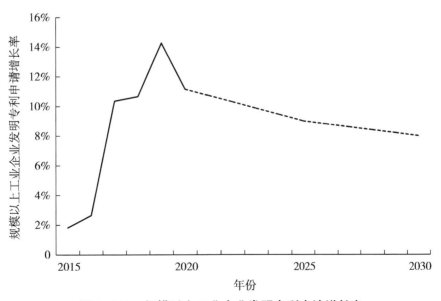

图 2-140　规模以上工业企业发明专利申请增长率

（98）规模以上工业企业新产品销售收入增长率

2020 年、2025 年、2030 年定量预测结果分别为 42.83%、57.63%、65.88%，调整目标为 23.32%、35.00%、35.00%（图 2-141）。

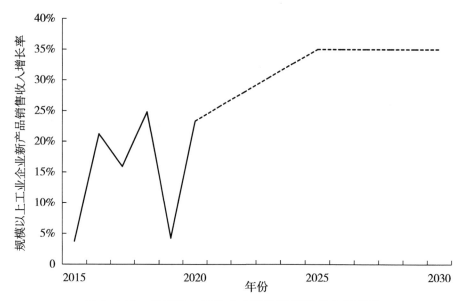

图 2-141　规模以上工业企业新产品销售收入增长率

（99）规模以上工业企业技术改造经费支出增长率

2020 年、2025 年、2030 年定量预测结果分别为 -1.22%、10.13%、16.45%，调整目标为 -1.71%、10.00%、10.00%（图 2-142）。

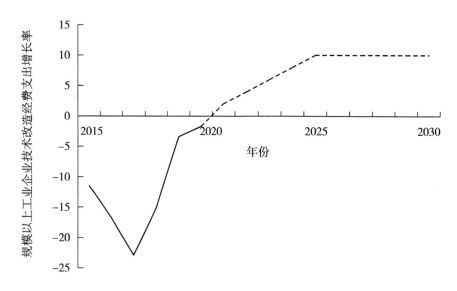

图 2-142　规模以上工业企业技术改造经费支出增长率

（100）有电子商务交易活动的企业数增长率

2020年、2025年、2030年定量预测结果分别为380.27%、450.52%、488.99%，调整目标为11.20%、50.00%、50.00%（图2-143）。

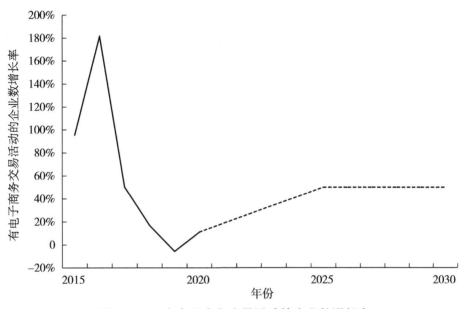

图2-143　有电子商务交易活动的企业数增长率

（101）政府研发投入增长率

2020年、2025年、2030年定量预测结果分别为9.91%、12.54%、14.00%，调整目标为19.39%、13.00%、13.00%（图2-144）。

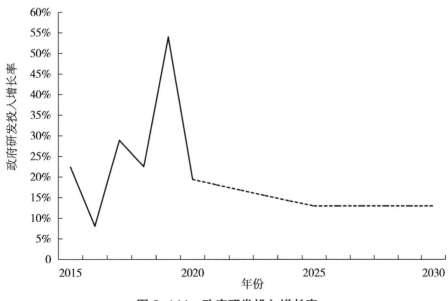

图2-144　政府研发投入增长率

（102）研究与试验发展全时人员当量增长率

2020年、2025年、2030年定量预测结果分别为2.26%、3.48%、4.16%，调整目标为13.67%、4.00%、4.00%（图2-145）。

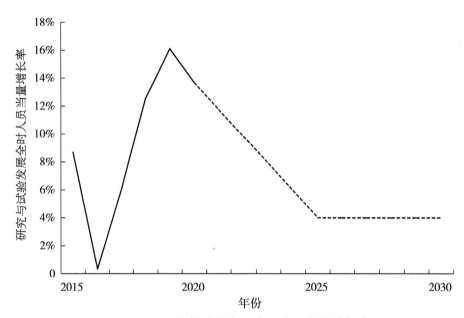

图2-145 研究与试验发展全时人员当量增长率

（103）国内论文数增长率

2020年、2025年、2030年定量预测结果分别为7.99%、7.99%、7.99%，调整目标为0.89%、9.00%、10.00%（图2-146）。

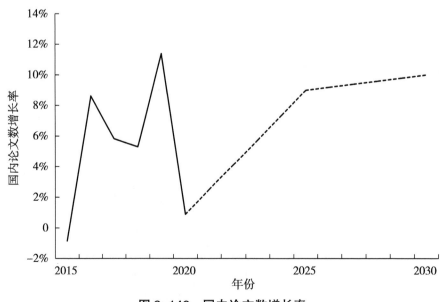

图2-146 国内论文数增长率

（104）国际论文数增长率

2020 年、2025 年、2030 年定量预测结果分别为 20.93%、23.09%、24.27%，调整目标为 21.95%、22.00%、25.00%（图 2–147）。

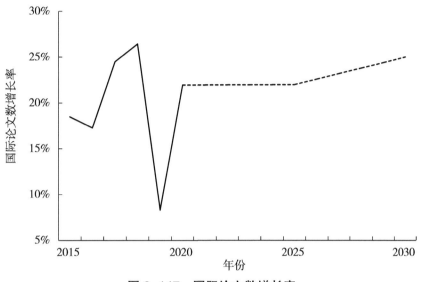

图 2–147　国际论文数增长率

（105）发明专利授权数增长率

2020 年、2025 年、2030 年定量预测结果分别为 51.42%、60.68%、65.87%，调整目标为 7.22%、55.00%、60.00%（图 2–148）。

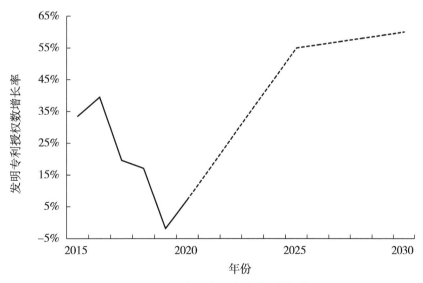

图 2–148　发明专利授权数增长率

（106）发明专利申请受理数（不含企业）增长率

2020 年、2025 年、2030 年定量预测结果分别为 29.84%、33.65%、35.77%，调整目标
为 −11.75%、33.00%、30.00%（图 2-149）。

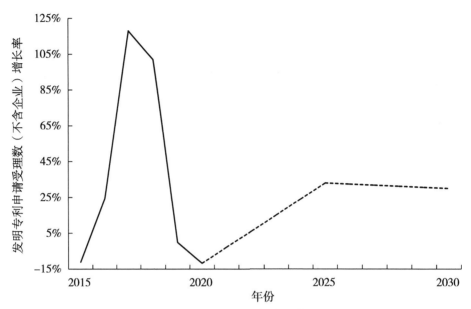

图 2-149　发明专利申请受理数（不含企业）增长率

（107）高技术产业主营业务收入增长率

2020 年、2025 年、2030 年定量预测结果分别为 48.97%、58.66%、64.06%，调整目标
为 48%、48%、48%（图 2-150）。

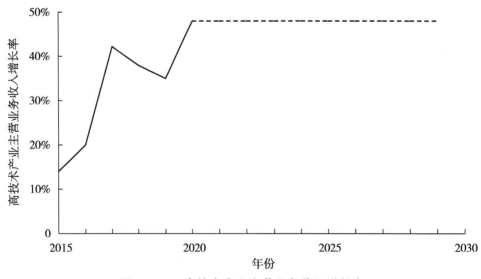

图 2-150　高技术产业主营业务收入增长率

（108）高技术产业就业人数增长率

2020 年、2025 年、2030 年定量预测结果分别为 32.98%、39.11%、42.54%，调整目标为 −0.49%、32.00%、32.00%（图 2-151）。

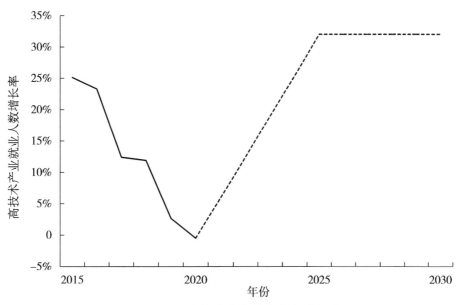

图 2-151　高技术产业就业人数增长率

（109）高技术产品出口额增长率

2020 年、2025 年、2030 年定量预测结果分别为 114.37%、114.37%、114.37%，调整目标为 −11.05%、20.00%、20.00%（图 2-152）。

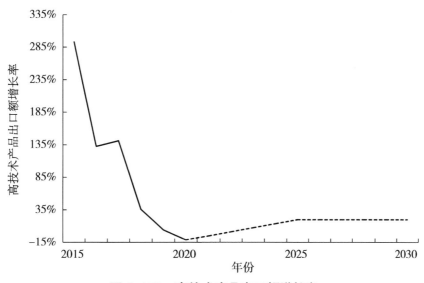

图 2-152　高技术产品出口额增长率

（110）第三产业增加值增长率

2020年、2025年、2030年定量预测结果分别为4.10%、10.34%、10.34%（图2-153）。

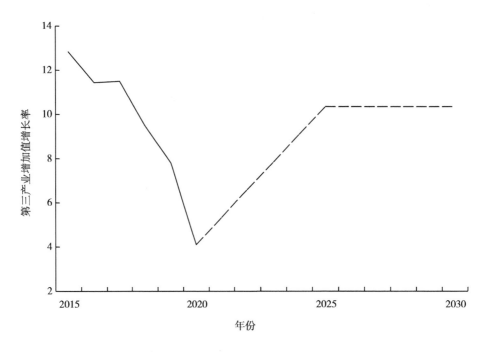

图2-153　第三产业增加值增长率

（111）工业污水排放总量增长率

2020年、2025年、2030年定量预测结果分别为6.01%、-4.50%、-4.50%（图2-154）。

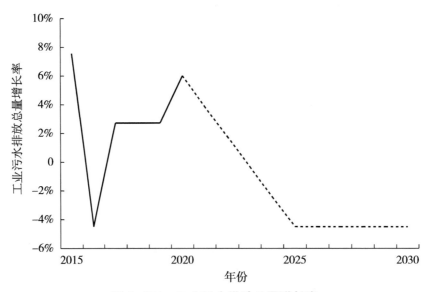

图2-154　工业污水排放总量增长率

（112）废气中主要污染物排放量增长率

2020年、2025年、2030年定量预测结果分别为7.60%、-19.84%、-19.84%（图2-155）。

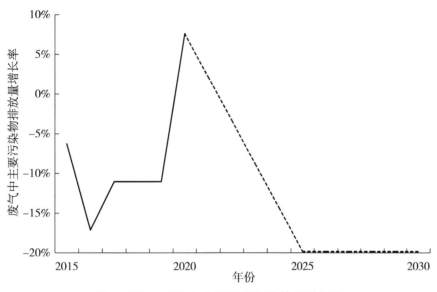

图2-155　废气中主要污染物排放量增长率

（113）电耗总量增长率

2020年、2025年、2030年定量预测结果分别为2.64%、1.76%、1.76%（图2-156）。

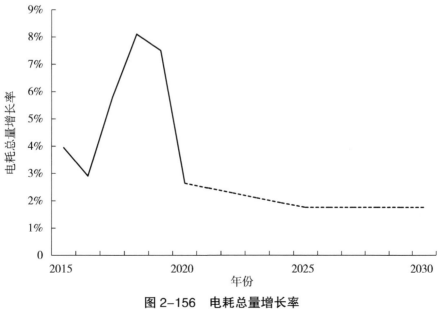

图2-156　电耗总量增长率

（114）万元地区生产总值能耗（等价值）下降率

2020 年、2025 年、2030 年定量预测结果分别为 −2.45%、6.72%、6.72%（图 2-157）。

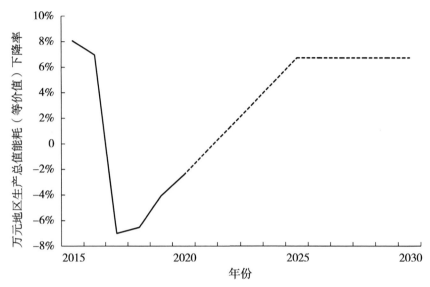

图 2-157 万元地区生产总值能耗（等价值）下降率

（115）地区 GDP 增长率

2020 年、2025 年、2030 年定量预测结果分别为 4.50%、10.53%、10.53%（图 2-158）。

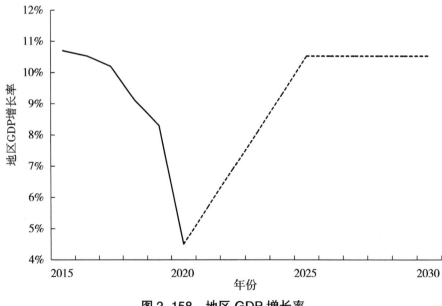

图 2-158 地区 GDP 增长率

（116）城镇登记失业率增长率

2020年、2025年、2030年定量预测结果分别为10.48%、-1.29%、-1.29%（图2-159）。

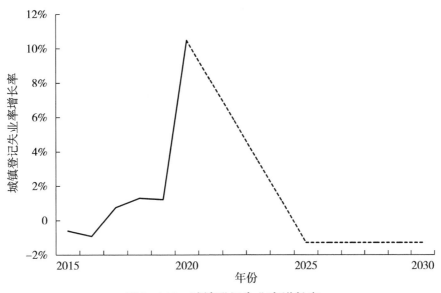

图 2-159　城镇登记失业率增长率

（117）规模以上工业企业研发经费内部支出额中获得金融机构贷款额增长率

2020年、2025年、2030年定量预测结果分别为78.13%、101.81%、115.07%，调整目标为78.13%、40.00%、40.00%（图2-160）。

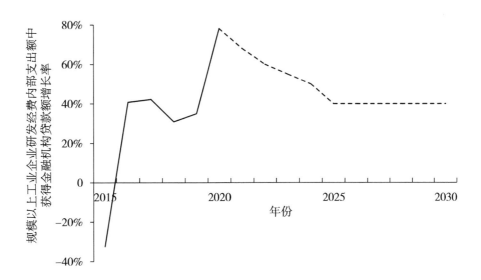

图 2-160　规模以上工业企业研发经费内部支出额中获得金融机构贷款额增长率

（118）高技术企业数增长率

2020 年、2025 年、2030 年定量预测结果分别为 26.40%、26.40%、26.40%，调整目标为 −1.78%、30.00%、30.00%（图 2-161）。

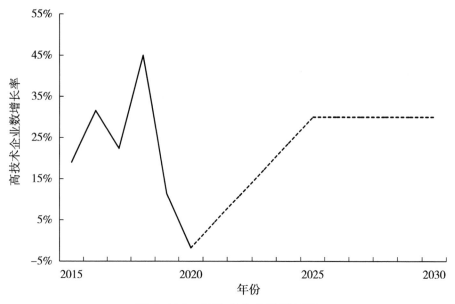

图 2-161　高技术企业数增长率

（119）科技服务业从业人员增长率

2020 年、2025 年、2030 年定量预测结果分别为 −4.73%、−4.73%、−4.73%，调整目标为 15.28%、5.00%、5.00%（图 2-162）。

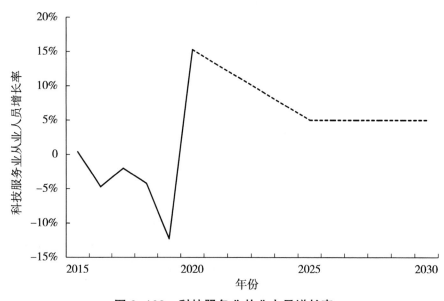

图 2-162　科技服务业从业人员增长率

（120）6 岁及 6 岁以上人口中大专以上学历人口增长率

2020 年、2025 年、2030 年定量预测结果分别为 –17.07%、–17.07%、–17.07%，调整目标为 10.12%、10.00%、15.00%（图 2-163）。

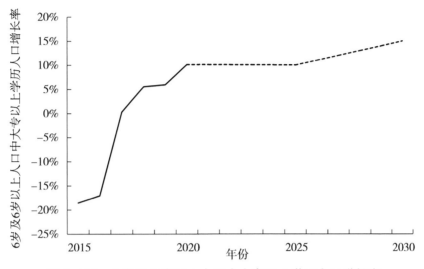

图 2-163　6 岁及 6 岁以上人口中大专以上学历人口增长率

（121）科技企业孵化器孵化基金总额增长率

2020 年、2025 年、2030 年定量预测结果分别为 124.39%、151.09%、166.00%，调整目标为 56.82%、100.00%、100.00%（图 2-164）。

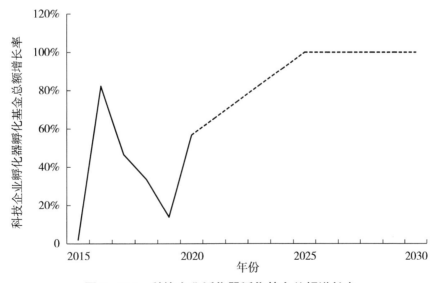

图 2-164　科技企业孵化器孵化基金总额增长率

（122）科技企业孵化器增长率

2020年、2025年、2030年定量预测结果分别为24.64%、24.64%、24.64%，调整目标为22.10%、11.00%、11.00%（图2-165）。

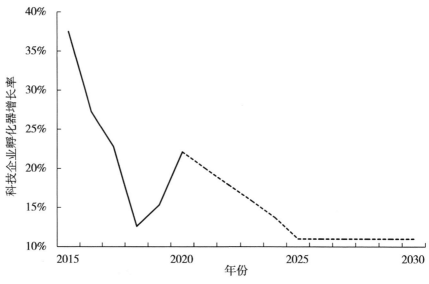

图2-165　科技企业孵化器增长率

（123）科技企业孵化器当年新增在孵企业数增长率

2020年、2025年、2030年定量预测结果分别为-61.94%、-58.32%、-56.32%，调整目标为10.00%、10.00%、10.00%（图2-166）。

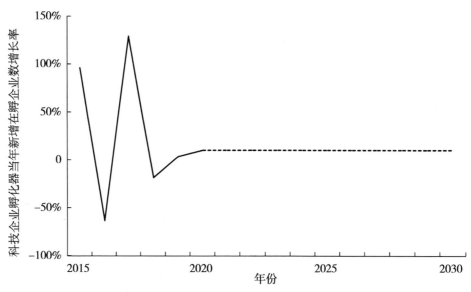

图2-166　科技企业孵化器当年新增在孵企业数增长率

（124）科技企业孵化器当年获风险投资额增长率

2020 年、2025 年、2030 年定量预测结果分别为 −8.29%、2.32%、8.16%，调整目标为 25.11%、3.00%、3.00%（图 2-167）。

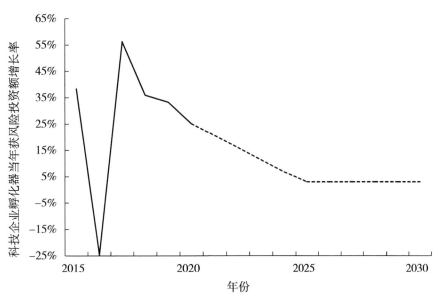

图 2-167　科技企业孵化器当年获风险投资额增长率

（125）教育经费支出增长率

2020 年、2025 年、2030 年定量预测结果分别为 12.93%、20.65%、20.65%（图 2-168）。

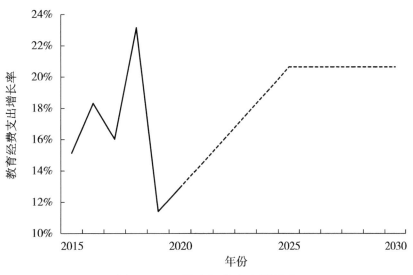

图 2-168　教育经费支出增长率

（126）按目的地和货源地划分进出口总额增长率

2020年、2025年、2030年定量预测结果分别为15.12%、23.91%、23.91%（图2-169）。

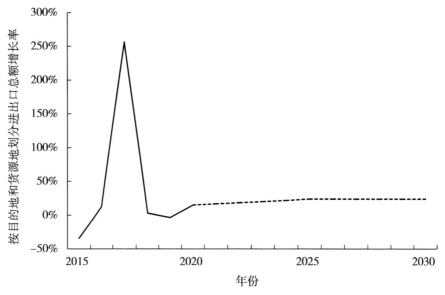

图2-169　按目的地和货源地划分进出口总额增长率

（127）居民消费水平增长率

2020年、2025年、2030年定量预测结果分别为9.86%、9.86%、9.86%，调整目标为4.71%、9.86%、9.00%（图2-170）。

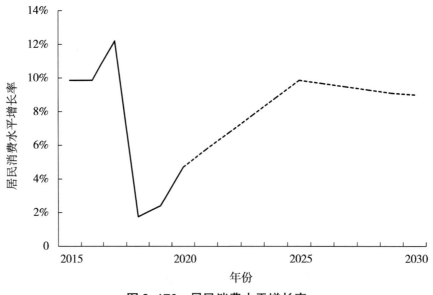

图2-170　居民消费水平增长率

（128）互联网上网人数增长率

2020年、2025年、2030年定量预测结果分别为13.22%、13.22%、13.22%（图2-171）。

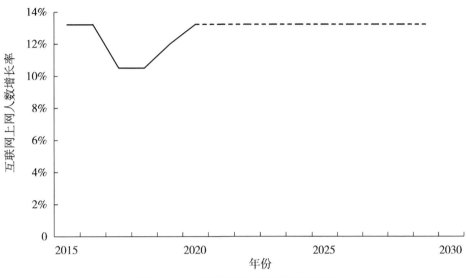

图2-171　互联网上网人数增长率

（129）移动电话用户数增长率

2020年、2025年、2030年定量预测结果分别为 –5.29%、–5.29%、–5.29%，调整目标为1.3%、0.2%、0.1%（图2-172）。

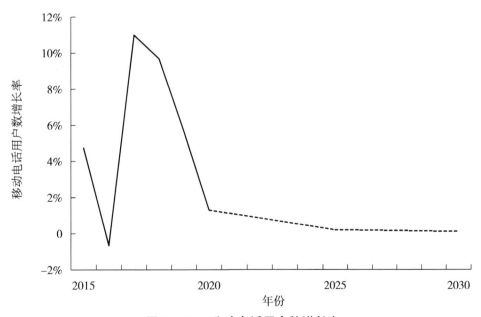

图2-172　移动电话用户数增长率

（130）高校和科研院所研发经费内部支出额中来自企业资金增长率

2020 年、2025 年、2030 年定量预测结果分别为 67.07%、67.07%、67.07%，调整目标为 40.89%、40.00%、40.00%（图 2-173）。

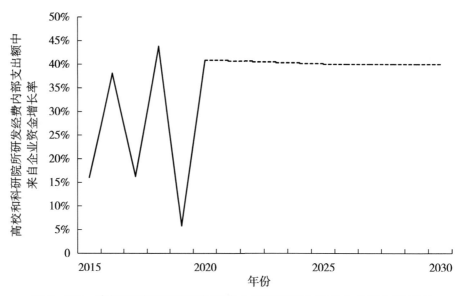

图 2-173　高校和科研院所研发经费内部支出额中来自企业资金增长率

（131）作者异省科技论文数增长率

2020 年、2025 年、2030 年定量预测结果分别为 10.72%、10.72%、10.72%，调整目标为 4.25%、10.72%、10.72%（图 2-174）。

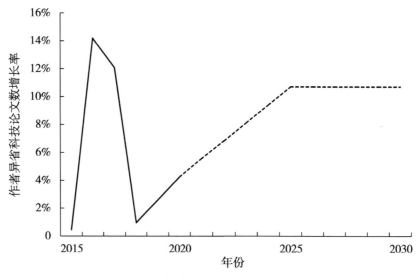

图 2-174　作者异省科技论文数增长率

（132）作者异国科技论文数增长率

2020年、2025年、2030年定量预测结果分别为11.49%、17.29%、20.51%，调整目标为32.66%、12.00%、12.00%（图2-175）。

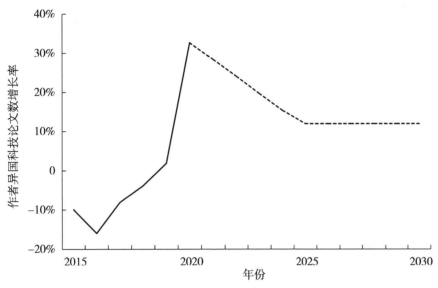

图2-175　作者异国科技论文数增长率

（133）同省异单位科技论文数增长率

2020年、2025年、2030年定量预测结果分别为-3.93%、22.65%、22.65%（图2-176）。

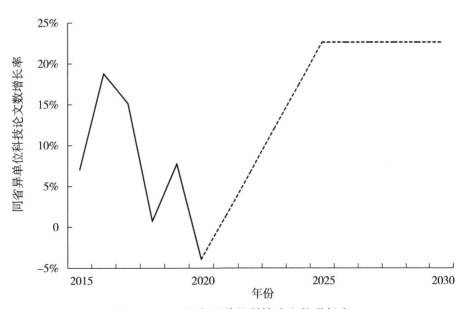

图2-176　同省异单位科技论文数增长率

（134）技术市场交易金额的增长率（按流向）

2020 年、2025 年、2030 年定量预测结果分别为 29.40%、35.10%、38.27%，调整目标
为 60.89%、38.27%、35.00%（图 2-177）。

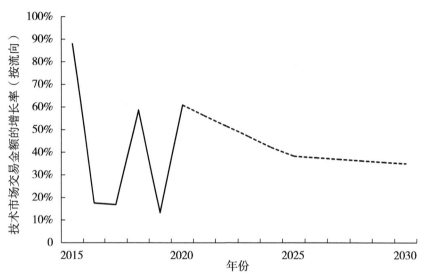

图 2-177　技术市场交易金额的增长率（按流向）

（135）规模以上工业企业国外技术引进金额增长率

2020 年、2025 年、2030 年定量预测结果分别为 –96.74%、–94.59%、–93.46%，调整
目标为 –25%、20%、20%（图 2-178）。

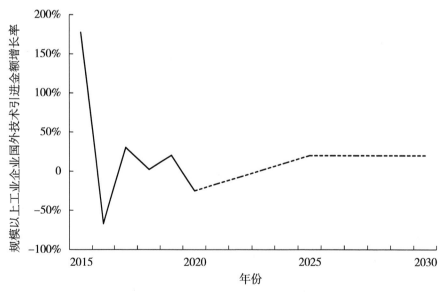

图 2-178　规模以上工业企业国外技术引进金额增长率

（136）规模以上工业企业国内技术成交金额增长率

2020 年、2025 年、2030 年定量预测结果分别为 326.27%、301.77%、301.77%，调整
目标为 -11.19%、170.00%、150.00%（图 2-179）。

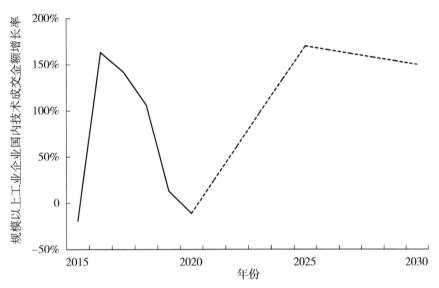

图 2-179　规模以上工业企业国内技术成交金额增长率

（137）外商投资企业年底注册资金中外资部分增长率

2020 年、2025 年、2030 年定量预测结果分别为 28.03%、28.03%、28.03%，调整目标
为 35.73%、30.00%、30.00%（图 2-180）。

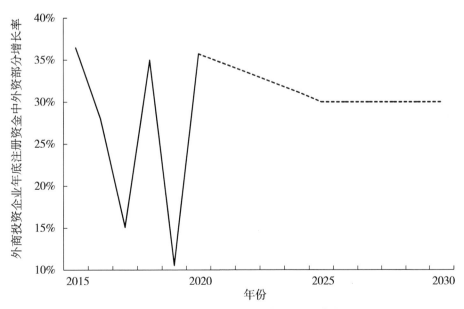

图 2-180　外商投资企业年底注册资金中外资部分增长率

第四节 对策建议

一、多措并举，提升 R&D 投入水平

一是完善 10 万元以上研发投入项目库。继续梳理立项实施、到期未验收的省级科技计划项目及中央引导地方科技创新项目，梳理科技型企业，特别是高新技术企业研发项目，完善 10 万元以上研发投入项目库。建立由科技部、国家发展改革委、工业和信息化部、农业农村部、教育部等部门组成的 R&D 投入工作制度，梳理其他厅局支持的研发投入项目。二是强化政策引导和服务。全面落实企业研发费用税前加计扣除、高新技术企业所得税优惠等普惠政策，继续实施市（州）研发奖励政策，强化政策叠加效应，提升规模以上工业企业中有研发活动企业的占比。继续开展"千企面对面"工作，分类建立科学研究与技术服务业等创新主体名录。采用一对一服务的方式到全省重点科技型企业开展研发投入政策服务工作，帮助企业掌握普惠政策，让企业更好地做好 2020 年研发投入经费归集工作。三是引导科技型企业加大研发经费投入。实施规模以上企业研发机构全覆盖工程，支持规模以上企业建研发平台，鼓励行业领军企业在贵州设立符合产业发展方向的研发机构；各类财政扶持资金优先支持研发经费投入强度大的企业；建立科技型企业（高新技术企业）"小升规"后补助制度；做好高新技术企业认定工作，通过 10 万元以上研发投入项目库，摸清申请认定和已经认定企业的研发经费投入情况，对达不到高新技术企业研发经费投入要求的督促整改；引导金融机构加大对规模以上企业研发经费内部支出的信贷支持；鼓励企业加大技术改造经费支出，保持企业技术创新投入的持续增长。四是鼓励和刺激国有企业加大研发投入。参照科技部政策，将技术进步要求高的国有企业研发投入占销售收入的比例纳入经营业绩考核，完善企业研发投入核算及辅助账制度，加强研发投入统计动态监测与跟踪服务。引导金融机构加大对科技型企业的信贷支持，特别是对规模以上企业研发经费内部支出等给予优惠的信贷支持。鼓励企业加大技术改造经费支出，保持企业技术创新投入的持续增长。五是提高财政科技投入强度。在增加省、市、县财政科技投入基数的基础上，保证每年财政科技经费的增速高于财政支出的增速，力争财政科技支出占财政支出的比例不降低；加强省级协调和对下指导，使各级财政科技经费实际用于研发活动的比例达到 80% 以上，发挥政府研发投入的乘数效应和杠杆效应，带动全社会加大 R&D 投入。六是建立动态监测和跟踪服务平

台。依托省科技信息中心 R&D 活动服务平台开展统计监测，定期按季度、分领域进行分析，对重点创新主体开展一对一跟踪服务，对无研发投入、研发投入过低的创新主体开展点对点培训指导。引导企业规范研发项目管理，强化指标解读和操作指引，指导企业做好研发辅助账等基础性工作。

二、强化服务，助推企业转型升级

一是以"千企改造"为契机，助推企业转型升级。以技术改造投资为引领，在"千企改造"中，鼓励企业加大技术改造经费支出，保持企业技术创新投入的持续增长，加快推动产业结构升级。二是加大科技企业孵化器建设力度，提升孵化能力。提高科技企业孵化器数量，加强科技企业孵化器申报工作，推进孵化器、众创空间、大学科技园、星创天地等创业孵化载体向专业化、新型化、特色化方向发展，提高当年毕业企业数量；提高创业导师队伍的能力，提升其服务质量。健全孵化器的投融资功能，引导风险投资、创业基金使用，加大金融对科技企业孵化的支持力度，不断提高科技企业孵化器当年获风险投资额和孵化基金总额。三是促进高校、科研院所创新及成果转化。完善高校、科研院所科技创新监测评价制度，将研发投入、人才培养、成果转化、高质量科技论文等指标作为对高校、科研院所评价考核的重点指标，建立与财政经费挂钩的机制，将评价考核结果作为科技创新基地、科技项目申报等的重要依据。完善产学研合作机制，提高高校和科研院所研发经费内部支出额中来自企业资金的比例。

三、因类施策，提高科技产出能力

一是科技论文指标。提高高质量论文数，不"唯论文"并不是不提论文。要以科技部科技论文的统计口径（CSTPCD 和 SCI）为目标导向，在基础研究、重大专项等项目中强化论文考核，每一项科技计划项目需产出 6 篇以上科技论文。在高校、科研院所的科技进步统计监测指标体系中加入该项指标，引导高校和科研院所的科技论文产出方向。加强与教育部门联系，与其建立合作关系，在与省教育厅的合作协议中明确科技论文产出相关指标。二是专利指标。组织开展高价值核心专利培育，加强专利申请培训，引导第三方专利服务机构开展工作，提高企业专利申请质量；强化目标导向，将发明专利相关指标作为科技成果应用及产业化、重大专项等项目的重要考核指标。三是技术市场指标。鼓励各市（州）采取共建技术转移中心、成果转化基金等形式，深化科技合作，加快技术转移和成果转化；建设国家级和省级技术转移示范机构；加快技术转移平台建设，完善贵州技术交易平台，建设全链条、全方位的技术转移公共服务综合平台；加强技术合同登记管理，强化技术市场专题培训，培养专业化技术转移人才；加大技术合同税收优惠力度，提升技术合同交易额。四是获国家奖励指标。加强科技合作，鼓励省内高校、科研单位、企业与国内知名、顶尖科研团队加强创新合作，取得高水平成果；加大重大科技成果凝练，组织重大科技成果参与国家科技奖励评选。

四、加强培育，做大高新技术产业

一是加大高新区建设力度。充分发挥贵阳国家高新区、安顺国家高新区在区域创新、高新技术产业发展方面的引领示范和辐射作用；推动省级高新区"以建促升"，完善对创新创业的服务功能，争取 2025 年国家高新区数量翻一番；支持国家高新区和发展水平高的省级高新区整合或托管区位相邻、产业相近、分布零散的产业园区，探索异地孵化、飞地经济、伙伴园区等多种合作机制。二是持续强化高新技术企业培育。加强高新技术企业、领军企业、独角兽企业培育，保存量，求增量。完善促进高新技术企业和科技型中小企业发展的政策体系，落实加计扣除等优惠政策。加大"十年百企千亿"培育行动力度，培育隐形冠军企业和独角兽企业。深化科技型企业"千企面对面"服务活动，完善技术创新对话机制。

五、优化生态，推动科技服务业发展

一是推动科技服务业发展，加强对科技创新的技术咨询、技术服务等主题培育，增强服务能力。二是建设特色化的科技服务平台。搭建跨区域、综合性的科技服务平台和成果转化平台，汇聚科技成果、项目、人才、服务等资源。三是强化信息传输、软件和信息技术服务业科技需求征集，针对重点领域和项目予以科技资金支持。加强信息传输、软件和信息技术服务领域高新技术企业的培育。

六、创新政策，提升人才数量与质量

一是提升高等教育能力。加大教育经费投入，引导社会资本进入教育领域，大力发展高等教育，提升大专以上学历人口数，提升劳动者素质。支持高等学校加强优势学科培育和建设，进一步扩大研究生培养规模，支持高校培养创新型人才。二是加强科技创新人才引进。围绕贵州转型发展的需求，深入实施"百千万人才引进计划"，加大急需紧缺人才柔性引进力度，大力引进用好一批科技领军人才、高层次科技创新创业人才和科技服务高端人才，并落实科研启动资金、工作场所等配套支持政策，提高研究与发展（R&D）人员数。三是完善科技人才激励机制。制定贵州科技人才柔性流动政策，从机制上切实解决高校和科研院所科研人员到企业兼职或离岗创业的后顾之忧。强化特色基础研究和应用基础研究，形成支持高校、科研院所开展基础研究和应用基础研究的投入机制，培养学术新苗。继续实施后补助政策，鼓励高校、科研院所的科研人员争取国家重点研发计划、国家自然科学基金项目等国家级科研项目。四是推动对博士研究生的培养。加强与贵州省教育厅合作，增加博士学位授予点，增加博士学位授予点招生人数，在基础研究等科技计划中，加强对高校、有博士授予点科研机构的支持，提升培养博士的能力。加大人才计划对博士或有潜力成为博士人才的支持，形成示范效应，增强读博吸引力。

附件

附件 1 39 项指标测算结果

39 项指标测算结果

序号	指标名称	权重	评价结果（2019年数据）（2017年数据）		2020年数据（2018年数据）		测算结果（实际年份）					
							2020 年		2025 年		2030 年	
			数据	全国排位	数据	全国排位	数据	全国排位	数据	全国排位	数据	全国排位
1	R&D 经费支出与 GDP 比值（%）	7%	0.71	26	0.82	24	0.91	23	1.1	22	2.02	21
2	劳动生产率（万元/人）	5%	4.21	31	4.59	31	5.19	28	7.66	28	8	—
3	资本生产率（万元/万元）	5%	0.21	25	0.22	21	0.22	21	0.3	15	0.37	13
4	万人科技论文数（篇/万人）	4.8%	1.3	30	1.34	28	1.51	28	1.76	28	2.14	27
5	万人发明专利拥有量（件/万人）	4.8%	2.42	24	2.9	24	3.61	27	4.5	29	5.5	—
6	万人 R&D 研究人员数（人年/万人）	4.5%	3.83	30	4.12	29	5.52	24	7	—	7	—
7	地方财政科技支出占地方财政支出比重（%）	4.38%	1.9	12	2.05	13	1.97	14	3.2	14	4.42	13
8	企业 R&D 经费支出占主营业务收入比重（%）	4.38%	0.61	23	0.81	20	1.13	12	1.8	10	2.5	—
9	万人输出技术成交额（万元/万人）	4%	173.15	21	366.09	21	501.05	—	200	—	200	—
10	万元生产总值技术国际收入（美元/万元）	4%	0.14	24	0.27	20	0.38	20	0.89	18	1.5	17
11	万人移动互联网用户数（人/万人）	3.5%	8446.45	20	9552.05	14	10340.47	—	10000	—	10000	—
12	信息传输、软件和信息技术服务业增加值占生产总值比重（%）	3.5%	2.7	16	2.66	18	2.89	18	3.5	—	3.5	—
13	企业 R&D 研究人员占比重（%）	3%	46.27	15	38.42	18	63.55	15	52.23	14	70	—

续表

序号	指标名称	权重	评价结果（评价报告出版年份）				测算结果（实际年份）					
			2019年（2017年数据）		2020年（2018年数据）		2020年		2025年		2030年	
			数据	全国排位	数据	全国排位	数据	全国排位	数据	全国排位	数据	全国排位
14	高技术产业劳动生产率（万元/人）	3%	68.08	30	70.17	30	61.02	—	30	—	30	—
15	知识密集型服务业劳动生产率（去除邮政业）（万元/人）	3%	42.78	26	51.81	26	49.93	—	60	—	60	—
16	环境污染治理指数（%）	3%	92.96	12	96.78	11	95.55	—	100	—	100	—
17	万人研究与发展（R&D）人员数（人年/万人）	2.4%	8.13	28	9.59	25	11.92	23	25.56	20	38	15
18	万人大专以上学历人数（人/万人）	2.4%	957.14	25	929.85	29	1207.43	—	1000	—	1000	—
19	获国家级科技成果奖系数（项当量/万人）	2.4%	0.59	26	0.32	31	4.87	31	1.39	31	2.4	31
20	高技术产业主营业务收入占工业主营业务收入比重（%）	2.25%	11.19	10	12.56	10	13.27	10	15.23	9	17.48	9
21	高技术产品出口额占商品出口额比重（%）	2.25%	46.48	6	34.25	12	41.85	—	40	—	40	—
22	每名R&D人员研发仪器和设备支出（万元）	1.8%	4.15	12	2.79	27	3.05	23	4.12	20	6	—
23	科学研究和技术服务业新增固定资产占比重（%）	1.8%	0.38	28	0.33	29	0.45	29	0.39	28	0.44	28
24	企业技术获取和技术改造经费支出占企业主营业务收入比重（%）	1.75%	0.5	6	0.52	6	0.44	6	0.65	5	0.85	5
25	电子商务消费占最终消费支出比重（%）	1.75%	19.11	14	19.11	14	23.04	13	35.42	12	49.26	10
26	知识密集型服务业增加值占生产总值比重（去除邮政业）（%）	1.5%	11.6	23	12.45	23	12.6	22	20.4	18	29.04	18

续表

序号	指标名称	权重	评价结果（评价报告出版年份）						测算结果（实际年份）			
			2019年（2017年数据）		2020年（2018年数据）		2020年		2025年		2030年	
			数据	全国排位	数据	全国排位	数据	全国排位	数据	全国排位	数据	全国排位
27	新产品销售收入占主营业务收入比重（%）	1.5%	5.69	27	7.95	23	15.56	17	24.14	15	40	—
28	高技术产业利润率（%）	1.5%	6.51	23	6.15	22	6.4	22	7.06	21	11.54	16
29	万名就业人员专利申请数（件/万人）	1.35%	14.41	25	18.53	23	20.48	23	40	20	65	15
30	有R&D活动的企业占比重（%）	1.35%	17.81	21	16.98	21	28.27	19	24.13	17	49.74	16
31	综合能耗产出率（元/千克标准煤）	1.25%	8.34	26	8.93	25	9.54	25	14.1	23	19.55	22
32	装备制造业区位熵（%）	1.25%	44.89	21	44.11	21	45.43	21	72.65	19	103.76	14
33	10万人累计孵化企业数（个/10万人）	0.9%	1.58	31	1.93	30	2.86	28	10	20	12	—
34	科学研究和科技服务业平均工资比较系数（%）	0.9%	78.69	25	75.54	28	81.82	25	90	24	100	24
35	万人吸纳技术成交额（万元/万人）	0.9%	414.53	24	1098.36	15	1118.52	—	200	—	200	—
36	环境质量指数（%）	0.75%	57.19	5	58.86	5	59.47	5	80	4	85	4
37	十万人博士毕业生数（人/10万人）	0.6%	0.21	30	0.32	31	0.38	26	0.9	26	1.6	25
38	万人高等学校在校学生数（人/万人）	0.3%	212.9	26	225.4	25	265.45	21	270	20	300	18
39	10万人创新中介从业人员数（人/万人）	0.3%	1.63	20	1.22	24	1.21	23	2.1	19	3.08	16

注："—"表示该指标已达到标准值，不进行排位。

附件2 137项指标测算结果

137项指标测算结果

序号	指标名称	权重	评价结果（评价报告出版年份）						测算结果（评价报告出版年份）		
			2016年		2017年		2018年		2020年	2025年	2030年
			数据	全国排位	数据	全国排位	数据	全国排位			
1	规模以上工业企业就业人员中研发人员比重（%）	1.12%	2.03	26	2.2	25	2.68	23	5.36	4.76	6
2	规模以上工业企业中有研发机构的企业占总企业数的比例（%）	1.12%	4.16	27	3.79	27	7.26	20	13.45	20	25
3	规模以上工业企业有研发机构的企业数（个）	1.12%	162	24	170	24	372	20	603	1500	2000
4	规模以上工业企业研发人员数（万人）	1.12%	2.08	26	2.25	25	2.77	25	41280	50000	55000
5	规模以上工业企业研发经费外部支出（亿元）	1.12%	1.79	27	3.02	26	3.05	26	7.9	30	40
6	规模以上工业企业研发经费内部支出总额占销售收入的比例（%）	1.12%	0.47	25	0.46	25	0.5	24	1.13	0.88	1.4
7	规模以上工业企业研发经费内部支出总额（亿元）	1.12%	41.01	26	45.73	26	55.69	25	105.36	251.33	280
8	规模以上工业企业平均研发经费外部支出（万元/个）	1.12%	4.58	30	6.74	24	5.96	28	17.64	20	25
9	规模以上工业企业每万名研发人员平均发明专利申请数（件/万人）	1.12%	923.4	6	869.35	5	730.21	11	842	1500	2000
10	每万家规模以上工业企业平均有效发明专利数（件/万家）	1.12%	8077.02	13	9138.78	15	10562.17	23	1.89	11.72	20
11	规模以上工业企业有效发明专利数（件）	1.12%	3146	20	4096	21	5411	21	8487	12000	15000
12	规模以上工业企业发明专利申请数（件）	1.12%	1918	20	1953	20	2021	20	3475	15000	18000
13	规模以上工业企业新产品销售收入（亿元）	1.12%	408.37	27	394.48	27	575.2	24	876.09	2500	3000

续表

序号	指标名称	权重	评价结果（评价报告出版年份）						测算结果（评价报告出版年份）		
			2016年		2017年		2018年		2020年	2025年	2030年
			数据	全国排位	数据	全国排位	数据	全国排位			
14	规模以上工业企业新产品销售收入占销售收入的比重（%）	1.12%	4.72	27	3.99	29	5.15	26	9.38	25	30
15	规模以上工业企业平均技术改造经费支出（万元/个）	1.12%	264.43	3	182.98	5	139.17	8	87.6	211.31	203.71
16	规模以上工业企业技术改造经费支出（万元）	1.12%	1029966.6	13	820134.7	15	712956	14	392514.2	1500000	1800000
17	有电子商务交易活动的企业数占总企业数的比重（%）	1.12%	4.9	22	8.9	15	12.4	9	10.6	25	30
18	有电子商务交易活动的企业数（个）	1.12%	559	21	1092	21	1767	17	1697	5000	5500
19	每万人平均研究与试验发展全时人员当量（人年/万人）	0.88%	6.83	28	6.67	30	6.79	30	10.8	13	20
20	政府研发投入占GDP的比例（%）	0.88%	0.14	27	0.15	25	0.13	28	0.24	0.49	0.6
21	政府研发投入（亿元）	0.88%	13.27	26	16.03	26	15.29	27	43.46	40	50
22	研究与试验发展全时人员当量（人年）	0.88%	23969	26	23536.7	26	24124	26	41496.4	55000	60000
23	国际论文数（篇）	0.88%	1129	27	1244	27	1547	27	3884	7500	8000
24	每十万研发人员平均发表的国内论文数（篇/十万人）	0.88%	14356.09	10	13217	10	14147.98	9	9152	16000	17000
25	每十万研发人员平均发表的国际论文数（篇/十万人）	0.88%	2958.21	26	3070.39	29	3420.9	28	5424	6000	7000
26	国内论文数（篇）	0.88%	5479	26	5355	26	6398	26	6553	9000	10000
27	每亿元研发经费内部支出产生的发明专利授权数（件/亿元）	0.88%	18.87	3	24.09	6	27.74	4	14	80	90
28	每亿元研发经费内部支出产生的发明专利申请数（件/亿元）	0.88%	113.29	2	89.62	4	121.69	3	45	300	400

续表

序号	指标名称	权重	评价结果（评价报告出版年份）						测算结果（评价报告出版年份）		
			2016年		2017年		2018年		2020年	2025年	2030年
			数据	全国排位	数据	全国排位	数据	全国排位			
29	每万名研发人员发明专利授权数（件/万人）	0.88%	274.34	11	370.47	15	450.22	13	317	800	900
30	每万名研发人员发明专利申请受理数（件/万人）	0.88%	1646.8	5	1378.47	11	1975.14	5	1008	10000	10973
31	发明专利授权数（件）	0.88%	1047	23	1501	24	2036	23	2268	5000	5500
32	发明专利申请受理数（不含企业）（件）	0.88%	6285	18	5585	20	8932	20	7218	75000	80000
33	高技术产业主营业务收入占GDP的比重（%）	0.88%	2.14	22	7.68	19	3.03	20	5.36	8.19	10
34	高技术产业主营业务收入（亿元）	0.88%	566.33	23	806.91	22	1007.76	21	1472	2000	2300
35	高技术产业就业人数占总就业人数的比例（%）	0.88%	2.38	22	3.78	16	3.55	18	0.59	5.85	8.07
36	高技术产业就业人数（万人）	0.88%	72532	23	91231	22	110207	22	111858	241945.47	271362.55
37	高技术产品出口额占地区出口总额的比重（%）	0.88%	3.7	27	25.09	13	24.79	14	0.8	45	50
38	高技术产品出口额（百万美元）	0.88%	348.12	25	1367.56	21	989.65	22	47.4	223	250
39	第三产业增加值占GDP的比重（%）	0.88%	44.55	11	44.89	16	44.67	20	50.9	56.60	64.16
40	第三产业增加值（亿元）	0.88%	4128.5	25	4714.12	25	5261.01	25	9075.07	18772.08	36993.72
41	废气中主要污染物排放量（万吨）	0.88%	179.47	18	155.77	18	122.93	21	227.39	30.33	13.54
42	每亿元GDP废气中主要污染物排放量（吨/亿元）	0.88%	193.68	25	148.32	25	104.38	27	127.56	3.31	0.28
43	每万元GDP工业污水排放量（吨/万元）	0.88%	11.97	24	10.74	21	8.55	11	89.31	4.05	2.57
44	每万元GDP电耗总量（千瓦小时/万元）	0.88%	1266.66	25	1118.02	25	1054.44	25	889.68	722.41	576.25
45	工业污水排放总量（万吨）	0.88%	110912.12	8	112803.1	9	100720.1	9	159.21	117806.02	135498.24
46	电耗总量（亿千瓦小时）	0.88%	1173.74	12	1174.21	12	1241.78	12	1586	1843.51	2558.45

续表

序号	指标名称	权重	评价结果（评价报告出版年份）						测算结果（评价报告出版年份）		
			2016年		2017年		2018年		2020年	2025年	2030年
			数据	全国排位	数据	全国排位	数据	全国排位			
47	万元地区生产总值能耗（等价值）（吨标准煤/万元）	0.88%	1.32	27	1.22	27	1.06	27	0.92	2.16	2.76
48	地区GDP（亿元）	0.88%	9266.39	26	10502.56	25	11776.73	25	17826.56	3000	3500
49	人均GDP水平（元/人）	0.88%	26437	30	29847	29	33246	29	46266.7	83000	62868.56
50	城镇登记失业率（%）	0.88%	3.27	14	3.29	14	3.24	14	3.75	2.38	1.96
51	规模以上工业企业研发经费内部支出额中平均获得金融机构贷款额（万元/个）	0.79%	1.59	20	1.13	24	1.98	16	3.33	4.55	5
52	规模以上工业企业研发经费内部支出额中获得金融机构贷款额（万元）	0.79%	6205.9	24	5055.9	23	10118.5	21	13000	20000	25000
53	高技术企业数占规模以上工业企业数比重（%）	0.79%	4.96	21	5.04	22	6.44	18	8.9	30	35
54	高技术企业数（家）	0.79%	193	21	226	21	330	20	399	2000	2500
55	科技服务业从业人员占第三产业从业人员比重（%）	0.79%	4.12	16	3.99	16	3.7	20	0.77	5.21	7
56	科技服务业从业人员数（万人）	0.79%	7.66	22	7.69	21	7.32	22	5.53	15	20
57	6岁及6岁以上人口中大专以上学历所占的比例（%）	0.79%	10.38	18	8.45	30	7.01	30	12.07	12.37	15.78
58	6岁及6岁以上人口中大专以上学历人口数（抽样数）（人）	0.79%	2763	21	42372	27	1905	27	3294	4500	5500
59	平均每个科技企业孵化器基金额（万元/个）	0.79%	1828.66	7	1356.44	11	1942.48	10	3974.11	19000	20000
60	平均每个科技企业孵化器当年新增在孵企业数（家/个）	0.79%	3.88	指标变化	15.5	指标变化	4.43	18	10	15	20
61	平均每个科技企业孵化器创业导师人数（人/个）	0.79%	5.25	23	5.32	25	5.36	29	9	15	20

续表

序号	指标名称	权重	评价结果（评价报告出版年份）						测算结果（评价报告出版年份）		
			2016年		2017年		2018年		2020年	2025年	2030年
			数据	全国排位	数据	全国排位	数据	全国排位			
62	科技企业孵化器数量（个）	0.79%	16	20	22	23	28	24	47	150	200
63	科技企业孵化基金总额（万元）	0.79%	29258.6	17	29841.7	19	54389.4	20	186783.1	150000	180000
64	科技企业孵化器当年新增在孵企业数（家）	0.79%	62	指标变化	341	指标变化	124	26	270	350	400
65	科技企业孵化器当年获风险投资额（万元）	0.79%	5325	19	7364.6	22	5534	27	18319	100000	130000
66	科技企业孵化器当年风险投资强度（万元/项）	0.79%	591.67	4	350.7	14	230.58	17	339.24	450	500
67	教育经费支出占GDP的比例（%）	0.79%	7.34	2	6.44	4	7.88	4	7.64	12.87	15
68	教育经费支出（亿元）	0.79%	679.98	20	676.11	19	927.73	18	1362.29	1895.63	2200
69	按目的地和货源地划分进出口总额占GDP比重（%）	0.79%	3.41	30	4.64	28	4.14	28	2.9	8	10
70	按目的地和货源地划分进出口总额（亿美元）	0.79%	51.38	28	78.3	27	78.3	27	76.16	250	300
71	居民消费水平（元）	0.79%	11362	29	12876.28	28	12876.26	28	14873.77	12876.3	12876.3
72	互联网上网人数（万人）	0.79%	1222	23	1524	22	1524	22	3260	3623	4000
73	互联网普及率（%）	0.79%	34.9	30	43.2	29	43.2	29	70	80	85
74	移动电话用户数（万户）	0.79%	3224.44	21	3081.25	21	3485.7	19	4095.3	3765.45	3957.86
75	移动电话普及率（部/百人）	0.79%	91.92	26	87.3	23	86.71	22	106.15	91.33	94.89
76	高校和科研院所研发经费内部支出额中来自企业资金的比例（%）	0.75%	13.87	12	7.68	22	10.36	16	14.86	12.80	14.66

续表

序号	指标名称	权重	评价结果（评价报告出版年份）						测算结果（评价报告出版年份）		
			2016年		2017年		2018年		2020年	2025年	2030年
			数据	全国排位	数据	全国排位	数据	全国排位			
77	高校和科研院所研发经费内部支出额中来自企业的资金（万元）	0.75%	17832.89	25	11064.24	25	15278.34	25	50508	50000	80000
78	作者异省合作科技论文数（篇）	0.75%	814	26	829	26	1049	24	1151	1800	2000
79	作者异国合作科技论文数（篇）	0.75%	37	24	29	26	26	27	44	75	90
80	每十万研发人员作者异省科技论文数（篇/十万人）	0.75%	2132.84	8	2046.11	9	2319.67	7	1607	2400	3000
81	每十万研发人员作者异国科技论文数（篇/十万人）	0.75%	96.95	12	71.58	16	57.49	21	61	98	100
82	每十万研发人员作者同省异单位科技论文数（篇/十万人）	0.75%	2895.32	8	3339.42	6	3445.23	6	2022	4000	4500
83	作者同省异单位科技论文数（篇）	0.75%	1105	26	1353	25	1558	24	1448	2100	3000
84	技术市场企业平均交易额（按流向）（万元/项）	0.75%	473.43	6	750.65	1	326.72	16	917.39	875.08	1000
85	技术市场交易金额（按流向）（万元）	0.75%	1258371.6	18	1761018	15	1673802	21	5561194.87	5000000	6000000
86	规模以上工业企业平均国外技术引进金额（万元/项）	0.75%	3.36	20	1.46	27	0.2	29	0.15	1.5	1.8
87	规模以上工业企业平均国内技术成交金额（万元/项）	0.75%	1.77	27	1.83	24	6.54	10	3.12	13	15
88	规模以上工业企业国外技术引进金额（万元）	0.75%	13098.5	25	6562.4	25	1026.6	28	669	3000	3500
89	规模以上工业企业国内技术成交金额（万元）	0.75%	6912.6	25	8219.1	24	33512.2	16	13963.7	90000	95000
90	外商投资企业年底注册资金中外资部分（亿美元）	0.75%	61.22	26	82.98	26	100.01	25	328.24	300	400
91	人均外商投资企业年底注册资金中外资部分（万美元/人）	0.75%	174.51	27	235.09	27	281.31	26	681	500	600

续表

序号	指标名称	权重	评价结果（评价报告出版年份）						测算结果（评价报告出版年份）		
			2016年		2017年		2018年		2020年	2025年	2030年
			数据	全国排位	数据	全国排位	数据	全国排位			
92	规模以上工业企业有研发机构的企业数量增长率（%）	0.56%	5.5	21	14.16	10	61.88	2	18.12	50	50
93	规模以上工业企业研发人员增长率（%）	0.56%	16.74	7	11.06	7	15.68	4	8.36	20	20
94	规模以上工业企业研发经费外部支出增长率（%）	0.56%	9.5	18	27.04	3	35.16	5	13.35	52	52
95	规模以上工业企业研发经费内部支出总额增长率（%）	0.56%	18.51	22	13.32	10	16.64	5	17.54	15	15
96	规模以上工业企业有效发明专利增长率（%）	0.56%	58.49	6	30.2	18	31.15	19	8.03	47	47
97	规模以上工业企业发明专利申请增长率（%）	0.56%	26.52	7	1.82	17	2.65	24	11.15	9	8
98	规模以上工业企业新产品销售收入增长率（%）	0.56%	36.37	3	3.74	19	21.2	5	23.32	35	35
99	规模以上工业企业技术改造经费支出增长率（%）	0.56%	1.05	15	-11.52	23	-16.72	18	-1.71	10	10
100	有电子商务交易活动的企业数增长率（%）	0.56%	89.49	12	95.35	4	48.35	5	11.2	50	50
101	政府研发投入增长率（%）	0.44%	19.74	3	22.37	3	8.07	16	19.39	13	13
102	研究与试验发展全时人员当量增长率（%）	0.44%	11.09	11	8.69	8	0.35	19	13.67	4	4
103	国内论文数增长率（%）	0.44%	5.53	12	-0.86	10	8.61	4	0.89	9	10
104	国际论文数增长率（%）	0.44%	21.99	6	18.49	11	17.27	8	21.95	22	25
105	发明专利授权数增长率（%）	0.44%	30.01	18	33.5	5	39.5	11	7.22	55	60
106	发明专利申请受理数（不含企业）增长率（%）	0.44%	154.25	1	-11.14	30	24.4	22	-11.75	33	30
107	高技术产业主营业务收入增长率（%）	0.44%	26.53	10	42.48	4	33.69	4	48	48	48
108	高技术产业就业人数增长率（%）	0.44%	14.98	5	25.11	2	23.29	3	-0.49	32	32

续表

序号	指标名称	权重	评价结果（评价报告出版年份）						测算结果（评价报告出版年份）		
			2016年		2017年		2018年		2020年	2025年	2030年
			数据	全国排位	数据	全国排位	数据	全国排位			
109	高技术产品出口额增长率（%）	0.44%	126.02	3	292.85	1	132.61	1	-11.05	20	20
110	第三产业增加值增长率（%）	0.44%	16.94	14	12.83	17	11.44	1	4.1	10.34	10.34
111	工业污水排放总量增长率（%）	0.44%	50.63	30	7.55	29	-4.5	9	6.01	-4.5	-4.5
112	废气中主要污染物排放量增长率（%）	0.44%	-7.32	20	-6.26	2	-17.14	25	7.6	-19.84	-19.84
113	电耗总量增长率（%）	0.44%	8.55	19	3.95	18	2.9	15	2.64	1.76	1.76
114	万元地区生产总值能耗（等价值）下降率（%）	0.44%	5.78	9	8.06	27	6.96	6	-2.45	6.72	6.72
115	地区GDP增长率（%）	0.44%	10.8	2	10.7	3	10.53	2	4.5	10.53	10.53
116	城镇登记失业率增长率（%）	0.44%	3.03	23	-0.61	20	-0.92	22	10.48	-1.29	-1.29
117	规模以上工业企业研发经费内部支出额中获得金融机构贷款额增长率（%）	0.4%	21.16	19	-32.38	30	40.8	9	78.13	40	40
118	高技术企业数增长率（%）	0.4%	18.29	7	19	2	31.56	1	-1.78	30	30
119	科技服务业从业人员增长率（%）	0.4%	17.77	2	0.4	15	-4.73	27	15.28	5	5
120	6岁及6岁以上人口中大专以上学历人口增长率（%）	0.4%	23.75	6	-18.56	31	-17.07	27	10.12	10	15
121	科技企业孵化基金总额增长率（%）	0.4%	485.17	1	1.99	25	82.26	15	56.82	100	100
122	科技企业孵化器增长率（%）	0.4%	700	1	37.5	18	27.27	15	22.1	11	11
123	科技企业孵化器当年新增在孵企业数增长率（%）	0.4%	129.63	-	95.98	-	-63.64	24	10	10	10
124	科技企业孵化器当年获得风险投资额增长率（%）	0.4%	81.42	3	38.3	21	-24.86	29	25.11	3	3
125	教育经费支出增长率（%）	0.4%	22.76	1	15.13	2	18.32	2	12.93	20.65	20.65

续表

序号	指标名称	权重	评价结果（评价报告出版年份）						测算结果（评价报告出版年份）		
			2016年		2017年		2018年		2020年	2025年	2030年
			数据	全国排位	数据	全国排位	数据	全国排位			
126	按目的地和货源地划分进出口总额增长率（%）	0.4%	8.01	14	-34.38	31	12.45	1	15.12	23.91	23.91
127	居民消费水平增长率（%）	0.4%	13.1	2	9.86	8	9.86	8	4.71	9.86	9
128	互联网上网人数增长率（%）	0.4%	17.72	3	13.2	3	13.22	3	13.22	13.22	13.22
129	移动电话用户数增长率（%）	0.4%	6.57	9	4.75	15	-0.67	17	1.3	0.2	0.1
130	高校和科研院所研发经费内部支出额中来自企业资金增长率（%）	0.38%	14.78	13	16.04	4	38.09	3	40.89	40	40
131	作者异省科技论文数增长率（%）	0.38%	5.33	8	0.45	25	14.19	2	4.25	10.72	10.72
132	作者异国科技论文数增长率（%）	0.38%	4.81	8	-9.94	28	-15.98	29	32.66	12	12
133	同省异单位科技论文数增长率（%）	0.38%	4.79	18	7.03	2	18.8	2	-3.93	22.65	22.65
134	技术市场交易金额的增长率（按流向）（%）	0.38%	90.39	2	87.99	1	17.5	17	60.89	38.27	35
135	规模以上工业企业国外技术引进金额增长率（%）	0.38%	270.24	3	177.33	25	-67.13	31	-25	20	20
136	规模以上工业企业国内技术成交金额增长率（%）	0.38%	39.92	8	-19.3	26	163.32	5	-11.19	170	150
137	外商投资企业年底注册资金中外资部分增长率（%）	0.38%	26.23	1	36.47	3	28.03	6	35.73	30	30

根据指标计算公式，将 2020 年、2025 年、2030 年的指标目标分解到元指标。由于 137 项指标包括实力指标（元指标）的目标，因此仅对 39 项指标目标进行分解。

附件 3　39 项指标元指标测算结果

序号	指标名称	2020 年	2025 年	2030 年	原指标	2020 年	2025 年	2030 年	统计部门	测算依据
1	R&D 经费支出与 GDP 比值（%）	0.95	1.1/1.6	2.02/3.23	R&D 经费支出（亿元）	171.00	286/416	736.62/1177.85	科技、教育、统计部门	R&D 经费支出（亿元）：目标值 × 地区生产总值
					地区生产总值（亿元）	18 000	26 000	36 466	统计部门	根据《贵州省国民经济和社会发展第十四个五年规划和二〇三五年远景目标纲要》中的目标确定
2	劳动生产率（万元/人）	5.46	7.66	8	地区生产总值（亿元）	18 000	26 000	36 466	统计部门	根据《贵州省国民经济和社会发展第十四个五年规划和二〇三五年远景目标纲要》中的目标确定
					就业人员（万人）	3296.70	3394.26	44 558.29	统计部门	根据《贵州省国民经济和社会发展第十四个五年规划和二〇三五年远景目标纲要》中的目标确定
3	资本生产率（万元/万元）	0.24	0.3	0.37	资本投入（亿元）	4320.00	7800.00	13 492.55	统计部门	资本投入：目标值 × GDP
					地区生产总值（亿元）	18 000	26 000	36 466	统计部门	根据《贵州省国民经济和社会发展第十四个五年规划和二〇三五年远景目标纲要》中的目标确定
4	万人科技论文数（篇/万人）	1.44	1.76/2.4	2.14/3.31	科技论文数（篇）	5289	6464/8852	7860/12 158	中国科学技术信息研究所	科技论文数（篇）：目标值 × 年末常住人口数
					年末常住人口数（万人）	3673	3673	3673	统计部门	根据《贵州省国民经济和社会发展第十四个五年规划和二〇三五年目标确定，2020 年为 3673 万人

续表

序号	指标名称	2020年	2025年	2030年	原指标	2020年	2025年	2030年	统计部门	测算依据
5	万人发明专利拥有量（件/万人）	3.2	4.5/5.5	5.5	发明专利拥有量（件）	11 754	16 529/20 202	20 202	市场监督管理部门	发明专利拥有量（件）：目标值×年末常住人口数
					年末常住人口数（万人）	3673	3673	3673	统计部门	根据《贵州省国民经济和社会发展第十四个五年规划和二〇三五年远景目标纲要》中的目标确定，2020年为3673万人
6	万人R&D研究人员数（人年/万人）	6.08	7	7	R&D研究人员数（人年）	22 332	25 711	25 711	科技、教育、统计部门	R&D研究人员数（人年）：目标值×年末常住人口数
					年末常住人口数（万人）	3673	3673	3673	统计部门	根据《贵州省国民经济和社会发展第十四个五年规划和二〇三五年远景目标纲要》中的目标确定，2020年为3673万人
7	地方财政科技支出占地方财政支出比重（%）	2.33	3.2	4.42	地方财政科技支出（亿元）	193.50	359.05	818.89	财政部门	地方财政科技支出（亿元）：目标值×地方财政支出
					地方财政支出（亿元）	8304.89	11 220.45	18 526.96	财政部门	地方财政支出：根据《贵州统计年鉴》，2012年贵州地方财政支出为2755.68亿元，2018年贵州地方财政支出为5029.68亿元，2012—2018年年均增速为10.55%
8	企业R&D经费支出占主营业务收入比重（%）	1.44	1.8	2.5	企业R&D经费支出（亿元）	154.78	206.09	318.06	统计部门	企业R&D经费支出（亿元）：目标值×规模以上工业企业主营业务收入
					规模以上工业企业主营业务收入（亿元）	10 748.30	11 449.85	12 722.33	统计部门	规模以上工业企业主营业务收入：根据《贵州统计年鉴》，2014年贵州规模以上工业企业主营业务收入为8655.87亿元，2019年贵州规模以上工业企业主营业务收入为9619.12亿元，2014—2019年年均增速为2.13%

续表

序号	指标名称	2020年	2025年	2030年	原指标	2020年	2025年	2030年	统计部门	测算依据
9	万人输出技术成交额（万元/万人）	200	200	200	输出技术成交额（亿元）	73.46	73.46	73.46	全国技术合同网上登记系统	输出技术成交额（亿元）：目标值 × 年末常住人口数
					年末常住人口数（万人）	3673	3673	3673	统计部门	根据《贵州省国民经济和社会发展第十四个五年规划和二〇三五年远景目标纲要》中的目标确定，2020年为3673万人
10	万元生产总值技术国际收入（美元/万元）	0.56	0.89	1.5	技术国际收入（万美元）	10 080.00	23 140.00	54 699.51	国家外汇管理局	技术国际收入（万美元）：目标值 × 地区生产总值
					地区生产总值（亿元）	18 000	26 000	36 466	统计部门	根据《贵州省国民经济和社会发展第十四个五年规划和二〇三五年远景目标纲要》中的目标确定
11	万人移动互联网用户数（人/万人）	10 000	10 000	10 000	移动互联网用户数（万人）	3673	3673	3673	通信管理部门	移动互联网用户数（万人）：目标值 × 年末常住人口数
					年末常住人口数（万人）	3673	3673	3673	统计部门	根据《贵州省国民经济和社会发展第十四个五年规划和二〇三五年远景目标纲要》中的目标确定，2020年为3673万人
12	信息传输、软件和信息技术服务业增加值占生产总值比重（%）	2.9	3.5	3.5	信息传输、软件和信息技术服务业增加值（亿元）	522.00	910.00	1276.32	统计部门	信息传输、软件和信息技术服务业增加值（亿元）：目标值 × 地区生产总值
					地区生产总值（亿元）	18 000	26 000	36 466	统计部门	根据《贵州省国民经济和社会发展第十四个五年规划和二〇三五年远景目标纲要》中的目标确定

续表

序号	指标名称	2020年	2025年	2030年	原指标	2020年	2025年	2030年	统计部门	测算依据
13	企业R&D研究人员占比重（%）	44.13	52.23	70	企业R&D研究人员（万人）	4.10	6.81	16.05	统计部门	企业R&D研究人员（万人）：目标值×全社会R&D研究人员
					全社会R&D研究人员（万人）	9.28	13.03	22.94	科技、教育、统计部门	全社会R&D研究人员：根据《贵州全社会研究人员》，2012年贵州全社会R&D研究人员为29 967人，2017年贵州全社会R&D研究人员为52 746人，按保持11.97%的增速进行测算
14	高技术产业劳动生产率（去除邮政业）（万元/人）	30	30	30	高技术产业增加值（万元）					高技术就业人员：年鉴中没有该数据，无法测算
					高技术产业就业人员（人）					
15	知识密集型服务业劳动生产率（万元/人）	60	60	60	知识密集型服务业增加值（亿元）	168 819.60	168 819.60	168 819.60	统计部门	知识密集型服务业增加值（亿元）：目标值×知识密集型产业就业人员
					知识密集型产业就业人员（人）	281 366	281 366	281 366	统计部门	知识密集型产业就业人员：根据《贵州统计年鉴》，2015年知识密集型产业就业人员为241 656人，2018年知识密集型产业就业人员为264 752人，2015—2018年年均增速为3.09%
16	环境污染治理指数	100	100	100	单位工业增加值用水量降低率（%）					环境污染治理指数＝单位工业增加值用水量降低率×0.4＋废水中氨氮排放达标率×0.3＋固体废物综合治理率×0.3
					废水中氨氮排放达标率（%）					单位工业增加值用水量降低率、废水中氨氮排放达标率、固体废物综合治理率无法预测
					固体废物综合治理率（%）					

续表

序号	指标名称	2020年	2025年	2030年	原指标	2020年	2025年	2030年	统计部门	测算依据
17	万人研究与发展（R&D）人员数（人年/万人）	13.33	25.56	38	研究与发展（R&D）人员数（人年）	48 961	93 882	139 574	科技部门	研究与发展（R&D）人员数（人年）：目标值×年末常住人口数
					年末常住人口数（万人）	3673	3673	3673	统计部门	根据《贵州省国民经济和社会发展第十四个五年规划和二○三五年远景目标纲要》中的目标确定，2020年为3673万人
18	万人大专以上学历人数（人/万人）	1000	1000	1000	大专以上学历人数（万人）	367.3	367.3	367.3	教育部门	大专以上学历人数（万人）：目标值×年末常住人口数
					年末常住人口数（万人）	3673	3673	3673	统计部门	根据《贵州省国民经济和社会发展第十四个五年规划和二○三五年远景目标纲要》中的目标确定，2020年为3673万人
19	获国家级科技成果奖系数（项当量/万人）	0.33	1.39/2.85	2.4/4.13	获国家级科技成果奖（项当量）	3.06	18.11/37.14	55.06/94.72	国家科学技术奖励工作办公室	获国家级科技成果奖（项当量）：目标值×R&D人员数（以万人为单位）
					R&D人员数（万人）	9.28	13.03	22.94	科技、教育、统计部门	R&D人员数：根据《贵州统计年鉴》，2012年贵州R&D人员数为29 967人，2017年R&D人员数为52 746人，按保持11.97%的增速进行测算
20	高技术产业主营业务营业收入占工业主营业务收入比重（%）	13.27	15.23	17.48	高技术产业主营业务收入（亿元）	1426	1744	2224	统计部门	高技术产业主营业务收入（亿元）：目标值×规模以上工业主营业务收入
					规模以上工业企业主营业务收入（亿元）	10 748.30	11 449.85	12 722.33	统计部门	规模以上工业企业主营业务收入：根据《贵州统计年鉴》，2014年贵州规模以上工业企业主营业务收入为8655.87亿元，2019年贵州规模以上工业企业主营业务收入为9619.12亿元，2014—2019年年均增速为2.13%

续表

序号	指标名称	2020年	2025年	2030年	原指标	2020年	2025年	2030年	统计部门	测算依据
21	高技术产品出口额占商品出口额比重（%）	40	40	40	高技术产品出口额（亿元）	143.83	149.38	159.11	海关部门	高技术产品出口额（亿元）：目标值×商品出口总额/100
					商品出口总额（亿元）	359.57	373.44	397.77	海关部门	商品出口总额（亿元）：根据《贵州统计年鉴》，2012年贵州商品出口总额为312.94亿元，2018年贵州商品出口总额为337.58亿元，2012—2018年年均增速为1.27%
22	每名R&D人员研发仪器和设备支出（万元/万人）	3.48	4.12	6	研发仪器和设备支出（万元）	32.31	53.69	137.61	科技、教育、统计部门	研发仪器和设备支出（万元）：目标值×R&D人员数
					R&D人员数（万人）	9.28	13.03	22.94	科技、教育、统计部门	R&D人员数：根据《贵州统计年鉴》，2012年贵州R&D人员数为29 967人，2017年R&D人员数为52 746人，按保持11.97%的增速进行测算
23	科学研究和技术服务业新增固定资产占比重（%）	0.35	0.39/1.26	0.44/2.85	科学研究和技术服务业新增固定资产（亿元）	24.93	27.78/89.74	31.34/202.99	统计部门	科学研究和技术服务业新增固定资产（亿元）：目标值×全社会新增固定资产
					全社会新增固定资产（亿元）	7122.34	7122.34	7122.34	统计部门	根据《贵州省国民经济和社会发展第十四个五年规划和二〇三五年远景目标纲要》中的目标，增速为6%

续表

序号	指标名称	2020年	2025年	2030年	原指标	2020年	2025年	2030年	统计部门	测算依据
24	企业技术获取和技术改造经费支出占企业主营业务收入比重（%）	0.54	0.65	0.85	企业技术获取和技术改造经费支出（亿元）	58.04	74.42	108.14	工信部门	企业技术获取和技术改造经费支出（亿元）：目标值 × 规模以上工业企业主营业务收入
					规模以上工业企业主营业务收入（亿元）	10 748.30	11 449.85	12 722.33	统计部门	规模以上工业企业主营业务收入：根据《贵州统计年鉴》，2014年贵州规模以上工业企业主营业务收入为8655.87亿元，2019年贵州规模以上工业企业主营业务收入为9619.12亿元，2014—2019年年均增速为2.13%
25	电子商务消费占最终消费支出比重（%）	23.04	35.42	49.26	电子商务消费（亿元）	1890.84	3066.65	4662.82	统计部门	电子商务消费（亿元）：目标值 × 最终消费支出
					最终消费支出（亿元）	8206.76	8657.95	9465.73	统计部门	最终消费支出：根据《贵州统计年鉴》，2012年贵州最终消费支出为6852.20亿元，2017年贵州最终消费支出为7506.42亿元，2012—2017年年均增速为1.84%
26	知识密集型服务业增加值占生产总值比重（去除邮政业）（%）	14.33	20.4	29.04	知识密集型服务业增加值（亿元）	2579.40	5304.00	10 589.83	统计部门	知识密集型服务业增加值（亿元）：目标值 × 地区生产总值
					地区生产总值（亿元）	18 000	26 000	36 466	统计部门	根据《贵州省国民经济和社会发展第十四个五年规划和二〇三五年远景目标纲要》中的目标确定

续表

序号	指标名称	2020年	2025年	2030年	原指标	2020年	2025年	2030年	统计部门	测算依据
27	新产品销售收入占主营业务收入比重（%）	15.56	24.14	40	新产品销售收入（亿元）	1672.44	2763.99	5088.93	统计、工信部门	新产品销售收入（亿元）：目标值×规模以上工业企业主营业务收入
					规模以上工业企业主营业务收入（亿元）	10 748.30	11 449.85	12 722.33	统计部门	规模以上工业企业主营业务收入：根据《贵州统计年鉴》，2014年贵州规模以上工业企业主营业务收入为8655.87亿元，2019年贵州规模以上工业企业主营业务收入为9619.12亿元，2014—2019年年均增速为2.13%
28	高技术产业利润率（%）	6.4	7.06/7.83	11.54	高技术产业利润（亿元）	84.52	107.58/119.31	223.06	统计部门	高技术产业利润（亿元）：目标值×高技术产业主营业务收入
					高技术产业主营业务收入（亿元）	1320.62	1523.73	1932.95	统计部门	高技术产业主营业务收入：根据贵州高技术产业主营业务收入占主营业务收入指标确定
29	万名就业人员专利申请数（件/万人）	25	40	65	专利申请数（件）	55 430	93 701	166 879	市场监督管理部门	专利申请数（件）：目标值×就业人员
					就业人员（万人）	2217.18	2342.52	2567.38	统计部门	就业人员：根据《贵州统计年鉴》，2012年贵州就业人员为1825.82万人，2018年贵州就业人员为2023.20万人，2012—2018年年均增速为1.73%

续表

序号	指标名称	2020年	2025年	2030年	原指标	2020年	2025年	2030年	统计部门	测算依据
30	有R&D活动的企业占比重（%）	18.72	24.13	49.74	有R&D活动的企业（个）	1536	2484	7470	统计部门	有R&D活动的企业（个）：目标值×规模以上工业企业数
					规模以上工业企业数（个）	8205	10 293	15 019	统计部门	规模以上工业企业数：根据《贵州统计年鉴》，2015年贵州规模以上工业企业数为4482个，2018年贵州规模以上工业企业数为5623个，2015—2018年年均增速为7.85%
31	综合能耗产出率（元/千克标准煤）	10.17	14.1/17.41	19.55/25.87	能源消费总量（万吨标准煤）	17 699.12	18 439.72/14 933.95	18 652.86/14 096	统计部门、发展改革委	能源消费总量（万吨标准煤）：地区生产总值/目标值
					地区生产总值（亿元）	18 000	26 000	36 466	统计部门	根据《贵州省国民经济和社会发展第十四个五年规划和二〇三五年远景目标纲要》中的目标确定
32	装备制造业区位熵（%）	50.87	72.65	103.76	装备制造业主营业务收入（亿元）	5739.59	8164.89	10 792.35	统计部门	装备制造业主营业务收入（亿元）：目标值×规模以上工业企业主营业务收入
					规模以上工业企业主营业务收入（亿元）	10 748.30	11 449.85	12 722.33	统计部门	规模以上工业企业主营业务收入：根据《贵州统计年鉴》，2014年贵州规模以上工业企业主营业务收入为8655.87亿元，2019年贵州规模以上工业企业主营业务收入为9619.12亿元，2014—2019年年均增速为2.13%
33	10万人累计孵化企业数（个/10万人）	3.34	10	15	累计孵化企业数（个）	1227	3673	5509	科技部门	累计孵化企业数（个）：目标值×年末常住人口数/10
					年末常住人口数（万人）	3673	3673	3673	统计部门	根据《贵州省国民经济和社会发展第十四个五年规划和二〇三五年远景目标纲要》中的目标确定，2020年为3673万人

续表

序号	指标名称	2020年	2025年	2030年	原指标	2020年	2025年	2030年	统计部门	测算依据
34	科学研究和科技服务业平均工资比较系数（%）	82	90/102.48	100/124.29	地区科学研究和技术服务业平均工资（元）	2012年为39834元	2017年为82209元		统计部门	地区科学研究和技术服务业平均工资、地区全社会平均工资、全国科学研究和技术服务业平均工资无法预测
					地区全社会平均工资（元）	2012年为42733元	2017年为75109元		统计部门	
					全国科学研究和技术服务业平均工资（元）	2012年为69254元	2017年为107815元		统计部门	
35	万人吸纳技术成交额（万元/万人）	200	200	200	吸纳技术成交额（亿元）	73.46	73.46	73.46	全国技术合同网上登记系统	吸纳技术成交额（亿元）：目标值×年末常住人口数
					年末常住人口数（万人）	3673	3673	3673	统计部门	根据《贵州省国民经济和社会发展第十四个五年规划和二〇三五年远景目标纲要》中的目标确定，2020年为3673万人
36	环境质量指数（%）	62.33	80	85	空气达到二级以上天数占比重（%）	空气达到二级以上天数占比重、废水中化学需氧量排放达标率、二氧化硫排放达标率无法预测			环保部门	环境质量指数＝空气达到二级以上天数占比重×0.6＋废水中化学需氧量排放达标率×0.2＋二氧化硫排放达标率×0.2
					废水中化学需氧量排放达标率（%）					
					二氧化硫排放达标率（%）					
37	十万人博士毕业生数（人/10万人）	0.69	0.9/1.6	1.6/5.24	博士毕业生数（人）	253	331/588	588/1925	教育部门	博士毕业生数（人）：目标值×年末常住人口数/10
					年末常住人口数（万人）	3673	3673	3673	统计部门	根据《贵州省国民经济和社会发展第十四个五年规划和二〇三五年远景目标纲要》中的目标确定，2020年为3673万人

续表

序号	指标名称	2020 年	2025 年	2030 年	原指标	2020 年	2025 年	2030 年	统计部门	测算依据
38	万人高等学校在校学生数（人／万人）	250	270	300	高等学校在校学生数（万人）	91.83	99.17	110.19	教育部门	高等学校在校学生数（万人）：目标值 × 年末常住人口数
					年末常住人口数（万人）	3673	3673	3673	统计部门	根据《贵州省国民经济和社会发展第十四个五年规划和二〇三五年远景目标纲要》中的目标确定，2020 年为 3673 万人
39	10 万人创新中介从业人员数（人／10 万人）	1.43	2.1	3.08	创新中介从业人员数（万人）	525.24	771.33	1131.28	统计、科技部门	创新中介从业人员数（万人）：目标值 × 年末常住人口数/10
					年末常住人口数（万人）	3673	3673	3673	统计部门	根据《贵州省国民经济和社会发展第十四个五年规划和二〇三五年远景目标纲要》中的目标确定，2020 年为 3673 万人

第二部分
专题研究报告

报告之一：2011 年贵州科技进步状况分析

　　《全国科技进步统计监测报告》是科技部向全社会定期发布的科技统计监测报告，该报告主要围绕科技进步环境、科技活动投入、科技活动产出、高新技术产业化、科技促进经济社会发展等 5 类指标进行统计与评价，用于反映全国及各地区科技进步的变动特征和发展态势。根据《2011 全国科技进步统计监测报告》最新数据显示，2011 年贵州综合科技进步水平指数较 2010 年提升 0.59 个百分点，科技活动产出指数较 2010 年提升 0.49 个百分点，高新技术产业化指数较 2010 年提升 0.92 个百分点，科技促进经济社会发展指数较 2010 年提升 9.13 个百分点（高于全国 2.80 个百分点的平均增幅，增幅排全国第 1 位），但科技进步环境指数和科技活动投入指数较 2010 年分别下降 8.94 个百分点和 2.36 个百分点。

一、贵州科技进步综合情况分析

（一）贵州科技进步主要指数分析

1. 综合科技进步水平指数

　　继 2010 年贵州综合科技进步水平指数有较大提升之后，2011 年综合科技进步水平指数继续保持上升趋势，达到 37.37%，与 2010 年相比提高了 0.59 个百分点（图 1）。

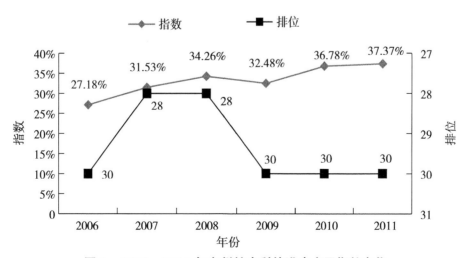

图 1　2006—2011 年贵州综合科技进步水平指数变化

值得一提的是，5个一级指标中科技促进经济社会发展指数增长迅速，其增幅排全国第1位，说明贵州的科技进步不仅是科技活动水平的提升，更是科技促进经济社会发展作用的增强，科技研发能力、创新能力在经济社会发展过程中的支撑作用明显。

2. 科技进步环境指数

科技进步环境指数是2011年贵州下降最快的指标，从2010年的39.20%下降到30.26%，下降了近9个百分点，贵州该指标的排名也降到了全国倒数第1位（图2）。究其原因，主要受以下几个方面的影响。一是2011年贵州每名 R&D 活动人员新增仪器设备费比上年下降55.52万元，其排位从2010年的第8位下降到第31位；科研与综合技术服务业新增固定资产占全社会新增固定资产比重比上年下降11.47个百分点，其排位从2010年的第11位下降到第20位。二是全省科技人员工资待遇低，在一定程度上影响了科技人员的积极性。"十一五"期间贵州科研与综合技术服务业平均工资比例系数不断下降，从2006年的第24位下降到2010年的第30位，2011年又继续下滑到全国末位，与和贵州经济发展水平、物价水平基本相当的云南、甘肃、广西相比，2011年该指标比以上三地区分别低10.34个、11.34个、11.64个百分点。

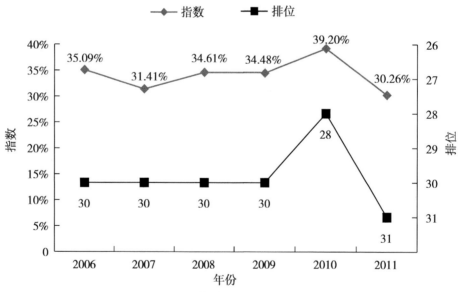

图2　2006—2011年贵州科技进步环境指数变化

3. 科技活动投入指数

2011年贵州科技活动投入指数比上年下降了2.36个百分点，达到29.32%，排位比2010年下降了1位（图3）。一方面，指数排名下降反映出科技活动投入增幅落后于其他省份。例如，2009 年贵州与广西 R&D 投入强度分别为 0.68%、0.61%，贵州比广西高出 0.07 个百分点，2010 年贵州 R&D 投入强度较上年下降了 0.03 个百分点，而广西较上年增加了 0.05 个百分点，最终导致 2010 年贵州 R&D 投入强度落后于广西。另一方面，2011 年贵州 GDP 增长率为 15%，而 R&D 经费投入增长速度低于 GDP 增长速度，仅比上年增长了 13.64%，导致贵州 R&D 投入强度降低。同时，科技人才投入不足也是制约贵州科技发展的瓶颈，贵州科技创新人才长期匮乏，尤其是在创新体系中占主导地位的企业拥有的科技人员持续减少，2011 年企业 R&D 研究人员占全社会 R&D 研究人员比重较上年下降了 2.94 个百分点，因此，贵州需要进一步加强对企业科技人员的培养，以促进科技创新和科技成果的转化。

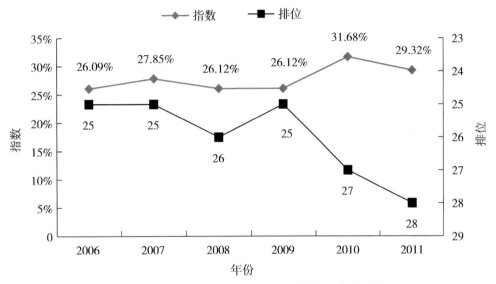

图 3 2006—2011 年贵州科技活动投入指数变化

4. 科技活动产出指数

尽管 2011 年贵州科技活动投入指数出现下降，但科技活动产出指数稳步上升，比上年增长了 0.49 个百分点，达到 27.41%（图 4）。2011 年贵州万名就业人员发明专利拥有量达到 8.41 件，比 2010 年增加 2.15 件。2011 年万人技术成果成交额达到 11.10 万元，比上年增加 8.76 万元，约是上年的 4.74 倍。但同时也应看到，其他省份的进步更明显，如福建 2010 年科技活动产出指数比贵州低 8.17 个百分点，但 2011 年比贵州高 15.57 个百分点，因此，贵州的排名反而下降 2 位。

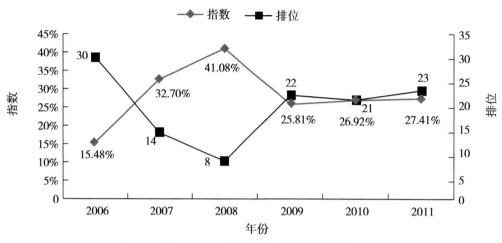

图4　2006—2011年贵州科技活动产出指数变化

5. 高新技术产业化指数

贵州高新技术产业化指数稳步增长，2011年达到42.53%，比上年提高了0.92个百分点，高于全国0.1个百分点的平均增幅，但排位下降3位（图5）。这是因为往年排在贵州后面的部分省份2011年进步速度较贵州更快，如江西2010年该指数落后于贵州0.47个百分点，2011年迅速上升到全国第12位，达到49.15%，比贵州高出6.62个百分点，说明贵州高新技术产业在保持稳定增长的同时，其他省份也在奋力追赶。

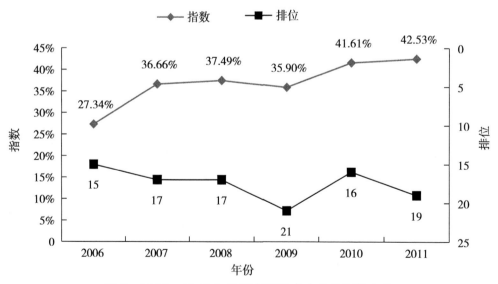

图5　2006—2011年贵州高新技术产业化指数变化

6. 科技促进经济社会发展指数

贵州科技促进经济社会发展指数保持上升势头，2011 年达到 54.57%，比上年提高了 9.13 个百分点，高于全国 2.80 个百分点的平均增幅，增幅排全国第 1 位，排位也由过去长期居全国末位上升到第 30 位（图 6）。这种趋势表明贵州依靠科技创新驱动经济发展方式转变加速，产学研结合趋向紧密，科技促进经济社会发展起到的作用在逐渐加大。随着信息化技术的推广应用，与 2010 年相比，2011 年万人国际互联网络用户数增加了 26 户，百人固定电话和移动电话用户数增加了 20.91 户，电话普及率增加了 11.38 部 / 百人。循环经济技术和节能减排技术的推广、普及和应用，使 2011 年全省每万元生产总值能耗比上年下降 0.1 吨标准煤，生活及其他废气中烟尘排放量比上年减少 56.9%，工业固体废物排放量比上年减少 36.8%。

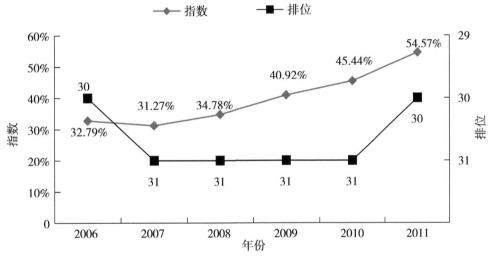

图 6　2006—2011 年贵州科技促进经济社会发展指数变化

（二）与其他省份的比较分析

选择与同属经济欠发达地区的云南、广西、甘肃、新疆等进行比较分析。

由表 1 可以看出贵州科技发展优势、劣势并存。一方面，相比其他各省，贵州的科技创新基础较薄弱，科技人员总量低，科研物质条件较差。2011 年贵州科技人力资源指数为 47.42%，比新疆低 36.31 个百分点，仅是新疆的约 1/2；2011 年贵州科研物质条件指数为 20.01%，比甘肃低 21.04 个百分点。另一方面，在当前全国加强转变经济增长方式、产业结构优化升级的大趋势下，贵州高新技术产业优势明显，2011 年高新技术产业化指数分别比云南、广西、甘肃和新疆高出 2.76 个、2.48 个、10.77 个和 14.59 个百分点。

表1 2011年部分省份科技进步统计监测指数

省份	综合科技进步水平指数	科技进步环境指数	科技活动投入指数	科技活动产出指数	高新技术产业化指数	科技促进经济社会发展指数
贵州	37.37%	30.26%	29.32%	27.41%	42.53%	54.57%
云南	38.08%	35.88%	24.83%	29.37%	39.77%	58.58%
广西	39.15%	36.39%	29.45%	22.67%	40.05%	63.15%
甘肃	46.34%	46.10%	43.52%	44.78%	31.76%	59.32%
新疆	43.02%	52.32%	30.03%	39.31%	27.94%	62.43%

从表2可以看出，贵州与云南、广西综合科技进步水平指数的差距在逐渐缩小，尤其是与广西的差幅，由2006年的4.01个百分点缩小到2011年的1.78个百分点，赶超趋势较为明显。

表2 2006—2011年部分省份综合科技进步水平指数

年份	贵州	云南	云南比贵州高（个百分点）	广西	广西比贵州高（个百分点）
2006	27.18%	29.43%	2.25	31.19%	4.01
2007	31.53%	31.51%	−0.02	30.33%	−1.20
2008	34.26%	34.16%	−0.10	33.05%	−1.21
2009	32.48%	33.83%	1.35	34.36%	1.88
2010	36.78%	37.50%	0.72	37.69%	0.91
2011	37.37%	38.08%	0.71	39.15%	1.78

二、排位靠后原因分析

全国科技进步统计监测指标是以2010年我国经济社会发展目标作为标准值，反映的是科技进步水平及经济社会发展的水平和程度。在以上分析的贵州科技进步统计监测6项指标中，除科技促进经济社会发展指数、高新技术产业化指数达到40%以上，其他指数均在40%以下，排位均处于全国的下游，主要有以下几点原因。

（1）虽然贵州经济增长较快，但科技含量相对较低，科技支撑经济社会发展的作用尚未完全发挥出来。根据《2011 年贵州统计年鉴》，2010 年贵州规模以上工业总产值比上年增长了 22.8%，但工业全员劳动生产率比上年降低了 7254 元 / 人，说明贵州工业发展依然处于低水平增长状态。要推动产业结构优化升级，促使经济增长方式由粗放型转向集约型，必须加快促进科技进步和科技创新。

（2）科技发展尚不能满足经济社会发展的需求。一方面，贵州科技进步环境指数长期偏低，科技人力资源基础差、科研物质水平低、科技意识薄弱等现象没有得到彻底改善；另一方面，贵州科技投入与经济发展未能实现同步增长，R&D 投入强度长期偏低，科技投入的缺口还很大。

（3）科技产出效应不会在投入之后立刻显现，存在一定的滞后性，时间可能是几年甚至更长，即投入产出需要一定的周期。同时，科技投入的大起大落不利于科技的持续发展和进步，保持科技投入稳定增加，才能最大限度地发挥科技产出后期效应。

三、对策建议

2011 年 11 月，贵州召开全省科学技术大会，发布《中共贵州省委贵州省人民政府关于加强科技创新促进经济社会更好更快发展的决定》，指出"切实加强科技创新，加快科技成果转化及产业化，充分发挥科技在经济社会发展中的重要作用"。2012 年 1 月，《国务院关于进一步促进贵州经济社会又好又快发展的若干意见》（国发〔2012〕2 号）文件中也提出要"提高科技创新支撑能力""推进科技基础设施、创新平台和创新载体建设"，这些振奋人心的政策无疑是贵州科技发展强有力的助推器。对于如何抓住当前难得的发展机遇，用科学的发展观认识并解决贵州经济社会和科技发展中的一些紧迫问题，根据贵州的实际，提出以下建议。

（一）加快科技创新平台建设，改善科研物质条件

当前科技进步环境成为制约贵州科技进步快速上升的最重要因素，也是快速提升区域综合科技创新水平指数位次的一个突破口，所以贵州应加大科技基础设施建设，做好科研仪器设施的更新换代，提高科研仪器设施的装备水平。同时，制定政策盘活现有科研仪器设施存量，建立大型科研仪器设施资源的共享机制，提高省内科学仪器的使用率。

（二）加强企业创新主体地位，推进产学研合作

针对贵州多数企业产业链短、附加值低的现状，政府应引导企业树立科技创新意识，建立增加企业 R&D 投入的激励机制，促使企业加大对技术开发中心和新技术、新工艺的资金投入，不断加快对传统产业的改造升级。同时，通过制定促进产学研合作的扶持政策，充分发挥大专院校、科研机构的生力军作用和中介组织的桥梁作用，形成企业与科研

机构、大专院校、中介组织相互依托、联手开发、协同共进的技术创新机制。

（三）建立稳定增长的科技投入机制，保障科技进步拥有力量之源

一方面，依法保障贵州财政科技投入增长幅度不低于财政收入的增长幅度，R&D投入强度逐年提高；另一方面，发挥政府的投资引导作用，通过税收优惠等多种方式，吸引企业、民间资本对科技的投入。同时，进一步完善担保贷款机制，支持企业通过吸引外资、银行贷款、产权融资等多种渠道筹措资金，逐步形成多层次、多渠道的科技融资体系。

（四）增加科技人力总量，提升科技活动能力

针对贵州科技人力资源基数小、人才长期匮乏的现象，一方面，强化科技人力资源的开发利用，积极培养科技人才，为贵州经济社会发展提供雄厚的科研型、技能型和综合型后备人才队伍；另一方面，建立一套切实可行的吸引人才机制，加大吸引国内外高层次人才力度，从物质待遇、精神荣誉等方面给予优惠政策，使更多的科技人员投入到创新大潮中。

（五）提高科技人员待遇，调动科技人员的积极性

贵州科技人员的工资和福利待遇低，挫伤了科技人员进行科技创新的积极性，因此，应逐步提高贵州科技人员工资水平，落实艰苦边远地区津贴动态调整机制，提高科技人员待遇，调动科技人员的积极性。

报告之二：2008—2011 年贵州区域创新能力分析

20 世纪 90 年代，由中国科学技术发展战略研究院、中国科学院研究生院管理学院、中国科学院科技政策与管理科学研究所、国家发展和改革委员会产业经济与技术经济研究所、国务院发展研究中心、清华大学等学术研究单位专家组成的中国科技发展战略研究小组，一直关注区域创新体系建设，探索形成了一套区域创新能力评价指标体系，从知识创造、知识获取、企业创新、创新环境、创新绩效 5 个方面，依据公开发布的统计数据，对各省（自治区、直辖市）创新能力予以评价。自 2001 年以来，每年对各地创新能力进行排序，同时根据区域科技创新的最新进展每年选择一个专题进行研究，形成、发布和出版《中国区域创新能力评价报告》，反映全国各地创新能力水平和发展变化趋势。

一、2008 年以来贵州区域创新能力情况

《中国区域创新能力评价报告 2011》显示，在 2011 年的区域创新能力综合指标排名中，贵州的综合指标效用值为 22.62，在全国排第 24 位，较 2010 年的第 29 位上升 5 位，但与区域创新能力第一的江苏相差多达 32.87（表 1）。从对各省（自治区、直辖市）综合创新能力进行聚类分析的结果看，贵州 2011 年位于创新能力最低的第五类。

表 1　2008—2011 年贵州区域创新能力各指标排名比较

年份	创新能力	知识创造	知识获取	企业创新	创新环境	创新绩效
2008	24	19	29	18	25	30
2009	23	18	26	24	26	27
2010	29	24	29	25	29	28
2011	24	18	22	23	26	23

由表 1 可见，2009 年贵州的区域创新能力综合指标排名最好，在全国排第 23 位，比 2008 年上升 1 位。2010 年贵州的区域创新能力综合指标排名最差，较 2009 年下降 6 位。2011 年贵州 5 个一级指标的排名与 2010 年相比都出现不同程度的上升，尤其是知识获取

能力上升的幅度最大。2011 年与 2008 年相比，贵州区域创新能力综合指标在全国的排名持平，5 个一级指标各有升降，其中知识创造上升 1 位，知识获取和创新绩效都上升 7 位，企业创新和创新环境两个指标则出现不同程度的下降，企业创新下降最多。

（一）知识创造能力

知识创造综合指标包括 3 个分指标，即研究开发投入、专利和科研论文。2008—2011年，贵州的研究开发投入综合指标一直在第 24 位和第 28 位之间徘徊，处于全国的下游水平，2011 年贵州的研究开发投入综合指标排在第 27 位，比 2008 年上升 2 位，研究与试验发展全时人员当量增长率由 2008 年的 9.8% 上升到 2011 年的 14.26%。专利综合指标除了2010 年出现大幅下滑，在全国排在第 22 位外，2008—2011 年一直处于中游水平，其中发明专利申请数和授权数均增长明显，效率相对较高，每亿元科技活动经费内部支出产生的发明专利申请数和授权数在全国一直处于前列。贵州的科研论文综合指标增长较快，虽然国内和国际论文的总量在全国排名靠后，但是增速较快，增长势头迅猛，2011 年国内和国际论文增长率分别列全国的第 3 位和第 10 位。

（二）知识获取能力

2008—2011 年贵州的知识获取能力有所上升，2011 年在全国排第 22 位，相比 2008年和 2010 年的第 29 位上升 7 位，主要得益于科技合作综合指标和技术转移综合指标的上升。其中，每十万研发人员作者同省异单位科技论文数、同省异单位科技论文数增长率、作者异省科技论文数增长率等指标 2011 年都排全国前 10 位，高校和科研院所科技活动筹集资金中来自企业的资金的比例由 2008 年的 8.41% 上升到 2011 年的 13.40%；2011 年，技术市场企业平均交易额和技术市场交易金额的增长率增长迅猛，2008 年排第 20 位之后，2011 年都挤进了全国前 10 位；2011 年贵州规模以上工业企业国内技术成交金额增长率达到 93.15%，居全国第 6 位，相比 2008 年的第 29 位，上升的幅度较大。

（三）企业创新能力

2008—2011 年贵州的企业创新能力呈现下降的趋势，2008—2011 年在全国的排名分别为第 18 位、第 24 位、第 25 位和第 23 位，2011 年比 2008 年下降 5 位，主要是因为企业研发投入综合指标和新产品销售收入综合指标分别下降 14 位和 8 位。具体来看，规模以上工业企业就业人员中研发人员比重由 2008 年的 5.16% 下降到 2011 年的 1.28%，规模以上工业企业研发人员增长率明显下滑；2011 年贵州规模以上工业企业研发活动经费内部支出总额占销售收入的比例居全国第 19 位，相比 2008 年的第 5 位下降 14 位，企业对研发投入不够重视；规模以上工业企业新产品销售收入占销售收入的比重逐年下降，由 2008 年的 14.72% 下降到 2011 年的 5.82%；2008 年贵州规模以上工业企业新产品产值增长率居全国第 4 位，而 2009—2011 年一直排在全国第 20 位之后。由此可见，贵州企业的可持续发展能力较弱，发展后劲相对不足。

（四）创新环境能力

2008—2011 年贵州创新环境能力的变化幅度不大，在全国的排名一直徘徊在第 25 ～ 29 位，处于全国的下游水平，主要是由移动电话用户数、每百人平均电话用户、国际互联网用户数、每百人平均国际互联网用户、人均国内固定资产投资额、居民消费水平等经济社会发展指标长期处于全国的末位导致。但是，创新基础设施综合指标稳步上升，2011 年在全国排第 17 位，其中电话用户数增长率和国际互联网用户数增长率 2008—2011 年的变化较大，2010 年电话用户数增长率和国际互联网用户数增长率分别居全国第 1 位和第 2 位，2011 年分别下降到第 19 位和第 18 位；2011 年贵州公路拥有量增长率为 13.72%，在全国排第 2 位，是这个指标 2008—2011 年最好的排名。2008—2011 年贵州的市场环境综合指标总体来说是上升的，主要是由于政府财政支出增长率和居民消费水平增长率这两个指标拉升的；贵州注重对劳动者素质的提高，教育经费支出占 GDP 的比例、教育经费支出增长率均居全国前列；高新技术企业数量较少，创业水平有待提高。

（五）创新绩效能力

2008—2011 年贵州的创新绩效能力在逐渐上升，2011 年在全国居第 23 位，但总体来说水平较低。贵州宏观经济稳步上升，虽然人均 GDP 居全国末位，但地区 GDP 增长率稳步提高、增速加快，我们有理由预期在未来几年贵州的 GDP 将会有较大的发展；贵州产业结构发生了积极的变化，第三产业增加值占 GDP 的比例由 2008 年的 39.79% 上升到 2011 年的 48.20%，2011 年高新技术产业产值占工业总产值的比例和高新技术产业产值增长率分别居全国第 9 位和第 2 位；可持续发展与环保方面，工业废水和废气的排放量一直维系在较高水平，特别是工业废气的排放量每年增长较快，2008 年工业废气的排放量居全国第 18 位，而 2011 年工业废气的排放量就排在了全国第 10 位，减排工作任重道远。

二、西部五省的创新能力综合比较

2008—2011 年西部五省创新能力效用值及全国排位如表 2 所示。

表 2　2008—2011 年西部五省创新能力效用值及全国排位

省份	效用值 / 排位	2008 年	2009 年	2010 年	2011 年
贵州	效用值	21.13	23.31	19.00	22.62
	全国排位	24	23	29	24

续表

省份	效用值/排位	2008 年	2009 年	2010 年	2011 年
云南	效用值	21.69	24.32	20.74	21.78
	全国排位	23	22	25	26
广西	效用值	20.87	22.70	22.56	23.41
	全国排位	25	25	20	22
甘肃	效用值	19.21	20.93	19.83	22.41
	全国排位	27	28	28	25
新疆	效用值	19.17	22.93	20.38	20.81
	全国排位	28	24	27	28

从表 2 可见，2008 年，贵州的创新能力与其他西部四省相比，仅低于云南 1 位，效用值比云南低 0.56，分别高于广西、甘肃、新疆 1 位、3 位、4 位，效用值分别比广西、甘肃、新疆高 0.26、1.92、1.96；2009 年，贵州的创新能力与其他西部四省相比，仍低于云南 1 位，效用值比云南低 1.01，分别高于广西、甘肃、新疆 2 位、5 位、1 位，效用值分别比广西、甘肃、新疆高 0.61、2.38、0.38；2010 年，贵州的创新能力出现大幅下滑，效用值仅 19.00，排全国倒数第 3 位，分别低于云南、广西、甘肃、新疆 4 位、9 位、1 位和 2 位，效用值分别比云南、广西、甘肃、新疆低 1.74、3.56、0.83、1.38；2011 年，贵州的创新能力又大幅提升，仅低于广西 2 位，效用值比广西低 0.79，分别高于云南、甘肃、新疆 2 位、1 位、4 位，效用值分别比云南、甘肃、新疆高 0.84、0.21、1.81。

通过以上分析我们可以看出，贵州的创新能力正在稳步地追赶云南，且有超过之势；广西的创新能力发展迅猛，已经连续两年超过贵州；甘肃的创新能力发展强劲，与贵州越来越近，差距在迅速地缩小；新疆的创新能力与贵州相比变化不大。

2008—2011 年贵州的创新能力变化幅度较大，2010 年大幅下滑，2011 年又迅速提升，如何保持创新能力的稳步提升，必须引起我们的足够重视。

2011 年全省科学技术大会召开，针对贵州科技改革开放滞后、科技投入总量偏少、科技人才和创新能力不足等突出问题，提出在"十二五"期间重点推进八大科技工程，实施六大科技行动计划；围绕全省科技创新的重点领域和关键环节，出台了《中共贵州省委贵州省人民政府关于加强科技创新促进经济社会更好更快发展的决定》等一系列政策措施，进一步改善科技发展环境，提升科技对经济社会发展的贡献率，确保贵州科技创新每年都有新进展，实现区域创新能力大突破。

三、对策建议

通过对 2008—2011 年贵州创新能力的变化趋势分析及与西部四省的比较，我们可以看到，贵州的总体创新水平较低，尤其是 2010 年，5 个一级指标在全国的排名都出现大幅下滑，导致当年贵州区域创新能力效用值在全国排倒数第 3 位，仅高于西藏和青海。因此，奋起直追，加速提升贵州的创新能力迫在眉睫。根据贵州的实际，提出以下建议。

（一）完善区域创新的硬环境、软环境

良好的环境是一种吸引力、凝聚力、竞争力，最终会表现为生产力。在硬环境方面，努力提高公共配套设施标准，加快园区配套建设，加大工业基础设施投入，加快市政设施的改造和建设，全方位完善水、电、路、气、网的建设。在软环境方面，首先，加大知识产权保护的宣传和执法监督力度，充分保证创新主体的创新收益，提高其创新积极性；其次，营造优质高效的政务环境，简化审批手续，提高办事效率，改进服务方式；最后，营造严明规范的法制环境，加强社会治安综合治理，规范行政执法行为，创造规范有序的法制环境。

（二）积极培养和引进科技创新人才

人才是创新的关键，无论是物质的创造、知识的创造，还是知识的运用、推广和技术的转化，都要依靠专门人才，培养这些专门人才的唯一途径就是教育，教育在经济社会发展过程中，具有基础性、先导性、全局性的战略地位和作用。首先，应优先发展教育事业、大力开发人力资源，为贵州经济社会发展提供雄厚的科研型、技能型和综合型后备人才队伍，构建科技创新人才高地；其次，由于科学技术的迅猛发展，技术创新及产业化的周期大大缩短，企业要适应外界环境的变化，积极地通过在岗培训、继续学习及时更新企业知识库；最后，对发展急需紧缺的人才有计划、有针对性地进行引进，从工资、住房和配偶等方面实行优惠政策，给他们一个充分展示才能的舞台，使其全身心地投入贵州的科技创新和经济发展。

（三）多层次、多渠道加大科技投入

充足的研发经费是开展创新活动的基本前提，没有资金，创新活动就无从谈起。第一，政府要充分重视科技创新，不断增加科研投入，依法保障财政科技投入增长幅度明显高于财政经常性收入的增长幅度，财政科技支出占财政支出比例逐年提高；第二，要发挥政府的投资引导作用，通过财政直接投入、税收优惠等多种财政投入方式，引导企业和社会增加科技投入，强化企业科技投入的主体作用；第三，进一步完善担保贷款机制，支持企业

通过吸引外资、银行贷款、产权融资等多种渠道筹措资金。总之，要采取各项优惠措施调动各方积极性，引导更多的民间资本投入区域创新体系，逐步形成多层次、多渠道的科技融资体系。

（四）以企业为主体，加强产学研合作

在市场经济条件下，只有主动创新的企业才能在激烈的竞争中占据有利地位。对全省的重点产业进行技术升级，掌握一批具有自主知识产权的产业发展核心技术。政府要提供相应的条件，支持建设企业、学校和研究机构合作的平台。既能发挥企业以市场为导向搞创新的主动性，又能使高校和科研院所的创新成果为企业服务，双方在价值链上有效整合资源，互相推动，充分发挥各自的优势。

（五）加强区域之间的交流合作

区域创新能力是各个方面综合的结果，每个地区都有自己的优势，因此在区域发展中要扬长避短、加强合作。例如，北京依托众多的高校和科研院所，其知识创造能力远远强于全国其他地区；区域创新能力一直位居国内前三的广东，其知识创造能力并不是特别突出，但在其他方面很有优势，尤其是企业创新得分很高，使之仍有较高的综合创新能力。贵州作为创新能力较低的地区，应积极开展与外部的经济技术合作，要根据产业调整和升级的需要，重点引进一批国内外先进技术和设备，积极消化和吸收，拓宽国内、国际科技合作与交流领域，提高合作的质量和水平，以技术转移带动产业转移，缩短和发达地区的差距。

报告之三："十一五"贵州科技进步水平比较分析及对策建议

本文采用 2006—2010 年《全国科技进步统计监测报告》(简称《监测报告》)中的数据,对"十一五"贵州在全国和西部 12 个省(自治区、直辖市)中科技进步水平的排位及变化趋势进行比较,提出提升贵州科技进步水平的对策建议。

一、"十一五"贵州综合科技进步水平比较分析

全国科技进步统计监测指标体系包括 5 个一级指标、12 个二级指标和 33 个三级指标,主要围绕科技进步环境、科技活动投入、科技活动产出、高新技术产业化、科技促进经济社会发展等 5 个一级指标进行统计与评价,反映全国及各地区科技进步的变动特征和发展态势。

综合科技进步水平指数由科技进步统计监测 5 个一级指标加权计算形成,从总体上反映当前全国和各地区及其与全面小康社会所应达到水平之间存在的差别。

(一)贵州综合科技进步水平指数在五类地区中的位置

根据综合科技进步水平指数将全国 31 个省(自治区、直辖市)划分为五类地区,"十一五"期间贵州都属于第四类地区。由表 1 可见,2010 年贵州排在第四类地区的最后一位,仅高于第五类地区的西藏。

表 1 2010 年综合科技进步水平指数地区分布

分类	综合科技进步水平指数	地区
第一类	高于全国平均水平 58.22%	上海、北京、天津、广东、江苏和辽宁
第二类	低于 58.22%、高于 50%	浙江、陕西、山东、湖北、福建、黑龙江和重庆
第三类	低于 50%、高于 40%	吉林、湖南、四川、甘肃、河北、山西、新疆、内蒙古、青海、安徽、海南和河南
第四类	低于 40%、高于 30%	江西、宁夏、广西、云南和贵州
第五类	低于 30%	西藏

（二）与全国平均水平的比较分析

"十一五"期间，贵州的综合科技进步水平指数呈整体增长态势，2010年比2006年增长了9.60个百分点，除2009年略有下降外，其余各年都保持增长。但综合科技进步水平仍低于全国平均水平，增长幅度也小于全国平均水平，2006年贵州与全国平均数相差19.93个百分点，到2010年相差21.44个百分点，可见与全国平均水平的差距在逐渐拉大（图1）。

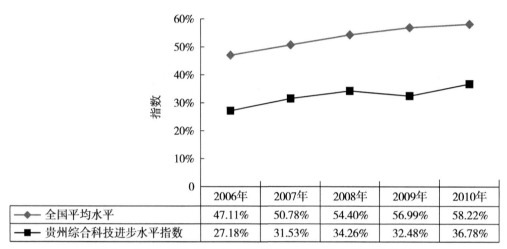

	2006年	2007年	2008年	2009年	2010年
全国平均水平	47.11%	50.78%	54.40%	56.99%	58.22%
贵州综合科技进步水平指数	27.18%	31.53%	34.26%	32.48%	36.78%

图1 "十一五"贵州与全国综合科技进步水平指数比较

（三）在全国和西部地区的排位分析

由表2可见，"十一五"期间，贵州的综合科技进步水平指数在全国的排位一直在第28位至第30位之间徘徊，有两年居第28位（2007—2008年高于云南、广西和西藏），有三年居第30位（2006年、2009年和2010年三年仅高于西藏），科技进步水平状况堪忧。其在西部12个省（自治区、直辖市）中的排位也是居后，排倒数第2位。

表2 "十一五"贵州综合科技进步水平指数在全国和西部地区的排位

年份	贵州	云南	广西	四川	重庆	甘肃	新疆	陕西	青海	宁夏	内蒙古	西藏
2006	30	29	26	14	12	22	23	8	28	25	21	31
2007	28	29	30	16	12	25	20	10	26	24	22	31
2008	28	29	30	15	12	23	16	10	22	18	21	31
2009	30	29	28	16	12	22	17	8	24	19	21	31
2010	30	29	28	16	13	17	20	8	22	27	21	31
西部排位	11	10	9	3	2	6	4	1	8	7	5	12

注："西部排位"是以西部各省（自治区、直辖市）"十一五"5年数据的总和来进行的排序（下同）。

二、科技进步统计监测 5 个一级指标指数的比较分析

（一）科技进步环境指数的比较分析

贵州的科技进步环境指数呈凹形变化，即 2006 年和 2010 年两年高、中间三年低，2010 年虽然比 2006 年增长了 4.11 个百分点，但与全国相比，增幅不到全国（增幅为 9.58 个百分点）的一半，贵州科技进步环境指数 2006 年低于全国 15.97 个百分点，2010 年低于全国 21.44 个百分点，与全国的差距越来越大（图 2）。

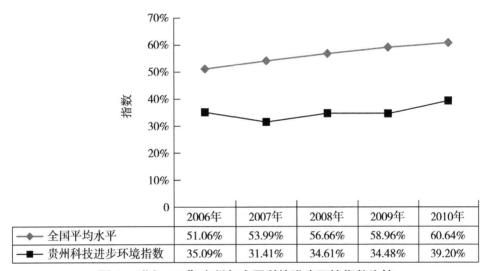

	2006年	2007年	2008年	2009年	2010年
◆ 全国平均水平	51.06%	53.99%	56.66%	58.96%	60.64%
■ 贵州科技进步环境指数	35.09%	31.41%	34.61%	34.48%	39.20%

图 2　"十一五"贵州与全国科技进步环境指数比较

由表 3 可见，"十一五"前四年，贵州的科技进步环境指数在全国都排倒数第 2 位，仅 2010 年排倒数第 4 位（高于广西、云南和西藏），较前四年上升了 2 位，在西部 12 个省（自治区、直辖市）中也排在倒数第 2 位。

表 3　"十一五"贵州科技进步环境指数在全国和西部地区的排位

年份	贵州	云南	广西	四川	重庆	甘肃	新疆	陕西	青海	宁夏	内蒙古	西藏
2006	30	29	23	17	18	20	16	11	14	19	10	31
2007	30	29	28	20	18	27	5	7	13	11	9	31
2008	30	24	29	23	19	25	8	6	7	12	11	31
2009	30	28	29	24	23	21	7	5	10	14	11	31
2010	28	30	29	21	19	22	12	5	8	17	10	31
西部排位	11	10	9	7	6	8	2	1	4	5	3	12

（二）科技活动投入指数的比较分析

从图 3 可见，2006—2010 年贵州的科技活动投入指数增长了 5.59 个百分点，其中，2008—2009 年两年相同，比 2007 年有所下降，比 2006 年略有增加，与全国相比，2006—2010 年增幅略高于全国（增幅为 10.02 个百分点）的一半，贵州科技活动投入指数 2006 年低于全国 21.65 个百分点，2010 年低于全国 26.08 个百分点，与全国的差距也在拉大。

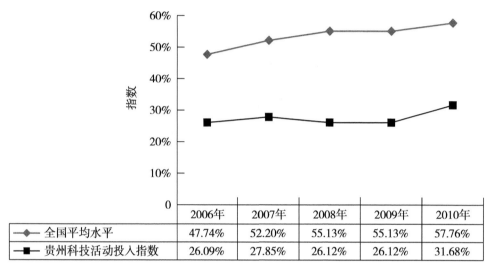

	2006年	2007年	2008年	2009年	2010年
全国平均水平	47.74%	52.20%	55.13%	55.13%	57.76%
贵州科技活动投入指数	26.09%	27.85%	26.12%	26.12%	31.68%

图3 "十一五"贵州与全国科技活动投入指数比较

由表 4 可见，"十一五"期间，贵州的科技活动投入指数在全国的排位略有下降，从 2006 年的第 25 位下降至 2010 年的第 27 位，在西部 12 个省（自治区、直辖市）中的排位处于中下位置。

表4 "十一五"贵州科技活动投入指数在全国和西部地区的排位

年份	贵州	云南	广西	四川	重庆	甘肃	新疆	陕西	青海	宁夏	内蒙古	西藏
2006	25	27	29	14	12	17	28	4	26	18	24	31
2007	25	27	28	14	13	17	29	7	26	20	24	31
2008	26	29	28	14	10	18	25	7	27	16	24	31
2009	25	27	28	17	10	21	26	8	29	15	23	31
2010	27	29	28	17	10	18	26	8	25	22	24	31
西部排位	7	10	11	3	2	4	9	1	8	5	6	12

（三）科技活动产出指数的比较分析

由图 4 可见，"十一五"期间，贵州的科技活动产出指数增幅明显，变化幅度较大，从 2006 年的最低点 15.48% 上升至 2008 年的最高点 41.08%，相差 25.60 个百分点，但 2009—2010 年又回落到 25.81% 和 26.92%。与全国相比，2006—2010 年贵州该指数的增幅为 11.44 个百分点，略高于全国（增幅为 10.60 个百分点），但 2006 年低于全国 26.78 个百分点，2010 年低于全国 25.94 个百分点，与全国的差距也较大。

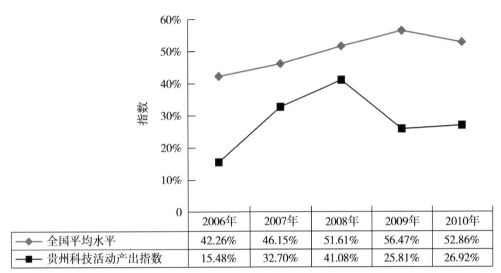

	2006年	2007年	2008年	2009年	2010年
全国平均水平	42.26%	46.15%	51.61%	56.47%	52.86%
贵州科技活动产出指数	15.48%	32.70%	41.08%	25.81%	26.92%

图 4　"十一五"贵州与全国科技活动产出指数比较

由表 5 可见，"十一五"期间，贵州的科技活动产出指数在全国的排位进步明显，但波动较大，从 2006 年的倒数第 2 位上升到 2007—2008 年的中上位置，但 2009—2010 年又下降到中下位置，在西部 12 个省（自治区、直辖市）的排位处于中间位置。

表 5　"十一五"贵州科技活动产出指数在全国和西部地区的排位

年份	贵州	云南	广西	四川	重庆	甘肃	新疆	陕西	青海	宁夏	内蒙古	西藏
2006	30	14	25	17	8	18	11	9	21	22	31	23
2007	14	21	29	20	4	15	10	12	17	25	26	31
2008	8	20	26	25	6	13	11	9	12	21	27	31
2009	22	26	25	21	6	9	11	7	8	16	30	31
2010	21	22	24	19	10	7	12	4	13	30	28	31
西部排位	6	8	10	7	1	4	3	2	5	9	11	12

（四）高新技术产业化指数的比较分析

由图 5 可见，贵州的高新技术产业化指数快速增长，2010 年比 2006 年增加了 14.27 个百分点，但 2009 年该值下降到 35.90%，低于 2007—2008 年的数据。与全国相比，2006—2010 年贵州该指数的增幅高于全国（增幅为 8.21 个百分点），2006 年低于全国 16.54 个百分点，2010 年低于全国 10.48 个百分点，与全国的差距在缩小。

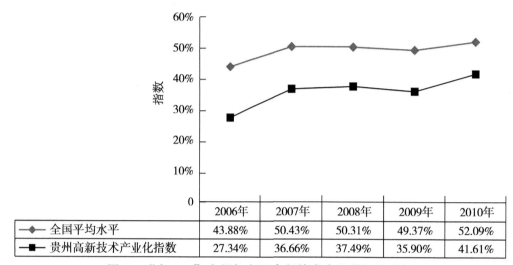

	2006年	2007年	2008年	2009年	2010年
◆ 全国平均水平	43.88%	50.43%	50.31%	49.37%	52.09%
■ 贵州高新技术产业化指数	27.34%	36.66%	37.49%	35.90%	41.61%

图 5　"十一五"贵州与全国高新技术产业化指数比较

由表 6 可见，"十一五"期间，贵州的高新技术产业化指数在全国的排位除 2009 年排第 21 位外，其他年份多数处在中间位置。在西部 12 个省（自治区、直辖市）的排位也处在中上位置。这是贵州排位最好的指标。

表 6　"十一五"贵州高新技术产业化指数在全国和西部地区的排位

年份	贵州	云南	广西	四川	重庆	甘肃	新疆	陕西	青海	宁夏	内蒙古	西藏
2006	15	24	18	8	9	23	31	16	27	31	22	17
2007	17	19	16	11	14	28	31	23	21	25	20	12
2008	17	16	19	7	11	28	30	21	18	25	23	10
2009	21	16	19	7	10	26	30	17	28	29	23	13
2010	16	20	21	6	11	28	29	19	27	30	25	13
西部排位	4	6	5	1	2	10	12	7	9	11	8	3

（五）科技促进经济社会发展指数的比较分析

由图 6 可见，2010 年贵州科技促进经济社会发展指数比 2006 年增加了近 12.65 个百分点，与全国相比，其增幅低于全国（增幅为 15.25 个百分点），2006 年低于全国 17.15 个百分点，2010年低于全国19.75个百分点，与全国的差距在拉大。

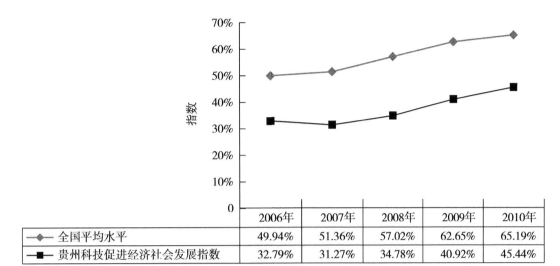

	2006年	2007年	2008年	2009年	2010年
全国平均水平	49.94%	51.36%	57.02%	62.65%	65.19%
贵州科技促进经济社会发展指数	32.79%	31.27%	34.78%	40.92%	45.44%

图6　"十一五"贵州与全国科技促进经济社会发展指数比较

由表7可见，"十一五"期间，贵州的科技促进经济社会发展指数在全国的排位除2006年排倒数第2位外，2007—2010年4年排倒数第1位，在西部12个省（自治区、直辖市）中也排在最后的位置。这是贵州排位最差的指标。

表7　"十一五"贵州科技促进经济社会发展指数在全国和西部地区的排位

年份	贵州	云南	广西	四川	重庆	甘肃	新疆	陕西	青海	宁夏	内蒙古	西藏
2006	30	28	17	22	20	27	25	19	29	26	15	31
2007	31	26	20	23	24	28	19	17	29	27	16	30
2008	31	27	21	25	22	28	17	18	29	26	14	30
2009	31	27	23	24	20	29	17	18	28	22	16	30
2010	31	26	22	24	21	27	19	17	29	23	10	30
西部排位	12	8	4	6	5	9	3	2	10	7	1	11

三、对策建议

比较是为了发展与追赶，贵州与全国和西部地区的比较结果表明，"十一五"期间，贵州的科技进步水平状况不容乐观：科技进步统计监测5个一级指标指数最好的高新技术产业化指数，也仅排在全国的第15～21位；次之为科技活动产出指数和科技活动投入指数，分别排在全国的第 8～30 位、第 25～27 位；较差的科技进步环境指数，排在全国的第 28～30 位；最差的科技促进经济社会发展指数，排在全国的第 30～31 位。

从《监测报告》的监测情况看，"十一五"期间，贵州的科技发展速度较快，财政科技投入增加，科技产出增长，科技环境改善，科技产业化水平提高，科技对经济社会发展的促进作用加大，但在全国的排位未出现明显变化，贵州对科技活动的支持力度依然偏弱，科技促进经济社会发展的水平落后。为进一步提升综合科技进步水平，基于贵州实际，提出如下建议。

（一）进一步加大科技投入，发挥资金效益

科技投入是科技进步的重要保证。"十一五"期间，贵州不断加大科技活动经费投入，科技工作取得长足进步，但与全国平均水平相比，科技活动财力投入力度仍不足。面对财政科技投入与日益增长的研发费用需求不适应的现状，全国各区域都在增加科技投入，积极构建创新型国家。建议贵州继续加大财政科技投入，建立科技投入稳定增长的机制，同时，要把科技投入的重点放在促进企业科技投入上，落实和完善有关政策措施，切实加大企业技术引进和消化吸收的经费投入。

（二）经济与科技相互促进，共同发展

科学技术是第一生产力，决定了科技与经济发展密切联系、相辅相成。一个国家或地区的科技进步状态需要与其外部的经济社会大系统相关联来进行考察。科技总是以经济社会的发展为基础、为支撑，而经济社会发展又以前者为动力、为要素。多年科技进步监测的结果显示，没有经济社会发展迅速而科技发展十分落后的地区，也不会有科技水平很高而经济社会发展十分落后的地区。经济发展是科技进步的直接结果，也是科技进步的目的所在。因此，只有大力发展经济，以经济促科技，同时发挥和提高科技对经济社会的支撑引领和促进作用，才能改变贵州科技促进经济社会发展水平落后的状况。

（三）发挥优势，狠抓突破口

贵州具有相对优势的指标是高新技术产业化，其中，高新技术产业化水平在西部的排序为第 3～5 位，高新技术产业化效益在西部的排序为第 6～8 位，但贵州高新技术产业仍主要以高新技术加工制造业为主，产品附加值不高，在各种成本上涨的影响下，发展压力逐步增大。只有充分发挥贵州资源禀赋，通过提升自主创新能力，加大高新技术产品创新、工艺创新的力度，大力发展战略性新兴产业，才能突破发展瓶颈，发挥并保持其优势地位。

（四）增加科技人力总量，提升科技活动能力

针对贵州科技人力资源和科技活动人力投入水平都较低的现状，强化科技人力资源的

开发利用，增加科技人力资源总量，增强科技活动力量，发挥教育在科技人才培养中的基础性作用，优化高等教育学科结构，积极培养高水平科技实用人才；同时，优化配置科技资源，合理部署科研机构，完善、落实科技人力资源引进和激励机制，营造宽松的工作环境，使更多的科技人员投入创新大潮。

（五）加强科技进步宣传，营造科技进步氛围

作为一个人口较多、较贫困的省份，提高贵州全民科技意识的工作任重道远。为此，要动员方方面面的力量，利用各种教育资源及传媒工具来宣传普及科技知识，提高民众的科学素养，增强其科技意识，达到改善科技进步基础环境、促进贵州科技进步的目的。

报告之四："十一五"贵州科技进步排位
靠后指标分析

全国科技进步统计监测指标体系包括 5 个一级指标、12 个二级指标、33 个三级指标。在各级指标中，1/3 属于科技创新指标，其余 2/3 为相关经济社会发展指标。因此，综合科技进步水平不仅反映了全国科技发展的情况，而且反映了全国经济社会发展的水平。

本文采用 2006—2010 年《全国科技进步统计监测报告》中的数据，重点分析"十一五"期间对贵州科技进步水平影响大且在全国排第 28 位之后、在西部地区排第 10 位之后的指标，以期引起全社会关注，共同改变这种状况。

一、科技进步环境靠后指标的比较分析

科技进步环境指标包括 3 个二级指标、7 个三级指标，贵州有科技人力资源和科技意识 2 个靠后二级指标，有万人专业技术人员数、万人大专以上学历人数、万名就业人员专利申请量、科研与综合技术服务业平均工资与全社会平均工资比例系数和万人吸纳技术成果金额 5 个靠后三级指标。

由表 1 可见，"十一五"期间，科技进步环境指数呈凹形变化，2010 年比 2006 年提升了 4.11 个百分点，在全国的排位提高了 2 位；而 2010 年科技人力资源指数比 2006 年降低了 9.86 个百分点，在全国一直排第 30 位；2010 年科技意识指数比 2006 年提升了 5.15 个百分点，其排位从第 31 位上升到第 27 位，提高了 4 位。

表 1　"十一五"贵州科技进步环境靠后指标及在全国的排位变化

指标名称及级别		监测值					位次				
		2006 年	2007 年	2008 年	2009 年	2010 年	2006 年	2007 年	2008 年	2009 年	2010 年
一级	科技进步环境指数	35.09%	31.41%	34.61%	34.48%	39.20%	30	30	30	30	28

指标名称及级别		监测值					位次				
		2006 年	2007 年	2008 年	2009 年	2010 年	2006 年	2007 年	2008 年	2009 年	2010 年
二级	科技人力资源指数	44.91%	31.29%	33.79%	35.37%	35.05%	30	30	30	30	30
	科技意识指数	15.04%	16.88%	14.58%	15.47%	20.19%	31	31	30	31	27

（一）科技人力资源指标分析

科技人力资源指标包括 2 个三级指标，贵州在全国和西部地区的排位都靠后。

1. 万人专业技术人员数

由表 2 可见，"十一五"期间，贵州万人专业技术人员数在全国排倒数第 3 位，在西部地区排倒数第 2 位。2010 年贵州该指标监测值为 36.99%，比 2006 年的 36.34% 增长了 0.65 个百分点，低于西部地区第 1 位新疆（67.84%）30.85 个百分点，低于西部地区第 7 位甘肃（45.45%）8.46 个百分点。

表 2 　"十一五"西部 12 个省（自治区、直辖市）万人专业技术人员数在全国和西部地区的排位

年份	贵州	云南	广西	四川	重庆	甘肃	新疆	陕西	青海	宁夏	内蒙古	西藏
2006	29	28	24	27	21	23	4	10	14	7	8	31
2007	29	25	24	28	21	23	4	10	16	5	8	31
2008	29	23	25	26	19	24	4	10	14	7	8	31
2009	29	24	25	26	19	23	4	8	15	13	6	31
2010	29	23	26	25	19	21	4	6	15	11	7	31
西部排位	11	8	9	10	6	7	1	4	5	3	2	12

注："西部排位"是以西部各省（自治区、直辖市）"十一五"5 年数据的总和来进行的排序（下同）。

2. 万人大专以上学历人数

由表 3 可见，"十一五"期间，贵州万人大专以上学历人数在全国排倒数第 3 位或倒数第 2 位，在西部地区排倒数第 2 位。2010 年贵州该指标监测值为 33.11%，比 2006 年的 33.22% 下降了 0.11 个百分点，低于西部地区第 1 位新疆（95.06%）61.95 个百分点，低于西部地区第 8 位甘肃（47.86%）14.75 个百分点。

表3 "十一五"西部12个省（自治区、直辖市）万人大专以上学历人数在全国和西部地区的排位

年份	贵州	云南	广西	四川	重庆	甘肃	新疆	陕西	青海	宁夏	内蒙古	西藏
2006	30	29	25	28	20	23	4	12	7	8	6	31
2007	30	29	23	24	25	28	5	8	15	9	13	31
2008	30	25	26	23	29	28	5	9	15	12	11	31
2009	29	28	30	25	26	24	5	7	11	9	12	31
2010	29	30	28	22	24	26	6	7	8	9	11	31
西部排位	11	10	9	6	7	8	1	2	5	3	4	12

（二）科技意识指标分析

科技意识指标包括3个三级指标，贵州在全国和西部地区的排位都较靠后。

1. 万名就业人员专利申请量

由表4可见，"十一五"期间，贵州万名就业人员专利申请量在全国的排位从2006年的第28位下降到2009年的第31位和2010年的第29位，在西部地区排倒数第3位。2010年贵州该指标监测值为1.58%，比2006年的1.00%增长了0.58个百分点，低于西部地区第1位陕西（8.11%）6.53个百分点，低于西部地区第5位宁夏（3.46%）1.88个百分点。

表4 "十一五"西部12个省（自治区、直辖市）万名就业人员专利申请量在全国和西部地区的排位

年份	贵州	云南	广西	四川	重庆	甘肃	新疆	陕西	青海	宁夏	内蒙古	西藏
2006	28	26	29	16	13	25	14	17	30	19	21	31
2007	28	26	30	16	13	29	15	14	27	18	22	31
2008	28	29	27	14	15	30	17	12	26	18	22	31
2009	31	29	30	12	15	27	20	11	28	17	25	23
2010	29	28	30	13	12	26	20	10	27	19	25	31
西部排位	10	9	11	3	2	7	4	1	8	5	6	12

2. 科研与综合技术服务业平均工资与全社会平均工资比例系数

由表5可见，"十一五"期间，贵州该指标在全国的排位从2006年的第24位下降到2010年的第30位，在西部地区排倒数第1位。2010年贵州该指标监测值为27.85%，低于西部地区第1位四川（79.96%）52.11个百分点，低于西部地区第8位新疆（38.26%）

10.41 个百分点。2006—2010 年，贵州该指标监测值分别为 41.56%、38.82%、35.24%、29.74%、27.85%，呈直线下降，2010 年比 2006 年下降了 13.71 个百分点，从一定程度上反映出贵州对科研与综合技术服务业价值认知度低，该领域的从业人员在省内的经济收益逐年降低。

表 5 "十一五"西部 12 个省（自治区、直辖市）科研与综合技术服务业平均工资与全社会平均工资比例系数在全国和西部地区的排位

年份	贵州	云南	广西	四川	重庆	甘肃	新疆	陕西	青海	宁夏	内蒙古	西藏
2006	24	26	19	8	14	22	20	17	6	30	23	9
2007	25	29	20	7	11	28	23	16	8	27	18	12
2008	27	25	22	8	11	30	21	13	5	26	17	9
2009	30	29	20	7	9	27	22	12	8	25	21	16
2010	30	27	21	6	8	28	23	16	11	24	20	15
西部排位	12	11	7	1	3	10	8	5	2	9	6	4

3. 万人吸纳技术成果金额

吸纳技术成果金额是指各地区在技术市场上为购买技术成果所支出的费用，反映企业或机构对技术成果的需求意识。贵州万人吸纳技术成果金额监测值和排名在"十一五"期间都有大幅提高，其监测值从 2006 年的 7.22% 大幅上升到 2010 年的 37.31%，增长了 30.09 个百分点；其排位从 2006—2007 年的倒数第 1 位上升到 2010 年的第 23 位，上升了 8 位（表 6）。贵州该指标长期处于低位，致使"十一五"期间在西部地区排倒数第 1 位。

表 6 "十一五"西部 12 个省（自治区、直辖市）万人吸纳技术成果金额在全国和西部地区的排位

年份	贵州	云南	广西	四川	重庆	甘肃	新疆	陕西	青海	宁夏	内蒙古	西藏
2006	31	16	30	29	9	15	12	21	20	18	6	28
2007	31	17	28	26	4	16	11	15	13	21	6	23
2008	30	21	31	26	13	15	14	19	6	12	5	25
2009	29	26	31	22	19	15	13	17	6	12	4	28
2010	23	27	31	24	14	20	22	12	4	16	5	26
西部排位	12	8	11	9	3	6	4	7	2	5	1	10

二、科技活动投入靠后指标的比较分析

科技活动投入指标包括 2 个二级指标、6 个三级指标，贵州科技活动投入靠后的三级指标有万人 R&D 科学家和工程师数、企业技术引进和消化吸收经费支出占产品销售收入比重 2 个。

1. 万人 R&D 科学家和工程师数

该指标是反映科技活动人力投入水平的主要指标之一。2010 年贵州该指标监测值为 53.96%，低于西部地区第 1 位陕西（145.87%）91.91 个百分点，低于西部地区第 9 位新疆（71.90%）17.94 个百分点（表 7）。

表 7　"十一五"西部 12 个省（自治区、直辖市）万人 R&D 科学家和工程师数在全国和西部地区的排位

年份	贵州	云南	广西	四川	重庆	甘肃	新疆	陕西	青海	宁夏	内蒙古	西藏
2006	29	28	26	16	14	18	27	7	24	17	21	31
2007	30	29	26	16	15	20	27	8	25	17	21	28
2008	29	28	26	16	14	19	27	8	25	17	20	30
2009	29	28	25	16	14	21	27	9	26	17	19	30
2010	30	28	27	16	14	24	26	8	20	19	21	29
西部排位	11	10	8	3	2	5	9	1	7	4	6	12

2. 企业技术引进和消化吸收经费支出占产品销售收入比重

该指标是反映科技活动财力投入水平的主要指标之一。"十一五"期间，贵州该指标监测值下降了 11.96 个百分点，在全国的排位也从第 24 位下降到第 29 位（表 8）。2010 年，该指标监测值在西部地区和全国都排第 1 位的甘肃（115.61%）高于贵州 112.06 个百分点，在西部地区排第 9 位的青海（9.24%）高于贵州 5.69 个百分点。目前，企业的研发投入相当一部分都是技术改造的经费，不是研发的经费，企业对引进和消化吸收技术成果重视程度不够，投入力度不强，将会影响企业的技术升级和核心竞争力的提高。

表8 "十一五"西部12个省（自治区、直辖市）企业技术引进和消化吸收经费支出占
产品销售收入比重在全国和西部地区的排位

年份	贵州	云南	广西	四川	重庆	甘肃	新疆	陕西	青海	宁夏	内蒙古	西藏
2006	24	20	10	4	7	14	29	22	30	28	26	31
2007	28	8	18	12	9	4	30	25	27	10	29	31
2008	24	18	29	12	4	2	10	27	11	15	28	31
2009	26	20	28	8	5	2	27	22	30	10	24	31
2010	29	20	28	15	4	1	27	25	30	3	23	31
西部排位	11	5	6	3	2	1	8	7	9	4	10	12

三、科技活动产出靠后指标的比较分析

科技活动产出指标包括2个二级指标、5个三级指标，贵州有技术成果市场化1个靠后二级指标，有万人技术成果成交额1个靠后三级指标。

由表9可见，技术成果市场化指数变化幅度较大，从2006年的0.87%上升到2010年的2.94%，上升了2.07个百分点，其中2007—2008年该值上升到26.80%和42.51%。该指标在全国排位变化也较大，2006—2008年从第30位上升到第7位，但2010年为第28位。

表9 "十一五"贵州科技活动产出靠后二级指标指数及在全国的排位变化

指标名称及级别		监测值					位次				
		2006年	2007年	2008年	2009年	2010年	2006年	2007年	2008年	2009年	2010年
二级	技术成果市场化指数	0.87%	26.80%	42.51%	3.23%	2.97%	30	10	7	30	28

万人技术成果成交额是衡量技术成果市场化的重要三级指标。由表10可见，2006—2009年，贵州该指标监测值在全国的排位连续4年排倒数第二，仅2010年排倒数第三，在西部地区的排位是倒数第二。

表10 "十一五"西部12个省（自治区、直辖市）万人技术成果成交额在全国和西部地区的排位

年份	贵州	云南	广西	四川	重庆	甘肃	新疆	陕西	青海	宁夏	内蒙古	西藏
2006	30	19	26	24	6	11	17	13	25	22	15	31

年份	贵州	云南	广西	四川	重庆	甘肃	新疆	陕西	青海	宁夏	内蒙古	西藏
2007	30	25	29	19	4	8	17	13	14	28	15	31
2008	30	22	29	20	6	8	21	13	9	27	18	31
2009	30	28	29	17	5	11	23	9	7	27	21	31
2010	29	24	30	17	11	9	28	5	7	26	19	31
西部排位	11	8	10	6	1	2	7	3	4	9	5	12

四、科技促进经济社会发展靠后指标的比较分析

虽然科技促进经济社会发展指数基本持续增长，2010年达到最高值45.44%，比2006年增加12.65个百分点，但该指标除2006年排全国第30位外，2007—2010年一直排在末位（表11）。科技促进经济社会发展指标包括3个二级指标、8个三级指标，贵州有经济发展方式转变和社会生活信息化2个靠后二级指标，有劳动生产率、万人国际互联网络用户数、百人固定电话和移动电话用户数3个靠后三级指标。

（一）经济发展方式转变指标分析

由表11可见，2006—2010年贵州的经济发展方式转变指标监测值变化不大，2010年只比2006年增加0.15个百分点，2007—2009年三年低于2006年，在全国的排位也从2006年的第28位下降到2010年的第30位。经济发展方式转变有1个靠后三级指标。

表11　"十一五"贵州科技促进经济社会发展靠后指标指数及在全国的排位变化

指标名称及级别		监测值					位次				
		2006年	2007年	2008年	2009年	2010年	2006年	2007年	2008年	2009年	2010年
一级	科技促进经济社会发展	32.79%	31.27%	34.78%	40.92%	45.44%	30	31	31	31	31
二级	经济发展方式转变	22.71%	20.95%	21.46%	22.17%	22.86%	28	29	29	29	30
	社会生活信息化	33.67%	28.75%	37.15%	53.68%	65.18%	31	31	31	31	31

劳动生产率是反映经济发展方式转变的三级指标之一。"十一五"期间，贵州该指标监测值从2006年的10.56%上升到2010年的16.46%，增长了5.90个百分点，而2010年

在西部地区排第 1 位的内蒙古则从 2006 年的 45.21% 上升到 82.55%，增长了 37.34 个百分点，在西部地区排第 2 位的新疆则从 2006 年的 40.07% 上升到 58.67%，增长了 18.60 个百分点。全社会劳动生产率是当年地区生产总值与年末就业人员数的比值，该值低的原因是贵州 GDP 在全国处于较低水平，而人口数量又较多，所以贵州的排位不管是在全国还是在西部地区都是末位（表 12）。

表 12　"十一五" 西部 12 个省（自治区、直辖市）全社会劳动生产率在全国和西部地区的排位

年份	贵州	云南	广西	四川	重庆	甘肃	新疆	陕西	青海	宁夏	内蒙古	西藏
2006	31	30	28	26	23	29	12	20	19	18	8	22
2007	31	30	28	26	24	29	13	20	19	18	8	23
2008	31	30	27	26	24	29	13	18	20	19	6	25
2009	31	30	28	27	24	29	13	18	20	19	6	25
2010	31	30	26	25	23	29	13	17	19	20	5	28
西部排位	12	11	9	8	6	10	2	3	5	4	1	7

（二）社会生活信息化指标分析

由表 11 可见，2006—2010 年贵州的社会生活信息化指标监测值变化较大，从 2006 年的 33.67% 上升到 2010 年的 65.18%，增长了 31.51 个百分点，但在全国和西部地区的排位一直都是最后一位。该指标有 2 个靠后三级指标。

1. 万人国际互联网络用户数

"十一五" 期间，贵州万人国际互联网络用户数增长幅度较大，监测值从 2006 年的 11.69% 上升到 2010 年的 60.35%，增长了 48.66 个百分点，2010 年在西部地区排第 1 位的陕西则从 2006 年的 25.07% 上升到 2010 年的 117.48%，增长了 92.41 个百分点，在西部地区排第 8 位的四川则从 2006 年的 19.28% 上升到 2010 年的 81.20%，增长了 61.92 个百分点（表 13）。

表 13　"十一五" 西部 12 个省（自治区、直辖市）万人国际互联网络用户数在全国和西部地区的排位

年份	贵州	云南	广西	四川	重庆	甘肃	新疆	陕西	青海	宁夏	内蒙古	西藏
2006	31	22	18	15	19	26	20	10	24	23	25	30
2007	31	26	18	17	19	27	20	12	22	21	23	28
2008	31	30	20	27	18	29	9	13	23	26	15	16

续表

年份	贵州	云南	广西	四川	重庆	甘肃	新疆	陕西	青海	宁夏	内蒙古	西藏
2009	31	29	24	27	12	28	7	14	20	18	22	19
2010	31	27	23	26	13	25	10	16	14	21	20	28
西部排位	12	10	5	8	3	11	2	1	4	7	6	9

2. 百人固定电话和移动电话用户数

贵州百人固定电话和移动电话用户数同样也有较大的增长，监测值从2006年的39.05%上升到2010年的74.84%，增长了35.79个百分点，2010年在西部地区排第4位的重庆则从2006年的83.46%上升到2010年的115.02%，增长了31.56个百分点，在西部地区排第10位的甘肃则从2006年的55.03%上升到2010年的93.36%，增长了38.33个百分点（表14）。

表14 "十一五"西部12个省（自治区、直辖市）百人固定电话和移动电话用户数在全国和西部地区的排位

年份	贵州	云南	广西	四川	重庆	甘肃	新疆	陕西	青海	宁夏	内蒙古	西藏
2006	31	30	22	23	10	28	12	29	21	14	17	29
2007	31	30	25	24	11	28	10	17	20	13	16	23
2008	31	30	27	22	12	26	10	11	20	13	18	24
2009	31	29	27	22	18	25	9	12	20	16	10	23
2010	31	29	27	24	20	22	16	10	18	12	9	23
西部排位	12	11	9	7	4	10	1	5	6	2	3	8

五、小结

"十一五"期间，贵州在全国排第28位、在西部地区排第10位之后的一级指标有2个、二级指标有5个、三级指标有11个。其中，在全国和西部地区排名都是后3位的指标有科技促进经济社会发展指标及其包含的1个二级指标、3个三级指标。所以，科技促进经济社会发展是贵州最差的指标；科技进步环境指标包含最多的靠后指标（有2个靠后二级指标、5个靠后三级指标）。所以，要采取积极稳妥措施，以改变贵州科技进步水平落后的状况。

第一，对排位较好的指标，要保优防下滑。贵州排位最好的指标是高新技术产业化指标。"十一五"期间，该指标在全国的排位除 2009 年排第 21 位外，其余多数处在中间位置，在西部地区 12 个省（自治区、直辖市）的排名也处在中上位置，所以要保持其优势，注意基础指标中排位较好的指标，着重防止下滑，如高技术产业劳动生产率在西部地区排第 8 位，知识密集型服务业劳动生产率在西部地区排第 7 位。

第二，短期内重点支持容易提升的领域。例如，2010 年科研与综合技术服务业平均工资与全社会平均工资比例系数指标在全国排倒数第二、在西部地区排倒数第一。要通过提高科技人员的工资和福利待遇，调动科技人员面向经济建设和社会发展进行科技创新的积极性，促进全省科技进步水平进一步提升。

第三，对于短期内不能明显提升的领域，要积极采取稳步提升的策略，如万人专业技术人员数、万人 R&D 科学家和工程师数等。贵州的科技人力资源和科技活动人力投入都处于较低的水平，要通过增加科技人力资源总量、增加科研机构的事业编制来增强科技活动力量；要强化科技人力资源的开发利用，发挥教育在科技人才培养中的基础性作用，积极培养高水平科技人才，加大吸引国内外高层次人才力度，构建有利于科技人才成长的文化环境，改变贵州科技活动力量薄弱、R&D 活动人员严重不足的状况。

报告之五：2012 年贵州科技进步
统计监测结果分析

《全国科技进步统计监测报告》（简称《监测报告》）由科技部全国科技进步统计监测及综合评价课题组自 1997 年起每年定期向全社会发布。该报告主要围绕科技进步环境、科技活动投入、科技活动产出、高新技术产业化、科技促进经济社会发展等 5 个指标进行统计与评价，监测结果反映了全国及各地区科技进步的现状、变化特征和发展的态势。

一、2012 年贵州科技进步统计监测总体情况

2012 年全国科技进步统计监测结果显示，与 2011 年相比，尽管贵州综合科技进步水平指数在全国的排位没有变化（排第 30 位），但指数下降了 5.92 个百分点，成为全国下降幅度最大的省份。其中，科技进步环境指数下降了 2.05 个百分点（全国平均提高 0.53 个百分点），降幅排全国第 18 位（21 个省份指数下降）；科技活动投入指数下降了 7.31 个百分点（全国平均提高 2.02 个百分点），降幅排全国第 1 位（10 个省份指数下降），指数排全国第 29 位；科技活动产出指数下降了 16.59 个百分点（全国平均降低 3.20 个百分点），降幅排全国第 2 位（20 个省份指数下降），指数排全国第 29 位；高新技术产业化指数提高了 1.48 个百分点（全国平均提高 5.93 个百分点），增幅排全国第 24 位，指数排全国第 22 位；科技促进经济社会发展指数下降了 2.76 个百分点（全国平均降低 5.20 个百分点），降幅排全国第 26 位（29 个省份指数下降）。

由图 1 可见，2009 年以来贵州综合科技进步水平基本都在第 30 位，与全国的差距也由 2011 年的 22.68 个百分点增加到 2012 年的 28.83 个百分点。

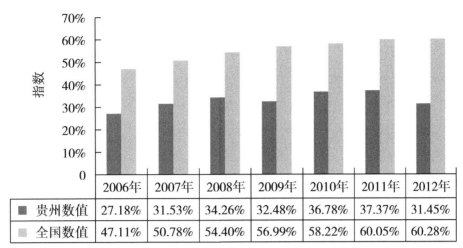

图 1　2006—2012 年贵州与全国综合科技进步水平指数比较

二、科技进步统计监测一级指数分析

1. 科技进步环境指数

2012 年贵州的科技进步环境指数为 28.21%，继 2011 年大幅下降后又降低了 2.05 个百分点，甚至低于"十一五"期间最低水平（2007 年的 31.41%），但排名较 2011 年提升了 1 位（图 2）。这是因为 2012 年有 20 个省份科技进步环境指数呈下降趋势，贵州的降幅排第 18 位。该指数持续走低反映出科研物质条件没有得到明显提高，甚至出现了下降的趋势，科技发展环境未得到有效改善。例如，贵州的科研与综合技术服务业新增固定资产占全社会新增固定资产比重在 2011 年下降 9 位后，于 2012 年又下降了 11 位，降到第 31 位，2010—2012 年共下降了 11.88 个百分点。

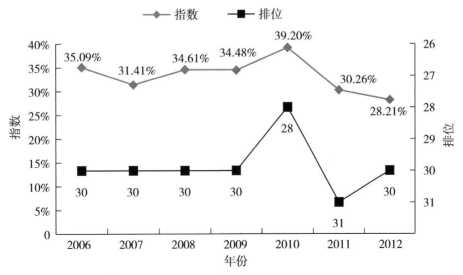

图 2　2006—2012 年贵州科技进步环境指数

2. 科技活动投入指数

2012 年贵州科技活动投入指数为 22.01%，比上年下降了 7.31 个百分点，排位也下降了 1 位（图 3）。这主要是因为 2012 年贵州企业科技投入无论在人力还是财力上都呈现下降趋势，且下降幅度较大。例如，贵州 2012 年企业 R&D 经费支出占主营业务收入比重比 2011 年下降了 0.78 个百分点，排位从第 8 位下降至第 30 位，下降了 22 位；2012 年企业 R&D 研究人员占全社会 R&D 研究人员比重比 2011 年下降了 24.89 个百分点，排位从第 14 位下降至第 29 位，下降了 15 位。

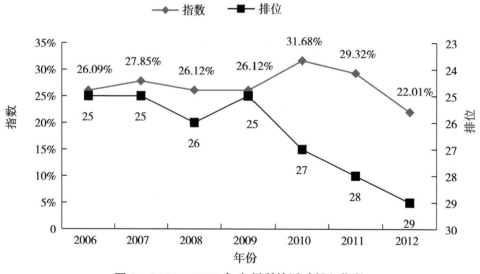

图 3　2006—2012 年贵州科技活动投入指数

3. 科技活动产出指数

由图 4 可见，贵州科技活动产出指数有两个涨幅，一是 2006—2008 年连续三年持续增长，并涨至这几年的最高点；之后 2009 年开始下降，2009—2011 年连续三年增长后 2012 年出现下降，为 10.82%，比上年下降了 16.59 个百分点，排位下降了 6 位，排全国第 29 位，成为贵州 2012 年降幅最大的指标。这是由于受全国科技进步统计监测指标体系变动的影响较大，现三级指标万人科技论文数与修改前的万人 R&D 活动人员科技论文数相比，由于贵州 R&D 活动人员较少，因此万人 R&D 活动人员科技论文数长期排全国前 10 位，但指标变动后，受贵州人口基数大的影响，排位明显下降，降到第 29 位。同时，现指标万元生产总值技术国际收入替换万名 R&D 活动人员向国外转让专利使用费和特许费之后，排位下降至第 21 位。这些指标变动对科技活动产出水平产生了较大影响。

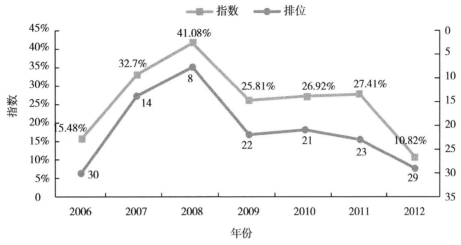

图4　2006—2012年贵州科技活动产出指数

4. 高新技术产业化指数

贵州高新技术产业化指数稳步增长，2012年达到44.01%，比上年提高了1.48个百分点，但排位下降了3位（图5）。这是因为尽管2011年贵州高技术产业总产值增加了47.4亿元，主营业务收入增加了39亿元，但增速远远低于工业发展速度，因此高技术产业增加值占工业增加值比重、高技术产品出口额占商品出口额比重、新产品销售收入占主营业务收入比重2012年首次出现下降，分别降低了0.90个、1.57个、9.39个百分点，尤其是新产品销售收入占主营业务收入比重排位下降了12位。

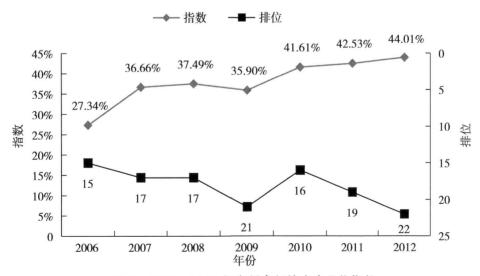

图5　2006—2012年贵州高新技术产业化指数

5. 科技促进经济社会发展指数

2012 年贵州科技促进经济社会发展指数为 51.81%，在连续 4 年保持上升趋势后于 2012 年出现下降，比上年降低了 2.76 个百分点（图 6），且排位下降至第 31 位。这是因为贵州的劳动生产率、万人国际互联网络用户数、百户居民计算机拥有量等指标排在全国的末位。

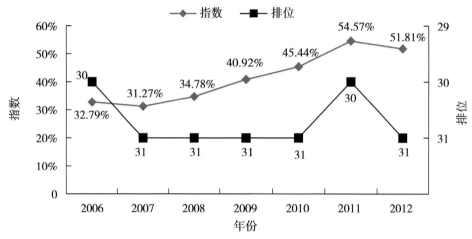

图 6　2006—2012 年贵州科技促进经济社会发展指数

三、与西部地区的比较分析

由表 1 可见，纵向比较，2006 年以来，贵州综合科技进步水平指数仅有 2 年排第 28 位（2007—2008 年高于云南、广西和西藏），有 5 年排第 30 位（2006 年、2009 年、2010 年、2011 年和 2012 年 5 年仅高于西藏），科技进步水平状况堪忧；横向比较，2012 年与 2011 年相比，西部 12 个省（自治区、直辖市）中有 7 个地区排位没变，排位上升的仅有宁夏（上升了 7 位），有 4 个地区排位下降，其中甘肃下降了 4 位，新疆下降了 3 位。2012 年贵州在西部 12 个省（自治区、直辖市）中排位仅高于西藏，分别落后于云南、广西、新疆 4.66 个、4.99 个、6.67 个百分点。

表 1　2006—2012 年贵州综合科技进步水平指数在全国和西部地区的排位

年份	贵州	云南	广西	四川	重庆	甘肃	新疆	陕西	青海	宁夏	内蒙古	西藏	备注
2006	30	29	26	14	12	22	23	8	28	25	21	31	
2007	28	29	30	16	12	25	20	10	26	24	22	31	全国
2008	28	29	30	15	12	23	16	10	22	18	21	31	排位
2009	30	29	28	16	12	22	17	8	24	19	21	31	

续表

年份	贵州	云南	广西	四川	重庆	甘肃	新疆	陕西	青海	宁夏	内蒙古	西藏	备注
2010	30	29	28	16	13	17	20	8	22	27	21	31	全国排位
2011	30	29	28	15	13	17	23	7	22	27	18	31	全国排位
2012	30	29	28	15	13	21	26	8	23	20	18	31	
	31.45%	36.11%	36.44%	48.88%	51.34%	41.74%	38.12%	57.06%	40.68%	42.01%	42.89%	27.58%	指数
	11	10	9	3	2	5	8	1	7	6	4	12	西部排位

四、对策建议

（一）营造良好科技发展环境，改善科技进步环境

贵州科技进步环境指数长期偏低，科技发展基础薄弱、科研物质水平低、科技意识薄弱等现象未得到有效改善。2012 年，每名 R&D 活动人员新增仪器设备费、科研与综合技术服务业新增固定资产占全社会新增固定资产比重、科研与综合技术服务业平均工资与全社会平均工资比例系数列全国末位，科技进步环境已经成为制约贵州科技进步快速上升的最重要因素。因此，要加大改善科技基础设施力度，提高科研物质条件。按照"优势互补、利益共享"的原则，鼓励和引导现有的企业、科研机构、高等学校及社会各类科技资源整合，建立科技条件共享机制，使科技条件信息和知识得到充分利用；鼓励科技人员在高等学院、科研机构和企业之间流动；加快建设科技创新平台，不断完善科研基础设施和配套设施建设，尤其是以 R&D 活动人员新增仪器设备为重点完善配备对象，提高科研物质条件；增强公众的科技意识，提高人民的科技素质，引导公众自觉运用先进的科学思想和科学方法，营造鼓励和支持创新的社会环境。

（二）建立稳定增长的科技活动投入机制，保障科技进步拥有力量之源

2012 年，贵州企业技术 R&D 研究人员占全社会 R&D 研究人员比重、企业 R&D 经费支出占主营业务收入比重、企业技术获取和技术改造经费支出占企业主营业务收入比重明显下降。科技活动人力和财力投入不足，企业技术创新能力薄弱，科技活动投入与其他省份有较大的差距。2011 年，贵州 R&D 经费支出占财政支出的比重达到 1.61%，当贵州的财政支出大体与浙江（2008 年）、江苏（2006 年）、广东（2005 年）、安徽（2009 年）、湖南（2009 年）、四川（2007 年）相当时，但这几个地区 R&D 经费支出占财政支出的比重

分别达到 15.60%、17.19%、10.65%、6.35%、6.94% 和 7.91%，可见，贵州 R&D 经费投入明显偏低。因此，要建立和完善稳定增长的科技活动投入机制，确保各级财政科技投入增幅高于同级财政经常性收入增幅；发挥政府的投资引导作用，着力改善中小企业融资环境，通过税收优惠等多种方式，吸引民间资本对科技的投入，进一步拓宽科技资金投入渠道；积极引导、激励企业加大对技术开发中心和新技术、新工艺的资金投入，激发企业增加科技投入的积极性，努力扭转企业研发经费强度低下的被动局面；加快建立和完善科技人才的激励机制，强化人才的培养、引进和使用，建立多渠道、多层次的人才培养机制，并创造宽松的引进环境，吸引海内外人才创新创业，加快科技创新人才工程的实施。

（三）建立长效的科技成果激励机制，提高科技活动产出

贵州科技活动产出指数在全国长期处于中下靠后位置，科技活动产出水平偏低，2012年科技活动产出指数成为降幅最大的指标，因此，要构建支持原始创新的激励机制，从传统的科技项目资助方式为主转变为对领军人物和团队的资助，增强原始创新的动力；对获得国家级科技成果奖，建立切实有效的配套奖励机制；通过税收、财政补贴等政策加大对发明专利的激励，从法律等层面增强对专利的保护；加大对新技术和新发明的推广应用，增强产学研与市场的对接，增强应用型研究；完善市场对科技成果推广应用的激励机制，引导资本市场对科技的重视，增强市场配置科技成果资源的效率。

（四）加快传统产业的改造和提升，加速推进高新技术产业化

贵州高新技术产业化指数一直处于中下游水平，在第 20 位左右徘徊，2012 年高技术产业增加值占工业增加值比重、新产品销售收入占主营业务收入比重、高技术产品出口额占商品出口额比重这三个指标排位下降很快，因此，要加快推进高新技术产业化。运用信息化技术、新材料技术等高新技术改造和提升传统产业，着力突破制约行业整体发展的关键共性技术问题，促进产业向深加工、精加工、高技术和低能耗方向发展，加速产品的更新换代；完善政府在高新技术产业化中的服务和管理功能，推进企业管理、制度等与技术创新的有机结合，构建良好的产业化转化环境；加快培育重点高新技术产品群，形成一批具有自主知识产权的高技术产品，加大对高新技术产品的推广。

（五）加强科技与经济的紧密结合，加快科技促进经济社会发展的步伐

贵州的科技促进经济社会发展指数长期偏低，基本处于末位，劳动生产率等经济发展方式转变指标也长期靠后，2012 年环境污染治理指数、百户居民计算机拥有量、万人国际互联网络用户数排位也出现了下降。在科技发展日新月异、经济增长方式由粗放型向集约型转变的情况下，科技进步更成为经济增长的主要推动力和决定性制约因素。因此，应加强科技与经济的紧密结合，依靠科技进步，服务地方经济，创造有利于转变经济发展方式

的政策环境，从而在市场竞争中提高劳动生产力，实现经济增长由主要依靠增加物质资源消耗向主要依靠科技进步、劳动者素质提高、管理创新转变；重视科技发展，促进环保事业的进步，利用先进的科学技术，减少能源及物质的消耗，加强废弃能源的回收再利用，加强水土保持，合理利用水土资源，提高环境污染治理指数，改善环境质量；切实加快科技成果向现实生产力的转化，将科技运用于生活，改善生活质量，全面提高生活水平。

附件

2012 年贵州科技进步统计监测三级指标值及排位变化

分类	数量/个	三级指标值及排位					
		三级指标名称	指标值			排位	
			2011 年	2012 年	增幅（+）或降幅（－）	2011 年	2012 年	上升（+）或下降（－）
指标值和排位均上升	8	万人大专以上学历人数（人）	529.20	824.01	+55.71%	31	21	+10
		万名就业人员专利申请量（件）	1.84	3.48	+89.13%	29	24	+5
		万人吸纳技术成果金额（万元）	62.89	91.98	+46.26%	28	26	+2
		万人技术成果成交额（万元）	22.19	39.38	+77.47%	27	26	+1
		万元生产总值技术国际收入（美元）	0.21	0.43	+104.76%	27	18	+9
		知识密集型服务业劳动生产率（万元/人）	19.38	22.25	+14.81%	21	16	+5
		综合能耗产出率（元/千克标准煤）	4.45	5.83	+31.01%	28	27	+1
		信息传输、计算机服务和软件业增加值占生产总值比重（%）	2.42	2.48	+2.48%	10	8	+2
指标值上升、排位下降	4	万人发明专利拥有量（件）	0.46	0.71	+54.35%	22	24	－2
		高技术产业增加值率（%）	37.03	37.66	+1.70%	9	10	－1
		百户居民计算机拥有量（台/万户）	14.81	24.35	+64.42%	28	30	－2
		万人国际互联网络用户数（户）	2158.70	2414.53	+11.85%	30	31	－1

分类	数量/个	三级指标值及排位						
		三级指标名称	指标值			排位		
			2011年	2012年	增幅（+）或降幅（-）	2011年	2012年	上升（+）或下降（-）
指标值上升、排位持平	7	万人R&D活动人员数（人年）	4.34	4.57	+5.30%	30	30	0
		科研与综合技术服务业平均工资与全社会平均工资比例系数（%）	49.64	50.80	+2.34%	31	31	0
		万人R&D研究人员数（人年）	2.44	2.55	+4.51%	29	29	0
		万人科技论文数（篇）	0.91	1.00	+9.89%	29	29	0
		知识密集型服务业增加值占生产总值比重（%）	9.66	10.15	+5.07%	10	10	0
		高技术产业劳动生产率（万元/人）	17.83	20.43	+14.58%	17	17	0
		劳动生产率（万元/人）	1.84	2.05	+11.41%	31	31	0
指标值持平、排位上升	1	资本生产率（万元/万元）	0.35	0.35	0	17	15	+2
指标值下降、排位上升	1	环境质量指数（%）	94.32	87.69	-7.03%	7	5	+2

续表

分类	数量/个	三级指标值及排位					
		三级指标名称	指标值			排位	
			2011年	2012年	增幅（+）或降幅（-）	2011年	2012年	上升（+）或下降（-）
指标值下降、排位下降	10	科研与综合技术服务业新增固定资产占全社会新增固定资产比重（%）	0.48	0.07	-85.42%	20	31	-11
		有创新活动的企业占比重（新增指标）（%）	47.31	21.33	-54.91%	6	23	-17
		企业R&D研究人员占全社会R&D研究人员比重（%）	42.60	17.71	-58.43%	14	29	-15
		企业R&D经费支出占主营业务收入比重（%）	1.01	0.23	-77.23%	8	30	-22
		企业技术获取和技术改造经费支出占企业主营业务收入比重（%）	2.70	1.04	-61.48%	2	11	-9
		获国家级科技成果奖系数（项当量）	0.75	0.21	-72.00%	29	31	-2
		高技术产业增加值占工业增加值比重（%）	8.04	7.14	-11.19%	11	15	-4
		高技术产品出口额占商品出口额比重（%）	3.80	2.23	-41.32%	26	27	-1
		新产品销售收入占主营业务收入比重（%）	14.45	5.06	-64.98%	15	27	-12
		环境污染治理指数（%）	85.97	68.65	-20.15%	23	25	-2
指标值下降、排位持平	3	每名R&D活动人员新增仪器设备费（万元）	1.44	1.03	-28.47%	31	31	0
		R&D经费支出与GDP比值（%）	0.65	0.64	-1.54%	26	26	0
		地方财政科技支出占地方财政支出比重（%）	1.02	0.96	-5.88%	24	24	0

报告之六：2012 年贵州区域创新能力稳步提升

由中国科技发展战略研究小组等编著的《中国区域创新能力评价报告 2012》显示，2012 年贵州的综合效用值为 20.77%，在全国排第 23 位，较 2011 年的第 24 位上升 1 位。

由表 1 可见，2012 年与 2011 年相比，综合创新能力的 5 个构成指标中知识获取和创新环境两个指标位次上升，知识创造、企业创新和创新绩效三个指标位次下降。

表 1　2011—2012 年综合创新能力各指标排名比较

年份	排名				
	知识创造	知识获取	企业创新	创新环境	创新绩效
2011	18	22	23	26	23
2012	21	20	25	23	26

一、知识创造能力

2012 年知识创造综合指标居全国第 21 位，与 2011 年相比下降了 3 位。

由表 2 可见，2012 年研究开发投入综合指标上升了 5 位，其中政府研发投入占 GDP 的比例和政府研发投入增长率分别为 0.16% 和 35.70%，在全国的排名分别上升了 7 位和 2 位；在专利产出上，2012 年发明专利的大部分指标在全国的排名均出现不同程度下降，尤其是发明专利申请受理数增长率在全国的排名下降了 24 位；科研论文产出较低，2012 年每十万人平均发表的国内论文数较 2011 年下降了 24 位，但增速较快，增长势头迅猛，2012 年国内论文数增长率居全国第 4 位。

表 2　2011—2012 年知识创造各指标排名比较

年份	排名		
	研究开发投入	专利	科研论文
2011	26	13	17
2012	21	21	22

二、知识获取能力

2012 年知识获取综合指标居全国第 20 位，与 2011 年相比上升了 2 位。

由表 3 可见，2012 年在科技合作方面，每十万研发人员作者同省异单位科技论文数、每十万研发人员作者异省科技论文数及高校和科研院所研发经费内部支出额中来自企业资金的比例等指标增速较快，排位上升；在技术转移方面，技术市场企业平均交易额和技术市场交易金额的增长率在全国的排名分别下降了 12 位和 15 位，但大中型工业企业平均国内技术成交金额上升了 9 位；外商投资企业年底注册资金中外资部分增长率上升了 3 位，促使外资企业综合指标增进 6 位。

表 3　2011—2012 年知识获取各指标排名比较

年份	排名		
	科技合作	技术转移	外资企业
2011	14	25	28
2012	14	24	22

三、企业创新能力

2012 年企业创新综合指标居全国第 25 位，与 2011 年相比下降了 2 位。

由表 4 可见，2012 年企业研究开发投入综合指标上升了 9 位，其中大中型工业企业研发活动经费内部支出总额占销售收入的比例和研发活动经费内部支出总额增长率分别上升了 11 位和 7 位；企业对专利重视程度有所提高，实用新型专利申请数和实用新型专利申请增长率等指标的排名均出现大幅上升，但外观设计专利申请增长率下降了 8 位；企业制造和生产能力与新产品销售收入分别下降了 7 位和 6 位，其中大中型工业企业技术改造的平均投入额居全国第 2 位，而大中型工业企业新产品产值增长率排名降至全国末位。

表 4　2011—2012 年企业创新各指标排名比较

年份	排名			
	企业研究开发投入	设计能力	制造和生产能力	新产品销售收入
2011	26	26	6	25
2012	17	20	13	31

四、创新环境能力

2012 年创新环境综合指标居全国第 23 位，与 2011 年相比上升了 3 位。

由表 5 可见，2012 年创新基础设施综合指标下降了 9 位，下降幅度较大；在市场环境方面，政府财政支出增长率和居民消费水平增长率分别下降了 6 位、16 位；劳动者素质指标由 2011 年的第 24 位上升到 2012 年的第 12 位，教育投资占 GDP 的比例和教育投资增长率及每十万人口中大专及以上教育程度人口增长率均挤进全国的前 10 名；金融环境指标较 2011 年上升了 18 位，主要是由大中型工业企业研发活动获得金融机构贷款额及其增长率这两个指标拉升的；高新技术企业数量较少，创业水平排全国第 22 位。

表 5　2011—2012 年创新环境各指标排名比较

年份	排名				
	创新基础设施	市场环境	劳动者素质	金融环境	创业水平
2011	17	27	24	26	26
2012	26	30	12	8	22

五、创新绩效能力

2012 年创新绩效综合指标居全国第 26 位，与 2011 年相比下降了 3 位。

由表 6 可见，2012 年地区 GDP 增长率下降了 17 位，导致宏观经济表现较差；产业结构指标下降了 5 位，其中信息产业产值增长率和高新技术产业产值增长率分别下降了 18 位和 17 位，降幅较大；由于受到高新技术产业就业人数增长率下降 17 位的影响，就业综合指标下降了 12 位；在可持续发展与环保方面，每万元 GDP 能耗总量为 2.248 吨标准煤，在全国排第 29 位，工业污水和废气排放总量在 2012 年分别上升了 5.58% 和 3.59%，节能减排工作还需要进一步保持和加强。

表 6　2011—2012 年创新绩效各指标排名比较

年份	排名				
	宏观经济	产业结构	产业国际竞争力	就业	可持续发展与环保
2011	25	9	22	16	23
2012	28	14	23	28	20

　　虽然贵州的创新能力在全国居中下游水平，但近几年整体水平稳步提升，多项指标增速较快，与领先省份的差距在逐步缩小。科技合作、企业研发投入、劳动者综合素质、金融环境和产业结构在全国的排名非常靠前，应继续发挥上述优势，同时要加大科技投入，优化宏观经济环境，加强科技合作，特别是产学研合作，提高企业新产品的销售收入和出口水平。

报告之七：2013 年贵州科技进步
统计监测结果分析

一、2013 年贵州科技进步统计监测总体情况

根据最新公布的"2013 全国及各地区科技进步统计监测结果"显示：2013 年贵州综合科技进步水平指数为 32.42%，与 2012 年相比，指数提高了 0.97 个百分点，增幅排全国第 8 位，高于全国平均水平（全国平均提高 0.02 个百分点），但在全国的排位没有变化（排第 30 位）。

其中，2013 年科技进步环境指数为 26.84%，下降了 1.37 个百分点（全国平均提高 1.12 个百分点），降幅排全国第 12 位［15 个省（自治区、直辖市）指数下降］，指数排位没有变化（排第 30 位）；科技活动投入指数为 35.89%，较上年提高了 13.88 个百分点（全国平均提高 3.27 个百分点），增幅排全国第 1 位，指数排位较上年上升 3 位（排第 26 位）；科技活动产出指数为 8.70%，下降了 2.12 个百分点（全国平均提高 2.16 个百分点），降幅排全国第 8 位［17 个省（自治区、直辖市）指数下降］，指数排位下降 1 位（排第 30 位）；高新技术产业化指数为 43.63%，指数排位上升 4 位（排第 18 位），但指数下降了 0.38 个百分点（全国平均下降 8.12 个百分点），降幅排全国第 23 位［24 个省（自治区、直辖市）指数下降］；科技促进经济社会发展指数为 44.54%，下降了 7.27 个百分点（全国平均提高 0.06 个百分点），降幅排全国第 2 位［22 个省（自治区、直辖市）指数下降］，指数排位上升 1 位（排第 30 位）。

二、科技进步统计监测一级指数分析

（一）科技进步环境指数

2013 年贵州科技进步环境指数从 2010 年的 39.20% 下降到 26.84%，呈现连续 3 年下降的局面，甚至低于"十一五"初期水平（比 2006 年低 8.25 个百分点）。与 2012 年相

比，2013 年该指数下降了 1.37 个百分点，排位没有变化（排第 30 位）（图 1）。该指数持续走低反映出 2013 年贵州科技发展环境未得到有效改善，一方面，科技人力资源基础依旧薄弱，研究生、普通高等教育及成人高等教育毕业生人数比上年减少 3856 人，致使万人大专以上学历人数 2013 年减少了 167.43 人／万人；另一方面，科技创新意识不强，缺乏作为科技创新主体的企业，据统计数据显示，2013 年规模以上工业企业数比上年增长了 16.36%，但有 R&D 活动的企业低于工业企业增长规模，仅增长了 14.38%，因此有 R&D 活动的企业占比重也下降了 0.1 个百分点。

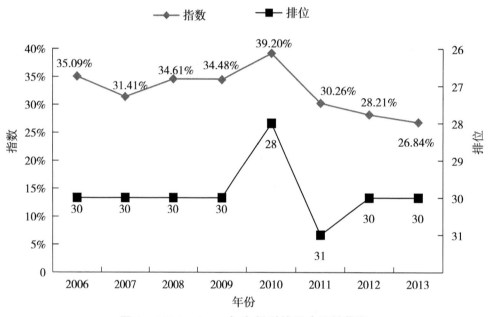

图 1　2006—2013 年贵州科技进步环境指数

（二）科技活动投入指数

2013 年贵州科技活动投入指数为 35.89%，比上年上升了 13.88 个百分点，指数排位上升 3 位（图 2）。2013 年贵州科技活动人力和财力投入都出现上升趋势，尤其是企业科技投入增长较快，主要表现在企业 R&D 研究人员占比重、企业 R&D 经费支出占主营业务收入比重及企业技术获取和技术改造经费支出占企业主营业务收入比重这 3 个指标，分别比上年增加了 5.53%、0.16% 和 1.02%，为贵州企业充分发挥在技术创新、科技进步和成果转化中的主体作用创造了有利条件。但是，2013 年贵州 R&D 经费支出与 GDP 比值出现了下降，比上年降低 0.03 个百分点，这是由于贵州 R&D 经费支出与 GDP 未实现同步增长，GDP 增长了 20.18%，而 R&D 经费支出仅增长 14.9%。

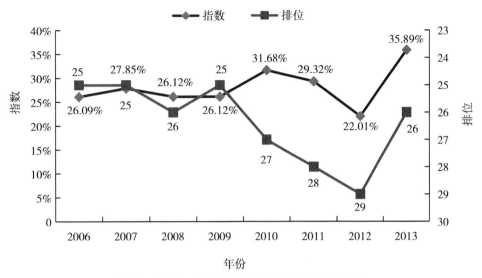

图 2 2006—2013 年贵州科技活动投入指数

（三）科技活动产出指数

2013 年贵州科技活动产出指数为 8.70%，比上年下降了 2.12 个百分点，排位下降 1 位（图 3）。2013 年该指数自 2012 年大幅下降后继续降低，远低于"十一五"初期水平（为 2006 年的 56.20%），这是由于贵州技术成果市场不成熟，科技成果转化能力较弱，产学研和市场衔接不顺畅，致使技术成果交易不稳定、起伏较大。据统计数据显示，2012 年贵州万人技术成果交易额和万元生产总值技术国际收入分别比上年增加了 17.19 万元/万人和 0.22 万元/万元，而 2013 年却分别较上年减少了 14.99 万元/万人和 0.37 万元/万元，变化较大，万元生产总值技术国际收入的排位较上年下降了 11 位；另外，贵州科技产出质量不高，高层次、高水平的科技成果较少，因此 2012 年未获得任何国家发明奖和国家科学技术进步奖，获国家级科技成果奖系数出现下降。

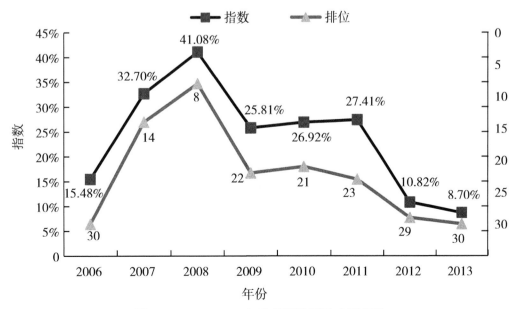

图 3 2006—2013 年贵州科技活动产出指数

（四）高新技术产业化指数

2013 年贵州高新技术产业化指数为 43.63%，较上年排名上升 4 位，但指数下降了 0.38 个百分点（图 4）。主要表现在高技术产业增加值占工业增加值比重、知识密集型服务业增加值占生产总值比重、高技术产业增加值率等指标的降低，其中知识密集型服务业增加值占生产总值比重和高技术产业增加值率在 2013 年首次出现下降，分别较上年降低了 0.08 个、0.29 个百分点。这 3 个反映高技术产业降低中间消耗的经济效益指标出现下降，说明贵州高技术产业仍然未摆脱资本推动型的发展模式，科技进步对产业结构的优化程度仍然不高。

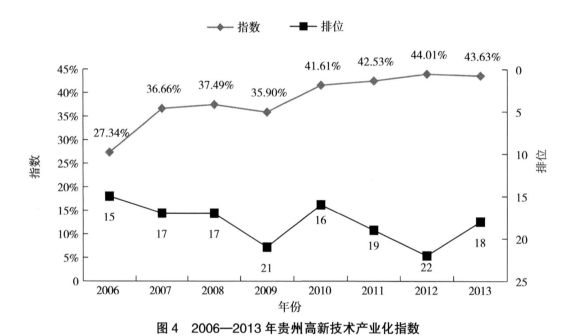

图 4　2006—2013 年贵州高新技术产业化指数

（五）科技促进经济社会发展指数

2013 年贵州科技促进经济社会发展指数为 44.54%，是 2013 年贵州下降幅度最大的指标，较上年下降了 7.27 个百分点（图 5）。这是因为 2013 年反映贵州社会信息化水平的指数下降较快，比 2012 年下降了 21.52 个百分点，主要表现在信息传输、软件和信息技术服务业增加值占生产总值比重上。信息传输、软件和信息技术服务业作为信息产业的重要载体，是知识密集型服务业的重要组成部分，该行业主要包括电信、广播电视和卫星传输服务，互联网和相关服务，软件和信息技术服务，而贵州作为经济发展水平相对落后的省份，此行业发展受到经济的制约，企业附加值不高，投入产出的效益水平较差。

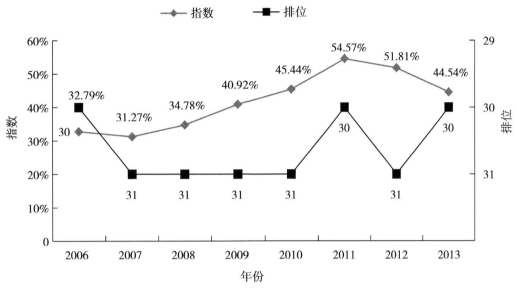

图 5 2006—2013 年贵州科技促进经济社会发展指数

三、贵州科技进步统计监测指数反映的问题分析

（一）技术市场不成熟，成为制约科技开放合作的瓶颈

技术市场的发展、技术成果交易的繁荣对技术成果迅速转化为生产力具有十分重要的作用。2012 年贵州在反映技术成果市场化的万人输出技术成交额和万元生产总值技术国际收入两个指标上都出现了大幅下降的情况，说明贵州技术市场发展不完善，技术交易不稳定，这都大大降低了市场配置科技成果资源的效率和科技成果推广应用的效率，阻碍了贵州新技术和新发明的推广应用，影响了产学研与市场的对接，成为制约科技开放合作的瓶颈。

（二）科技人员待遇较低，影响从事科技活动的积极性

2006—2013 年全国科技进步统计监测数据显示，贵州科学研究和技术服务业平均工资比较系数（2012 年前称为"科研与综合技术服务业平均工资与全社会平均工资比例系数"）长期处于全国末位，2013 年贵州科学研究和技术服务业就业人员人均工资为 3.91 万元，仅为上海市的 1/4 左右，分别比经济发展水平相当的甘肃和云南低 0.27 万元和 0.46 万元，在一定程度上反映出贵州对科研与综合技术服务业重视程度不够，价值认知度较低，科技人员的经济收益较少，这对调动科技人员的积极性、加强科技人才的培育和发展具有一定的影响。

（三）产业结构调整初见成效，助推高新技术产业发展

2013年贵州反映经济发展方式转变方面的指标都出现了上升趋势，主要表现在劳动生产率和综合能耗产出率等指标上，分别比上年增长了0.3%和0.25%，体现出贵州科技创新和科技进步对经济结构调整、促进产业升级、由粗放式发展方式向集约型发展方式转变的作用逐渐增强，为高新技术产业发展构建了良好的环境，这对加快贵州传统产业的改造和提升、加速推进高新技术产业化起到重要作用。

四、对策建议

2013年贵州召开了中共贵州省委十一届三次全会，会议提出要坚定不移地落实加速发展、加快转型、推动跨越主基调，毫不动摇地实施工业强省和城镇化带动主战略，建设人才创业首选地，推动转型发展新跨越，并出台了《中共贵州省委关于加强人才培养引进加快科技创新的指导意见》，同时为"十二五"期间全省科技创新提出了"五个突破"要求。围绕中共贵州省委十一届三次全会做出的战略部署，针对贵州科技发展中出现的一些紧迫问题，拟提出以下建议。

（一）营造良好环境，为科技创新提供有力保障

一是加快科技创新与成果转化平台建设，在创新平台建设上寻找突破点。一方面，在中央补助地方基础平台、国家重大科学仪器设备开发专项等方面，积极争取更多的政策、项目和平台支持；另一方面，围绕重点领域需求，搭建产学研合作平台，不断建设技术创新平台和科技共享服务平台，同时推进农村信息化整合共享建设，促进省农村信息化服务水平和能力的提升，逐步形成布局合理、装备先进、开放流动、共建共享的创新平台网络。二是积极开展全方位、多层次、高水平的科技国际合作，加强与发达国家和地区的科技交流合作。加强技术引进和合作，鼓励企业开展参股并购、联合研发、专利交叉许可等方面的国际合作，支持企业和科研机构到海外建立研发机构。加大科技计划开放合作力度，支持国际学术机构、跨国公司等来黔设立研发机构，搭建国内外大学、科研机构联合研究平台，吸引全球优秀科技人才来黔创新创业，同时加强民间科技交流合作。

（二）强化企业自主创新主体地位，加快科技成果转化

贵州要加快建立以企业为主体、以市场为导向、产学研用紧密结合的技术创新体系，充分发挥企业在技术创新决策、研发投入、科研组织和成果转化中的主体作用，吸纳企业参与国家、省级科技项目的决策，产业目标明确的国家、省级重大科技项目由有条件的企业牵头组织实施，同时以企业科技创新平台和重大科技项目为载体，着力提高中小企业的

自主创新能力，在做大做强企业创新主体上寻找突破。充分发挥已建工程技术研究中心和企业技术中心的作用，推动"研究—开发—产业化"创新链建设，提升其科技创新和成果转化能力，积极搭建产业技术创新战略联盟，推进技术创新工程建设；引导和支持企业建立研发中心、院士工作站、博士后工作站、教授工作站，围绕重点产业发展，整合优势科技资源，促进社会资源和创新要素向企业，特别是创新型企业聚集。

（三）增加科技人力资源总量，提升科技活动能力

针对贵州科技人力资源基数小、人才流失较为严重、人才长期匮乏的现象，根据《中共贵州省委关于加强人才培养引进加快科技创新的指导意见》，紧紧抓住"百千万人才引进计划"，坚持人才与项目相结合、人才与资本相结合、引进与使用相结合，大力吸引国内外高层次人才，同时加大人才培养力度，正确处理好引进人才与培养人才的关系，既要大力从省外引进人才，也要切实加强对本地人才和已有人才的培养。

（四）完善人才发展机制，激发科技人员的积极性和创造性

要深入实施贵州人才工程和政策，培养造就高层次、高水平的科技人才和创新团队。不断建立以科研能力和创新成果等为导向的科技人才评价标准，改变片面将论文数量、项目和经费数量、专利数量等与科研人员评价和晋升直接挂钩的做法；加快建设人才公共服务体系，健全科技人才流动机制，鼓励科研院所、高等学校和企业创新人才双向交流；探索有利于创新人才发挥作用的多种分配方式，完善科技人员收入分配政策，健全与岗位职责、工作业绩、实际贡献紧密联系和鼓励创新创造的分配激励机制。

报告之八：从《中国区域创新监测数据 2013》
看贵州创新能力

为贯彻习近平总书记关于"建立符合国情的全国创新调查制度，准确测算科技创新对经济社会的贡献，并为制定政策提供依据"的指示精神，根据《中共中央 国务院关于深化科技体制改革加快国家创新体系建设的意见》（中发〔2012〕6 号）关于"建立全国创新调查制度，加强国家创新体系建设监测评估"的要求，从 2013 年初开始，科技部按照《国务院办公厅关于深化科技体制改革加快国家创新体系建设意见任务分工的通知》（国办发〔2012〕50 号）要求，会同国家发展改革委、教育部、财政部、国家统计局等单位，认真研究制定了《建立国家创新调查制度工作方案》，对国家、区域、企业等多层面多视角的创新活动进行调查、监测和评价。2014 年 3 月 13 日，科技部发展计划司正式发布了《中国区域创新监测数据 2013》，该报告包括创新环境、创新资源、企业创新、创新产出和创新绩效等 5 个方面 52 个指标的数据，总体反映了国家和区域的创新活动情况。

一、创新环境

创新环境包含 7 个指标。由表 1、表 2 可见，贵州这 7 个指标 2013 年在全国的排位均在第 27 位及以后。其中，万人大专以上学历人数和企业研究开发费用加计扣除减免税占全国比重两个指标在全国均排第 28 位，在西部同样排第 10 位，前者比全国第一的北京少3078.45 人 / 万人，比全国平均水平少 402.62 人 / 万人；后者比全国第一的浙江低 12.56 个百分点，比全国平均水平低 3.08 个百分点。信息传输、软件和信息技术服务业固定资产投资占比重与百万人驰名商标数两个指标在全国和西部均排倒数第 2 位，前者比全国第一的北京低 2.54 个百分点，比全国平均水平低 0.61 个百分点；后者比全国第一的福建少 7.23个 / 百万人，比全国平均水平少 2.44 个 / 百万人。万人国际互联网上网人数在全国排第 29位，在西部排第 11 位，比全国第一的北京少 4201.49 人 / 万人，比全国平均水平少 1320.94人 / 万人。百人固定电话和移动电话用户数在全国排第 27 位，在西部排第 10 位，比全国第一的北京少 118.23 户 / 百人，比全国平均水平少 25.13 户 / 百人。人均地区生产总值在全国和西部均排最后一位，仅占全国第一位天津的 21.15%，占全国人均地区生产总值的 51.30%，比倒数第二的甘肃低 2268 元。

表 1　2013 年西部 12 个省（自治区、直辖市）创新环境监测数据

地区	万人大专以上学历人数（人 / 万人）	企业研究开发费用加计扣除减免税占全国比重（%）	信息传输、软件和信息技术服务业固定资产投资占比重（%）	百人固定电话和移动电话用户数（户 / 百人）	万人国际互联网上网人数（人 / 万人）	百万人驰名商标数（个 / 百万人）	人均地区生产总值（元）
全国	1059.20	3.23	0.72	102.68	4165.31	3.16	38 420
贵州	656.58	0.15	0.11	77.55	2844.37	0.72	19 710
广西	648.29	0.97	0.95	74.4	3387.44	0.47	27 952
重庆	997.44	1.27	0.92	89.83	4057.72	2.78	38 914
四川	991.55	3.54	0.39	84.76	3172.28	2.14	29 608
云南	676.98	0.59	0.76	73.41	2835.37	1.16	22 195
西藏	424.53	0.01	1.90	89.72	3283.27	3.58	22 936
陕西	1067.62	2.17	0.72	107.56	4132.59	1.36	38 564
甘肃	890.19	0.35	0.63	83.08	3084.32	1.28	21 978
青海	958.31	0.15	0.10	111.61	4152.35	4.71	33 181
宁夏	911.11	0.27	0.55	107.54	3986.46	4.64	36 394
新疆	1343.58	0.39	0.71	113.24	4308.53	1.34	33 796
内蒙古	1206.25	0.62	0.70	117.21	3875.74	1.85	63 886

表 2　2013 年西部 12 个省（自治区、直辖市）创新环境监测排位

地区	万人大专以上学历人数	企业研究开发费用加计扣除减免税占全国比重	信息传输、软件和信息技术服务业固定资产投资占比重	百人固定电话和移动电话用户数	万人国际互联网上网人数	百万人驰名商标数	人均地区生产总值
贵州	28	28	30	27	29	30	31
广西	29	21	9	29	22	31	27
重庆	14	20	10	20	15	15	12
四川	15	9	27	23	25	19	24

续表

地区	万人大专以上学历人数	企业研究开发费用加计扣除减免税占全国比重	信息传输、软件和信息技术服务业固定资产投资占比重	百人固定电话和移动电话用户数	万人国际互联网上网人数	百万人驰名商标数	人均地区生产总值
云南	26	24	12	30	30	29	29
西藏	31	31	3	21	24	14	28
陕西	10	16	14	12	13	25	14
甘肃	22	26	18	24	27	27	30
青海	18	30	31	11	12	8	21
宁夏	20	27	21	13	18	9	16
新疆	7	25	15	10	11	26	18
内蒙古	9	23	16	9	19	21	5

二、创新资源

创新资源包含 11 个指标。由表 3、表 4 可见，2013 年排在全国前 10 位（含第 10 位）的指标有 4 个，其中，财政性教育经费支出与 GDP 比值在全国和西部均排第 3 位，比全国第一的西藏低 6.18 个百分点，比全国平均水平高 3.42 个百分点；国家创新基金与 R&D 经费支出比值在全国和西部均排第 5 位，比全国第一的西藏低 4.52 个百分点，比全国平均水平高 1.99 个百分点；国家产业化项目当年落实资金与 R&D 经费支出比值在全国排第 6 位，在西部排第 5 位，比全国第一的青海低 79.62 个百分点，比全国平均水平高 10.96 个百分点；地方财政科技支出与 GDP 比值在全国排第 10 位，在西部排第 3 位，比全国第一的上海低 0.8 个百分点，比全国平均水平低 0.01 个百分点。

排在第 20 位以后的指标有 7 个。其中，地方财政科技支出占地方财政支出比重在全国排第 22 位，在西部排第 5 位，比全国第一的上海低 4.82 个百分点，比全国平均水平低 1.04 个百分点；高新技术企业减免税占全国比重在全国排第 23 位，在西部排第 5 位，比全国第一的广东低 16.17 个百分点，比全国平均水平低 2.94 个百分点；科学研究和技术服务业新增固定资产投资占比重在全国排第 24 位，在西部排第 9 位，比全国第一的北京低 4.09 个百分点，比全国平均水平低 0.58 个百分点；R&D 经费支出与 GDP 比值和万人国内科技论文数两个指标均在全国排第 28 位，在西部排第 10 位，前者比全国第一的北京低 5.34 个百分点，比全国平均水平低 1.37 个百分点，后者比全国第一的北京少 31.54 篇／万人，比全国平均水平少 2.19 篇 / 万人；万人 R&D 人员全时当量和万人国际科技论文数两个指标在全国和西部均排倒数第 2 位，前者比全国第一的上海少 108.42 人年 / 万人，比全国平均水平少 18.60 人年 / 万人，后者比全国第一的北京少 29.14 篇 / 万人，比全国平均水平少 2.68 篇 / 万人。

表 3　2013 年西部 12 个省（自治区、直辖市）创新资源监测数据

地区	R&D 经费支出与 GDP 比值（%）	财政性教育经费支出与 GDP 比值（%）	地方财政科技支出占地方财政支出比重（%）	地方财政科技支出与 GDP 比值（%）	国家创新基金与 R&D 经费支出比值（%）	国家产业化项目当年落实资金与 R&D 经费支出比值（%）	万人 R&D 人员全时当量（人年 / 万人）	高新技术企业减免税占全国比重（%）	科学研究和技术服务业新增固定资产投资占比重（%）	万人国内科技论文数（篇 / 万人）	万人国际科技论文数（篇 / 万人）
全国	1.98	3.88	2.09	0.43	0.50	10.15	23.98	3.23	0.89	3.87	2.91
贵州	0.61	7.30	1.05	0.42	2.49	21.11	5.38	0.29	0.31	1.68	0.23
广西	0.75	4.52	1.43	0.33	0.67	7.11	8.81	0.55	0.51	2.24	0.49
重庆	1.40	4.13	0.98	0.26	0.62	5.95	15.56	0.13	0.23	4.70	2.59
四川	1.47	4.16	1.09	0.25	0.42	7.99	12.14	1.15	0.44	2.74	1.71
云南	0.67	6.55	0.91	0.32	1.78	36.01	5.97	0.35	0.62	1.77	0.66
西藏	0.25	13.48	0.56	0.73	7.01	17.10	3.90	0.00	0.57	0.71	0.05
陕西	1.99	4.87	1.05	0.24	0.68	4.60	21.96	0.48	1.30	7.41	4.93
甘肃	1.07	6.51	0.79	0.29	2.67	7.66	9.42	0.08	0.75	3.37	1.80
青海	0.69	9.07	0.62	0.38	2.97	100.73	9.04	0.01	0.31	2.27	0.34
宁夏	0.78	4.55	1.11	0.41	3.13	30.02	12.47	0.20	0.10	3.07	0.35
新疆	0.53	6.31	1.21	0.44	2.12	43.58	7.02	0.19	0.65	3.36	0.50
内蒙古	0.64	2.77	0.81	0.17	0.53	12.18	12.78	0.10	0.46	1.54	0.43

表4 2013年西部12个省（自治区、直辖市）创新资源监测排位

地区	R&D 经费支出与 GDP 比值	财政性教育经费支出与 GDP 比值	地方财政科技支出占地方财政支出比重	地方财政科技支出与 GDP 比值	国家创新基金与 R&D 经费支出比值	国家产业化项目当年落实资金与 R&D 经费支出比值	万人 R&D 人员全时当量	高新技术企业减免税占全国比重	科学研究和技术服务业新增固定资产投资占比重	万人国内科技论文数	万人国际科技论文数
贵州	28	3	22	10	5	6	30	23	24	28	30
广西	24	12	12	15	16	22	25	20	19	24	26
重庆	13	15	25	20	18	24	15	26	27	6	11
四川	12	14	21	22	24	20	21	18	22	17	14
云南	26	4	26	16	7	3	29	22	17	27	23
西藏	31	1	31	3	1	11	31	31	18	31	31
陕西	8	8	23	25	15	27	9	21	6	4	4
甘肃	17	5	29	17	4	21	23	29	14	12	13
青海	25	2	30	14	3	1	24	30	25	23	29
宁夏	23	11	19	12	2	4	20	24	31	16	28
新疆	29	6	15	8	6	2	28	25	15	13	25
内蒙古	27	27	28	30	20	15	19	27	21	30	27

三、企业创新

企业创新包含9个指标。由表5、表6可见，2013年企业技术获取和技术改造经费支出占主营业务收入比重排全国第1位，比全国第二的湖南高0.78个百分点，比全国平均水平高1.60个百分点。

排在第10～20位的指标有5个。其中，企业 R&D 经费支出占 R&D 经费支出比重在全国排第13位，在西部排第3位，比全国第一的山东低13.25个百分点，比全国平均水平高5.59个百分点；企业平均吸纳技术成交额在全国排第17位，在西部排第10位，比全国第一的海南少3277.22万元，比全国平均水平少25.24万元；企业 R&D 经费支出占主营业务收入比重在全国排第18位，在西部排第4位，比全国第一的北京低0.64个百分点，比

全国平均水平低 0.24 个百分点；万名企业就业人员发明专利拥有量在全国排第 18 位，在西部排第 6 位，比全国第一的北京少 101.43 件 / 万人，比全国平均水平少 13.52 件 / 万人；科研机构和高等学校 R&D 经费支出中企业资金占比重在全国排第 19 位，在西部排第 5 位，比全国第一的北京低 16.5 个百分点，比全国平均水平低 1.81 个百分点。

排第 20 位以后的指标有 3 个。其中，企业科学研究经费支出占企业 R&D 经费支出比重在全国排第 21 位，在西部排第 11 位，比全国第一的吉林低 11.97 个百分点，比全国平均水平低 1.23 个百分点；有研发机构的企业占工业企业比重在全国排第 26 位，在西部排第 11 位，比全国第一的江苏低 27.75 个百分点，比全国平均水平低 7.09 个百分点；企业 R&D 人员占就业人员比重在全国排第 29 位，在西部排第 10 位，比全国第一的天津低 1.12 个百分点，比全国平均水平低 0.25 个百分点。

表5　2013 年西部 12 个省（自治区、直辖市）企业创新监测数据

地区	企业 R&D 经费支出占 R&D 经费支出比重（%）	企业 R&D 经费支出占主营业务收入比重（%）	企业技术获取和技术改造经费支出占主营业务收入比重（%）	企业科学研究经费支出占企业 R&D 经费支出比重（%）	科研机构和高等学校 R&D 经费支出中企业资金占比重（%）	企业平均吸纳技术成交额（万元）	企业 R&D 人员占就业人员比重（%）	有研发机构的企业占工业企业比重（%）	万名企业就业人员发明专利拥有量(件/万人)
全国	69.92	0.77	0.53	2.68	13.22	187.25	0.30	11.31	28.97
贵州	75.51	0.53	2.13	1.45	11.41	162.01	0.05	4.22	15.45
广西	72.28	0.48	1.06	2.03	11.00	62.96	0.07	6.07	9.26
重庆	73.28	0.91	0.82	3.93	25.12	454.25	0.17	6.90	23.5
四川	40.54	0.45	0.65	7.15	13.30	110.56	0.10	5.35	16.74
云南	55.91	0.43	0.57	5.86	15.66	250.97	0.04	7.79	16.15
西藏	29.78	0.58	0.36	0.39	0.60	583.11	0.00	4.69	42.61
陕西	41.53	0.73	0.44	6.01	7.90	402.83	0.19	6.84	29.85
甘肃	55.85	0.43	1.25	6.96	16.48	340.52	0.08	6.97	13.51
青海	64.16	0.45	0.14	7.62	5.38	1031.99	0.07	4.26	8.41
宁夏	78.82	0.48	0.50	2.61	8.73	363.23	0.13	11.68	9.53
新疆	68.82	0.36	0.22	11.83	3.95	307.06	0.07	4.29	7.08
内蒙古	84.62	0.47	0.42	2.77	6.00	512.95	0.18	3.46	7.28

表6　2013年西部12个省（自治区、直辖市）企业创新监测排位

地区	企业R&D经费支出占R&D经费支出比重	企业R&D经费支出占主营业务收入比重	企业技术获取和技术改造经费支出占主营业务收入比重	企业科学研究经费支出占企业R&D经费支出比重	科研机构和高等学校R&D经费支出中企业资金占比重	企业平均吸纳技术成交额	企业R&D人员占就业人员比重	有研发机构的企业占工业企业比重	万名企业就业人员发明专利拥有量
贵州	13	18	1	21	19	17	29	26	18
广西	17	20	4	18	20	27	26	18	25
重庆	16	6	6	12	3	6	19	12	12
四川	29	25	10	5	17	22	23	22	15
云南	24	28	13	10	12	14	30	8	17
西藏	30	17	23	27	31	4	31	23	5
陕西	28	12	18	9	24	8	15	14	9
甘肃	25	27	3	6	10	11	24	11	20
青海	21	26	31	4	28	3	27	25	28
宁夏	12	19	15	17	22	10	21	6	24
新疆	19	30	30	2	29	12	25	24	30
内蒙古	4	22	20	15	27	5	16	29	29

四、创新产出

创新产出包含11个指标。由表7、表8可见，2013年排在全国前10位的指标有2个，亿元R&D经费支出发明专利申请数在全国排第2位，在西部排第1位，比全国第一的江苏少11.11件/亿元，比全国平均水平多22.39件/亿元。亿元R&D经费支出发明专利授权数在全国排第9位，在西部排第3位，比全国第一的西藏少16.73件/亿元，比全国平均水平多1.25件/亿元。

排第10～20位（含第20位）的指标有4个。其中，高技术产业总产值占工业总产值比重在全国排第18位，在西部排第5位，比全国第一的广东低20.59个百分点，比全国平均水平低4.84个百分点；新产品销售收入占主营业务收入比重在全国排第19位，在西部排第5位，比全国第一的上海低15.28个百分点，比全国平均水平低5.47个百分点；农业植物新品种授权与农业增加值比值在全国排第20位，在西部排第5位，比全国第一的北

京少 2.30 件 / 亿元，比全国平均水平少 0.05 件 / 亿元；高技术产业增加值占生产总值比重在全国排第 20 位，在西部排第 5 位，比全国第一的广东低 7.28 个百分点，比全国平均水平低 2.48 个百分点。

排第 20 ～ 30 位（不含第 20 位）的指标有 5 个。其中，万人发明专利申请数在全国排第 24 位，在西部排第 7 位，比全国第一的北京少 24.59 件 / 万人，比全国平均水平少 3.06 件 / 万人；万人发明专利授权数在全国排第 30 位，在西部排第 11 位，比全国第一的北京少 9.55 件 / 万人，比全国平均水平少 0.88 件 / 万人；万人发明专利拥有量在全国排第 24 位，在西部排第 6 位，比全国第一的北京少 32.85 件 / 万人，比全国平均水平少 2.73 件 / 万人；万人输出技术成交额在全国排第 27 位，在西部排第 9 位，全国第一的北京是贵州的 427.83 倍，全国平均水平是贵州的 17.12 倍；百万人技术国际收入在全国第 30 位，在西部排第 11 位，全国第一的北京是贵州的 3869.29 倍，全国平均水平是贵州的 201.48 倍。

表 7　2013 年西部 12 个省（自治区、直辖市）创新产出监测数据

地区	万人发明专利申请数（件/万人）	亿元 R&D 经费支出发明专利申请数（件/亿元）	万人发明专利授权数（件/万人）	亿元 R&D 经费支出发明专利授权数（件/亿元）	万人发明专利拥有量（件/万人）	万人输出技术成交额（万元/万人）	农业植物新品种授权与农业增加值比值（件/亿元）	百万人技术国际收入（万美元/百万人）	高技术产业增加值占生产总值比重（%）	高技术产业总产值占工业总产值比重（%）	新产品销售收入占主营业务收入比重（%）
全国	3.95	51.98	1.06	13.97	3.49	475.40	0.13	2244.51	4.72	11.09	11.89
贵州	0.89	74.37	0.18	15.22	0.76	27.77	0.08	11.14	2.24	6.25	6.42
广西	1.39	67.02	0.19	9.28	0.55	5.39	0.08	56.05	2.41	5.82	8.40
重庆	3.87	71.35	0.82	15.18	2.32	183.43	0.07	283.29	4.52	14.38	18.87
四川	2.03	46.65	0.55	12.71	1.61	137.74	0.23	2059.67	6.40	12.26	6.67
云南	0.71	48.35	0.28	18.92	0.88	97.61	0.10	108.01	0.89	2.86	5.00
西藏	0.26	45.41	0.19	31.95	0.44	0.00	0.00	0.21	0.59	10.35	2.29
陕西	4.54	59.34	1.07	13.99	3.02	892.11	0.06	437.58	3.03	7.54	5.34
甘肃	1.27	53.99	0.27	11.64	0.82	283.45	0.03	42.42	0.92	1.78	7.65
青海	0.52	22.71	0.18	7.70	0.51	336.7	0.03	48.77	0.55	2.22	0.55
宁夏	1.31	46.41	0.22	7.68	0.70	45.02	0.06	15.94	0.20	1.37	6.23
新疆	0.75	42.26	0.20	11.48	0.58	24.12	0.04	246.2	0.08	0.26	3.68
内蒙古	0.60	14.71	0.23	5.61	0.66	426.11	0.09	94.86	0.64	1.57	3.21

表8　2013年西部12个省（自治区、直辖市）创新产出监测排位

地区	万人发明专利申请数	亿元R&D经费支出发明专利申请数	万人发明专利授权数	亿元R&D经费支出发明专利授权数	万人发明专利拥有量	万人输出技术成交额	农业植物新品种授权与农业增加值比值	百万人技术国际收入	高技术产业增加值占生产总值比重	高技术产业总产值占工业总产值比重	新产品销售收入占主营业务收入比重
贵州	24	2	30	9	24	27	20	30	20	18	19
广西	19	5	28	24	29	30	19	25	19	20	14
重庆	10	3	9	10	9	13	23	14	8	6	4
四川	14	15	15	13	16	17	5	7	4	7	17
云南	27	14	21	4	21	19	13	19	26	25	25
西藏	31	18	29	1	31	31	31	31	28	9	30
陕西	7	7	7	12	8	4	26	11	14	12	23
甘肃	21	9	22	16	22	11	30	28	25	28	16
青海	30	30	31	28	30	10	29	27	29	27	31
宁夏	20	16	25	29	25	25	24	29	30	30	20
新疆	26	19	26	17	28	28	28	15	31	31	28
内蒙古	29	31	24	31	26	7	18	21	27	29	29

五、创新绩效

创新绩效包含14个指标。由表9、表10可见，2013年排在全国前10位的指标有3个，其中，第三产业增加值占比重在全国排第4位，在西部排第2位，比全国第一的北京低28.55个百分点，比全国平均水平高3.32个百分点；空气达到二级以上天数占比重在全国排第7位，在西部排第4位，比全国第一的海南低4.1个百分点，比全国平均水平高6.12个百分点；二氧化硫排放降低率在全国排第9位，在西部排第3位，比全国第一的甘肃低2.52个百分点，比全国平均水平高1.20个百分点。

排第10～20位（含第20位）的指标有4个。其中，废水中氨氮排放降低率在全国排第16位，在西部排第5位，比全国第一的上海低3.20个百分点，比全国平均水平高0.03个百分点；固体废物综合治理率在全国排第17位，在西部排第4位，比全国第一的广东低11.86个百分点，比全国平均水平高5.11个百分点；废水中化学需氧量排放降低率在全国排第19位，在西部排第5位，比全国第一的黑龙江低2.24个百分点，比全国平均水平

低 0.36 个百分点；单位工业增加值用水量降低率在全国排第 20 位，在西部排第 7 位，比全国第一的青海低 25.05 个百分点，比全国平均水平低 5.01 个百分点。

排第 20～30 位（不含第 20 位）的指标有 6 个。其中，高技术企业占工业企业比重在全国排第 21 位，在西部排第 9 位，比全国第一的北京低 15.68 个百分点，比全国平均水平低 2.26 个百分点；资本生产率在全国排第 23 位，在西部排第 4 位，比全国第一的广东少 0.39 万元 / 万元，比全国平均水平少 0.07 万元 / 万元；高技术产品出口额占商品出口额比重在全国排第 26 位，在西部排第 9 位，比全国第一的北京低 56.99 个百分点，比全国平均水平低 25.46 个百分点；高技术产业就业人员占就业人员比重在全国排第 26 位，在西部排第 7 位，比全国第一的广东低 6.44 个百分点，比全国平均水平低 1.46 个百分点；综合耗能产出率在全国排第 27 位，在西部排第 9 位，比全国第一的北京少 16.86 元 / 千克标准煤，比全国平均水平少 7.00 元 / 千克标准煤；商品出口额与 GDP 比值在全国排第 28 位，在西部排第 9 位，比全国第一的广东低 67.45 个百分点，比全国平均水平低 22.02 个百分点。

最差的指标是劳动生产率，在全国和西部都排倒数第一，比全国第一的天津低 20.97 万元 / 人，比全国平均水平少 3.70 万元 / 人。

表 9　2013 年西部 12 个省（自治区、直辖市）创新绩效监测数据

地区	商品出口额与 GDP 比值（%）	高技术产品出口商品出口额占商品出口额比重（%）	第三产业增加值占比重（%）	高技术企业占工业企业比重（%）	高技术产业就业人员占就业人员比重（%）	劳动生产率（万元/人）	资本生产率（万元/万元）	综合耗能产出率（元/千克标准煤）	空气达到二级以上天数占比重（%）	废水中化学需氧量排放降低率（%）	二氧化硫排放降低率（%）	单位工业增加值用水量降低率（%）	废水中氨氮排放降低率（%）	固体废物综合治理率（%）
全国	24.92	29.34	44.59	7.17	1.67	6.20	0.34	13.08	89.78	3.05	4.52	9.64	2.63	83.03
贵州	2.90	3.88	47.91	4.91	0.21	2.50	0.27	6.08	95.90	2.69	5.72	4.63	2.66	88.14
广西	4.46	17.30	35.41	5.44	0.40	4.06	0.25	14.29	96.17	1.63	3.24	14.32	1.60	95.27
重庆	17.17	48.09	39.39	6.32	0.94	5.48	0.33	11.29	92.90	3.35	3.77	21.64	2.98	97.74
四川	8.23	56.11	34.53	6.39	1.03	4.45	0.48	10.4	80.05	2.58	4.16	21.73	2.08	84.56
云南	3.32	10.14	41.09	3.83	0.11	3.30	0.26	8.93	99.73	1.10	2.75	5.29	1.14	79.22
西藏	18.22	2.18	53.89	9.38	0.06	3.65	0.23	0.00	99.45	3.98	-0.21	1.88	3.14	8.86
陕西	3.71	31.07	34.66	8.85	1.11	6.67	0.27	12.25	83.61	3.84	7.97	5.30	2.30	81.49
甘肃	2.04	7.43	40.17	5.01	0.19	3.64	0.35	7.40	73.77	1.83	8.24	-6.13	3.69	85.49
青海	1.43	3.52	32.97	6.38	0.20	5.85	0.20	4.98	86.07	-0.54	1.76	29.68	-1.80	55.58
宁夏	5.05	4.55	41.96	2.20	0.22	68.48	0.18	4.55	89.89	2.42	0.91	-9.58	3.09	87.27
新疆	11.99	1.47	36.02	1.28	0.05	8.00	0.24	6.36	79.78	-0.93	-4.33	-4.71	-0.80	58.32
内蒙古	2.14	1.54	35.46	2.29	0.26	12.55	0.27	7.52	95.08	3.81	1.74	4.26	2.24	90.27

表10　2013年西部12个省（自治区、直辖市）创新绩效监测排位

地区	商品出口额与GDP比值	高技术产品出口额占商品出口额比重	第三产业增加值占比重	高技术企业占工业企业比重	高技术产业就业人员占就业人员比重	劳动生产率	资本生产率	综合耗能产出率	空气达到二级以上天数比重	废水中化学需氧量排放降低率	二氧化硫排放降低率	单位工业增加值用水量降低率	废水中氨氮排放降低率	固体废物综合治理率
贵州	28	26	4	21	26	31	23	27	7	19	9	20	16	17
广西	22	13	23	17	22	27	27	10	6	27	19	8	27	13
重庆	8	4	15	13	14	21	17	18	10	10	18	3	13	9
四川	15	2	28	11	12	25	2	19	28	21	16	2	25	22
云南	26	18	11	26	29	30	26	22	2	29	22	18	29	24
西藏	7	29	3	7	30	28	29	31	3	4	29	25	10	31
陕西	24	9	26	8	11	15	25	12	26	7	2	17	22	23
甘肃	30	22	13	19	28	29	14	25	31	25	1	29	4	21
青海	31	7	29	12	27	19	30	29	25	30	25	1	31	29
宁夏	20	24	10	30	25	18	31	30	16	24	28	30	12	18
新疆	11	31	21	31	31	12	28	26	29	31	30	28	30	28
内蒙古	29	30	22	29	24	3	24	24	8	8	26	21	23	16

六、结论

（1）在区域创新能力监测指标包括的 5 个方面中，贵州在企业创新（包括 9 个指标）方面的表现较好，其中，1 个指标排全国第 1 位，5 个指标排第 10 ~ 20 位，仅有 3 个指标排第 20 位之后。

（2）贵州在全国排第 1 ~ 10 位（含第 10 位）的指标有 10 个，占总指标数的 19%，其中，排第 1、第 2、第 3、第 4、第 5、第 6、第 7 位的各有一个指标，分别是企业技术获取和技术改造经费支出占主营业务收入比重、亿元 R&D 经费支出发明专利申请数、财政性教育经费支出与 GDP 比值、第三产业增加值占比重、国家创新基金与 R&D 经费支出比值、国家产业化项目当年落实资金与 R&D 经费支出比值、空气达到二级以上天数占比重。排第 20 位（不含第 20 位）以后的指标有 29 个，占总指标数的 56%，其中，排全国最后一位的指标有 2 个（人均地区生产总值和劳动生产率），占总指标数的 4%。

（3）贵州仅有 12 个指标超过全国平均水平，占总指标数的 23.08%，有 40 个指标低于全国平均水平，占总指标数的 76.92%。

（4）在西部 12 个省（自治区、直辖市）中，贵州有 23 个指标排在前 5 位（含第 5 位），占总指标数量的 44.23%，排在第 6 位及以后的指标有 29 个，占总指标数的 55.77%。

总体来看，贵州大多数指标排位较靠后，多数监测指标数据远远低于全国平均水平，区域创新能力较弱，即使与西部省（自治区、直辖市）相比，竞争力也较差。《中共中央国务院关于深化科技体制改革加快国家创新体系建设的意见》（中发〔2012〕6 号）要求强化企业技术创新主体地位，全面提升企业创新能力，因此，贵州除了要保住"企业创新"优势指标，形成区域创新核心竞争力之外，努力改善创新环境、聚集创新资源、提高创新产出和强化创新绩效，实现区域创新能力的"后发赶超"才是当务之急。

报告之九：2014 年贵州科技进步
统计监测结果分析

《2014 全国科技进步统计监测报告》（初稿）显示，2014 年贵州综合科技进步水平指数为 37.29%，仍排全国第 30 位；其指数比上年提高 4.87 个百分点，且高于全国平均增幅 1.62 个百分点，排全国第 4 位。

一、基本情况

2014 年全国科技进步统计监测指标体系由 5 个一级指标、12 个二级指标、33 个三级指标构成（比上年减少 1 个——删除了百户居民计算机拥有量指标）。

2014 年 5 个一级指数除科技活动投入指数较上年下降外，其余 4 个指数均较上年上升（表 1）。

表 1　2014 年 5 个一级指数监测情况

指数名称	指数		增幅	
	数值	全国排位	数值（个百分点）	全国排位
科技创新环境及基础	35.64%	30	8.80	0
科技活动投入	35.48%	26	−0.41	0
科技活动产出	13.35%	29	4.65	1
高新技术产业化	47.89%	19	4.26	−1
科技促进经济社会发展	52.87%	27	8.33	3

2014 年 12 个二级指数中除科技意识和科技活动财力投入 2 个指标较上年下降外（前者下降 2 位至全国第 31 位，后者下降 6 位至全国第 26 位），其余 10 个指标较上年上升，占比达到 83.3%，创近 5 年来最大增幅，并且环境改善指数由第 17 位上升至第 1 位。此外，经济发展方式转变指数仍排末位。

33 个三级指标中有 25 个较上年上升，所占比例达到 75.8%。排第 1 位的指标增至 2 个，其中，企业技术获取和技术改造经费支出占企业主营业务收入比重指数保持不变，连续两年排第 1 位；环境污染治理指数则由第 21 位上升至第 1 位。排末位的指数由 3 个增加至 5 个，其中，劳动生产率 2006 年以来年年倒数第 1。

二、主要指数分析

（一）科技创新环境及基础指数

由表 2 可见，2014 年科技创新环境及基础指数为 35.64%，比上年提高 8.80 个百分点，仍排第 30 位。2014 年科技人力资源指数比上年提高 14.48 个百分点，其中万人研究与发展（R&D）人员数较上年增加 1.49 人年 / 万人，万人大专以上学历人数较上年增加 252.58 人，排位分别上升 1 位和 7 位。2014 年科学研究和技术服务业新增固定资产占比重较上年提高 0.48 个百分点，位次上升 10 位。但是，科学研究和技术服务业平均工资比较系数、每名 R&D 人员仪器和设备支出两个指数连续 4 年排第 31 位，万人吸纳技术成交额由 2013 年的第 28 位下降至 2014 年的第 31 位，有 R&D 活动的企业占比重也由 2013 年的第 25 位下降至 2014 年的第 30 位。

表 2　2013—2014 年科技创新环境及基础指数构成及监测结果

指数名称	监测值		位次	
	2014 年	2013 年	2014 年	2013 年
科技创新环境及基础	35.64%	26.84%	30	30
科技人力资源	54.04%	39.56%	27	30
万人研究与发展（R&D）人员数	6.87%	5.38%	29	30
万人大专以上学历人数	909.16%	656.58%	21	28
科研物质条件	27.85%	17.10%	30	31
每名 R&D 人员仪器和设备支出	1.76%	1.42%	31	31
科学研究和技术服务业新增固定资产占比重	0.79%	0.31%	14	24
科技意识	18.88%	19.63%	31	29
万名就业人员专利申请数	7.25%	4.70%	26	25
科学研究和技术服务业平均工资比较系数	55.66%	51.62%	31	31
万人吸纳技术成交额	96.42%	112.41%	31	28
有 R&D 活动的企业占比重	4.99%	6.07%	30	25

（二）科技活动投入指数

2014年科技活动投入指数为35.48%，较上年下降0.41个百分点，仍排第26位（表3）。2014年科技活动人力投入指数较上年提高7.21个百分点，排位上升2位；而科技活动财力投入指数较上年下降3.69个百分点，排位下降6位，主要由于R&D经费支出与GDP比值、企业R&D经费支出占主营业务收入比重、企业技术获取和技术改造经费支出占企业主营业务收入比重分别比上年下降0.02个、0.06个、0.78个百分点，排位分别下降0位、7位、0位。

表3 2013—2014年科技活动投入指数构成及监测结果

指数名称	监测值		位次	
	2014年	2013年	2014年	2013年
科技活动投入	35.48%	35.89%	26	26
科技活动人力投入	59.69%	52.48%	26	28
万人R&D研究人员数	3.47%	2.78%	28	30
企业R&D研究人员占比重	52.44%	50.06%	15	16
科技活动财力投入	25.10%	28.79%	26	20
R&D经费支出与GDP比值	0.59%	0.61%	28	28
地方财政科技支出占地方财政支出比重	1.11%	1.05%	25	22
企业R&D经费支出占主营业务收入比重	0.47%	0.53%	25	18
企业技术获取和技术改造经费支出占企业主营业务收入比重	1.35%	2.13%	1	1

（三）科技活动产出指数

2014年科技活动产出指数为13.35%，较上年提高4.65个百分点，排第29位，位次上升1位（表4）。2014年科技活动产出水平指数较上年提高3.10个百分点，排位下降1位，相关的3个三级指数（万人科技论文数、获国家级科技成果奖系数、万人发明专利拥有量）上升，但1个指数位次持平，2个指数下降（获国家级科技成果奖系数下降至第31位）。2014年技术成果市场化指数较上年提高6.97个百分点，增幅排全国第9位。2014年万人输出技术成交额、万元生产总值技术国际收入分别比上年增长23.72万元/万人、0.20美元/万元，排位分别上升3位、1位。

表 4　2013—2014 年科技活动产出指数构成及监测结果

指数名称	监测值		位 次	
	2014 年	2013 年	2014 年	2013 年
科技活动产出	13.35%	8.70%	29	30
科技活动产出水平	13.34%	10.24%	30	29
万人科技论文数	1.12%	1.06%	29	29
获国家级科技成果奖系数	0.51%	0.12%	31	30
万人发明专利拥有量	0.94%	0.76%	25	24
技术成果市场化	13.35%	6.38%	24	28
万人输出技术成交额	48.11%	24.39%	24	27
万元生产总值技术国际收入	0.26%	0.06%	28	29

（四）高新技术产业化指数

2014 年高新技术产业化指数为 47.89%，较上年上升 4.26 个百分点，排第 19 位，比上年下降 1 位（表 5）。2014 年高新技术产业化水平指数较上年提高 3.18 个百分点，位次下降 2 位，相关的三级指数中高技术产业增加值占工业增加值比重、高技术产品出口额占商品出口额比重指数上升，位次分别下降 4 位和 1 位，而新产品销售收入占主营业务收入比重指数下降 1.37 个百分点，位次下降 5 位；高新技术产业化效益指数较上年提高 5.34 个百分点，位次上升 3 位，其涉及的 3 个三级指数高技术产业劳动生产率、高技术产业增加值率、知识密集型服务业劳动生产率分别较上年上升 6.17 个、2.08 个、1.28 个百分点，但知识密集型服务业劳动生产率排位较上年下降 2 位。

表 5　2013—2014 年高新技术产业化指数构成及监测结果

指数名称	监测值		位 次	
	2014 年	2013 年	2014 年	2013 年
高新技术产业化	47.89%	43.63%	19	18
高新技术产业化水平	22.63%	19.45%	25	23
高技术产业增加值占工业增加值比重	8.99%	6.61%	19	15
知识密集型服务业增加值占生产总值比重	11.28%	10.07%	13	13
高技术产品出口额占商品出口额比重	4.80%	3.88%	27	26
新产品销售收入占主营业务收入比重	5.05%	6.42%	24	19

指数名称	监测值		位次	
	2014 年	2013 年	2014 年	2013 年
高新技术产业化效益	73.15%	67.81%	8	11
高技术产业劳动生产率	33.42%	27.25%	6	8
高技术产业增加值率	39.45%	37.37%	6	7
知识密集型服务业劳动生产率	26.06%	24.78%	18	16

（五）科技促进经济社会发展指数

2014 年科技促进经济社会发展指数为 52.87%，较上年提高 8.33 个百分点，排第 27 位，较上年上升 3 位（表 6）。2014 年经济发展方式转变指数较上年提高 1.37 个百分点，但仍排第 31 位，劳动生产率指数提高 0.31 个百分点，位次也长期排第 31 位；环境改善指数由全国第 17 位上升至第 1 位，环境污染治理指数由第 21 位上升至第 1 位，但环境质量指数较上年下降 11.80 个百分点，位次下降 1 位；社会生活信息化指数较上年提高 15.23 个百分点，位次上升 5 位，万人国际互联网上网人数及信息传输、计算机服务和软件业增加值占生产总值比重分别较上年增加 445.54 户 / 万人、1.20 个百分点，位次分别为不变和上升 4 位。

表 6　2013—2014 年科技促进经济社会发展指数构成及监测结果

指数名称	监测值		位 次	
	2014 年	2013 年	2014 年	2013 年
科技促进经济社会发展	52.87%	44.54%	27	30
经济发展方式转变	27.61%	26.24%	31	31
劳动生产率	2.81%	2.50%	31	31
资本生产率	0.26%	0.27%	22	23
综合能耗产出率	6.33%	6.08%	26	27
环境改善	91.77%	76.33%	1	17
环境质量指数	77.23%	89.03%	6	5
环境污染治理指数	95.40%	73.15%	1	21
社会生活信息化	72.30%	57.07%	20	25
万人国际互联网上网人数	3294.11%	2848.57%	30	30
信息传输、计算机服务和软件业增加值占生产总值比重	3.50%	2.30%	7	11

三、存在的问题

《2014 全国科技进步统计监测报告》根据综合科技进步水平指数将全国 31 个省（自治区、直辖市）划分为五类地区，贵州属于 3 个第四类地区（综合科技进步水平指数介于 30%～40%）的最后一个，云南和新疆是此类地区的前两位。

（一）增比进位形势严峻

通过选取 2014 年综合科技进步水平指数排在贵州前面 3 位的广西、云南、新疆做比较分析（表 7）。

表 7　2014 年贵州与部分地区科技进步统计监测指数比较

指数名称	贵州		云南		广西		新疆	
	指数	位次	指数	位次	指数	位次	指数	位次
综合科技进步水平	37.29%	30	39.10%	28	40.30%	27	38.41%	29
科技创新环境及基础	35.64%	30	36.82%	28	44.48%	24	43.82%	26
科技活动投入	35.48%	26	29.28%	29	36.80%	25	31.70%	27
科技活动产出	13.35%	29	30.19%	20	12.82%	30	18.63%	28
高新技术产业化	47.89%	19	51.87%	14	55.54%	9	32.02%	29
科技促进经济社会发展	52.87%	27	49.77%	31	54.12%	26	61.51%	18

由表 7 可见，2014 年贵州综合科技进步水平指数分别比新疆、云南、广西低 1.12 个、1.81 个、3.01 个百分点。具体来看，贵州与新疆的差距主要体现在科技创新环境及基础、科技活动产出、科技促进经济社会发展 3 个指数上，分别低 8.18 个、5.28 个、8.64 个百分点；贵州与云南的差距主要体现在科技创新环境及基础、科技活动产出、高新技术产业化 3 个指数上，分别低 1.18 个、16.84 个、3.98 个百分点；贵州与广西的差距主要体现在科技创新环境及基础、科技活动投入、高新技术产业化、科技促进经济社会发展 4 个指数上，分别低 8.84 个、1.32 个、7.65 个、1.25 个百分点。从三级指标来看，贵州落后于新疆、云南的指标有 9 个（表 8）。因此，贵州若要赶超这些地区，提升在全国的排位，形势依然严峻。

表 8　2014 年贵州与新疆、云南相比落后指数

指数名称	监测值			位次		
	贵州	新疆	云南	贵州	新疆	云南
每名 R&D 人员仪器和设备支出	1.76%	3.61%	2.67%	31	16	26
科学研究和技术服务业平均工资比较系数	55.66%	97.01%	70.58%	31	16	27
万人吸纳技术成交额	96.42%	587.89%	211.03%	31	10	25
有 R&D 活动的企业占比重	4.99%	6.83%	11.14%	30	25	18
获国家级科技成果奖系数	0.51%	2.24%	5.94%	31	17	5
万人科技论文数	1.12%	2.38%	1.29%	29	15	27
万元生产总值技术国际收入	0.26%	1.33%	0.72%	28	12	17
劳动生产率	2.81%	8.88%	3.7%	31	11	30
万人国际互联网上网人数	3294.11%	5006.61%	3320.58%	30	9	29

（二）人口相对指标对贵州不利

全国科技进步统计监测指标体系 33 个三级指标中涉及人均相对量指标共 10 个，占比达到 30.3%。据《中国统计年鉴》显示，2010—2014 年贵州人口增幅相对其他地区较小，但 2011—2014 年《全国科技进步统计监测报告》中均采用了 2010 年人口普查的"年末人口数"，测算人均指标时对贵州是不利的（表 9）。

表 9　部分地区年末人口数增幅对比　　　　　　　　　单位：万人

地区	2010 年人口普查数	2014 年《中国统计年鉴》数字	增幅
云南	4602	4687	85
新疆	2185	2264	79
广西	4610	4719	109
甘肃	2560	2582	22
贵州	3479	3502	23

（三）科技意识有待提高

科技意识反映了人们重视科技和推动科技进步的思想意识，也反映了人们对发展科技

的看法和态度，贵州科技意识指数长期处于较低水平，2014 年居全国末位，其涉及的三级指标中科学研究和技术服务业平均工资比较系数长期排全国倒数第 1 位，万人吸纳技术成交额近几年持续下降， 2014 年滑落至全国倒数第 1 位，2014 年有 R&D 活动的企业占比重也排全国倒数第 2 位，充分说明贵州科技意识有待提高。

（四）科技投入财力不足

近年来，贵州政府科技投入保持快速增长，对社会投入的创新引导作用越发明显，但是科技投入问题仍然突出。一是投入强度偏低， 2011—2013 年贵州 R&D 投入绝对量分别为 36.31 亿元、41.73 亿元和 47.19 亿元，年均增速为 14%，但 R&D 投入强度连续下降，分别为 0.64%、0.61% 和 0.59%，远远低于全国"十一五"末 1.70% 的水平，完成贵州"十二五"预期目标（1.2%）更是压力较大。二是科研物质投入低，科研物质投入是提升科研环境、吸引科研人才的重要手段，但贵州科研物质条件较差，投入不足，成为目前制约贵州科技进步水平提高的重要短板，科学研究和技术服务业新增固定资产占比重、每名 R&D 人员仪器和设备支出排位长期靠后，其中每名 R&D 人员仪器和设备支出自 2012 年以来一直排倒数第 1 位。

四、对策建议

根据对贵州科技进步统计监测结果的分析研究，为提升科技进步水平提出如下措施。

（一）营造良好科技发展环境，大力促进科技进步

为提高科技创新环境及基础指数，一是要加快建设科技创新平台，不断完善科研基础设施和配套设施建设，尤其要以 R&D 活动人员新增仪器设备为重点完善配备对象，提高科研物质条件；二是要建立和完善信息资源共享平台的运行激励机制，引导和促进企业、科研机构、高等学校及社会各类科技资源的整合、共享，使科技信息、资源和知识得到充分利用；三是要不断完善中介服务体系和技术市场发育的政策法规，提高技术市场服务水平，吸引更多的技术成果通过技术市场实现转移，提高技术成果成交额；四是要加大科学知识的传播和宣传，提高全民的科技意识和科技素质，引导公众自觉运用先进的科学思想和科学方法，营造鼓励和支持创新的社会环境。

（二）建立稳定增长的科技投入机制，保障科技进步拥有力量之源

科技投入是制约贵州科技进步的一项重要因素，为提升该指数，一是要建立和完善稳定增长的科技投入机制，确保各级财政科技投入增幅高于同级财政经常性收入增幅；二是要营造有利于创新的制度环境，包括完善鼓励创新的产业政策、鼓励创新投入的税收优惠

政策等，加大宣传执行力度，做好政策兑现工作，引导企业加大创新投入力度；三是要鼓励支持企业建立高层次的研发机构，开展技术创新，实施科技成果转化，对成功开发新产品、实现成果转化和新产品出口的实行政府补偿机制，给予奖励和后补助等；四是政府的科技投入要担负起引导、调动全社会科技投入的职责，通过政府财政补贴、发展担保机构及风险投资机构等机制，调动金融机构对企业创新投资的积极性。

（三）加强科技创新与产业发展结合度，大力推进高新技术产业化

高新技术产业的发展既是科技进步的具体成果，也是促进科技进步和产业结构调整的强大动力。为促进高新技术产业的发展，一是要完善园区配套服务功能，引进一批大型企业和高新技术企业，依托大型企业在技术、人才、资本等方面的优势，延伸产业链，拓展产业幅，增强企业及产业的创新能力和市场竞争力，引导企业和产业集群发展；二是要深入实施创新型企业培育行动计划、民营科技企业培育行动计划，引进、培育和壮大一批有创新活力和发展潜力的中小微企业，推动其为大企业、大集团进行生产配套服务，逐步形成产业集群的发展趋势；三是要强化以企业为主体的创新导向，推动以企业为主体、产学研结合、多部门多单位协同组织方式的发展，充分发挥企业在技术创新中的主体作用，围绕产业链布局建设创新链，推动科技创新与产业的进一步结合。

（四）加强监测数据分析和应用研究，提升贵州综合科技进步水平指数

一是要加强对全国科技进步主要监测指标的跟踪研究，针对贵州存在的问题，采取积极措施，重点提升短期内会有明显增长的指标，持续改善和提升需要长期努力才会有增长的指标；二是要加强贵州统计数据分析研究，深入挖掘统计数据的应用价值，找准关键制约因素并予以改善，为各级政府实现依靠科技创新促进驱动发展战略提供决策。

附件

附件 1　2006—2014 年全国科技进步统计监测指标体系 5 个一级指数及其排位

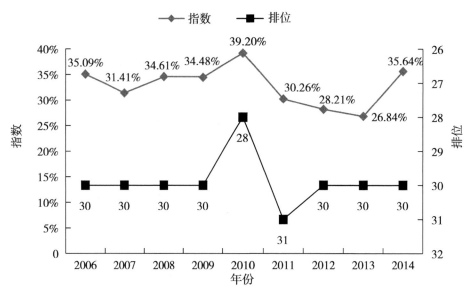

附图 1　2006—2014 年贵州科技创新环境及基础指数

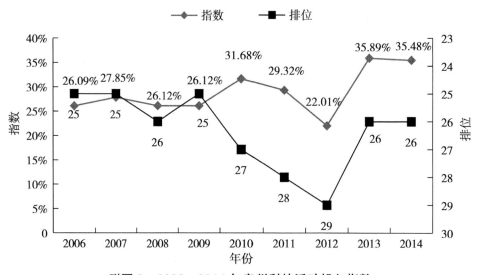

附图 2　2006—2014 年贵州科技活动投入指数

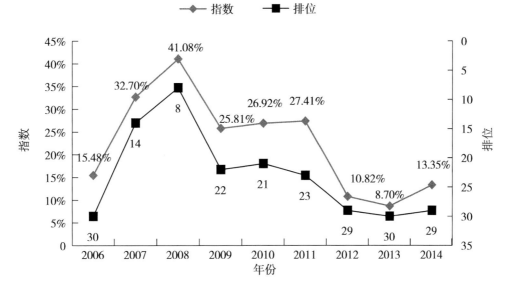

附图3 2006—2014年贵州科技活动产出指数

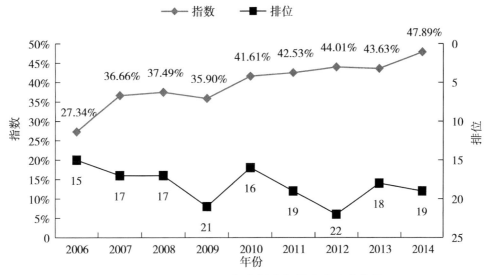

附图4 2006—2014年贵州高新技术产业化指数

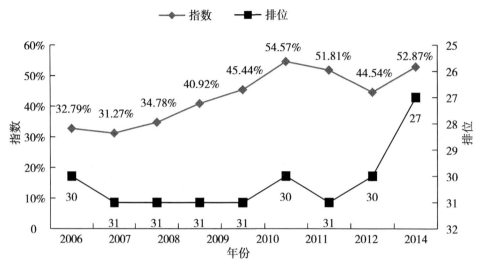

附图 5   2006—2014 年贵州科技促进经济社会发展指数

附件 2　全国科技进步统计监测指标数据来源

全国科技进步统计监测指标数据来源

三级指标	统计指标	数据来源
万人研究与发展（R&D）人员数	R&D 活动人员数、年末总人口	科技部门、统计部门
万人大专以上学历人数	大专以上学历人数、年末总人口	统计部门
每名 R&D 人员仪器和设备支出	研究和开发机构购置仪器和设备费、大中型工业企业技术开发机构仪器设备购置费、高等院校科技活动中的固定资产购建费、R&D 活动人员数	科技部门、统计部门、教育部门
科研与综合技术服务业新增固定资产占全社会新增固定资产比重	科研与综合技术服务业新增固定资产、全社会新增固定资产	统计部门
万名就业人员专利申请数	专利申请量、就业人员	知识产权管理部门、统计部门
科学研究和技术服务业平均工资比较系数	科研与技术服务业平均工资、全社会平均工资	统计部门
万人吸纳技术成交额	技术吸纳合同成交金额、年末总人口	科技部门、统计部门
有 R&D 活动的企业占比重	有 R&D 活动的企业数、企业总数	统计部门
万人 R&D 研究人员数	R&D 研究人员数、年末总人口	统计部门
企业 R&D 研究人员占比重	企业 R&D 研究人员、全社会 R&D 研究人员	统计部门
R&D 经费支出与 GDP 比值	R&D 经费支出、地区生产总值	统计部门
地方财政科技支出占地方财政支出比重	财政科技拨款、财政一般预算支出	财政部门
企业 R&D 经费支出占主营业务收入比重	企业 R&D 经费支出、企业主营业务收入	统计部门
企业技术获取和技术改造经费支出占企业主营业务收入比重	企业技术获取和技术改造经费、企业主营业务收入	统计部门
万人科技论文数	科技论文数、年末总人口	科技部门、统计部门
获国家级科技成果奖系数	国家发明奖、国家科技进步奖	科技部门
万人发明专利拥有量	发明专利拥有量、年末总人口	知识产权管理部门、统计部门

三级指标	统计指标	数据来源
万人输出技术成交额	技术成果成交额、年末总人口	科技部门、统计部门
万元生产总值技术国际收入	技术国际收入、地区生产总值	外汇管理部门、统计部门
高技术产业增加值占工业增加值比重	高技术产业增加值、工业增加值	统计部门
知识密集型服务业增加值占生产总值比重	邮政业增加值，信息传输、计算机服务和软件业增加值，金融业增加值，租赁和商务服务业增加值，科学研究技术服务和地质勘查业增加值，地区生产总值	统计部门
高技术产品出口额占商品出口额比重	高技术产品出口额、商品出口总额	海关
新产品销售收入占主营业务收入比重	新产品销售收入、企业主营业务收入	统计部门
高技术产业劳动生产率	高技术产业就业人员、高技术产业增加值	统计部门
高技术产业增加值率	高技术产业总产值、高技术产业增加值	统计部门
知识密集型服务业劳动生产率	邮政业增加值及就业人员，信息传输、计算机服务和软件业增加值及就业人员，金融业增加值及就业人员，租赁和商务服务业增加值及就业人员，科学研究技术服务和地质勘查业增加值及就业人员	统计部门
劳动生产率	地区生产总值、就业人员数	统计部门
资本生产率	地区生产总值、固定资产形成存量净额、固定资本形成和折旧额	统计部门
综合能耗产出率	地区生产总值、能源消费总量	统计部门
环境质量指数	城市空气达到二级以上天数占比重、二氧化硫减排率、化学需氧量减排率、氨氮减排率、氮氧化物减排率	环保部门
环境污染治理指数	单位工业增加值用水量降低率、废水中氨氮排放达标率、固体废物综合治理率	环保部门
万人国际互联网上网人数	国际互联网用户数、年末总人口	工信部门、统计部门
信息传输、计算机服务和软件业增加值占生产总值比重	电信和其他信息传输服务业增加值、计算机服务业增加值、软件业增加值、地区生产总值	工信部门、统计部门

报告之十：关于提升贵州综合科技
进步水平指数的分析报告

从 20 世纪 90 年代至今，全国科技进步统计监测工作由科技部发展规划司（原计划司）牵头，主要围绕区域科技进步环境、科技活动投入、科技活动产出、高新技术产业化、科技促进经济社会发展等 5 个方面进行统计与评价，形成年度报告。2014 年国家科技改革领导小组审议通过《建立国家创新调查制度工作方案》，《全国科技进步统计监测报告》从 2015 年起正式纳入国家创新调查系列报告，并更名为《中国区域科技创新评价报告》。该报告最新数据显示，2015 年贵州综合科技进步水平指数比上年提高 2.27 个百分点，在全国的排位提升 1 位，结束了 2008 年以来长达 7 年居第 30 位的局面，其中科技活动产出指数、高新技术产业化指数、科技促进经济社会发展指数分别比上年提高 3.66 个、10.24 个和 2.43 个百分点，但科技进步环境指数和科技活动投入指数分别比上年下降 0.84 个和 1.91 个百分点。

一、"十二五"期间贵州科技进步水平指数总体情况及分析

（一）总体情况

中国区域科技进步评价指标体系是一个三级结构指标体系，由 5 个一级指标、12 个二级指标、38 个三级指标构成，涵盖 71 个统计指标，是我国持续时间最长、监测体系最为稳定的统计监测和综合评价活动。

由表 1 可见，"十二五"期间，贵州科技进步水平整体呈增长态势，综合科技进步水平指数从 2011 年的 31.45% 上升到 2015 年的 40.83%，提高了 9.38 个百分点，位次上升 1 位至全国第 29 位。5 个一级指标中，仅 1 个指标近年在全国排第十多位，4 个指标排第 25 ～ 31 位。科技进步环境指数是贵州长期较弱的指标，2015 年比 2011 年提高 9.87 个百分点，但位次下降至全国倒数第一。科技活动投入指数 2015 年比 2011 年提高 11.74 个百分点，位次上升 4 位至全国第 25 位。特别需要关注的是，该指标 2015 年与上年下降 1.91 个百分点，除地方财政科技支出占地方财政支出比重提高 0.24 个百

分点、位次上升 2 位外，其余 5 个三级指标值均下降，特别是企业 R&D 研究人员占比重下降最多，下降了 4.47 个百分点。科技活动产出指数也是贵州的弱势指标， 2015 年比 2011 年提高 8.7 个百分点，位次上升 1 位至全国第 28 位。高新技术产业化指数一直是贵州的优势指标，也是 5 个一级指标中唯一在全国常居前 20 位的指标，2015 年比 2011 年提高了 16.17 个百分点，位次上升 11 位至全国第 11 位。科技促进经济社会发展指数同样是贵州的弱势指标，2015 年比 2011 年提高 3.19 个百分点，位次上升 2 位至全国第 29 位。

表 1　"十二五"期间贵州综合科技进步水平指数和一级指数

年份	综合科技进步水平指数		*科技进步环境指数		*科技活动投入指数		*科技活动产出指数		*高新技术产业化指数		*科技促进经济社会发展指数	
	数值	排位	数值	排位	数值	排位	数值	排位	数值	排位	数值	排位
2011	31.45%	30	28.21%	30	22.01%	29	10.82%	29	44.01%	22	51.81%	31
2012	32.42%	30	26.84%	30	35.89%	26	8.70%	30	43.63%	18	44.54%	30
2013	37.29%	30	35.64%	30	35.48%	26	13.35%	29	47.89%	19	52.87%	27
2014	38.56%	30	38.92%	29	35.66%	25	15.86%	29	49.94%	18	52.57%	30
2015	40.83%	29	38.08%	31	33.75%	25	19.52%	28	60.18%	11	55.00%	29

注：数据来源于《中国区域科技创新评价报告》，表中 * 为一级指数。

（二）比较分析

1. 与全国平均水平比较分析

2011 年以来，贵州综合科技水平得到一定的提高，但综合科技进步水平指数仍低于全国平均水平（图 1）。2011 年贵州综合科技进步水平指数与全国平均水平相差 28.83 个百分点，2015 年与全国平均水平相差 26.74 个百分点，说明贵州与全国平均水平的差距在缩小。

2. 与西部部分省份比较分析

选择近年一直排在贵州前面、同属西部地区的新疆、云南、广西进行比较。由表 2 可见，贵州综合科技进步水平指数与新疆、云南和广西的差距在逐渐缩小，2015 年反超新疆 0.08 个百分点；与云南的差距最大为 4.66 个百分点，最小为 0.28 个百分点；与广西的差距还较大，多数年份在 3 个百分点以上。

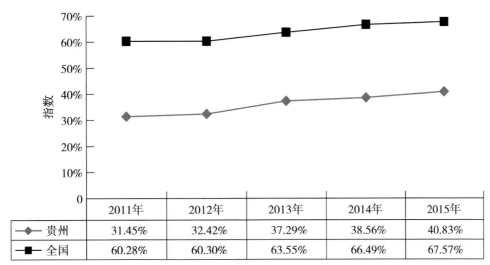

图 1　"十二五"期间贵州综合科技进步水平指数与全国平均水平的对比

表 2　"十二五"期间贵州与西部部分省份综合科技进步水平指数

年份	贵州与新疆			贵州与云南		贵州与广西	
	贵州	新疆	差幅 / 个百分点	云南	差幅 / 个百分点	广西	差幅 / 个百分点
2011	31.45%	38.12%	−6.67	36.11%	−4.66	36.44%	−4.99
2012	32.42%	35.29%	−2.87	34.79%	−2.37	35.97%	−3.55
2013	37.29%	38.41%	−1.12	39.10%	−1.81	40.30%	−3.01
2014	38.56%	38.83%	−0.27	38.84%	−0.28	42.09%	−3.53
2015	40.83%	40.75%	0.08	41.35%	−0.52	43.76%	−2.93

3. 与江西比较分析

由表 3 可见,"十二五"期末,贵州与江西不仅在综合科技进步水平指数上差距拉大(相差 9.22 个百分点),而且在排位上也拉大到相差 9 位。

表 3　"十二五"期间贵州与江西的综合科技进步水平指数

年份	贵州		江西		差幅	
	监测值	排位	监测值	排位	监测值 / 个百分点	排位
2011	31.45%	30	39.14%	25	−7.69	−5
2012	32.42%	30	39.13%	24	−6.71	−6
2013	37.29%	30	43.07%	23	−5.78	−7

续表

年份	贵州		江西		差幅	
	监测值	排位	监测值	排位	监测值/个百分点	排位
2014	38.56%	30	44.92%	22	−6.36	−8
2015	40.83%	29	50.05%	20	−9.22	−9

从5个一级指标看，江西的科技进步环境指数从2011年的第29位上升至2015年的第18位，2015年贵州与江西相差13位，主要因为所含的11个三级指标除万人吸纳技术成交额、十万人创新中介从业人员数贵州分别高于江西9位和1位外，其余9个指标贵州均低于江西6～24位，其中相差10位以上的三级指标就有5个；科技活动投入指数江西2015年比2011年上升2位，贵州与江西的差距从5位缩小到3位，所含的6个三级指标除企业技术获取和技术改造经费支出占企业主营业务收入比重、企业R&D经费支出占主营业务收入比重贵州分别高于江西24位和1位外，其余4个指标贵州均低于江西3～6位；科技活动产出指数江西2015年比2011年上升7位，贵州与江西的差距从2位上升到8位，所含的5个三级指标除万人发明专利拥有量贵州高于江西3位外，其余4个指标贵州均低于江西1～14位；高新技术产业化指数江西从2011年的第14位下降至2015年的第19位，贵州从2011年低于江西8位发展到2015年高于江西8位，所含的7个三级指标有4个高于江西2～9位，有3个低于江西3～7位；科技促进经济社会发展指数江西从2011年的第26位上升至2015年的第19位，贵州从2011年低于江西5位发展到2015年低于江西10位，所含的9个三级指标除环境污染治理指数及信息传输、计算机服务和软件业增加值占生产总值比重贵州分别高于江西19位和4位外，其余7个指标低于江西1～19位。可见，5个一级指标中除高新技术产业化指数贵州高于江西外，其余4个一级指标均比江西差，特别是科技促进经济社会发展指数和科技进步环境指数相差在10位及以上。

二、存在的问题

（一）尚未建立国家科技进步统计监测指标省级调度机制

国家层面从20世纪90年代就开展了全国科技进步统计监测工作，由于国家监测指标多（38个监测指标，71个统计指标），涉及部门多（11个部门），数据来源比较复杂（来源于统计年鉴和各部门报告），因此，仅科技管理部门难以全面进行跟踪调度，需建立省级调度机制，按照国家科技进步统计监测指标把目标任务分解、落实到位。

（二）R&D经费投入强度总体下滑

从历年评价报告可看出，贵州R&D经费投入强度"十二五"期间逐年下降，由2011

年的 0.64% 下降到 2015 年的 0.59%，原因有两个。一是规模以上工业企业的科技统计指标基本下降，有研发活动的企业数占比、企业 R&D 经费支出占主营业务收入的比重总体来说指标和位次均下降，其主要原因一方面是企业总体的研发实力不强，另一方面是企业在统计中未能如实填报，做到应统尽统。二是于贵州近年来 GDP 保持高速增长，而 R&D 经费增速相对缓慢，导致贵州 R&D 投入强度远远低于全国平均水平，差距从 2011 年的 1.2 个百分点扩大到 2015 年的 1.48 个百分点，未完成贵州"十二五"规划目标（1.2%）。

（三）部分监测指标在全国排位靠后

一是贵州科研物质条件指数在全国的位次自 2011 年以来长期居第 31 位，其三级指标科学研究和技术服务业新增固定资产占比重、每名 R&D 人员仪器和设备支出的指数 2015 年比 2011 年仅分别提高了 0.36 个、1.44 个百分点，十万人累计孵化企业数自 2014 年监测以来排位靠后，2015 年更是全国挂末。二是科技人力资源指数在全国的排位长期靠后，2015 年与 2011 年相比，指数仅提高了 3.82 个百分点，其中万人 R&D 人员数、万人 R&D 研究人员数、万人大专以上学历人数 2016 年均居全国第 30 位，比 2011 年仅分别增加 2.2 人 / 万人、0.77 人 / 万人、21.38 人 / 万人。三是经济发展方式转变指数长期处于全国末位，主要是劳动生产率长期挂末引起的。

三、对策建议

（一）建立省级统筹协调机制

发挥省科技创新领导小组的作用，建立国家科技进步统计监测指标省级调度机制，成立由省科技厅牵头（确定一名分管领导），会同省统计局、省教育厅、省经济和信息化委员会等相关部门的联席会议制度。建立完善指标跟踪、任务分解落实的协调工作机制，加强工作协调、信息沟通，全程跟踪问责，积极推进监测指标统计工作。

（二）加强研发经费统计工作和宣传力度

强调和宣传研发经费统计的重要性，除要依法统计外，一是加强研发经费统计培训，做到对所有统计对象进行业务培训，确保相关统计做到应统尽统；二是把 R&D 相关指标纳入对县域政府考核的指标中，让研发统计工作落实到基层，特别要落实牵头人员及其负责的规模以上工业企业数量；三是进一步细化工作措施，逐户辅导规模以上工业企业从成果转化产业化经费中提取分离再创新经费，提高财政科技支出转化为 R&D 经费投入的比重；四是加大 1500 万～ 2000 万元企业协同培育力度，推动其尽快上规入库，引导企业进一步加大研发投入。

（三）加大企业创新激励和支持力度

一是加强重大政策省级落实落地，放宽企业研发费用加计扣除范围，对获得加计扣除政策优惠的企业给予适当补助；对无研发活动的企业，在给予财政科技资金支持时实行区别对待。二是将国有企业负责人年薪、班子绩效考核、职工工资总额与企业创新绩效挂钩，将国有企业研发经费投入视同利润。三是鼓励企业建立研发准备金制度。招商引资入驻企业在黔设立研发机构，在科研项目、平台建设、人才团队建设等方面给予支持。四是支持总部在贵州的企业到省外、国外建立研发基地，大力推动企业与高校、科研院所联合建立新型研发机构或产业技术创新联盟。

（四）借鉴和学习外省调度科技进步监测指标的工作经验

江西综合科技进步水平指数在"十二五"期间上升5位，这与江西科技厅多次调度全省科技进步统计监测工作密切相关，江西省科技厅要求各部门把认真做好科技数据填报作为一项重要工作内容来抓，并列入年度重要议事日程，同时建立各部门联动机制，定期召开联席会议，协调解决科技进位中的重大问题，成立相关机构加强研判分析。云南R&D投入强度由2014年的0.67%上升到2015年的0.80%，位次上升2位，得益于2015年出台的《云南省研发经费投入补助实施办法（试行）》，文件对在统计年度有研发经费投入和研发活动的规上企业、高等学校、科研院所及其他纳入研发统计的机构，按研发经费支出额的2%～4%进行研发经费投入后补助，调动了企业、高校、科研机构等填报数据的积极性。

（五）强化本省监测指标与国家监测体系的进一步衔接

进一步修订完善市（州）、县（市、区、特区）科技进步统计监测指标体系，加强与国家创新型省份建设评价体系和国家科技进步统计监测指标体系的衔接，科学调度、精准施策，重点强化研发投入、加快培养研发人员、促进科技成果转化的指标，删除一些与科技创新无直接关系的指标。

（六）加强监测数据分析和应用研究

为提升贵州综合科技进步水平指数，一是要加强全国科技进步主要监测指标的跟踪研究，针对弱势指标应分门别类，深入研究其成因，采取"保优提劣稳中间"的积极策略，重点提升短期内会有明显增长的指标，如R&D经费支出与GDP比值、企业R&D经费支出占主营业务收入、万人R&D人员数，持续改善和提升需要长期努力才会有增长的指标，如劳动生产率、综合能耗产出率、万人国际互联网上网人数等；二是要加强贵州统计数据分析研究，深入挖掘统计数据的应用价值，找准关键制约因素并予以改善，为各级政府实现依靠科技创新促进驱动发展战略提供决策。

报告之十一：2016 年贵州科技进步
统计监测结果分析

从 20 世纪 90 年代至今，全国科技进步统计监测工作由科技部发展规划司（原计划司）牵头，主要围绕区域科技进步环境、科技活动投入、科技活动产出、高新技术产业化、科技促进经济社会发展等 5 个方面进行统计与评价，形成年度报告。2014 年国家科技改革领导小组审议通过《建立国家创新调查制度工作方案》，《全国科技进步统计监测报告》从 2015 年起被正式纳入国家创新调查制度系列报告，并更名为《中国区域科技创新评价报告》。该报告最新数据显示，2016 年贵州综合科技进步水平指数（采用 2015 年数据）比上年提高 2.27 个百分点，在全国的排位提升 1 位，结束了 2008 年以来长达 7 年居第 30 位的局面，其中科技活动产出指数、高新技术产业化指数、科技促进经济社会发展指数分别比上年提高 3.66 个、10.24 个和 2.43 个百分点，但科技进步环境指数和科技活动投入指数分别比上年下降 0.84 个和 1.91 个百分点。

一、"十二五"以来贵州科技进步水平指数总体情况

2011 年以来，贵州科技进步水平整体呈增长态势，综合科技进步水平指数从 2011 年的 37.37% 提高到 2016 年的 40.83%，提高 3.46 个百分点，除 2012 年因监测指标修订，贵州成为综合科技进步水平指数下降最多的省份（下降了 5.92 个百分点），其余各年均保持稳定增长（表 1）。一级指标中，科技进步环境指数 2016 年虽然比 2011 年提高了 7.82 个百分点，但一直处于较落后的状况；科技活动投入指数在 2013 年达到最高，为 35.89%，比 2011 年提高了 6.57 个百分点，位次上升 2 位；科技活动产出指数则一直未突破 2011 年的良好状况，至 2016 年稍有回升；高新技术产业化指数则表现较好，发展势头强劲，是 5 个一级指标中唯一在全国常居前 20 位的指标，2016 年比 2011 年提高了 17.65 个百分点，上升至全国第 11 位；2016 年科技促进经济社会发展指数与 2011 年相比，仅提高了 0.43 个百分点，除 2014 年上升至全国第 27 位外，多数处于第 30 位左右。

表1 2011—2016年贵州综合科技进步水平指数和一级指数

年份	综合科技进步水平指数		科技进步环境指数		科技活动投入指数		科技活动产出指数		高新技术产业化指数		科技促进经济社会发展指数	
	数值	排位	数值	排位	数值	排位	数值	排位	数值	排位	数值	排位
2011	37.37%	30	30.26%	31	29.32%	28	27.41%	23	42.53%	19	54.57%	30
2012	31.45%	30	28.21%	30	22.01%	29	10.82%	29	44.01%	22	51.81%	31
2013	32.42%	30	26.84%	30	35.89%	26	8.70%	30	43.63%	18	44.54%	30
2014	37.29%	30	35.64%	30	35.48%	26	13.35%	29	47.89%	19	52.87%	27
2015	38.56%	30	38.92%	29	35.66%	25	15.86%	29	49.94%	18	52.57%	30
2016	40.83%	29	38.08%	31	33.75%	25	19.52%	28	60.18%	11	55.00%	29

注：表中（文中）数据均为报告年份数。

（一）比较分析

1. 与全国平均水平比较分析

2011年以来，贵州综合科技水平得到一定的提高，但综合科技进步水平指数仍低于全国平均水平，增长幅度也小于全国平均水平（图1）。2011年贵州综合科技进步水平指数与全国平均水平相差22.68个百分点，2016年与全国平均水平相差26.74个百分点，说明贵州与全国平均水平的差距还在拉大。

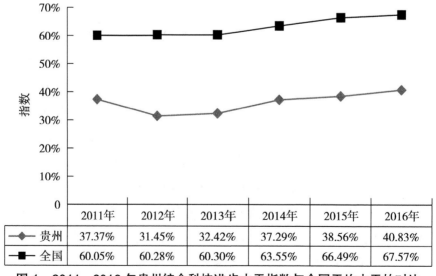

	2011年	2012年	2013年	2014年	2015年	2016年
贵州	37.37%	31.45%	32.42%	37.29%	38.56%	40.83%
全国	60.05%	60.28%	60.30%	63.55%	66.49%	67.57%

图1 2011—2016年贵州综合科技进步水平指数与全国平均水平的对比

2. 与西部部分省份比较分析

选择近年一直排在贵州前面、同属西部地区的新疆、云南、广西进行比较。

从表 2 可以看出，贵州与新疆、云南综合科技进步水平指数的差距在逐渐缩小，2016 年反超新疆 0.08 个百分点，与云南的差距最大为 4.66 个百分点，2015 年缩小到 0.28 个百分点；与广西的差距还较大，多数年份在 3 个百分点以上。

表 2   2011—2016 年贵州与西部部分省份综合科技进步水平指数

年份	贵州与新疆			贵州与云南		贵州与广西	
	贵州	新疆	差幅 / 个百分点	云南	差幅 / 个百分点	广西	差幅 / 个百分点
2011	37.37%	43.02%	−5.65	38.08%	−0.71	39.15%	−1.78
2012	31.45%	38.12%	−6.67	36.11%	−4.66	36.44%	−4.99
2013	32.42%	35.29%	−2.87	34.79%	−2.37	35.97%	−3.55
2014	37.29%	38.41%	−1.12	39.10%	−1.81	40.30%	−3.01
2015	38.56%	38.83%	−0.27	38.84%	−0.28	42.09%	−3.53
2016	40.83%	40.75%	0.08	41.35%	−0.52	43.76%	−2.93

（二）本省主要监测指标分析

根据《2016 中国区域科技进步评价报告》监测数据与上年进行比较分析。

1. 科技进步环境指数下降原因分析

科技进步环境指数由 11 个三级指标构成，其中，2016 年万人研究与发展（R&D）人员数较上年下降 0.12 个百分点，位次由第 29 位下降至第 30 位；万人大专以上学历人数较上年下降 192.71 个百分点，位次由第 18 位下降至第 30 位；10 万人累计孵化企业数较上年提高 0.09 个百分点，但位次由第 28 位下降至第 31 位；万名就业人员专利申请数较上年下降 1.73 个百分点，位次由第 24 位下降至第 27 位；科学研究和技术服务业平均工资比较系数较上年提高 1.01 个百分点，位次由第 25 位下降至第 28 位。这 5 个指标的权重较大，引起 2016 年科技进步环境指数较上年下降 0.84 个百分点，位次由第 29 位下降至第 31 位。

2. 科技活动投入指数下降原因分析

科技活动投入指数由 6 个三级指标构成，由表 3 可见，除 2016 年地方财政科技支出占地方财政支出比重较上年提高 0.24 个百分点、位次上升 2 位外，其余 5 个指数均下降，特别是企业 R&D 研究人员占比重下降最大，为 4.47 个百分点，使得科技活动人力投入下降 5.29 个百分点，最后导致科技活动投入指数下降 1.91 个百分点。

表 3　2016 年贵州科技活动投入指数

指标名称	监测值			位次		
	2016 年	2015 年	增降 / 个百分点	2016 年	2015 年	增降 / 个百分点
科技活动投入	33.75%	35.66%	−1.91	25	25	0
科技活动人力投入	54.36%	59.65%	−5.29	27	25	−2
万人 R&D 研究人员数	3.32%	3.64%	−0.32	30	29	−1
企业 R&D 研究人员占比重	45.35%	49.82%	−4.47	17	17	0
科技活动财力投入	24.91%	25.38%	−0.47	25	25	0
R&D 经费支出与 GDP 比值	0.59%	0.6%	−0.01	27	28	1
地方财政科技支出占地方财政支出比重	1.49%	1.25%	0.24	14	16	2
企业 R&D 经费支出占主营业务收入比重	0.46%	0.47%	−0.01	25	25	0
企业技术获取和技术改造经费支出占企业主营业务收入比重	0.84%	1.21%	−0.37	2	2	0

3. 科技活动产出指数排位靠后原因分析

科技活动产出指数由 5 个三级指标构成，其中有 3 个指标涉及年末总人口，由于贵州人口相对较多（近年贵州人口数在全国排第 19 位，在西部排第 5 位），使其监测结果不高（表 4）。此外，自从 2011 年将"万名 R&D 活动人员科技论文数"修订为"万人科技论文数"后，该指标一直是贵州的短板，居全国倒数第 2 位。

表 4　2016 年贵州科技活动产出指数

指标名称	监测值			位次		
	2016 年	2015 年	增降 / 个百分点	2016 年	2015 年	增降 / 个百分点
科技活动产出	19.52%	15.86%	3.66	28	29	1
科技活动产出水平	21.9%	18.17%	3.73	29	30	1
万人科技论文数	1.25%	1.19%	0.06	30	30	0
获国家级科技成果奖系数	1.39%	1.16%	0.23	23	27	4
万人发明专利拥有量	1.56%	1.21%	0.35	26	26	0
技术成果市场化	15.96%	12.4%	3.56	24	25	1

指标名称	监测值			位次		
	2016 年	2015 年	增降 / 个百分点	2016 年	2015 年	增降 / 个百分点
万人输出技术成交额	58.93%	46.57%	12.36	24	24	0
万元生产总值技术国际收入	0.24%	0.15%	0.09	24	27	3

4. 高新技术产业化指数保优分析

高新技术产业化指数一直是贵州的优势指标，2016 年该指数提高了 10.24 个百分点，排位从第 18 位上升至第 11 位（表 5）。该指数由 7 个三级指标构成，有 5 个指数上升，其中 2016 年高技术产品出口额占商品出口额比重、高技术产业增加值占工业增加值比重两个指标表现突出，指数和位次都上升较大，前者指数较上年提高 15.37 个百分点，位次上升 8 位，后者指数较上年提高 2.87 个百分点，位次上升 7 位；但也应注意 2016 年新产品销售收入占主营业务收入比重、高技术产业增加值率两个指标的指数和排位较上年同时下降，知识密集型服务业劳动生产率较上年排位下降。

表 5　2016 年贵州高新技术产业化指数

指标名称	监测值			位次		
	2016 年	2015 年	增降 / 个百分点	2016 年	2015 年	增降 / 个百分点
高新技术产业化	60.18%	49.94%	10.24	11	18	7
高新技术产业化水平	42.53%	27.73%	14.80	15	20	5
高技术产业增加值占工业增加值比重	14.20%	11.33%	2.87	13	20	7
知识密集型服务业增加值占生产总值比重	11.30%	10.15%	1.15	21	20	−1
高技术产品出口额占商品出口额比重	25.09%	9.72%	15.37	13	21	8
新产品销售收入占主营业务收入比重	3.97%	4.69%	−0.72	29	27	−2
高新技术产业化效益	77.84%	72.16%	5.68	15	16	1
高技术产业劳动生产率	31.14%	28.21%	2.93	12	13	1
高技术产业增加值率	44.58%	44.68%	−0.10	5	2	−3
知识密集型服务业劳动生产率	30.00%	25.02%	4.98	26	23	−3

5. 科技促进经济社会发展指数落后原因分析

科技促进经济社会发展指数由 9 个三级指标构成，其中劳动生产率自 2011 年开始在全国长期排倒数第 1，2016 年万人国际互联网上网人数在全国排倒数第 2，虽然环境质量指数和环境污染治理指数在全国遥遥领先，但其他指标权重大，使得科技促进经济社会发展指数 2016 年才上升 1 位到第 29 位（表 6）。

表 6　2016 年贵州科技促进经济社会发展指数

指标名称	监测值			位次		
	2016 年	2015 年	增降 / 个百分点	2016 年	2015 年	增降 / 个百分点
科技促进经济社会发展	55%	52.57%	2.43	29	30	1
经济发展方式转变	30.21%	29.06%	1.15	31	31	0
劳动生产率	3.45%	3.12%	0.33	31	31	0
资本生产率	0.24%	0.26%	−0.02	22	22	0
综合能耗产出率	7.22%	6.72%	0.50	26	26	0
装备制造业区位熵	16.23%	18.16%	−1.93	25	24	−1
环境改善	97.63%	96.24%	1.39	1	1	0
环境质量指数	88.17%	81.19%	6.98	4	8	4
环境污染治理指数	120.5%	106.39%	14.11	1	1	0
社会生活信息化	72.13%	67.45%	4.68	23	27	4
万人国际互联网上网人数	3868.99%	3512.56%	356.43	30	30	0
信息传输、计算机服务和软件业增加值占生产总值比重	2.34%	1.99%	0.35	13	18	5
电子商务消费占最终消费支出比重	17.1%	16.27%	0.83	18	15	−3

二、存在的问题

（一）尚未建立国家科技进步统计监测指标省级调度机制

国家层面从 20 世纪 90 年代就开展了全国科技进步统计监测工作，由于国家监测指标多（38 个监测指标，71 个统计指标），涉及部门多（11 个部门），数据来源比较复杂（来源于统计年鉴和各部门报告），因此，仅科技管理部门难以全面进行跟踪调度，需建立省级调度机制，按照国家科技进步统计监测指标把目标任务分解、落实到位。

（二）R&D 经费投入强度总体下滑

从历年评价报告可看出，贵州 R&D 经费投入强度"十二五"期间逐年下降，由 2011 年的 0.64% 下降到 2015 年的 0.59%，原因有两个。一是规模以上工业企业的科技统计指标基本下降，有研发活动的企业数占比、企业 R&D 经费支出占主营业务收入的比重总体来说指标和位次均下降，其主要原因一方面是企业总体的研发实力不强，另一方面是企业在统计中未能如实填报，做到应统尽统。二是贵州近年来 GDP 保持高速增长，而 R&D 经费增速相对缓慢，导致贵州 R&D 投入强度远远低于全国平均水平，差距从 2011 年的 1.2 个百分点扩大到 2015 年的 1.48 个百分点，未完成贵州"十二五"规划目标（1.2%）。

（三）科研物质条件基础薄弱

科研物质条件是科技创新的物质保障和基础，但贵州科技基础条件薄弱，科技投入管理分散、科技资源配置碎片化，成为长期制约自主创新能力提升的关键瓶颈因素。贵州科研物质条件指数在全国的位次自 2012 年开始长期居第 31 位，其中科学研究和技术服务业新增固定资产占比重、每名 R&D 人员仪器和设备支出 2016 年与 2011 年相比，仅分别提高 0.05 个、1.03 个百分点，10 万人累计孵化企业数自 2014 年监测以来排位靠后，2016 年更是在全国挂末。

（四）科技人力资源匮乏

科技人力资源是实现创新驱动发展，决胜全面建成小康社会的关键因素，贵州科技人力资源总量较小，科技人才匮乏，高层次人才短缺，科技人力资源指数在全国的排位长期靠后，2016 年与 2011 年相比，指数值仅提高 3.31 个百分点。其中万人 R&D 人员数、万人 R&D 研究人员数、万人大专以上学历人数 2016 年均居全国第 30 位，与 2011 年相比，仅分别增加 2.43 人 / 万人、0.88 人 / 万人、316.19 人 / 万人。

（五）高新技术产业化部分指标不稳定

"十二五"以来贵州高新技术产业发展势头强劲，尤其在西部省份中排位靠前，但近年来部分指标出现下滑。其中新产品销售收入占主营业务收入比重 2016 年与 2011 年相比，下降 10.48 个百分点，位次下降 14 位，知识密集型服务业劳动生产率位次由 2012 年的第 16 位下降至 2016 年的第 26 位。两个指标分别反映了高新技术产业化水平和效益，说明贵州高新技术产业平稳增长的同时，新产品销售和高技术服务业发展在下滑。

三、对策建议

全国监测报告显示，贵州劣势指标主要集中在科技进步环境和科技促进经济社会发展方面，近几年在全国的排位几乎挂末。针对不同发展类型指标应分门别类，深入研究其成因，采取"保优提劣稳中间"的积极策略。重点支持诸如万人 R&D 人员数、R&D 经费支出与 GDP 比值、企业 R&D 经费支出占主营业务收入、万人科技论文数、地方财政科技支出占地方财政支出比重等短期内会有明显提升的指标，对于短期内不能明显提升或需要众多部门协作的指标，诸如劳动生产率、资本生产率、综合能耗产出率、万人国际互联网上网人数等，要积极采取稳步提升的策略，全面提高贵州科技进步水平。

（一）建立省级统筹协调机制

发挥科技创新领导小组的作用，建立国家科技进步统计监测指标省级调度机制，成立由省科技厅牵头，会同省统计局、省教育厅、省经济和信息化委员会等相关部门的联席会议制度。建立完善指标跟踪、任务分解落实的协调工作机制，加强工作协调、信息沟通，全程跟踪问效，积极推进监测指标统计工作。

（二）加强统计培训和宣传力度

确保企业做到应统尽统。一是加大主营业务收入 1 500 万～ 2 000 万元企业培育力度，推动该类企业上规入库；二是加强研发经费统计培训，辅导规模以上工业企业从成果转化产业化经费中提取分离再创新经费，提高财政科技支出转化为 R&D 经费投入的比重；三是把 R&D 相关指标，包括企业研发投入，纳入对县域政府考核的指标，落实到基层。

（三）加强监测数据分析和应用研究

为提升贵州综合科技进步水平指数，一是要加强全国科技进步主要监测指标的跟踪研究，针对贵州存在的问题，采取积极措施，重点提升短期内会有明显增长的指标，持续改善和提升需要长期努力才会有增长的指标；二是要加强贵州统计数据分析研究，深入挖掘统计数据的应用价值，找准关键制约因素并予以改善，为各级政府实现依靠科技创新促进驱动发展战略提供决策。

（四）借鉴外省经验

通过总结外省调度科技进步统计监测指标的做法，得出值得贵州思考与借鉴的启示。2016 年江西综合科技进步水平指数与 2012 年相比，提高 10.91 个百分点，位次上升 5 位，这与江西多次调度全省科技进步统计监测工作密切相关。江西省科技厅党组书记、厅长多次召集各相关部门开展全省科技进步统计监测工作会，要求各部门把认真做好科技数据填报作为一项重要工作内容来抓，并列入年度重要议事日程，同时建立各部门联动机制，定期召开联席会议，协调解决科技进位中的重大问题，成立相关机构加强研判分析。云南R&D投入强度由2015年的0.67%上升到2016年的0.80%，位次上升2位，得益于2015年出台的《云南省研发经费投入补助实施办法（试行）》，文件对在统计年度有研发经费投入和研发活动的规上企业、高等学校、科研院所及其他纳入研发统计的机构，按研发经费支出额的2%～4%进行研发经费投入后补助，调动了企业、高校、科研机构等填报数据的积极性。

（五）强化市县科技进步统计监测指标体系与国家体系的衔接

为保证科学调度、精准施策，进一步修订完善市（州）、县（市、区、特区）科技进步统计监测指标体系，加强与国家创新型省份建设评价体系和国家科技进步统计监测指标体系的衔接，突出供给侧结构性改革，重点强化研发投入、加快培养研发人员、促进科技成果转化的指标，删除一些与科技创新无直接关系的指标。

报告之十二：2016 年区域综合科技创新水平指数与区域创新能力综合效用值的对比分析

《中国区域科技创新评价报告 2016—2017》显示，2016 年贵州综合区域科技创新水平指数（综合科技进步水平指数）为 40.83%，居全国第 29 位；《中国区域创新能力评价报告 2016》显示，2016 年贵州区域创新能力综合效用值为 25.64%，居全国第 17 位。贵州在两个报告中的全国位次差距较大，分析其主要原因有以下几个。

一、指标体系架构和数据时滞性的影响

《中国区域科技创新评价报告》中的指标体系属于三级架构，由科技进步环境、科技活动投入、科技活动产出、高新技术产业化和科技促进经济社会发展 5 个一级指标、12 个二级指标和 38 个三级指标组成，涵盖 71 个统计指标；监测数据为上一年度数据。

《中国区域创新能力评价报告》中的指标体系属于四级架构，包括知识创造、知识获取、企业创新、创新环境和创新绩效 5 个一级指标、20 个二级指标、40 个三级指标和 137 个四级指标；监测数据滞后两年。

二、统计指标和监测指标的影响

两个指标体系中涉及相同的统计指标仅有 11 项，包括 R&D 人员、规模以上工业企业 R&D 人员、企业 R&D 经费支出、企业技术改造经费支出、专利申请量、国内科技论文、高技术产品出口额、互联网上网人数、孵化企业数、技术市场交易额、发明专利拥有量。

（一）指标设置的差异

《中国区域科技创新评价报告》重点反映区域科技、经济与社会综合发展实力，科技指标仅占 1/3，而贵州的经济与社会发展指标缺少优势，导致在全国的位次较靠后；《中国区域创新能力评价报告》中一半以上的统计指标均为科技指标，经济和社会发展指标相对较少，对结果的影响较小。2016 年贵州区域综合科技创新水平指数中居全国前三位和后三

位的监测指标汇总如表 1 所示，贵州区域创新能力综合效用值中居全国前三位和后三位的监测指标汇总如表 2 所示。

表 1　2016 年贵州区域综合科技创新水平指数中居全国前三位和后三位的监测指标汇总

序号	监测指标	指数	位次	备注
1	企业技术获取和技术改造经费支出占企业主营业务收入比重	0.84	2	居全国前三位的指标仅有 2 个，占总监测指标数的 5.3%
2	环境污染治理指数	120.50	1	
1	10 万人累计孵化企业数	0.82	31	居全国后三位的指标共有 9 个，占总监测指标数的 23.7%
2	劳动生产率	3.45	31	
3	万人研究与发展（R&D）人员数	6.77	30	
4	万人大专以上学历人数	845.39	30	
5	万人 R&D 研究人员数	3.32	30	
6	万人科技论文数	1.25	30	
7	万人国际互联网上网人数	3868.99	30	
8	有 R&D 活动的企业占比重	6.36	29	
9	新产品销售收入占主营业务收入比重	3.97	29	

表 2　贵州区域创新能力综合效用值中居全国前三位和后三位的监测指标汇总

序号	监测指标	指数	位次	备注
1	发明专利申请受理数（不含企业）增长率	154.25	1	居全国前三位的指标共有 20 个，占总监测指标数的 14.6%
2	外商投资企业年底注册资金中外资部分增长率	26.23	1	
3	科技企业孵化器增长率	700	1	
4	教育经费支出增长率	22.76	1	
5	科技企业孵化器孵化基金总额增长率	485.17	1	
6	每亿元研发经费内部支出产生的发明专利申请数	113.29	2	
7	技术市场交易金额的增长率（按流向）	90.39	2	
8	科技服务业从业人员增长率	17.77	2	
9	居民消费水平增长率	13.10	2	
10	教育经费支出占 GDP 的比例	7.34	2	
11	科技企业孵化器当年毕业企业数增长率	129.63	2	
12	地区 GDP 增长率	10.80	2	
13	政府研发投入增长率	19.74	3	

序号	监测指标	指数	位次	备注
14	每亿元研发活动经费内部支出产生的发明专利授权数	18.87	3	居全国前三位的指标共有20个，占总监测指标数的14.6%
15	规模以上工业企业引进技术经费支出增长率	270.24	3	
16	规模以上工业企业平均技术改造经费支出	264.43	3	
17	规模以上工业企业新产品销售收入增长率	36.37	3	
18	互联网上网人数增长率	17.72	3	
19	科技企业孵化器当年获风险投资额增长率	81.42	3	
20	高技术产品出口额增长率	126.02	3	
1	居民消费水平	11362	29	居全国后三位的指标共有6个，占总监测指标数的4.4%
2	规模以上工业企业平均研发经费外部支出	4.58	30	
3	互联网普及率	34.90	30	
4	按目的地和货源地划分进出口总额占GDP比重	3.41	30	
5	人均GDP水平	26437	30	
6	工业污水排放总量增长率	50.63	30	

（二）人口总量影响

《中国区域科技创新评价报告》38个监测指标中有10个监测指标与区域人口总量有关，占总指标数的27%，而贵州人口相对其他省份基数较大，涉及与人口规模相联系的强度相对指标不占优势，这是贵州综合科技创新水平指数在全国排位较后的重要影响因素之一，而《中国区域创新能力评价报告》中与人口规模相关的指标有5个，仅占总指标数的4%，影响相对较小。部分人口相关指标和指标绝对量如表3所示。

表3　部分人口相关指标和指标绝对量

序号	指标名称	监测值	位次
1	10万人累计孵化企业数	0.82%	31
	科技企业孵化器	22%	26
2	万人研究与发展（R&D）人员数	6.77%	30
	研究与发展（R&D）人员数	23537%	27
3	万人大专以上学历人数	845.39%	30
	大专以上学历人数	273.37%	28

序号	指标名称	监测值	位次
4	万人 R&D 研究人员数	3.32%	30
	R&D 研究人员数	11542%	27
5	万人科技论文数	1.25%	30
	国内科技论文数	6654%	28
6	万人国际互联网上网人数	3868.99%	30
	国际互联网上网人数	1346%	25
7	万人高等学校在校学生数	181.85%	28
	高等学校在校学生数	64.19%	27
8	万人发明专利拥有量	1.56%	26
	发明专利拥有量	5428%	20

三、评价方式有区别

《中国区域科技创新评价报告》是对区域科技创新水平和能力进行评价，反映区域科技、经济与社会综合发展实力，不考虑发展速度；《中国区域创新能力评价报告》既考虑总量的变化，又包含变化速度与幅度，兼顾区域发展的存量、相对水平和增长率 3 个维度，近年来贵州经济社会发展速度较快，对区域创新能力指数影响较大。综合科技创新水平指数和区域创新能力综合效用值对比情况（2011—2016 年）如表 4 所示。

表 4　综合科技创新水平指数和区域创新能力综合效用值对比情况（2011—2016 年）

指标		2011 年	2012 年	2013 年	2014 年	2015 年	2016 年
综合科技创新水平指数	指数	37.37	31.45	32.42	37.29	38.56	40.83
	位次	30	30	30	30	30	29
区域创新能力综合效用值	指数	22.62	20.77	22.6	20.41	21.22	25.64
	位次	24	23	24	26	22	17

附件

附件1 2015—2016 年贵州综合科技创新水平指数

2015—2016 年贵州综合科技创新水平指数

指标名称	监测值		位次	
	2016 年	2015 年	2016 年	2015 年
综合科技进步水平指数	40.83%	38.56%	29	30
科技进步环境	38.08%	38.92%	31	29
科技人力资源	50.73%	58.61%	30	25
万人研究与发展（R&D）人员数	6.77%	6.89%	30	29
万人大专以上学历人数	845.39%	1038.10%	30	18
万人高等学校在校学生数	181.85%	168.97%	28	29
10 万人创新中介从业人员数	1.49%	0.95%	20	26
科研物质条件	27.69%	19.69%	31	31
每名 R&D 人员研发仪器和设备支出	2.47%	2.05%	27	29
科学研究和技术服务业新增固定资产占比重	0.43%	0.16%	28	31
10 万人累计孵化企业数	0.82%	0.73%	31	28
科技意识	31.59%	31.9%	29	23
万名就业人员专利申请数	7.62%	9.35%	27	24
科学研究和技术服务业平均工资比较系数	73.97%	72.96%	28	25
万人吸纳技术成交额	399.73%	292.45%	17	20
有 R&D 活动的企业占比重	6.36%	6.01%	29	30
科技活动投入	33.75%	35.66%	25	25
科技活动人力投入	54.36%	59.65%	27	25
万人 R&D 研究人员数	3.32%	3.64%	30	29
企业 R&D 研究人员占比重	45.35%	49.82%	17	17
科技活动财力投入	24.91%	25.38%	25	25
R&D 经费支出与 GDP 比值	0.59%	0.60%	27	28
地方财政科技支出占地方财政支出比重	1.49%	1.25%	14	16
企业 R&D 经费支出占主营业务收入比重	0.46%	0.47%	25	25
企业技术获取和技术改造经费支出占企业主营业务收入比重	0.84%	1.21%	2	2
科技活动产出	19.52%	15.86%	28	29

指标名称	监测值		位次	
	2016 年	2015 年	2016 年	2015 年
科技活动产出水平	21.90%	18.17%	29	30
万人科技论文数	1.25%	1.19%	30	30
获国家级科技成果奖系数	1.39%	1.16%	23	27
万人发明专利拥有量	1.56%	1.21%	26	26
技术成果市场化	15.96%	12.40%	24	25
万人输出技术成交额	58.93%	46.57%	24	24
万元生产总值技术国际收入	0.24%	0.15%	24	27
高新技术产业化	60.18%	49.94%	11	18
高新技术产业化水平	42.53%	27.73%	15	20
高技术产业增加值占工业增加值比重	14.20%	11.33%	13	20
知识密集型服务业增加值占生产总值比重	11.30%	10.15%	21	20
高技术产品出口额占商品出口额比重	25.09%	9.72%	13	21
新产品销售收入占主营业务收入比重	3.97%	4.69%	29	27
高新技术产业化效益	77.84%	72.16%	15	16
高技术产业劳动生产率	31.14%	28.21%	12	13
高技术产业增加值率	44.58%	44.68%	5	2
知识密集型服务业劳动生产率	30.00%	25.02%	26	23
科技促进经济社会发展	55.00%	52.57%	29	30
经济发展方式转变	30.21%	29.06%	31	31
劳动生产率	3.45%	3.12%	31	31
资本生产率	0.24%	0.26%	22	22
综合能耗产出率	7.22%	6.72%	26	26
装备制造业区位熵	16.23%	18.16%	25	24
环境改善	97.63%	96.24%	1	1
环境质量指数	88.17%	81.19%	4	8
环境污染治理指数	120.5%	106.39%	1	1
社会生活信息化	72.13%	67.45%	23	27
万人国际互联网上网人数	3868.99%	3512.56%	30	30
信息传输、计算机服务和软件业增加值占生产总值比重	2.34%	1.99%	13	18
电子商务消费占最终消费支出比重	17.10%	16.27%	18	15

附件2 2016年贵州区域创新能力综合效用值

2016 年贵州区域创新能力综合效用值

指标名称	指标值	排名
区域创新能力综合效用值	25.64	17
知识创造综合指标	25.9	12
研究开发投入综合指标	16.23	17
研究与试验发展全时人员当量（人年）	23969	26
每万人平均研究与试验发展全时人员当量（人年 / 万人）	6.83	28
研究与试验发展全时人员当量增长率（%）	11.09	11
政府研发投入（亿元）	13.27	26
政府研发投入占 GDP 的比例（%）	0.14	27
政府研发投入增长率（%）	19.74	3
专利综合指标	37.77	8
发明专利申请受理数（不含企业）（件）	6285	18
每万名研发人员发明专利申请受理数（件 / 万人）	1646.8	5
发明专利申请受理数（不含企业）增长率（%）	154.25	1
每亿元研发经费内部支出产生的发明专利申请数（件 / 亿元）	113.29	2
发明专利授权数（件）	1047	23
每万名研发人员发明专利授权数（件 / 万人）	274.34	11
发明专利授权数增长率（%）	30.01	18
每亿元研发活动经费内部支出产生的发明专利授权数（件 / 亿元）	18.87	3
科研论文综合指标	21.49	20
国内论文数（篇）	5497	26
每十万研发人员平均发表的国内论文数（篇 / 十万人）	14 356.09	10
国内论文数增长率（%）	5.53	12
国际论文数（篇）	1129	27
每十万研发人员平均发表的国际论文数（篇 / 十万人）	2958.21	26
国际论文数增长率（%）	21.99	6
知识获取综合指标	22.6	12
科技合作综合指标	26.56	19

指标名称	指标值	排名
作者同省异单位合作科技论文数（篇）	1105	26
每十万研发人员作者同省异单位合作科技论文数（篇／十万人）	2895.32	8
同省异单位合作科技论文数增长率（%）	4.79	18
作者异省合作科技论文数（篇）	814	26
每十万研发人员作者异省合作科技论文数（篇／十万人）	2132.84	8
作者异省合作科技论文数增长率（%）	5.33	8
作者异国合作科技论文数（篇）	37	24
每百万研发人员作者异国合作科技论文数（篇／百万人）	96.95	12
作者异国合作科技论文数增长率（%）	4.81	8
高校和科研院所研发经费内部支出额中来自企业的资金（万元）	17 832.89	25
高校和科研院所研发经费内部支出额中来自企业资金的比例（%）	13.87	12
高校和科研院所研发经费内部支出额中来自企业资金增长率（%）	14.78	13
技术转移综合指标	20.68	12
技术市场交易金额（按流向）（万元）	1 258 371.59	18
技术市场企业平均交易额（按流向）（万元／项）	473.43	6
技术市场交易金额的增长率（按流向）（%）	90.39	2
规模以上工业企业购买国内技术经费支出（万元）	6912.6	25
规模以上工业企业平均购买国内技术经费支出（万元／项）	1.77	27
规模以上工业企业购买国内技术经费支出增长率（%）	39.92	8
规模以上工业企业引进技术经费支出（万元）	13 098.5	25
规模以上工业企业平均引进技术经费支出（万元／项）	3.36	20
规模以上工业企业引进技术经费支出增长率（%）	270.24	3
外资企业投资综合指标	21.07	11
外商投资企业年底注册资金中外资部分（亿美元）	61.22	26
人均外商投资企业年底注册资金中外资部分（万美元）	174.51	27
外商投资企业年底注册资金中外资部分增长率（%）	26.23	1
企业创新综合指标	22.14	17
企业研究开发投入综合指标	18.27	27

指标名称	指标值	排名
规模以上工业企业研发人员数（万人）	2.08	26
规模以上工业企业就业人员中研发人员比重（%）	2.03	26
规模以上工业企业研发人员增长率（%）	16.74	7
规模以上工业企业研发活动经费内部支出总额（亿元）	41.01	26
规模以上工业企业研发活动经费内部支出总额占销售收入的比例（%）	0.47	25
规模以上工业企业研发活动经费内部支出总额增长率（%）	18.51	18
规模以上工业企业有研发机构的企业数（个）	162	24
规模以上工业企业中有研发机构的企业占总企业数的比例（%）	4.16	27
规模以上工业企业有研发机构的企业数量增长率（%）	5.5	21
设计能力综合指标	32.15	8
规模以上工业企业发明专利申请数（件）	1918	20
规模以上工业企业每万名研发人员平均发明专利申请数（件/万人）	923.4	6
规模以上工业企业发明专利申请增长率（%）	26.52	7
规模以上工业企业有效发明专利数（件）	3146	20
每万家规模以上工业企业平均有效发明专利数（件/万家）	8077.02	13
规模以上工业企业有效发明专利增长率（%）	58.49	6
技术提升能力综合指标	20.16	19
规模以上工业企业研发经费外部支出（亿元）	1.79	27
规模以上工业企业平均研发经费外部支出（万元/个）	4.58	30
规模以上工业企业研发经费外部支出增长率（%）	9.5	22
规模以上工业企业技术改造经费支出（万元）	1 029 966.6	13
规模以上工业企业平均技术改造经费支出（万元/个）	264.43	3
规模以上工业企业技术改造经费支出增长率（%）	1.05	15
有电子商务交易活动的企业数（个）	559	21
有电子商务交易活动的企业数占总企业数的比重（%）	4.9	22
有电子商务交易活动的企业数增长率（%）	89.49	12
新产品销售收入综合指标	14.93	24

指标名称	指标值	排名
规模以上工业企业新产品销售收入（亿元）	408.37	27
规模以上工业企业新产品销售收入占销售收入的比重（%）	4.72	27
规模以上工业企业新产品销售收入增长率（%）	36.37	3
创新环境综合指标	27.76	7
创新基础设施综合指标	23.87	8
电话用户数（万户）	3224.44	21
电话普及率（部 / 百人）	91.92	26
电话用户数增长率（%）	6.57	9
互联网上网人数（万人）	1222	23
互联网普及率（%）	34.9	30
互联网上网人数增长率（%）	17.72	3
科技企业孵化器数量（个）	16	20
平均每个科技企业孵化器创业导师人数（人 / 个）	5.25	23
科技企业孵化器增长率（%）	700	1
市场环境综合指标	26.64	13
按目的地和货源地划分进出口总额（亿美元）	51.38	28
按目的地和货源地划分进出口总额占 GDP 比重（%）	3.41	30
按目的地和货源地划分进出口总额增长率（%）	8.01	14
科技服务业从业人员数（万人）	7.66	22
科技服务业从业人员占第三产业从业人员比重（%）	4.12	16
科技服务业从业人员增长率（%）	17.77	2
居民消费水平（元）	11 362	29
居民消费水平增长率（%）	13.1	2
劳动者素质综合指标	39.92	6
教育经费支出（亿元）	679.98	20
教育经费支出占 GDP 的比例（%）	7.34	2
教育经费支出增长率（%）	22.76	1
6 岁及 6 岁以上人口中大专以上学历人口数（抽样数）（人）	2763	21

指标名称	指标值	排名
6岁及6岁以上人口中大专以上学历所占的比例（%）	10.38	18
6岁及6岁以上人口中大专以上学历人口增长率（%）	23.75	6
金融环境综合指标	24.17	8
规模以上工业企业研发经费内部支出额中获得金融机构贷款额（万元）	6205.9	24
规模以上工业企业研发经费内部支出额中平均获得金融机构贷款额（万元/个）	1.59	20
规模以上工业企业研发经费内部支出额中获得金融机构贷款增长率（%）	21.16	19
科技企业孵化器当年获风险投资额（万元）	5325	19
科技企业孵化器当年风险投资强度（万元/项）	591.67	4
科技企业孵化器当年获风险投资额增长率（%）	81.42	3
科技企业孵化器孵化基金总额（万元）	29 258.6	17
平均每个科技企业孵化器孵化基金额（万元/个）	1828.66	7
科技企业孵化器孵化基金总额增长率（%）	485.17	1
创业水平综合指标	24.2	18
高技术企业数（家）	193	21
高技术企业数占规模以上工业企业数比重（%）	4.96	21
高技术企业数增长率（%）	18.29	7
科技企业孵化器当年毕业企业数（家）	62	23
平均每个科技企业孵化器当年毕业企业数（家/个）	3.88	20
科技企业孵化器当年毕业企业数增长率（%）	129.63	2
创新绩效综合指标	29.46	21
宏观经济综合指标	24.66	22
地区GDP（亿元）	9266.39	26
人均GDP水平（元/人）	26 437	30
地区GDP增长率（%）	10.8	2
产业结构综合指标	16.52	21
第三产业增加值（亿元）	4128.5	25

指标名称	指标值	排名
第三产业增加值占 GDP 的比例（%）	44.55	11
第三产业增加值增长率（%）	16.94	14
高新技术产业主营业务收入（亿元）	566.33	23
高新技术产业主营业务收入占 GDP 的比例（%）	2.14	22
高新技术产业主营业务收入增长率（%）	26.53	10
产业国际竞争力综合指标	15.37	20
高技术产品出口额（百万美元）	348.12	25
高技术产品出口额占地区出口总额的比重（%）	3.7	27
高技术产品出口额增长率（%）	126.02	3
就业综合指标	30.79	16
城镇登记失业率（%）	3.27	14
城镇登记失业率增长率（%）	3.03	23
高技术产业就业人数（万人）	72532	23
高技术产业从业人数占总就业人数的比例（%）	2.38	22
高技术产业就业人数增长率（%）	14.98	5
可持续发展与环保综合指标	59.97	22
万元地区生产总值能耗（等价值）（吨标准煤/万元）	1.32	27
万元地区生产总值能耗（等价值）降低率（%）	5.78	9
电耗总量（亿千瓦小时）	1173.74	12
每万元 GDP 电耗总量（千瓦小时/万元）	1266.66	25
电耗总量增长率（%）	8.55	19
工业污水排放总量（万吨）	110 912.12	8
每万元 GDP 工业污水排放量（吨/万元）	11.97	24
工业污水排放总量增长率（%）	50.63	30
废气中主要污染物排放量（万吨）	179.47	18
每亿元 GDP 废气中主要污染物排放量（吨/亿元）	193.68	25
废气中主要污染物排放量增长率（%）	−7.32	20

报告之十三：2018 年贵州科技创新统计监测结果分析

《中国区域科技创新评价报告 2018》（简称《报告》）^① 显示：2016 年贵州综合科技创新水平指数为 41.24%，居全国第 29 位，比上年提高 0.41 个百分点，但低于全国平均增幅 1.66 个百分点。

一、指标分析

《报告》采用的指标体系为三级结构，包含 5 个一级指标、12 个二级指标、39 个三级指标。

5 个一级指数中，2016 年科技活动投入和科技活动产出较上年分别提高 1.06 个和 6.85 个百分点，其余 3 个指数均下降；在排位上，科技创新环境指数较上年同期上升 1 位、科技活动产出指数保持位次不变，其余 3 个指数排位均下降，其中高新技术产业化指数下降 8 位（表 1）。

表 1   2016 年 5 个一级指数监测情况

指标名称	指数		较上年增（减）幅	
	数值	全国排位	数值 / 百分点	全国排位
科技创新环境	35.57%	30	-2.51	1
科技活动投入	34.81%	26	1.06	-1
科技活动产出	26.37%	28	6.85	0
高新技术产业化	58.61%	19	-1.57	-8
科技促进经济社会发展	52.53%	30	-2.47	-1

---

① 实际数据滞后 2 年，为 2016 年数据。

2016 年 12 个二级指数中有 7 个指数值较上年上升，占比达到 58.3%，其中环境改善、高新技术产业化水平和社会生活信息化分别居全国第 8 位、第 16 位和第 20 位；但科技人力资源、科研物质条件和经济发展方式转变在全国倒数。

2016 年 39 个三级指数中有 31 个指数值较上年上升，占比达到 79.49%，其中企业技术获取和技术改造经费支出占企业主营业务收入比重、环境质量指数均居第 3 位；居末位的指标有 2 个，分别是劳动生产率和 10 万人累计孵化企业数，其中劳动生产率自 2006 年以来年年挂末。

（一）科技创新环境指数

由表 2 可见，2016 年科技创新环境指数为 35.57%，比上年下降 2.51 个百分点，位次上升 1 位，低于全国平均水平 29.91 个百分点。指数值下降的主要原因是新增三级指标"十万人博士毕业生数"使二级指数科技人力资源下降 10.68 个百分点。2016 年，12 个三级指数中，有 4 个较上年下降，包括万人大专以上学历人数、10 万人创新中介从业人员数、科学研究和技术服务业新增固定资产占比重和万人吸纳技术成交额，且后 3 个指数位次同时下降。

表 2 2015—2016 年科技创新环境指数构成及监测结果

指标名称	监测值		位次	
	2016 年	2015 年	2016 年	2015 年
科技创新环境	35.57%	38.08%	30	31
科技人力资源	40.05%	50.73%	30	30
万人研究与发展（R&D）人员数	6.93%	6.77%	30	30
十万人博士毕业生数	0.14%	0.14%	30	31
万人大专以上学历人数	701.09%	845.39%	30	30
万人高等学校在校学生数	200.48%	181.85%	26	28
10 万人创新中介从业人员数	1.16%	1.49%	23	20
科研物质条件	30.49%	27.69%	30	31
每名 R&D 人员研发仪器和设备支出	3.75%	2.47%	21	27
科学研究和技术服务业新增固定资产占比重	0.25%	0.43%	29	28
10 万人累计孵化企业数	1.07%	0.82%	31	31
科技意识	34.69%	31.59%	24	29
万名就业人员专利申请数	10.54%	7.62%	27	27

指标名称	监测值		位次	
	2016 年	2015 年	2016 年	2015 年
科学研究和技术服务业平均工资比较系数	77.22%	73.97%	26	28
万人吸纳技术成交额	374.52%	399.73%	24	17
有 R&D 活动的企业占比重	12.69%	6.36%	21	29

（二）科技活动投入指数

2016 年科技活动投入指数为 34.81%，较上年上升 1.06 个百分点，位次下降 1 位，低于全国平均水平 32.02 个百分点，增幅低于全国平均水平 0.13 个百分点（表 3）。2016 年 6 个三级指数中仅有企业技术获取和技术改造经费支出占企业主营业务收入比重出现下降，指数值较上年减少 0.17 个百分点，位次下降 1 位。

表 3　2015—2016 年科技活动投入指数构成及监测结果

指标名称	监测值		位次	
	2016 年	2015 年	2016 年	2015 年
科技活动投入	34.81%	33.75%	26	25
科技活动人力投入	55.68%	54.36%	26	27
万人 R&D 研究人员数	3.41%	3.32%	30	30
企业 R&D 研究人员占比重	46.25%	45.35%	16	17
科技活动财力投入	25.86%	24.91%	24	25
R&D 经费支出与 GDP 比值	0.63%	0.59%	27	27
地方财政科技支出占地方财政支出比重	1.63%	1.49%	12	14
企业 R&D 经费支出占主营业务收入比重	0.50%	0.46%	24	25
企业技术获取和技术改造经费支出占企业主营业务收入比重	0.67%	0.84%	3	2

（三）科技活动产出指数

2016 年科技活动产出指数为 26.37%，较上年上升 6.85 个百分点，居全国第 28 位，位次与上年持平，低于全国平均水平 48.85 个百分点（表 4）。2016 年 2 个二级指标中技术成果市场化较上年下降了 3.01 个百分点，主要由三级指标万人输出技术成交额减少 13.19 万元/万人引起，这 2 个指标位次均下降 4 位。

表 4　2015—2016 年科技活动产出指数构成及监测结果

指标名称	监测值		位次	
	2016 年	2015 年	2016 年	2015 年
科技活动产出	26.37%	19.52%	28	28
科技活动产出水平	35.31%	21.90%	24	29
万人科技论文数	1.33%	1.25%	30	30
获国家级科技成果奖系数	3.83%	2.68%	17	24
万人发明专利拥有量	2.02%	1.56%	24	26
技术成果市场化	12.95%	15.96%	28	24
万人输出技术成交额	45.74%	58.93%	28	24
万元生产总值技术国际收入	0.30%	0.24%	22	24

（四）高新技术产业化指数

2016 年高新技术产业化指数为 58.61%，较上年下降 1.57 个百分点，位次下降 8 位，低于全国平均水平 5.44 个百分点（表 5）。2 个二级指标中高新技术产业化效益位次下降 9 位的主要原因是原指标"高技术产业增加值率"被修改为"高技术产业利润率"后排位大幅下降。2016 年 7 个三级指标中高技术产品出口额占商品出口额比重和高技术产业劳动生产率分别较上年下降 0.30 个和 0.04 个百分点，位次分别下降 1 位和 2 位；知识密集型服务业增加值占生产总值比重指数上升，但位次下降 1 位。

表 5　2015—2016 年高新技术产业化指数构成及监测结果

指标名称	监测值		位次	
	2016 年	2015 年	2016 年	2015 年
高新技术产业化	58.61%	60.18%	19	11
高新技术产业化水平	42.68%	42.53%	16	15
高技术产业增加值占工业增加值比重	14.51%	14.20%	14	13
知识密集型服务业增加值占生产总值比重	10.51%	10.22%	24	23

指标名称	监测值		位次	
	2016 年	2015 年	2016 年	2015 年
高技术产品出口额占商品出口额比重	24.79%	25.09%	14	13
新产品销售收入占主营业务收入比重	5.14%	3.97%	26	29
高新技术产业化效益	74.55%	77.84%	24	15
高技术产业劳动生产率	31.10%	31.14%	13	11
高技术产业利润率	6.63%	5.96%	21	22
知识密集型服务业劳动生产率	38.55%	35.09%	28	28

（五）科技促进经济社会发展指数

2016 年科技促进经济社会发展指数为 52.53%，较上年下降 2.47 个百分点，居全国第 30 位，下降 1 位，低于全国平均水平 20.24 个百分点（表 6）。2016 年 3 个二级指标中环境改善指数较上年下降 15.02 个百分点，位次下降 7 位。9 个三级指标中劳动生产率长期居全国末位，2016 年环境污染治理较上年下降 7 位，电子商务消费占最终消费支出比重较上年上升 7 位。

表 6　2015—2016 年科技促进经济社会发展指数构成及监测结果

指标名称	监测值		位次	
	2016 年	2015 年	2016 年	2015 年
科技促进经济社会发展	52.53%	55.00%	30	29
经济发展方式转变	31.80%	30.21%	31	31
劳动生产率	3.82%	3.45%	31	31
资本生产率	0.22%	0.24%	24	22
综合能耗产出率	7.76%	7.22%	26	26
装备制造业区位熵	37.39%	35.62%	21	21
环境改善	82.61%	97.63%	8	1
环境质量指数	57.04%	56.28%	3	3
环境污染治理指数	89.01%	88.63%	18	11
社会生活信息化	69.26%	72.13%	20	23

指标名称	监测值		位次	
	2016 年	2015 年	2016 年	2015 年
万人国际互联网上网人数	4380.64%	3868.99%	28	30
信息传输、计算机服务和软件业增加值占生产总值比重	2.43%	2.34%	16	13
电子商务消费占最终消费支出比重	22.51%	17.10%	11	18

二、与其他省份对比分析

《中国区域科技创新评价报告 2018》将全国 31 个省（自治区、直辖市）划分为 4 类，贵州、海南、云南和新疆均属第三类地区（综合科技创新水平指数为 40% ～ 50%），海南和云南排在贵州之前两位，新疆则排在贵州之后一位（表 7）。

表 7　2016 年贵州与部分省份科技进步统计监测指数比较

指标名称	贵州		海南		云南		新疆	
	指数	位次	指数	位次	指数	位次	指数	位次
综合科技创新水平指数	41.24%	29	43.76%	27	43.01%	28	40.59%	30
科技创新环境	35.57%	30	42.50%	27	39.93%	28	45.66%	26
科技活动投入	34.81%	26	29.28%	29	35.43%	25	30.96%	28
科技活动产出	26.37%	28	29.89%	24	31.10%	23	29.19%	25
高新技术产业化	58.61%	19	53.89%	23	58.03%	20	40.72%	31
科技促进经济社会发展	52.53%	30	64.01%	20	52.97%	29	56.21%	28

由表 7 可见，贵州综合科技创新水平指数分别比海南和云南低 2.52 个和 1.77 个百分点，比新疆高 0.65 个百分点。与这 3 个省份比较，贵州最好的指标是高新技术产业化指数，均高于其他 3 个省份；科技活动投入指数低于云南，高于其他 2 个省份；科技创新环境、科技活动产出和科技促进经济社会发展指数的指标值及位次均落后于海南、云南和新疆。

其中，贵州与海南的差距主要体现在科技创新环境、科技活动产出和科技促进经济社会发展 3 个指标上，指数分别比海南低 6.93 个、3.52 个和 11.48 个百分点，位次分别比海南低 3 位、4 位和 10 位；贵州与云南的差距主要体现在科技创新环境、科技活动投入、科技活动产出和科技促进经济社会发展4个指标上，指数分别比云南低4.36个、0.62个、4.73个和0.44个百分点，位次分别比云南低2位、1位、5位和1位；贵州与新疆的差距主要体现在科技创新环境、科技活动产出、科技促进经济社会发展3个指标上，指数分别比新疆低10.09个、2.82个和3.68个百分点，位次分别比新疆低4位、3位和2位。

三、问题分析

（一）R&D经费投入强度长期处于较低水平

R&D经费投入强度是目前国际通用的衡量科技活动规模、科技投入水平和科技创新能力高低的重要指标。由表8可见，近年来，贵州R&D经费投入强度从2010年的0.65%逐年下降，至2015年达到最低。尽管2017年达到历史最高水平0.71%，但仍比全国R&D经费投入强度（2.13%）低1.42个百分点。

表8　2010—2017年贵州R&D经费投入强度

年份	2010	2011	2012	2013	2014	2015	2016	2017
R&D经费投入强度	0.65%	0.64%	0.61%	0.59%	0.60%	0.59%	0.62%	0.71%

从R&D经费投入总量的增速来看，"十五""十一五""十二五"时期年均增速分别为20.0%、19.7%、14.4%，R&D经费投入增速呈放缓的趋势（表9）。

表9　2000—2017年R&D经费投入情况　　　　　　　单位：亿元

年份	R&D经费投入总量	年份	R&D经费投入总量
2000	4.2	2009	26.4
2001	5.3	2010	29.8
2002	6.1	2011	36.4
2003	7.9	2012	41.7
2004	8.7	2013	47.2
2005	11.0	2014	55.5
2006	14.5	2015	62.3
2007	13.7	2016	73.4
2008	18.9	2017	95.9

（二）高新技术产业化优势减弱

虽然贵州高新技术产业化指数与其他指数相比，处于全国较靠前的位置，但政府统计机构数据发布的变化引起其中指标修订，将原来贵州的优势指标"高技术产业增加值率"（前两年排全国第 2～5 位）修改为"高技术产业利润率"，该指标居全国第 20 位以后，其监测值仅是标准值的 44.20%，使 2016 年其二级指标高新技术产业化效益指数较上年下降 3.29 个百分点，位次下降了 9 位，最终引起一级指数高新技术产业化较上年下降 1.57 个百分点，位次下降 8 位。

（三）科技人力投入严重不足

贵州人才资源总量较小，科技人才匮乏，高层次人才短缺，导致科技人力资源指数在全国的排位长期靠后，监测结果中的短板指标中有一半的指标涉及科技人才资源，科技活动人力投入严重不足已成为制约贵州科技进步水平提高的重要因素。

（四）新增监测指标的影响

《报告》指标体系与上年相比，三级指标由 38 项增加为 39 项，是在一级指标科技创新环境中新增 1 个三级指标——"十万人博士毕业生数"。这个指标对贵州来说属于劣势指标，2016 年贵州监测值为 0.14，仅是标准值（5）的 2.8%，且居全国第 30 位。

（五）人口总量的影响

《报告》涉及 39 个三级指标，其中有 13 个指标与区域人口总量有关，占总指标数的33.3%。贵州人口相对其他省份基数较大，年末人口数居全国第 19 位，居西部第 5 位，与人口规模相联系的强度相对指标不占优势，这是贵州综合科技创新水平指数在全国排位较后的重要影响因素之一。

四、对策建议

（一）构建技术创新长效激励机制，提高 R&D 投入强度

1. 对 R&D 投入给予后补助

借鉴有关省市经验，研究出台普惠性的研发奖励政策，强化政策叠加效应，全面调动创新主体的积极性。以统计部门核定的创新机构统计年度研发经费支出额（非政府投入部分）及较上一年度研发经费增长额（非政府投入部分）作为补助的依据，对规模以上企业、高等学校、科研院所及其他纳入科技综合统计的机构，按一定比例给予补助。

2. 加强重点创新主体的服务与监测

建立全社会 R&D 经费投入数据库，将全省重点企业、高校、科研院所、创新平台（包括工程技术研究中心、重点实验室、企业技术中心）等 R&D 活动单位纳入数据库，定期调度，提高科技创新意识，加强对重点创新主体的监测跟踪，积极开展统计监测，及时了解 R&D 经费投入情况。

3. 加大财政科技投入力度

加大政府对科技的财政投入，增加财政科技支出中基础研究经费、应用研究经费和技术研究与开发经费的比重，提高财政科技支出转化为 R&D 经费投入的比重，加大科技项目经费向研发活动倾斜的力度。在保证财政科技投入稳定的前提下，使财政科技投入的增速逐步高于财政支出的速度。

4. 做好统计培训及政策宣传工作

调动各级、各相关部门的力量，深入到重点企业，宣传和落实研发投入加计扣除政策，加大培训力度，扎实做好 R&D 统计工作，使研发统计工作落实到基层，切实提升全省 R&D 经费投入。

（二）加快平台和高新区建设，夯实高新技术产业发展基础

1. 大力推进创新平台建设

加快全省重点实验室、工程技术研究中心、科技孵化器等平台载体的建设，着力打造全链条的创业孵化体系，加强平台载体之间的共建共享，充分发挥创新平台集聚创新资源的作用。

2. 加大高新区建设力度

充分发挥贵阳、安顺国家高新区在区域创新、高新技术产业发展中的引领示范和辐射作用，重点推进遵义国家高新区建设和黔西南、六盘水省级高新区建设工作。在全省范围内针对有条件的市（州）布局建设省级高新区，不断夯实贵州高新技术产业发展的基础。

3. 持续强化科技型企业培育

围绕全省高新技术产业发展的目标与任务，以大力培育高新技术企业、科技型梯队企业为抓手，保存量，求增量，落实加计扣除等优惠政策。做好科技型企业成长梯队的宣传与引导，加快推进科技型企业梯队培育工作，引导企业建设研发中心，增强全省科技型企业的内生动力，实现高新技术产业的跃升。

（三）加大科技创新人才培养引进力度

1. 注重科技创新人才培育

根据贵州经济社会发展需求，制定本土高校学科专业、类型、层次和区域布局动态调整机制，注重人才创新意识和创新能力培养，探索建立以创新创业为导向的人才培养机制，加快培育重点行业、重要领域紧缺的科技人才。

2. 加强科技创新人才引进

围绕贵州转型发展的需求，加大急需紧缺人才柔性引进力度，大力引进用好一批科技领军人才、高层次科技创新创业人才和科技服务高端人才，并落实科研启动资金、工作场所等配套支持政策。

（四）加强科技创新监测指标的跟踪研究

1. 持续加强全国科技创新主要监测指标数据分析

针对贵州短板指标，采取积极措施，重点关注短期内会有明显增长的指标，持续改善和提升需要长期努力才会有增长的指标。

2. 加强我省科技统计数据分析研究

深入开展科技统计数据的分析研究，找准关键制约因素并予以改善，为各级政府实现依靠科技创新促进驱动发展战略提供决策。

附件

贵州 2016 年各级监测指标和位次与上年比较

指标名称	监测值 2016 年	监测值 2015 年	位次 2016 年	位次 2015 年	指标名称	监测值 当年	监测值 上年	位次 当年	位次 上年
科技创新环境	35.57%	38.08%	30	31	万人吸纳技术成交额	374.52%	399.73%	24	17
科技人力资源	40.05%	50.73%	30	30	有 R&D 活动的企业比重	12.69%	6.36 %	21	29
万人研究与发展（R&D）人员数	6.93 %	6.77 %	30	30	科技活动人力投入	34.8%	33.75%	26	25
十万人博士毕业生数	0.14 %	0.14%	30	31	科技活动人力投入	55.68%	54.36%	26	27
万人大专以上学历人数	701.09%	845.39%	30	30	万人 R&D 研究人员数	3.41%	3.32%	30	30
万人高等学校在校学生数	200.48%	181.85%	26	28	企业 R&D 研究人员占比重	46.25%	45.35%	16	17
10 万人创新中介从业人员数	1.16 %	1.49%	23	20	科技活动财力投入	25.86	24.91	24	25
科研物质条件	30.49%	27.69%	30	31	R&D 经费支出与 GDP 比值	0.63%	0.59%	27	27
每名 R&D 人员研发仪器和设备支出	3.75%	2.47%	21	27	地方财政科技支出占地方财政支出比重	1.63%	1.49%	12	14
科学研究和技术服务业新增固定资产占比重	0.25%	0.43%	29	28	企业 R&D 经费支出占主营业务收入比重	0.50%	0.46%	24	25
10 万人累计孵化企业数	1.07%	0.82%	31	31	企业技术获取和技术改造经费支出占企业主营业务收入比重	0.67%	0.84%	3	2
科技意识	34.69%	31.59%	24	29	科技活动产出	26.37%	19.52%	28	28
万名就业人员专利申请数	10.54%	7.62%	27	27	科技活动产出水平	35.31%	21.90%	24	29
科学研究和技术服务业平均工资比	77.22%	73.97%	26	28	万人科技论文数	1.33%	1.25%	30	30

续表

指标名称	监测值		位次	
	2016年	2015年	2016年	2015年
获国家级科技成果奖系数	3.83%	2.68%	17	24
万人发明专利拥有量	2.02%	1.56%	24	26
技术成果市场化	12.95%	15.96%	28	24
万人输出技术成交额	45.74%	58.93%	28	24
万元生产总值技术国际收入	0.30	0.24%	22	24
高新技术产业化	58.61%	60.18%	19	11
高新技术产业化水平	42.68%	42.53%	16	15
高技术产业增加值占工业增加值比重	14.51%	14.20%	14	13
知识密集型服务业增加值占生产总值比重	10.51%	10.22%	24	23
高技术产品出口额占商品出口额比重	24.79%	25.09%	14	13
新产品销售收入占主营业务收入比重	5.14%	3.97%	26	29
高新技术产业化效益	74.55%	77.84%	24	15
高技术产业劳动生产率	31.10%	31.14%	13	11
高技术产业利润率	6.63%	5.96%	21	22

指标名称	监测值		位次	
	当年	上年	当年	上年
知识密集型服务业劳动生产率	38.55%	35.09%	28	28
科技促进经济社会发展	52.53%	55.00%	30	29
经济发展方式转变	31.80%	30.21%	31	31
劳动生产率	3.82%	3.45%	31	31
资本生产率	0.22%	0.24%	24	22
综合能耗产出率	7.76%	7.22%	26	26
装备制造业区位熵	37.39%	35.62%	21	21
环境改善	82.61%	97.63%	8	1
环境质量指数	57.04%	56.28%	3	3
环境污染治理指数	89.01%	88.63%	18	11
社会生活信息化	69.26%	72.13%	20	23
万人国际互联网上网人数	4380.64%	3868.99%	28	30
信息传输、计算机服务和软件业增加值占生产总值比重	2.43%	2.34%	16	13
电子商务消费占最终消费支出比重	22.51%	17.10%	11	18

报告之十四：2019 年贵州创新能力评价结果分析

《中国区域创新能力评价报告》（简称《报告》）是以中国区域创新体系建设为主题的综合性、连续性的年度研究报告，是对省、自治区、直辖市层面进行创新能力分析比较的区域能力评价报告。《报告》采用的指标体系为四级结构，包含 5 个一级指标、20 个二级指标、40 个三级指标和 138 个四级指标（2018 年及以前为 137 个四级指标，2019 年增加了"城镇登记失业人员数"指标），并考虑了各个指标的绝对值、相对值和增长率（实力、效率和潜力）。

一、总体情况分析

（一）效用值分析

2012—2019 年，贵州区域创新能力全国排名呈波动上升趋势，尤其是 2014—2016 年上升幅度较大，上升了 9 位，至 2019 年提升到历史最好水平，居全国第 16 位，较 2018 年上升 2 位，较 2014 年最低排名上升 10 位（图 1）。

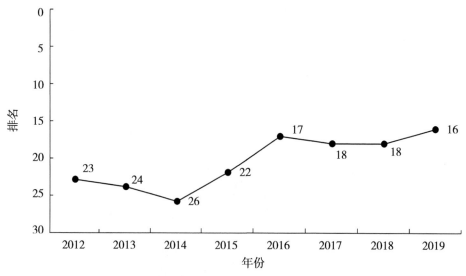

图 1　2012—2019 年贵州区域创新能力全国排名变动情况

为找出差距，力争 2030 年建成特色科技强省，特选取 2019 年全国区域创新能力效用值排名第 8 ～ 20 位的省份进行对比分析。从 13 个省份全国排名来看，大部分省份 2012—2019 年效用值排名相对稳定，排名在 4 个位次左右波动。但是，也有部分省份变动较大：天津 2013 年突然下滑至第 16 位，但随后拉升至第 7 位，并保持稳定；河南 2017 年下滑至第 23 位，2018 年拉升至第 15 位，且 2019 年继续保持；辽宁由 2012 年的第 8 位下降到 2019 年的第 19 位，呈持续下降态势，且下降幅度超过 10 位（表 1）。

表 1　2012—2019 年 13 个省份效用值全国排名变动情况

省份	2012 年	2013 年	2014 年	2015 年	2016 年	2017 年	2018 年	2019 年
湖北	11	11	10	12	11	9	9	8
天津	7	16	7	7	7	7	7	9
安徽	9	8	9	9	9	10	10	10
四川	11	14	14	16	11	11	11	11
陕西	14	13	15	14	10	13	13	12
湖南	10	12	12	11	13	12	12	13
福建	16	9	11	10	14	14	14	14
河南	18	15	17	17	15	23	15	15
贵州	23	24	26	22	17	18	18	16
江西	20	20	20	19	21	19	21	17
海南	21	17	16	13	16	16	16	18
辽宁	8	10	13	15	18	17	17	19
河北	15	22	24	23	23	15	19	20

（二）实力、效率和潜力分析

2012—2019 年，贵州的潜力指标排名除 2012 年位于效率指标之后外，其余年份均在实力指标和效率指标排名之上，特别是从 2015 年开始，排名始终位居全国前列，其中，2016 年、2019 年位居全国第一；效率指标处于中下游水平，2012 年最高，为第 18 位，2015 年最低，为第 27 位；实力指标表现最差，始终处于全国下游水平，但是近年来也呈缓慢上升趋势（图 2）。

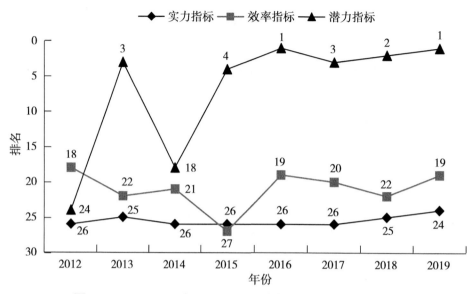

图2　2012—2019年贵州实力、效率、潜力指标排名对比

　　为找出差距,力争2030年建成特色科技强省,特选取2019年全国区域创新能力效用值排名第8～20位的省份(共13个省份)进行对比分析。从2019年全国排名来看,贵州实力指标相对其他两项指标排名最低,效率指标排名表现一般,但潜力指标表现优异。从13个省份排名来看,贵州实力指标排名仅高于海南,居倒数第二位,表明贵州各项指标的绝对值表现较差;效率指标居第10位,处于末等水平;潜力指标表现优异,不但在13个省份中居首位,在全国也是第1位,表明贵州各项指标的增长速度较快。值得关注的是,江西的潜力指标排全国第4位,在13个省份中仅次于贵州,发展潜力较大(表2)。

表2　2019年13个省份实力、效率、潜力指标排名情况

省份	全国排名			13个省份排名		
	实力	效率	潜力	实力	效率	潜力
湖北	7	10	13	1	4	7
四川	8	13	15	2	7	9
河南	9	24	14	3	12	8
安徽	10	11	10	4	5	4
福建	11	15	12	5	9	6
湖南	12	14	11	6	8	5
陕西	13	9	19	7	3	10
天津	14	3	30	8	1	12

省份	全国排名			13 个省份排名		
	实力	效率	潜力	实力	效率	潜力
辽宁	14	12	31	8	6	13
河北	17	30	9	10	13	3
江西	18	23	4	11	11	2
贵州	24	19	1	12	10	1
海南	27	8	22	13	2	11

二、一级指标分析

5 个一级指标中，贵州的创新绩效综合指标表现最好，由 2012 年的第 26 位上升至 2019 年的第 15 位，上升了 11 位；创新环境综合指数波动最大，2016 年的全国排名表现最好，达到第 7 位，但是 2017 年大幅下滑至第 30 位，随后开始逐步提升，2019 年达到第 18 位；其余 3 个一级指标均在 2016 年表现较好，其余年份有个别指标异常波动，但排名基本维持在第 20 位左右（表 3）。

表 3　2012—2019 年贵州一级指标监测排名变动情况

指标名称	2012 年	2013 年	2014 年	2015 年	2016 年	2017 年	2018 年	2019 年
知识创造综合指标	21	18	23	18	12	16	21	18
知识获取综合指标	20	19	20	16	12	28	20	21
企业创新综合指标	25	25	23	25	17	23	19	21
创新环境综合指标	23	17	24	23	7	30	26	18
创新绩效综合指标	26	27	28	28	21	21	14	15

从全国来看，2019 年贵州 5 个一级指标在全国排第 15 ～ 21 位，其中创新绩效综合指标表现最好。从 13 个省份排名来看，贵州 5 个一级指标均处于中下游水平，其中，企业创新综合指标表现较差，排倒数第 2 位（表 4）。

表4　2019年13个省份一级指标排名情况

省份	全国排名					13个省份排名				
	知识创造综合指标	知识获取综合指标	企业创新综合指标	创新环境综合指标	创新绩效综合指标	知识创造综合指标	知识获取综合指标	企业创新综合指标	创新环境综合指标	创新绩效综合指标
陕西	6	18	20	12	9	1	8	11	5	3
四川	7	14	13	9	12	2	5	6	3	6
安徽	8	29	7	23	14	3	13	1	12	7
湖北	9	12	10	8	11	4	4	3	2	5
福建	12	15	12	17	10	5	6	5	9	4
辽宁	15	6	16	29	29	6	2	9	13	13
天津	16	5	11	14	8	7	1	4	6	2
湖南	17	17	9	16	16	8	7	2	8	9
贵州	18	21	21	18	15	9	11	12	10	8
河南	20	27	19	11	6	10	12	10	4	1
河北	22	20	15	19	25	11	10	8	11	12
海南	25	7	27	7	21	12	3	13	1	11
江西	27	19	14	15	18	13	9	7	7	10

2019年贵州5个一级指标中，实力指标全国排名分布在第22～25位，表现较差；效率指标全国排名分布在第16～22位，处于中游水平；潜力指标均排名靠前，处于上游水平（表5）。

表5　2019年13个省份一级指标实力、效率、潜力全国排名对比情况

省份	知识创造综合指标			知识获取综合指标			企业创新综合指标			创新环境综合指标			创新绩效综合指标		
	实力	效率	潜力	实力	效率	潜力	实力	效率	潜力	实力	效率	潜力	实力	效率	潜力
四川	7	7	18	11	20	17	12	15	13	9	15	13	13	11	15
陕西	8	3	21	13	19	16	18	17	17	15	10	16	12	9	12
湖北	9	14	12	9	13	20	10	11	14	8	16	10	11	10	14
安徽	10	8	14	17	31	15	5	6	10	12	30	22	13	14	4
河南	11	27	20	16	29	12	9	28	12	7	29	18	7	8	6

省份	知识创造综合指标			知识获取综合指标			企业创新综合指标			创新环境综合指标			创新绩效综合指标		
	实力	效率	潜力	实力	效率	潜力	实力	效率	潜力	实力	效率	潜力	实力	效率	潜力
辽宁	12	9	27	7	6	28	15	10	28	14	13	31	25	22	30
湖南	13	20	11	14	21	10	7	9	16	13	26	15	15	15	11
天津	14	10	22	8	3	29	16	4	30	16	5	30	10	2	31
福建	15	22	3	10	16	30	8	16	11	11	18	25	8	12	13
河北	16	29	10	15	26	9	13	21	8	10	27	14	26	25	16
江西	21	30	7	18	14	23	17	22	2	18	14	5	18	19	10
贵州	24	19	5	22	17	7	23	19	4	25	22	2	23	16	1
海南	28	18	17	20	4	4	29	14	31	28	3	4	17	23	25

从 13 个省份排名来看，2019 年贵州 5 个一级指标中，实力指标排名均在倒数几位，表现较差；效率指标排名分布在第 7 ～ 10 位，处于中下游水平；潜力指标全部排前两位，位于上游水平（表 6）。

表 6　2019 年 13 个省份内一级指标实力、效率、潜力排名对比情况

省份	知识创造综合指标			知识获取综合指标			企业创新综合指标			创新环境综合指标			创新绩效综合指标		
	实力	效率	潜力	实力	效率	潜力	实力	效率	潜力	实力	效率	潜力	实力	效率	潜力
四川	1	2	9	5	9	8	6	7	7	3	6	5	6	5	9
陕西	2	1	11	6	8	7	11	9	10	9	3	8	5	3	6
湖北	3	6	6	3	4	9	5	5	8	2	7	4	4	4	8
安徽	4	3	7	10	13	6	1	2	4	6	13	10	6	7	2
河南	5	11	10	9	12	5	4	13	6	1	12	9	1	2	3
辽宁	6	4	13	1	3	11	8	4	11	8	4	13	12	11	12
湖南	7	9	5	7	10	4	2	3	9	7	10	7	8	8	5
天津	8	5	12	2	1	12	9	1	12	10	2	12	3	1	13
福建	9	10	1	4	6	13	3	8	5	5	8	11	2	6	7
河北	10	12	4	8	11	3	7	11	3	4	11	6	13	13	10

续表

省份	知识创造综合指标			知识获取综合指标			企业创新综合指标			创新环境综合指标			创新绩效综合指标		
	实力	效率	潜力	实力	效率	潜力	实力	效率	潜力	实力	效率	潜力	实力	效率	潜力
江西	11	13	3	11	5	10	10	12	1	11	5	3	10	10	4
贵州	12	8	2	13	7	2	12	10	2	12	9	1	11	9	1
海南	13	7	8	12	2	1	13	6	13	13	1	2	9	12	11

三、优劣势指标分析

（一）优势指标

根据贵州实际情况和其近年来在全国排名的情况，我们将138个详细指标中居全国前10位的指标界定为贵州的优势指标。

根据统计，"十三五"以来均为优势指标的指标共有17个，其中潜力指标有10个，占59%；2016—2019年全国排名均在前5位的指标有7个，其中潜力指标有5个，占71%（表7）。

表7 贵州2016—2019年均为优势指标的指标监测变动情况

详细指标	指标值				排名			
	2016年	2017年	2018年	2019年	2016年	2017年	2018年	2019年
每亿元研发经费内部支出产生的发明专利申请数（件/亿元）	113.29	89.62	121.69	118	2	4	3	3
每亿元研发经费内部支出产生的发明专利授权数（件/亿元）	18.87	24.09	27.74	19.6	3	6	4	7
每十万研发人员平均发表的国内论文数（篇/十万人）	14 356.09	13 217	14 147.98	12 162	10	10	9	10
每十万研发人员作者同省异单位科技论文数（篇/十万人）	2895.32	3339.42	3445.23	3183	8	6	6	5

续表

详细指标	指标值				排名			
	2016 年	2017 年	2018 年	2019 年	2016 年	2017 年	2018 年	2019 年
每十万研发人员作者异省科技论文数（篇/十万人）	2132.84	2046.11	2319.67	2144	8	9	7	9
外商投资企业年底注册资金中外资部分增长率（%）	26.3	36.47	28.03	15.09	1	3	6	10
规模以上工业企业研发人员增长率（%）	16.74	11.06	15.68	16.4	7	7	4	1
互联网上网人数增长率（%）	17.72	13.2	13.22	10.51	3	3	3	2
居民消费水平增长率（%）	13.1	9.86	9.86	12.2	2	8	8	2
教育经费支出占 GDP 的比例（%）	7.34	6.44	7.88	7.63	2	4	4	4
教育经费支出增长率（%）	22.76	15.13	18.32	16.02	1	2	2	3
高技术企业数增长率（%）	18.29	19	31.56	22.35	7	2	1	1
地区 GDP 增长率（%）	10.8	10.7	10.53	10.2	2	3	2	1
高技术产品出口额增长率（%）	126.02	292.85	132.61	141.18	3	1	1	1
高技术产业就业人数增长率（%）	14.98	25.11	23.29	12.4	5	2	3	2
万元地区生产总值能耗（等价值）增长率（%）	5.78	8.06	6.96	-7.01	9	5	6	2
工业污水排放量（万吨）	110 912.12	112 803.12	100 720	118 016.67	8	9	9	9

注：加粗指标为 2016—2019 年贵州详细指标全国排名均在前 5 位的指标。

2016—2019 年贵州的优势指标数量呈先降后升趋势，2017 年以来，优势指标占全部指标的比重不断增大。具体来说，2016 年优势指标为 42 个，占全部 137 个指标的比重为

30.66%；2017 年优势指标为 35 个，占全部 137 个指标的比重为 25.55%；2018 年优势指标为 38 个，占全部 137 个指标的比重为 27.74%；2019 年优势指标为 44 个，占全部 138 个指标的比重为 31.88%（图 3 ）。

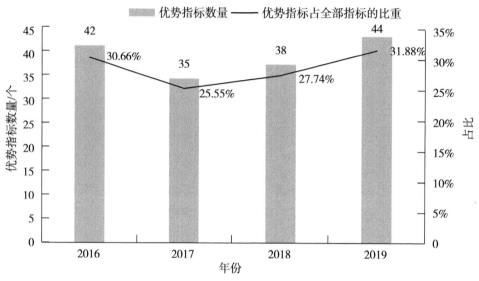

图 3　2016—2019 年贵州优势指标变化对比

（二）劣势指标

根据贵州实际情况和其近年来在全国排名的情况，我们将 138 个详细指标中居全国第 21 位以后的指标界定为贵州的劣势指标。

根据统计，2016—2019 年均为劣势指标的指标共有 37 个，全部为实力和效率指标；2016—2019 年全国排名均在后 5 位的指标有 6 个，全部为实力和效率指标（表 8）。

表 8　贵州 2016—2019 年均为劣势指标的指标监测变动情况

详细指标	指标值				排名			
	2016 年	2017 年	2018 年	2019 年	2016 年	2017 年	2018 年	2019 年
研究与试验发展全时人员当量（人年）	23 969	23 536.7	24 124	28 289.7	26	26	26	25
每万人平均研究与试验发展全时人员当量（人年／万人）	6.83	6.67	6.79	7.9	28	30	30	28
政府研发投入（亿元）	13.27	16.03	15.29	26.07	26	26	27	24

详细指标	指标值				排名			
	2016 年	2017 年	2018 年	2019 年	2016 年	2017 年	2018 年	2019 年
政府研发投入占 GDP 的比例（%）	0.14	0.15	0.13	0.19	27	25	28	22
发明专利授权数（件）	1047	1501	2036	1875	23	24	23	24
国内论文数（篇）	5479	5355	6398	6415	26	26	26	26
国际论文数（篇）	1129	1244	1547	2149	27	27	27	26
每十万研发人员平均发表的国际论文数（篇 / 十万人）	2958.21	3070.39	3420.9	4074	26	29	28	27
作者同省异单位科技论文数（篇）	1105	1353	1558	1679	26	25	24	24
作者异省合作科技论文数（篇）	814	829	1049	1131	26	26	24	25
作者异国合作科技论文数（篇）	37	29	26	28	24	26	27	27
高校和科研院所研发经费内部支出额中来自企业的资金（万元）	17 832.89	11 064.24	15 278.34	22 708	25	25	25	25
规模以上工业企业引进技术经费支出（万元）	13 098.5	6562.4	1026.6	2869.5	25	25	28	25
外商投资企业年底注册资金中外资部分（亿美元）	61.22	82.98	100.01	135	26	26	25	26
人均外商投资企业年底注册资金中外资部分（美元 / 人）	174.51	235.09	281.31	377	27	27	26	26
规模以上工业企业研发人员数（万人）	2.08	22 465	27 677	32 616	26	25	25	23
规模以上工业企业 R&D 经费内部支出总额（亿元）	41.01	45.73	55.69	64.9	26	26	25	25

详细指标	指标值				排名			
	2016 年	2017 年	2018 年	2019 年	2016 年	2017 年	2018 年	2019 年
规模以上工业企业研发活动经费内部支出总额占销售收入的比例（%）	0.47	0.46	0.5	0.61	25	25	24	23
规模以上工业企业 R&D 经费外部支出（万元）	1.79	3.02	3.05	39 866	27	26	26	26
规模以上工业企业平均 R&D 经费外部支出（万元 / 个）	4.58	6.74	5.96	7.51	30	24	28	28
规模以上工业企业新产品销售收入（亿元）	408.37	394.48	575.2	605.6	27	27	24	25
规模以上工业企业新产品销售收入占销售收入的比重（%）	4.72	3.99	5.15	5.69	27	29	26	27
互联网上网人数（万人）	1222	1524	1524	1628	23	22	22	22
互联网普及率（%）	34.9	43.2	43.2	45.5	30	29	29	29
平均每个科技企业孵化器创业导师人数（人 / 个）	5.25	5.32	5.36	9	23	25	29	23
按目的地和货源地划分进出口总额（亿美元）	51.38	78.3	78.3	81.2	28	27	27	27
按目的地和货源地划分进出口总额占 GDP 比重（%）	3.41	4.64	4.14	4.05	30	28	28	29
科技服务业从业人员数（万人）	7.66	7.69	7.32	7.2	22	21	22	22
居民消费水平（元）	11 362	12 876.28	12 876.28	16 349	29	28	28	25
科技企业孵化器当年毕业企业数（家）	32	341	124	125	23	23	26	27
地区 GDP（亿元）	9266.39	10 502.56	11 776.73	13 540.83	26	25	25	25
人均 GDP 水平（元 / 人）	26 437	29 847	33 246	37 956.06	30	29	29	29

详细指标	指标值				排名			
	2016 年	2017 年	2018 年	2019 年	2016 年	2017 年	2018 年	2019 年
第三产业增加值（亿元）	4128.5	4714.12	5261.01	6080.42	25	25	25	25
高技术产业就业人数（人）	72 532	91 231	110 207	114 605	23	22	22	22
万元地区生产总值能耗（等价值）（吨标准煤/万元）	1.32	1.22	1.14	1.05	27	27	27	27
每万元 GDP 电耗总量（千瓦小时/万元）	1266.66	1118.02	1054.44	1022.75	25	25	25	25
每亿元 GDP 废气中主要污染物排放量（吨/亿元）	193.68	148.32	104.38	91.87	25	25	27	26

注：加粗指标为 2016—2019 年贵州详细指标全国排名均在后 5 位的指标。

2016—2019 年贵州的劣势指标数量呈先升后降趋势，2016 年最少，为 54 个，2017 年最多，为 71 个，2019 年下降为 60 个。具体来说，2016 年劣势指标为 54 个，占全部 137 个指标的比重为 39.42%；2017 年劣势指标为 71 个，占全部 137 个指标的比重为 51.82%；2018 年劣势指标为 63 个，占全部 137 个指标的比重为 45.99%；2019 年劣势指标为 60 个，占全部 138 个指标的比重为 43.48%（图 4）。

图 4　2016—2019 年贵州劣势指标变化对比

四、研究结论及对策建议

（一）研究结论

1. 潜力指标对效用值排名的提升贡献最大

区域创新能力的效用值主要是由实力指标、效率指标、潜力指标 3 个部分经过综合加权计算取得。图 5 显示，从 2015 年开始，贵州的效用值全国排名均在潜力指标之下，但均在实力指标和效率指标之上，表明潜力指标是提升贵州效用值的主要因素。由于 2019 年全国排名在贵州前面的大部分省份创新能力比较稳定，同时排名紧靠贵州的江西发展潜力较大，因此，要实现增比进位，贵州必须保持更快的创新增长速度。

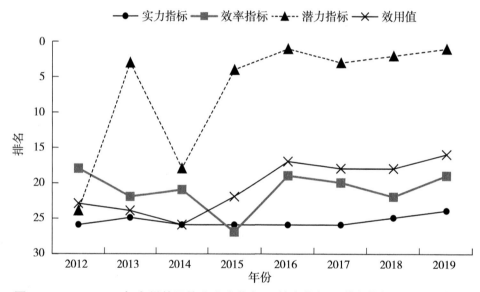

图 5　2012—2019 年贵州效用值和实力指标、效率指标、潜力指标排名变动情况

2. 科技创新实力较弱

根据分析，贵州的优势指标主要集中在潜力指标上。例如，2019 年 R&D 经费内部支出比上年增长了 30.63%，增速排在全国第 1 位；高技术产品出口额比上年增长了 158.34%，增速排在全国第 1 位；技术市场输出技术成交额比上年增长了 294.94%，技术成果转化增长速度排在全国第 1 位。而劣势指标则全部为实力和效率指标。例如，研究与试验发展全时人员当量连续 4 年排名在全国第 25 位及以后；按目的地和货源地划分进出口总额占 GDP 比重连续 4 年排名在全国第 28 位及以后，表明贵州的科技创新实力仍然较弱。

3. 劣势指标仍然较多

"十三五"以来，尤其是 2017 年以来，尽管贵州的劣势指标数量不断下降，优势指标数量持续增加，两者差距呈逐年缩小态势，但是总体来看，劣势指标数量始终大于优势指标数量。另外，2016—2019 年均为劣势指标的指标有 37 个，而 4 年均为优势指标的指标仅有 17 个，二者之间的差距仍然有 20 个。

（二）对策建议

1. 加大科技创新指标的考核力度，确保优势指标不断增加

认真分析研究《报告》中涉及的相关指标，按照"衔接统一"的原则，完善市（州）、县（市、区、特区）、高校、科研院所、重点企业、产业园区科技创新监测评价指标体系和监测方法；加大科技创新指标的考核力度，充分发挥创新考核的导向标和指挥棒作用，强化结果运用，将评价结果纳入各级政府绩效考核指标体系，加大奖惩问责力度，确保科技创新指标不断提升；重点关注 13 个省份的创新能力发展趋势，及时发现差距和不足，分析问题和原因，并提出有效措施和建议，确保贵州的创新能力排名持续提升。

2. 狠抓 R&D 指标，确保关键重点指标持续提升

虽然贵州全社会 R&D 经费不断加大，但是贵州的 R&D 经费投入强度仍然长期低于全国平均水平，R&D 人员相关指标同样排名靠后。因此，要强化引导作用，政府部门通过加大对国家级和省部级重大科技项目的资助，进一步提高科研项目的后补助比例，优化财政资金投入方向，提高财政科技投入效能；强化主体作用，通过引进培育创新型领军企业、壮大高新技术企业群、引导规模以上工业企业提高研发费用比例和鼓励企业建设研发机构等措施，激励企业提高研发投入占比；强化协同作用，优化高校、职业院校、科研院所研发投入结构，建设高水平创新研发平台，加大高层次人才团队项目的支持力度，鼓励高校、职业院校、科研院所加大研发投入；强化保障作用，搭建研发投入监测服务平台，进一步强化 R&D 统计，确保依法统计、应统尽统，努力提高研发经费支出统计数据质量。

3. 引导科技论文产出方向，强化对外学术交流与合作

基于历史、经济和社会等方面的原因，贵州教育基础较差，科教资源不平衡，高校和科研院所较少，科技论文产出水平较低。考虑到科技论文的统计涉及国外主要检索工具 SCI、EI、CPCI-S、SSCI、MEDLINE 和 Scopus 等数据库，以及中国科学技术信息研究所从国家期刊管理部门批准正式出版、公开发行的刊物中选作统计源的期刊刊载的学术论文，因此引导高校和科研院所的科技论文产出方向，在项目申报中将科技论文作为项目支撑的重要产出；同时深化国际合作与交流，鼓励高校、科研院所和企业积极参与重大国际科技合作计划，开展多层次、全方位、深入的科技发展项目交流，促进科研合作；积极探索国

际合作模式，通过联合建立工程中心和产业化合作等方式，鼓励学者申请海外基金，跨国参与研究队伍，形成科研合作的新模式，不断提升科技合作的水平与效能。

4. 提升高等教育能力，实施人才集聚工程

一个地区的创新能力与该地区的经济发展、居民消费及教育水平有着密切关系。应通过政策支持和税收优惠等措施，积极引导社会资本进入教育领域，大力发展高等教育，提升大专以上学历人口数，提升劳动者素质；实施青年专项引才和回归工程，大力引进应届大专以上学历毕业生、职业院校毕业生落户贵州，留住在黔大中专院校毕业生，积极促进黔籍在外大学生回归；实施高层次人才集聚工程，面向全国引进一批高学历、高层次人才，简化落户制度，落实科研启动资金、工作场所等配套支持政策。

5. 全面扩大开放，积极吸引外商来黔投资

贵州属于欠发达地区，对外贸易起步较晚，尽管近年来进出口规模呈不断扩大趋势，但是和其他省份相比，在国际贸易、国外市场拓展和引进外资等方面仍然相对落后。要加快开放合作平台建设，深度对接"一带一路"建设，深入开展泛珠三角区域合作，积极融入"长江经济带"发展和粤港澳大湾区建设，大力实施"引进来"和"走出去"战略，以大开放促大开发大发展，不断优化进出口商品结构，提升进出口总值；利用外资"1+4"政策文件，全面落实准入前国民待遇加负面清单管理制度，支持公平参与竞争，鼓励外资以并购等方式投资在黔企业；对外商在黔设立的独立法人研发机构，以及出资设立或参与设立的新型研发中心等，加大政策、资助和奖励力度，进一步优化外商投资环境，吸引外商来黔投资。

报告之十五：2019 年贵州综合科技
创新水平指数实现增比进位

《中国区域科技创新评价报告 2019》（简称《报告》）显示：2019 年贵州综合科技创新水平指数为 44.49%，居全国第 28 位，较上年提高了 3.25 个百分点，位次上升 1 位，综合科技创新水平指数仅与居第 27 位的青海相差 0.01 个百分点，实现持续增比进位尤为可期。

一、总体情况

《报告》采用的指标体系架构不变，仍为三级结构，包含 5 个一级指标、12 个二级指标、39 个三级指标，但原三级指标"高技术增加值占工业增加值比重"修改为"高技术主营业务收入占工业主营业务收入比重"，"万人国际互联网上网人数"修改为"万人移动互联网用户数"。

2019 年，5 个一级指数中，仅有高新技术产业化指数出现了数值和位次"双下降"，数值下降了 2.78 个百分点，位次下降了 3 位；科技创新环境指数提升最快，达到 7.53 个百分点，位次上升了 3 位；科技活动产出指数提高了 6.31 个百分点，位次上升了 2 位；科技活动投入指数提高了 3.22 个百分点，位次上升了 1 位；科技促进经济社会发展指数虽然提高了 1.89 个百分点，但是位次没有变化（表 1）。

表 1　5 个一级指数评价情况

指标名称	评价值		位次		较上年增幅	
	2019 年	2018 年	2019 年	2018 年	数值 / 百分点	位次
科技创新环境	43.10%	35.57%	27	30	7.53	3
科技活动投入	38.03%	34.81%	25	26	3.22	1
科技活动产出	32.68%	26.37%	26	28	6.31	2
高新技术产业化	55.83%	58.61%	22	19	−2.78	−3
科技促进经济社会发展	54.42%	52.53%	30	30	1.89	0

2019 年，三级指标中贵州居前 10 位的有 4 个（企业技术获取和技术改造经费支出占企业主营业务收入比重、高技术产业主营业务收入占工业主营业务收入比重、高技术产品出口额占商品出口额比重、环境质量指数），占 10.3%；居第 11 ～ 20 位的有 8 个，占 20.5%；居第 20 位以后的有 27 个（居第 21 ～ 25 位的有 13 个，居第 26 ～ 30 位的有 12 个，居第 31 位的有 2 个），占 69.2%。

二、一级指数具体情况

（一）科技创新环境指数

2019 年，科技创新环境指数为 43.10%，较上年提高 7.53 个百分点，位次上升 3 位（表 2）。科技创新环境指数快速提升主要是得益于其二级指标科技人力资源指数、科研物质条件指数和科技意识指数均实现了大幅提高，其中科技人力资源指数中的万人大专以上学历人数、科研物质条件指数中的每名 R&D 人员研发仪器和设备支出、科技意识指数中的万名就业人员专利申请数是拉升科技创新环境指数的主要指标。

表 2　科技创新环境指数构成及评价结果

指标名称	评价值		位次	
	2019 年	2018 年	2019 年	2018 年
科技创新环境	43.10%	35.57%	27	30
科技人力资源	52.59%	40.05%	28	30
万人研究与发展（R&D）人员数	8.13%	6.93%	28	30
十万人博士毕业生数	0.21%	0.14%	30	30
万人大专以上学历人数	957.14%	701.09%	25	30
万人高等学校在校学生数	212.90%	200.48%	26	26
10 万人创新中介从业人员数	1.63%	1.16%	20	23
科研物质条件	36.00%	30.49%	27	30
每名 R&D 人员研发仪器和设备支出	4.15%	3.75%	12	21
科学研究和技术服务业新增固定资产占比重	0.38%	0.25%	28	29
10 万人累计孵化企业数	1.58%	1.07%	31	31
科技意识	37.53%	34.69%	23	24
万名就业人员专利申请数	14.41%	10.54%	25	27
科学研究和技术服务业平均工资比较系数	78.69%	77.22%	25	26

指标名称	评价值		位次	
	2019 年	2018 年	2019 年	2018 年
万人吸纳技术成交额	414.53%	374.52%	24	24
有 R&D 活动的企业占比重	17.81%	12.69%	21	21

（二）科技活动投入指数

2019 年，科技活动投入指数为 38.03%，较上年提高 3.22 个百分点，位次上升 1 位（表 3）。二级指标中，科技活动人力投入指数较上年提高 3.6 个百分点，位次上升 1 位，主要是由企业 R&D 研究人员占比重指标拉动的；科技活动财力投入指数虽然较上年提高了 3.07 个百分点，但是位次不变，R&D 经费支出与 GDP 比值、企业 R&D 经费支出占主营业务收入比重是其主要拉升指标，但是企业技术获取和技术改造经费支出占企业主营业务收入比重评价值较上年下降了 0.17 个百分点，位次下降了 3 位。

表 3　科技活动投入指数构成及评价结果

指标名称	评价值		位次	
	2019 年	2018 年	2019 年	2018 年
科技活动投入	38.03%	34.81%	25	26
科技活动人力投入	59.28%	55.68%	25	26
万人 R&D 研究人员数	3.83%	3.41%	30	30
企业 R&D 研究人员占比重	46.27%	46.25%	15	16
科技活动财力投入	28.93%	25.86%	24	24
R&D 经费支出与 GDP 比值	0.71%	0.63%	26	27
地方财政科技支出占地方财政支出比重	1.90%	1.63%	12	12
企业 R&D 经费支出占主营业务收入比重	0.61%	0.50%	23	24
企业技术获取和技术改造经费支出占企业主营业务收入比重	0.50%	0.67%	6	3

（三）科技活动产出指数

2019 年，科技活动产出指数为 32.68%，较上年提高了 6.31 个百分点，位次上升 2 位（表 4）。二级指标中，技术成果市场化指数提升较快，指数提高 31.04 个百分点，位次上升 6 位，主要由三级指标万人输出技术成交额指标大幅提升推动；科技活动产出水平指数下降，位次下降 4 位，主要由获国家级科技成果奖系数指标大幅下降引起。

表 4　科技活动产出指数构成及评价结果

指标名称	评价值		位次	
	2019 年	2018 年	2019 年	2018 年
科技活动产出	32.68%	26.37%	26	28
科技活动产出水平	25.14%	35.31%	28	24
万人科技论文数	1.30%	1.33%	30	30
获国家级科技成果奖系数	0.59%	3.83%	26	17
万人发明专利拥有量	2.42%	2.02%	24	24
技术成果市场化	43.99%	12.95%	22	28
万人输出技术成交额	173.15%	45.74%	21	28
万元生产总值技术国际收入	0.14%	0.30%	24	22

（四）高新技术产业化指数

2019年，高新技术产业化指数为55.83%，较上年下降2.78个百分点，位次下降3位（表5）。二级指标中，高新技术产业化水平指数提升较快，指数提高14.60个百分点，位次上升5位，由三级指标高技术产业主营业务收入占工业主营业务收入比重提升推动。另一个二级指标高新技术产业化效益指数较上年提高1.62个百分点，位次不变。

表 5　高新技术产业化指数构成及评价结果

指标名称	评价值		位次	
	2019 年	2018 年	2019 年	2018 年
高新技术产业化	55.83%	58.61%	22	19
高新技术产业化水平	51.77%	37.17%	11	16
高技术产业主营业务收入占工业主营业务收入比重	11.19%	9.00%	10	16
知识密集型服务业增加值占生产总值比重	11.60%	10.51%	23	24
高技术产品出口额占商品出口额比重	46.48%	24.79%	6	14
新产品销售收入占主营业务收入比重	5.69%	5.14%	27	26
高新技术产业化效益	59.89%	58.27%	30	30
高技术产业劳动生产率	68.08%	71.18%	30	29
高技术产业利润率	6.51%	6.63%	23	21
知识密集型服务业劳动生产率	42.78%	38.55%	26	28

（五）科技促进经济社会发展指数

2019 年，科技促进经济社会发展指数为 54.42%，较上年提高 1.89 个百分点，位次不变（表 6）。二级指标中的环境改善指数和社会生活信息化指数均实现了增比进位，尤其是社会生活信息化指数上升了 4 位，主要是因为新更换的指标万人移动互联网用户数对贵州有利，在全国排第 20 位，而旧指标万人国际互联网上网人数近几年徘徊在全国第 28 位左右；而另一个二级指标——经济发展方式转变指数虽然提高了，但排位仍居全国末位。

表 6　科技促进经济社会发展指数构成及评价结果

指标名称	评价值		位次	
	2019 年	2018 年	2019 年	2018 年
科技促进经济社会发展	54.42%	52.53%	30	30
经济发展方式转变	33.85%	31.80%	31	31
劳动生产率	4.21%	3.82%	31	31
资本生产率	0.21%	0.22%	25	24
综合能耗产出率	8.34%	7.76%	26	26
装备制造业区位熵	44.89%	37.39%	21	21
环境改善	85.81%	82.61%	7	8
环境质量指数	57.19%	57.04%	5	3
环境污染治理指数	92.96%	89.01%	12	18
社会生活信息化	70.36%	69.26%	16	20
万人移动互联网用户数	8446.45%	7268.62%	20	20
信息传输、计算机服务和软件业增加值占生产总值比重	2.72%	2.43%	16	16
电子商务消费占最终消费支出比重	19.11%	22.51%	14	11

三、位次提升的原因分析

（一）多措并举提升 R&D 投入水平

通过建立推动企业加大研发投入的激励约束机制、将 R & D 投入强度纳入相关考核指标、建立部门协同联动机制、加大培训和宣传力度等措施，贵州的全社会 R&D 投入水平增长较快，2014—2019 年贵州 R&D 经费支出与 GDP 比值由全国的第 28 位上升到全国的第 26 位，2019 年更是实现了 R&D 经费绝对量增速全国第一。

（二）企业更加重视技术创新

贵州通过高新技术企业培育、科技型企业成长梯队培育、"千企改造"、"千企面对面"等措施，充分挖掘、培育了一批成长性好、科技创新能力强、市场潜力大的科技型企业，企业技术创新主体地位逐步凸显。贵州当年企业技术获取和技术改造经费支出占企业主营业务收入比重居全国第 6 位，涉及与企业 R&D 相关的指标比全社会 R&D 指标在全国的排位要靠前。

（三）技术成果市场化活跃

贵州新修订出台了《贵州省促进科技成果转化条例》，推动解决科技到经济的"最后一公里"难题，在煤炭、电力、大数据、生物技术、高端装备制造、新能源等新兴产业领域布局开展了科技成果转化、技术推广与示范，贵州万人输出技术成交额评价值由 2018 年的 45.74 万元 / 万人提高到 2019 年的 173.15 万元 / 万人，位次由 2018 年的第 28 位提升到 2019 年的第 21 位，并实现增速全国第一。

（四）高新技术产业发展提速

贵州重视高新技术产业发展，建立了定期调度工作机制，按照"做大存量、培育增量，壮大产业规模"的原则，强化了科技型企业培育、创新平台建设、产业载体建设和创新政策落实，实现了高新技术产业发展提速增效。贵州高新技术产业化指数在 5 个一级指数中表现最好，高技术产业主营业务收入占工业主营业务收入比重、高技术产品出口额占商品出口额比重在全国分别排第 10 位和第 6 位。

四、与位次相近省份的对比分析

在与位次相近省份的比较中我们可以看出，2019 年贵州在 5 个一级指标中表现最好的指数是科技活动投入指数和高新技术产业化指数，均高于海南、云南和青海；与青海相比，贵州在科技创新环境指数、科技活动产出指数和科技促进经济社会发展指数上都处于劣势（表 7）。

表7　2019年贵州与位次相近省份指数比较

指标名称	位次			
	贵州	青海	云南	海南
综合科技创新水平指数	28	27	26	29
科技创新环境	27	25	29	28
科技活动投入	25	28	26	30
科技活动产出	26	23	20	29
高新技术产业化	22	25	23	27
科技促进经济社会发展	30	25	28	11

　　具体到三级指标上，贵州与青海相比，优势较大的指标（领先青海5个位次及以上）是万人高等学校在校学生数、每名 R&D 人员研发仪器和设备支出、有 R&D 活动的企业占比重、企业 R&D 研究人员占比重、地方财政科技支出占地方财政支出比重、企业技术获取和技术改造经费支出占企业主营业务收入比重、企业 R&D 经费支出占主营业务收入比重、获国家级科技成果奖系数、高技术产业主营业务收入占工业主营业务收入比重、高技术产品出口额占商品出口额比重、资本生产率、装备制造业区位熵、环境质量指数、环境污染治理指数、电子商务消费占最终消费支出比重；劣势明显的指标（落后青海5个位次及以上）是万人研究与发展（R&D）人员数、万人大专以上学历人数、10万人创新中介从业人员数、10万人累计孵化企业数、科学研究和技术服务业平均工资比较系数、万人吸纳技术成交额、万人 R&D 研究人员数、万人科技论文数、万人输出技术成交额、知识密集型服务业增加值占生产总值比重、高技术产业劳动生产率、高技术产业利润率、知识密集型服务业劳动生产率、劳动生产率、万人移动互联网用户数。

　　通过上述分析，贵州综合科技创新水平指数要赶超青海，必须要在企业 R&D 活动、地方财政科技支出、高新技术产业化水平、资本生产率、环境改善、电子商务消费等方面继续扩大领先优势，而在研究与发展（R&D）人员、孵化器建设、科技产出、技术市场交易、高新技术产业化效益、劳动生产率等明显劣势方面需要着力实现赶超。

五、问题分析

（一）涉及 R&D 相关指标仍需重视

整个监测指标体系中，与 R&D 相关的三级指标共有7个，占总权重的 25% 左右，尤为重要；而近几年在贵州评价过程中，虽然取得了一定的进步和成绩，但是除涉及企业 R&D 相关指标表现稍好外，涉及 R&D 经费和 R&D 人员的指标在全国均排在第 26 位以后，可提升空间还是很大。

（二）科技活动产出水平不高

2019 年贵州科技活动产出水平指数较上年下降了 10.17 个百分点，位次下降了 4 位；万人科技论文数指数较上年出现下降，位次仍居第 30 位；获国家级科技成果奖系数出现较大波动，由上年的第 17 位下降到第 26 位；万人发明专利拥有量与上年相比变化不大，居全国第 24 位，位次不变。

（三）劳动生产率亟须提高

当前贵州经济正在由高速增长阶段转向高质量发展阶段，实现经济高质量发展必须提高全要素生产率，而贵州的劳动生产率长期挂末，根据《报告》，2019 年贵州劳动生产率依然居全国末位，高技术产业劳动生产率居全国倒数第 2 位。

（四）创新创业绩效不佳

创新创业工作旨在激发市场主体活力，营造有利于创新创业的良好发展环境，最大限度释放全社会创新、创业、创造的动能，贵州的 10 万人创新中介从业人员数在全国排在第 20 位左右，而反映创新创业工作绩效的指标 10 万人累计孵化企业数 2018 年、2019 年一直排在全国的末位。

（五）人口总量的影响

《报告》中 39 项三级评价指标中有 13 项与区域人口规模有联系的强度相对指标，占总指标数的比重达 33.3%。但是贵州人口相对其他省份基数较大，因此在涉及与人口规模有联系的强度相对指标上不占优势，这也是贵州综合科技创新水平指数在全国排位较后的重要影响因素之一。

六、对策建议

（一）构建 R&D 投入长效机制，保障科技进步拥有力量之源

2011 年，贵州和云南的 R&D 经费支出与 GDP 比值分别为 0.64% 和 0.63%，在全国的位次分别为第 26 位和第 27 位，云南推行研发经费投入后补助政策后，全社会 R&D 经费快速提升，政策效果十分明显。2017 年，云南 R&D 经费支出与 GDP 比值已经达到 0.95%，

在全国居第 22 位，而贵州的 R&D 经费支出与 GDP 比值仅有 0.71%，在全国的位次仍是第 26 位，差距进一步扩大。因此，借鉴有关省市经验，研究出台普惠性的研发奖励政策，强化政策叠加效应，全面调动创新主体的积极性；加强对重点创新主体的服务与监测，建立全社会 R&D 经费投入数据库，将全省重点企业、高校、科研院所、创新平台（包括工程技术研究中心、重点实验室、企业技术中心）等 R&D 活动单位纳入数据库，开展定期调度；加大财政科技投入力度，提高财政科技支出转化为 R&D 经费投入的比重；做好统计培训及政策宣传工作，落实研发投入加计扣除政策，扎实做好 R&D 统计工作。

（二）建立多元化科技成果激励机制，提高科技活动产出

贵州科技活动产出指数在全国长期处于第 26 位以后，科技活动产出水平偏低，因此，要构建支持原始创新的激励机制，从传统的分散式科研项目资助方式为主转变为对领军人物和团队长期持续的资助，增强原始创新的动力；对获得国家级科技成果奖个人和团队，建立切实有效的配套奖励机制；通过税收、财政补贴等政策加大对发明专利的激励，从法律等层面增强对专利的保护；加强对新技术和新发明的推广应用，增强产学研与市场的对接；完善市场对科技成果推广应用的激励机制，促进科技与金融深度融合，提高市场配置科技成果资源的效率。

（三）促进科技创新和产业发展深度融合，实现经济高质量发展

贵州的科技促进经济社会发展指数长期偏低，长期处于末位，劳动生产率、资本生产率等经济发展方式转变指标也长期靠后。只有通过科技创新提高资源利用效率，才能有效放大各生产要素的作用，提升经济发展整体效益和效率，因此科技创新是实现经济高质量发展的第一动能。深入推进信息化与工业化深度融合，加快推进基于互联网的商业模式、服务模式、管理模式创新，大力发展高端服务业，构建现代产业发展新体系；力争在一些重点优势领域取得科技创新突破，实现重点优势领域由跟跑并跑向并跑领跑转变，加强技术和产业创新资源整合；着力在"三高"，即培育高新技术企业、打造高新技术园区、发展高新技术产业上实现新突破；积极培育新的经济增长点，对于需求旺盛、发展潜力大、带动作用广、科技含量高的战略性新兴产业，及时、持续给予政策、资金、人才等方面的支持，培育其成为新的经济增长极。

（四）加强对科技创新监测指标的跟踪研究

持续加强全国科技创新主要监测指标数据分析。针对贵州短板指标，采取积极措施，重点关注短期内会有明显增长的指标，持续改善和提升需要长期努力才会有增长的指标。加强贵州科技统计数据分析研究。深入开展科技统计数据的分析研究，找准关键制约因素并予以改善，为各级政府实现依靠科技创新促进驱动发展战略提供决策。

报告之十六：贵州创新能力"两项指数"
排名不同的原因分析

为深入实施创新驱动发展战略，贯彻习近平总书记关于"建立符合国情的全国创新调查制度，准确测算科技创新对经济社会的贡献，并为制定政策提供依据"的指示精神，2013 年国家启动创新调查制度。根据《国家创新调查制度实施办法》的部署，参照创新型国家标准的"区域综合科技创新水平指数"（简称"指数"）和"区域创新能力综合效用值"（简称"效用值"）是国内最权威的区域创新测度指标，每年发布的《中国区域科技创新评价报告》和《中国区域创新能力评价报告》，为各级科技管理部门决策和相关研究提供有效支撑。

为了更全面地了解贵州的综合创新能力水平，特以"指数"和"效用值"（简称"两项指数"）涉及的 177 项指标为研究对象（其中，"指数"涉及 39 项指标；"效用值"2018年以前涉及 137 项指标，2018 年以后涉及 138 项指标），运用对比分析法，挖掘"两项指数"排名不同的原因，并提出适合贵州科技创新发展现状的评价体系。

一、"两项指数"排名情况

（一）"指数"排名情况

根据 2010 — 2019 年《中国区域科技创新评价报告》，贵州的综合科技创新水平指数呈波动上升趋势，由 2010 年的 32.48% 上升至 2019 年的 44.49%，10 年提高了 12.01 个百分点；全国排名在 2010 — 2016 年保持全国第 30 位不变，但从 2017 年开始稳步提升，2019 年的全国排名达到第 28 位，为 10 年间的最高位次（图 1）。

图 1　2010—2019 年贵州区域综合科技创新水平指数及排名变动

（二）"效用值"排名情况

根据历年的《中国区域创新能力评价报告》，2010—2019 年，贵州区域创新能力全国排名呈波动上升趋势，尤其是 2014—2016 年上升幅度较大，2019 年提升到 10 年间的最好水平，居全国第 16 位，较 2018 年提升了 2 个位次，较 2014 年最低排名提升了 10 个位次。整体来看，贵州的综合创新能力持续提升（图 2）。

图 2　2010—2019 年贵州区域创新能力综合效用值全国排名变动

（三）"两项指数"排名对比情况

2010 — 2019 年，贵州的"效用值"全国排名始终高于"指数"全国排名，平均相差约 8 个位次，2010 — 2015 年"两项指数"的位次差较小，均为个位数，其中，2014 年相差最小，为 4 个位次，但是 2016 年以后由于贵州的各项科技创新指标增长速度开始加快，"两项指数"的位次差也开始扩大为 10 个位次以上，尤其是 2016 年位次相差最大，为 13 个位次。这主要得益于"十三五"以来，贵州坚持驱动创新发展，坚持以创新激发社会创造力，带动了后发赶超优势的叠加释放（图 3）。

图 3　2010—2019 年贵州"两项指数"全国排名变动对比

二、"两项指数"排名不同的原因分析

（一）指标体系不同

《中国区域科技创新评价报告》由中国科学技术发展战略研究院编制，指标体系属于三级架构，由科技创新环境、科技活动投入、科技活动产出、高新技术产业化和科技促进经济社会发展 5 项一级指标、12 项二级指标和 39 项三级指标组成，监测数据滞后两年。其中，科技指标约占 1/3（表 1）。

《中国区域创新能力评价报告》由中国科学院大学中国创新创业管理研究中心、中国科技发展战略研究小组编制，是以区域创新体系建设为主题的综合性、连续性的年度研究报告。指标体系属于四级架构，包括知识创造、知识获取、企业创新、创新环境和创新绩效 5 项一级指标、20 项二级指标、40 项三级指标和 138 项四级指标，监测数据滞后两年。其中，科技指标约占 1/2（表 1）。

表 1 "两项指数"指标架构及一、二级指标对比

"指数"指标架构		"效用值"指标架构	
一级指标	二级指标	一级指标	二级指标
1. 科技创新环境	1.1 科技人力资源	1. 知识创造综合指标	1.1 研究开发投入综合指标
	1.2 科研物质条件		1.2 专利综合指标
	1.3 科技意识		1.3 科研论文综合指标
2. 科技活动投入	2.1 科技活动人力投入	2. 知识获取综合指标	2.1 科技合作综合指标
	2.2 科技活动财力投入		2.2 技术转移综合指标
			2.3 外资企业投资综合指标
3. 科技活动产出	3.1 科技活动产出水平	3. 企业创新综合指标	3.1 企业研究开发投入综合指标
			3.2 设计能力综合指标
	3.2 技术成果市场化		3.3 技术提升能力综合指标
			3.4 新产品销售收入综合指标
4. 高新技术产业化	4.1 高新技术产业化水平	4. 创新环境综合指标	4.1 创新基础设施综合指标
			4.2 市场环境综合指标
	4.2 高新技术产业化效益		4.3 劳动者素质综合指标
			4.4 金融环境综合指标
			4.5 创业水平综合指标
5. 科技促进经济社会发展	5.1 经济发展方式转变	5. 创新绩效综合指标	5.1 宏观经济综合指标
	5.2 环境改善		5.2 产业结构综合指标
			5.3 产业国际竞争力综合指标
	5.3 社会生活信息化		5.4 就业综合指标
			5.5 可持续发展与环保综合指标

（二）计算方法不同

《中国区域科技创新评价报告》该项指数选取结构性指标，采用加权综合评价法，对各级指标进行综合汇总，各级评价值均可称为"指数"，并且该"指数"可以进行历年纵向对比分析。首先，将各三级指标除以相应的评价标准，得到三级指标的评价值，即三级指标相应的指数；其次，由三级指标评价值加权综合而成二级指标评价值（二级指数）；最后，由二级指标评价值加权综合而成一级指标评价值（一级指数）。

《中国区域创新能力评价报告》的评价方法是加权综合评价法，将基础指标无量纲化后，用专家打分得到的权重，分层逐级综合，最后得出每个省（自治区、直辖市）创新能力的"效用值"，但是该"效用值"不能进行历年纵向对比分析。其中，单一指标采用直接获取的区域数据来表示，在无量纲化处理时采用效用值法，效用值规定的值域是 [0，100]，即该指标下最优值为 100，最差值的效用值为 0。该报告中创新能力的排名是该地区创新能力与其他省（自治区、直辖区）相比而言的相对排名，不完全是该地区创新能力的直接衡量，"效用值"下降不代表排名下降，排名下降也不代表创新能力下降。

（三）评价重点不同

《中国区域科技创新评价报告》主要评价科技进步对经济社会发展的促进作用，重点反映区域科技、经济与社会综合发展实力，不考虑发展速度。

《中国区域创新能力评价报告》包括 45 项实力指标、47 项效率指标和 46 项潜力指标，降低了依赖某项指标产生的偏差，兼顾了区域发展的存量、相对水平和增长率 3 个维度。

三、结论

（一）"两项指数"排名不可比

通过对"两项指数"涉及的 177 项详细指标进行对比分析，我们发现两套评价指标体系中，完全相同的监测指标个数为 0 项；从元数据（计算监测指标值的原始统计数据）来看，两套评价指标体系共用的统计数据仅有 10 项，包括 R&D 人员、规模以上工业企业 R&D 人员、企业 R&D 经费支出、企业技术改造经费支出、国内科技论文、高技术产品出口额、互联网上网人数、孵化企业数、技术市场交易额、发明专利拥有量。同时，"两项指数"的评价指标每年会根据科技发展的新形势及统计口径的变化进行相应的替换和调整，再加上"两项指数"的计算方法不同，因此"两项指数"的得分和排名不具有可比性。

（二）"效用值"评价更适合贵州

近年来，贵州以大数据为引领实施区域创新发展战略，大力实施大数据战略行动，加快建设大数据综合试验区，积极主动融入"一带一路"，探索出内陆开放型经济发展新路，促进了创新能力的快速发展，实现了在西部地区赶超进位的历史性跨越。贵州的创新规模和创新水平比不上东部发达地区，但在创新增长速度上体现出很强的创新发展潜力。例如，2019 年 R&D 经费内部支出比上年增长了 30.63%，增速排在全国第 1 位；高技术产品出口额比上年增长了 158.34%，增速排在全国第 1 位；技术市场输出技术成交额比上年增长了 294.94%，技术成果转化增长速度全国第一。因此，贵州在考虑了增长率（潜力）因素的《中国区域创新能力评价报告》中的"效用值"排名位次较高，并且该指标体系更能体现贵州科技创新发展的潜力。

报告之十七：2020年贵州科技创新
环境指标下降原因分析

根据《中国区域科技创新评价报告2020》《中国区域创新能力评价报告2020》，贵州2020年科技创新环境指数、创新环境效用值均出现大幅下降，位次分别下降3位和10位。

一、科技创新环境指数下降情况分析

根据《中国区域科技创新评价报告2020》，2020年贵州综合科技创新水平指数为46.95%，居全国第27位，较上年提高2.46个百分点，位次上升1位，增幅排全国第10位。从5个一级指标来看，科技创新环境是唯一下降的指标，较上年下降了2.50个百分点，位次下降3位。

由图1可见，2008—2020年贵州科技创新环境指数不断波动，排位长期靠后。虽然2019年指数较上年提高了7.53个百分点，位次提升3位，但2020年指数和位次双下降，位次重新回归第30位。这主要由二级指标科技人力资源指数和科研物质条件指数大幅下降引起，分别由第28位下降至第29位、第27位下降至第31位。

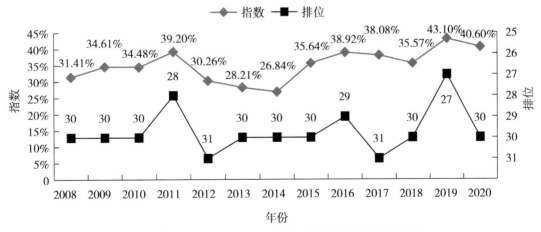

图1 贵州2008—2020年科技创新环境指标变化情况

（一）科技人力资源指数

科技人力资源指数由 5 个三级指标构成，与上年相比，2018 年十万人博士毕业生数、万人大专以上学历人数、10 万人创新中介从业人员数 3 个指标出现明显下滑。这 3 项指标权重在 39 项指标中分别排第 37 位、第 18 位和第 39 位。

表 1　科技创新环境指数构成及监测结果

指标名称	评价值		位次		增降幅	
	2018 年	2017 年	2018 年	2017 年	评价值（个百分点）	位次
科技创新环境	40.60%	43.10%	30	27	−2.50	−3
科技人力资源	52.67%	52.59%	29	28	0.08	−1
万人研究与发展（R&D）人员数	9.59%	8.13%	25	28	1.46	3
十万人博士毕业生数	0.32%	0.21%	31	30	0.11	−1
万人大专以上学历人数	929.85%	957.14%	29	25	−27.29	−4
万人高等学校在校学生数	225.40%	212.90%	25	26	12.50	1
10 万人创新中介从业人员数	1.22%	1.63%	24	20	−0.41	−4
科研物质条件	26.88%	36.00%	31	27	−9.12	−4
每名 R&D 人员研发仪器和设备支出	2.79%	4.15%	27	12	−1.36	−15
科学研究和技术服务业新增固定资产占比重	0.33%	0.38%	29	28	−0.05	−1
10 万人累计孵化企业数	1.93%	1.58%	30	31	0.35	1
科技意识	38.21%	37.53%	23	23	0.68	0
万名就业人员专利申请数	18.53%	14.41%	23	25	4.12	2
科学研究和技术服务业平均工资比较系数	75.54%	78.69%	28	25	−3.15	−3
万人吸纳技术成交额	1098.36%	414.53%	15	24	683.83	9
有 R&D 活动的企业占比重	16.98%	17.81%	21	21	−0.83	0

1. 十万人博士毕业生数

贵州十万人博士毕业生数从 2017 年的 0.14 人 / 十万人增长到 2020 年的 0.32 人 / 十万

人，平均增速为 31.7%。但由于贵州经济底子薄、高校少、高等教育比例失衡，研究生教育，尤其是博士研究生教育发展严重滞后，博士生数量较少，2018 年仅 115 人，较 2017 年增加 40 人，但分母 6 岁及 6 岁以上人口抽样比数据较 2017 年增加 415 人，导致贵州十万人博士毕业生数位次下降 1 位。

2. 万人大专以上学历人数

科技人力资源与国民的受教育水平有密切联系，万人大专以上学历人数是反映科技人力资源水平的重要指标。2018 年贵州大专以上学历抽样比数据为 2488 人，较 2017 年减少 240 人，但分母 6 岁及 6 岁以上人口抽样比数据较 2017 年减少 96 人，导致贵州万人大专以上学历人数较 2017 年下降 27.29 人 / 万人，位次下降 4 位。

3. 10 万人创新中介从业人员数

2018 年全省创新中介从业人员数为 425 人，较 2017 年减少 142 人，但分母为 2010 年末人口数 3479 万人，保持不变，导致贵州 10 万人创新中介从业人员数较 2017 年下降 0.41 人 /10 万人，位次下降 4 位。

（二）科研物质条件指数

科研物质条件指数由 3 个三级指标构成，与 2017 年相比，每名 R&D 人员研发仪器和设备支出、科学研究和技术服务业新增固定资产占比重 2 个指标出现明显下滑。这 2 项指标权重在 39 项指标中分别排第 22 位和第 23 位。

1. 每名 R&D 人员研发仪器和设备支出

2018 年全省研发仪器和设备支出为 12.48 亿元，较 2017 年增加 2.47 亿元，增长了 24.7%，但分母全社会 R&D 全时当量较 2017 年增加 9233 人年，增长了 38.3%，导致贵州每名 R&D 人员研发仪器和设备支出反而较 2017 年减少 1.36 万元，位次下降 15 位。

2. 科学研究和技术服务业新增固定资产占比重

2018 年全省科学研究和技术服务业新增固定资产为 15.3 亿元，较 2017 年增加 1.8 亿元，增长了 13.3%，但分母全社会新增固定资产较 2017 年增加 734.03 亿元，增长了 13.8%，导致贵州科学研究和技术服务业新增固定资产占比重较 2017 年下降 0.05 个百分点，位次下降 1 位。

（三）科技意识指数

科技意识指数由 4 个三级指标构成，与上年相比，科学研究和技术服务业平均工资比较系数、有 R&D 活动的企业占比重 2 个指标出现明显下滑。这 2 项指标权重在 39 项指标中分别排第 34 位和第 30 位。

1. 科学研究和技术服务业平均工资比较系数

2018 年全省科学研究和技术服务业平均工资为 8.77 万元，较 2017 年增加 1.56 万元，增长了 21.6%，但分母全社会平均工资较 2017 年增加 1.63 万元，增长了 24.6%，导致贵州科学研究和技术服务业平均工资比较系数较 2017 年减少 3.15 个百分点，位次下降 3 位。

2. 有 R&D 活动的企业占比重

2018 年全省有 R&D 活动的企业数为 948 家，较 2017 年仅增加 2 家，但分母规模以上工业企业数增加 272 家，导致贵州有 R&D 活动的企业占比重较 2017 年下降 0.83 个百分点，位次不变。

二、创新环境效用值下降情况分析

根据《中国区域创新能力评价报告 2020》，2020 年贵州创新能力排名较上年下降了 4 位，其中创新环境效用值排名大幅下降，从第 18 位下降至第 28 位。从其二级指标排名变化来看，2020 年市场环境综合指标由第 16 位下降至第 30 位，金融环境综合指标由第 16 位下降至第 27 位。

（一）市场环境综合指标

市场环境综合指标下降的主要原因在于按目的地和货源地划分进出口总额增长率和居民消费水平增长率两个指标出现明显下滑。

1. 按目的地和货源地划分进出口总额增长率

该指标由 2019 年的 256.29% 下降到 2020 年的 3.09%，排名由第 1 位下降到第 26 位。下降原因在于：一是与过去 5 年该指标对应的实力指标跳跃性较大有关。尤其是贵州 2017 年的基础数据明显异常，比 2016 年高出几倍，2019—2020 年数据出现回落。二是与评价体系的计算方法有关。在计算潜力指标时，需要用到过去 4 年的数据，在 2019 年的报告中使用 2016—2019 年数据，在 2020 年的报告中使用 2017—2020 年的数据，2017 年的数据较高，增速下降是必然的，造成这两年的增速指标忽高忽低。

2. 居民消费水平增长率

该指标由 2019 年的 12.2% 下降到 2020 年的 1.75%，全国排名由第 2 位下降到第 26 位。下降原因在于：由于 2020 年所用的《中国统计年鉴》里没有公布该数据，实力、潜力指标是用《中国统计年鉴》公布的消费价格指数和上年的居民消费水平计算得出，算法不同造成包括贵州在内的全国很多地区该指标数据出现下降。

（二）金融环境综合指标

金融环境综合指标下降的主要原因在于金融机构贷款额下降，企业创新可能面临融资约束，主要由规模以上工业企业研发经费内部支出额中获得金融机构贷款额、规模以上工业企业研发经费内部支出额中平均获得金融机构贷款额、规模以上工业企业研发经费内部支出额中获得金融机构贷款额增长率、科技企业孵化器当年风险投资强度等指标的下降引起。其中，规模以上工业企业研发经费内部支出额中获得金融机构贷款额由 2019 年的 14 674.8 万元下降到 2020 年的 6978.0 万元，排名由第 17 位下降到第 22 位；规模以上工业企业研发经费内部支出额中平均获得金融机构贷款额由 2019 年的 2.76 万元 / 个下降到 2020 年的 1.25 万元 / 个，排名由第 9 位下降到第 18 位；规模以上工业企业研发经费内部支出额中获得金融机构贷款额增长率由 2019 年的 42.21% 下降到 2020 年的 30.90%，排名由第 5 位下降到第 10 位；科技企业孵化器当年风险投资强度由 2019 年的 523.46 万元 / 项下降到 2020 年的 227.59 万元 / 项，排名由第 7 位下降到第 14 位（表 2）。

表 2　创新环境部分基础指标变动情况

二级指标	四级指标名称	单位	2020 年指标值	2020 年名次	2019 年指标值	2019 年名次	增速
市场环境综合指标	42101 按目的地和货源地划分进出口总额	亿美元	83.2	27	81.2	27	2.46%
	42102 按目的地和货源地划分进出口总额占 GDP 比重	%	3.59	29	4.05	29	−11.36%
	42103 按目的地和货源地划分进出口总额增长率	%	3.09	26	256.29	1	
	42201 科技服务业从业人员数	万人	6.75	23	7.20	22	−6.25%
	42202 科技服务业从业人员占第三产业从业人员比重	%	3.20	20	3.46	20	−7.51%
	42203 科技服务业从业人员增长率	%	−4.22	25	−2.00	23	
	42301 居民消费水平	元	16 635	25	16 349	25	1.75%
	42303 居民消费水平增长率	%	1.75	26	12.20	2	
金融环境综合指标	44111 规模以上工业企业研发经费内部支出额中获得金融机构贷款额	万元	6978.0	22	14 674.8	17	

续表

二级指标	四级指标名称	单位	2020年指标值	2020年名次	2019年指标值	2019年名次	增速
金融环境综合指标	44112 规模以上工业企业研发经费内部支出额中平均获得金融机构贷款额	万元/个	1.25	18	2.76	9	
	44113 规模以上工业企业研发经费内部支出额中获得金融机构贷款额增长率	%	30.90	10	42.21	5	
	44211 科技企业孵化器当年获风险投资额	万元	10 924.4	25	14 133.5	23	−22.71%
	44212 科技企业孵化器当年风险投资强度	万元/项	227.59	14	523.46	7	−56.52%
	44213 科技企业孵化器当年获风险投资额增长率	%	35.94	17	56.28	19	
	44221 科技企业孵化器孵化基金总额	万元	53 442.0	22	84 438.8	21	−36.71%
	44222 平均每个科技企业孵化器孵化基金额	万元/个	1723.94	11	2911.68	8	−40.79%
	44223 科技企业孵化器孵化基金总额增长率	%	33.6	21	46.5	24	

报告之十八：2016—2021 年贵州"两项指数"分析及提升建议

20 世纪 90 年代，国家科委启动了"全国科技进步统计监测和综合评价"，每年发布的《全国科技进步统计监测报告》反映了全国及各地区科技进步的变动特征和发展态势，以其公开性、规范性、可比较的特点逐渐确立起在众多监测和评价报告中的权威地位。从 2015 年起，它被正式纳入国家创新调查制度系列报告，并更名为《中国区域科技创新评价报告》，其监测结果由"综合科技创新水平指数"变更为"综合科技进步水平指数"。同期中国科技发展战略研究小组等从知识创造、知识获取、企业创新、创新环境、创新绩效 5 个方面，依据公开发布的统计数据，对各省（自治区、直辖市）创新能力予以评价。每年发布的《中国区域创新能力评价报告》综合、客观及动态地给出各省（自治区、直辖市）创新能力排名与分析，其主要评价结果"区域创新能力效用值"反映了全国各地区创新能力水平和发展变化趋势。

一、"两项指数"综合分析 ①

贵州区域创新能力效用值由 2015 年的第 22 位提升至 2021 年的第 18 位，综合科技创新水平指数由 2015 年的第 30 位提升至 2021 年的第 25 位，表明贵州科技创新能力水平一条腿跨进了中等省份行列，另一条腿还在落后省份行列。

（一）综合科技创新水平指数

综合科技创新水平指数的评价指标体系由科技创新环境、科技活动投入、科技活动产出、高新技术产业化和科技促进经济社会发展 5 个一级指标（要素指数）、12 个二级指标和 39 个三级指标组成，采用指数法对各级指标进行加权综合。

1. 总体情况分析

2016—2021 年贵州综合科技创新水平指数呈整体增长态势，2021 年较 2016 年提高了

---

① "综合科技创新水平指数"和"区域创新能力效用值"简称"两项指数"。《中国区域科技创新评价报告》和《中国区域创新能力评价报告》所采用的数据，与报告年份相比滞后 2 年。

10.49 个百分点，达到 49.05%，但仍低于全国平均水平，2016 年和 2021 年贵州与全国的差距分别为 27.93 个百分点、23.39 个百分点，差距逐步缩小；2021 年在全国的排位较 2016 年提升 5 位，达到历史最好水平（图 1）。

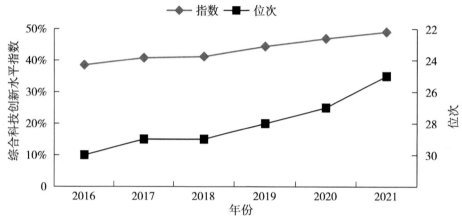

图 1 2016—2021 年贵州综合科技创新水平指数

2. 一级指标分析

（1）科技创新环境指数

科技创新环境指数由科技人力资源指数、科研物质条件指数、科技意识 3 个二级指标及万人研究与发展（R&D）人员数、十万人博士毕业生数等 12 个三级指标构成。

2016—2021 年贵州科技创新环境指数不断波动，其数值在 2018 年出现急剧下降，较 2017 年下降 2.51 个百分点，2019 年又迅速提升 7.53 个百分点，2020 年回落 2.50 个百分点，2021 年又反弹提升 0.98 个百分点；在全国的排位波动也较大，尤其是 2017 年居全国末位，2019 年又提升到最好水平第 27 位，2021 年回落到第 29 位（图 2）。

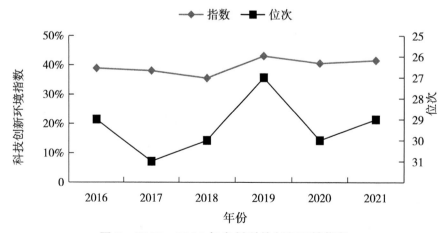

图 2 2016—2021 年贵州科技创新环境指数

（2）科技活动投入指数

科技活动投入指数由科技活动人力投入指数、科技活动财力投入指数2个二级指标及万人R&D研究人员数、企业R&D研究人员占比重等6个三级指标构成。

2016—2021年贵州科技活动投入指数总体呈现"V"形，2016年维持在35%左右，2017年出现急剧下降，达到最低点33.75%，而后开始逐年递增，2021年达到最高点44.18%；其在全国的排位徘徊在第25位左右，2020年达到历史最好水平第21位（图3）。

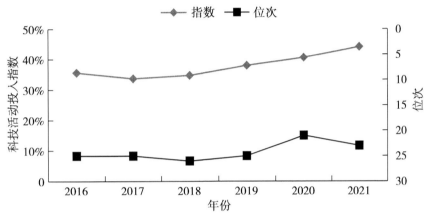

图3　2016—2021年贵州科技活动投入指数

（3）科技活动产出指数

科技活动产出指数由科技活动产出水平指数、技术成果市场化指数2个二级指标及万人科技论文数、获国家级科技成果奖系数等5个三级指标构成。

2016—2021年贵州科技活动产出指数上升较快，由2016年的15.86%上升到2021年的47.72%，提高了31.86个百分点，年均提高5个百分点左右，其快速提升主要集中在2019—2021年；2021年在全国居第22位，达到历史最好位次（图4）。

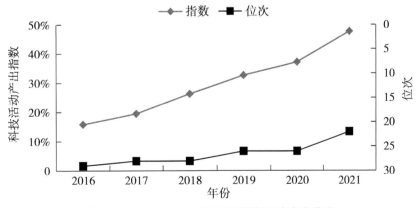

图4　2016—2021年贵州科技活动产出指数

（4）高新技术产业化指数

高新技术产业化指数由高新技术产业化水平指数、高新技术产业化效益指数 2 个二级指标及高技术产业主营业务收入占工业主营业务收入比重等 7 个三级指标构成。

2016—2021 年贵州高新技术产业化指数呈现"∧"形，从 2016 年开始上升，2017 年达到历史最高点 60.18%，2018 年开始出现波动下降趋势，尤其是 2021 年较 2017 年最高点下降了 8.53 个百分点；在全国的排位变化与数值变化一致，2017 年达到历史最好水平第 11 位，而 2021 年下滑到全国第 27 位，降低了 16 个位次（图 5）。

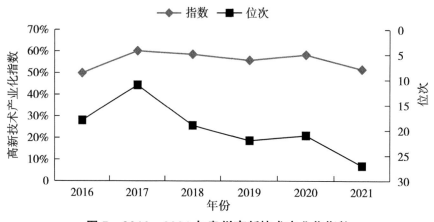

图 5　2016—2021 年贵州高新技术产业化指数

（5）科技促进经济社会发展指数

科技促进经济社会发展指数由经济发展方式转变指数、环境改善指数、社会生活信息化指数 3 个二级指标及劳动生产率等 9 个三级指标构成。

2016—2021 年贵州科技促进经济社会发展指数整体呈波动上升趋势，虽然 2018 年出现大幅下降，但 2019 年又迅速上升，2020 年继续攀升到最好水平 58.06%，2021 年出现小幅下滑，下降 0.16 个百分点；其 2016 年、2017 年在全国的排位为第 29 位、第 30 位，2020 年和 2021 年均居第 28 位（图 6）。

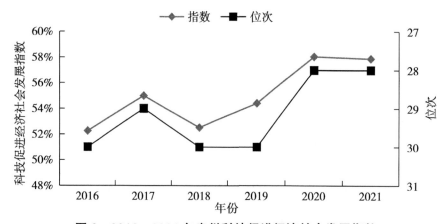

图 6　2016—2021 年贵州科技促进经济社会发展指数

（二）区域创新能力效用值

区域创新能力效用值的评价指标体系为四级结构，由 5 个一级指标、20 个二级指标、40 个三级指标和 138 个四级指标组成，并考虑了各项指标的绝对值、相对值和增长率（实力、效率和潜力）。

1. 总体情况分析 [①]

2016—2021 年，贵州区域创新能力综合效用值在全国的排位呈现稳中有降趋势，其中 2019 年排名最好，达到全国第 16 位，但 2020 年出现大幅下滑，较 2019 年下降 4 个位次，2021 年又提升 2 个位次，居全国第 18 位（图 7）。

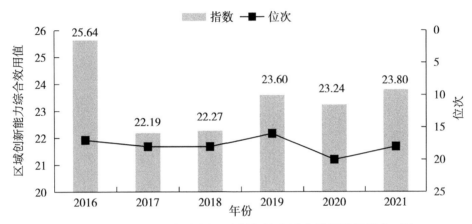

图 7　2016—2021 年贵州区域创新能力综合效用值及排名对比

2. 一级指标分析

（1）知识创造综合指标

知识创造综合指标包括研究开发投入综合指标、专利综合指标、科研论文综合指标 3 个二级指标。

2016—2020 年知识创造综合指标呈"U"形走势，2020 年在全国达到第 12 位，与 2016 年持平，较 2018 年上升 6 个位次（图 8）。

---

① 由于区域创新能力效用值纵向不可比，故只对其位次变化情况进行分析，下同。

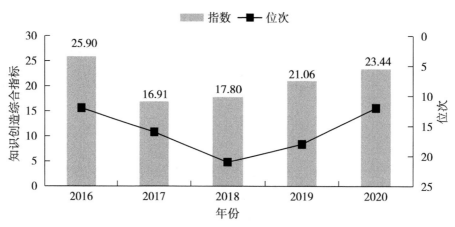

图 8　2016—2020 年贵州知识创造综合指标及排名对比

（2）知识获取综合指标

知识获取综合指标由科技合作综合指标、技术转移综合指标、外资企业投资综合指标
3 个二级指标构成。

2016—2020 年知识获取综合指标总体呈现下降趋势，由 2016 年的第 12 位下降到 2020
年的第 19 位，2017 年更是跌落到第 28 位，需要引起我们的高度重视（图 9）。

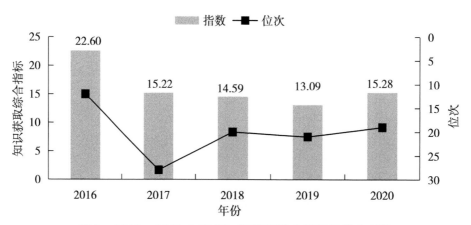

图 9　2016—2020 年贵州知识获取综合指标及排名对比

（3）企业创新综合指标

企业创新综合指标由企业研究开发投入综合指标、设计能力综合指标、技术提升能力
综合指标、新产品销售收入综合指标等 4 个二级指标构成。

2016—2020 年企业创新综合指标基本保持稳定，这 5 年最好水平是 2016 年的全国第
17 位，其余年份排名基本保持在第 20 位左右，相对贵州区域创新能力综合效用值全国排
位来说，贵州企业创新综合指标仍属于弱势指标（图 10）。

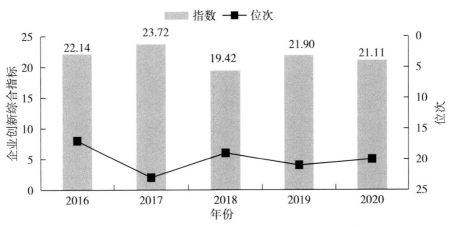

图 10   2016—2020 年贵州企业创新综合指标及排名对比

（4）创新环境综合指标

创新环境综合指标由创新基础设施综合指标、市场环境综合指标、劳动者素质综合指标、金融环境综合指标和创业水平综合指标 5 个二级指标构成。

2016—2020 年创新环境综合指标下滑幅度较大，2017—2020 年较 2016 年位次分别下降 23 位、19 位、11 位、21 位，由全国排名上游水平下滑至下游水平，该指标的变动与其三级指标体系的变动关联较大（图 11）。

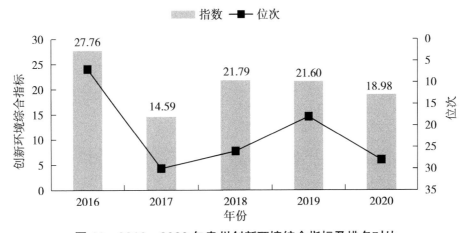

图 11   2016—2020 年贵州创新环境综合指标及排名对比

（5）创新绩效综合指标

创新绩效综合指标由宏观经济综合指标、产业结构综合指标、产业国际竞争力综合指标、就业综合指标和可持续发展与环保综合指标 5 个二级指标构成。

2016—2020 年创新绩效综合指标稳步上升，由 2016 年的第 21 位上升到 2020 年的第 16 位，尤其是 2018 年达到第 14 位，较 2017 年上升 7 位（图 12）。

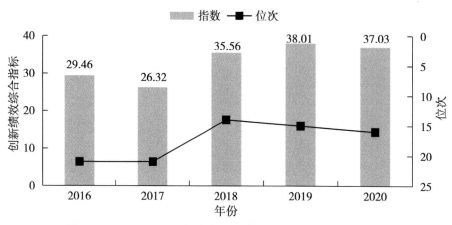

图 12　2016—2020 年贵州创新绩效综合指标及排名对比

二、短板指标分析

贵州"两项指数"测算结果在全国位次差距较大，主要原因是指标设置有较大差异，以及采用增长率指标、人均指标的影响等，但短板指标比较集中。

（一）综合科技创新水平指数短板指标分析

1. 科技活动产出相关指标

万人科技论文数、万人发明专利拥有量、万人输出技术成交额、万元生产总值技术国际收入 4 个指标（权重为 17.6%），均排第 20 位以后，对整体排位影响较大。

2. 科技活动财力投入相关指标

R&D 投入强度、企业 R&D 经费支出、地方财政科技支出占比、企业技术获取和技术改造经费支出占企业主营业务收入比重 4 个指标权重为 17.5%，其中前两项指标权重达 11.38%，排位长期在第 20 位左右，成为影响贵州科技创新能力提升的关键指标。

3. 经济发展方式转变相关指标

劳动生产率、高技术产业劳动生产率、知识密集型服务业劳动生产率、综合能耗产出率 4 个指标权重为 12.25%，长期居第 25 位以后，其中劳动生产率指标自 2006 年起均排第 31 位。

4. 人力资源相关指标

涉及的万人 R&D 人员数、万人 R&D 研究人员数、万人大专以上学历、企业 R&D 研究人员 4 个指标权重为 12.6%，其中前 3 个指标均排第 25 位以后。科技活动人力投入严重不足是制约贵州科技创新水平的重要因素之一。

5. 高技术产业相关指标

涉及的知识密集型服务业增加值占生产总值比重、新产品销售收入占比、高技术劳动生产率、高技术产业利润率、知识密集型服务业劳动生产率均排第 20 位以后，5 个指标权重为 10.5%，成为提升高新技术产业化效益的短板指标。

6. 排全国末位的其他指标

万人大专以上学历人数、劳动生产率、十万人博士毕业生数、高技术劳动生产率长期居全国第 30～31 位，4 个指标权重为 11%，成为制约贵州科技创新发展的最大短板。

（二）区域创新能力效用值短板指标分析

将 138 个详细指标中位于全国第 21 位以后的指标界定为贵州区域创新能力效用值的短板指标。2016—2020 年短板指标数量波动较大，2017 年最多，达到 70 个，占全部指标的 51.09%；随后连续两年减少，2019 年达到 60 个，但 2020 年又增加了 4 个，占全部指标的 46.38%（图 13）。

图 13　2016—2020 年贵州短板指标变化对比

贵州连续 5 年均为短板指标的指标有 35 个，全国排名均为后 5 位的有 18 个指标，分别为国内论文数、国际论文数、每十万研发人员平均发表的国际论文数、规模以上工业企业 R&D 经费外部支出、互联网普及率、按目的地和货源地划分进出口总额、按目的地和货源地划分进出口总额占 GDP 比重、6 岁及 6 岁以上人口中大专以上学历人口数、人均 GDP 水平，主要集中在 R&D 经费投入、论文产出、人力资源等相关指标上，且主要是绝对值和相对值的指标。

三、"两项指数"发展趋势预测

充分发挥科技指标在服务科技创新发展中的晴雨表、测量仪和风向标作用，预判贵州科技指标的演变态势，评估未来发展趋势。通过采取"自下而上"的方式，从 176 个相对独立的三级指标入手，综合考虑是否预先估计参数、消除指标量纲影响、简化运算等各方面因素，对三级指标采用增速法进行滚动预测，同时为降低大量数据造成的算法的时间复杂度和空间复杂度，运用 MATLAB 软件对计算过程进行编程，节省计算量。分别测算出全国 30 个地区 176 个指标的预测值，再通过贵州纵向推算，测算出到 2030 年贵州综合科技创新水平指数进入全国前 20 位，区域创新能力效用值进入全国前 15 位。

通过摸清家底，找出差距，预测走势，形成新时期推进科技工作的思路、目标、举措，对科学判断 2030 年贵州科技创新发展程度和水平具有重要的借鉴意义。

四、提升短板指标的建议

通过横向、纵向对比分析，找出目前制约贵州科技创新发展的 10 个突出短板指标，进行精准施策，逐个突破。

1. R&D 经费支出与 GDP 比值

深入开展"千企面对面"工作，对企业精准施策，激发创新动力；继续梳理立项实施、到期未验收的省级科技计划项目及中央引导地方科技创新项目，梳理科技型企业，特别是高新技术企业研发项目，以及省重大工程项目 4 个类别项目，完善 10 万元以上研发投入项目库；全面落实企业研发费用税前加计扣除、高新技术企业所得税优惠等普惠政策，加大对投入大、增长快的市（州）的奖励，强化政策叠加效应；引导科技型企业加大研发经费投入。全省实施规上企业研发机构计划，支持规上企业建研发平台，鼓励行业领军企业在黔设立符合产业发展方向的研发机构，提升规上企业中有研发活动企业的占比。

2. 万人科技论文数

以科技部科技论文的统计口径（CSTPCD 和 SCI）为目标导向，在基础研究项目申报中强化论文考核；将科技论文产出相关指标写入与教育部门的合作协议中。

3. 万人发明专利拥有量

组织开展高价值核心专利培育，引导第三方专利服务机构开展工作；将发明专利相关指标作为科技成果应用及产业化、重大专项等项目考核指标。

4. 信息传输、软件和信息技术服务业增加值占生产总值比重

强化信息传输、软件和信息技术服务业科技需求征集，对重点领域和项目予以科技资金支持；加强信息传输、软件和信息技术领域高新技术企业的培育。

5. 获国家级科技成果奖系数

鼓励省内高校、科研院所、企业与国内知名、顶尖科研团队加强创新合作，取得高水平成果；加大重大科技成果凝练，组织重大科技成果参与国家科技奖励评选。

6. 科学研究和技术服务业新增固定资产占比重

大力发展技术转移、研发设计、知识产权、检验检测、科技咨询等第三方专业化服务；搭建跨区域、综合性的科技服务平台和成果转化平台，汇聚科技成果、项目、人才、服务等资源。

7. 高技术产业利润率

充分发挥贵阳、安顺国家高新区的引领示范和辐射作用，推动省级高新区"以建促升"；加强高新技术企业、领军企业、独角兽企业培育，加大"十年百企千亿"培育行动力度，保存量、求增量。

8. 综合能耗产出率

加强与省能源局、省发展改革委对接联系，及时反馈相关领域科技需求，加强节能环保技术研究与应用推广。

9. 科学研究和技术服务业平均工资比较系数

健全高校和科研院所、科研人员、转化服务方科技成果转化收益制度；落实"两制双返"、协议工资、年薪制、股权、期权和分红等科技人员激励措施。

10. 十万人博士毕业生数

在全省高校探索相关学科本硕博连读、硕博贯通培养、直博培养等招生培养模式改革；加大教育经费投入，引导社会资本进入教育领域，大力发展高等教育。

报告之十九：科技创新指标"短板"分析和"补短板"初步建议

本研究围绕综合科技创新水平指数及其 5 个一级指标、39 个三级指标，梳理贵州排位靠后指标，评估和预判分阶段发展目标，将指标目标分解到相关处室，落实增比进位责任。

一、贵州区域科技创新水平指数现状

（一）总体情况分析

2020 年区域科技创新水平指数（反映的是 2018 年数据）达到第 27 位，彻底摆脱"十二五"期间长期停滞在全国第 30 位的落后局面，科技创新综合实力实现赶超进位。区域科技创新水平指数从 2015 年的 37.29% 提升至 2020 年的 46.95%，提升了 9.66 个百分点，位次由第 30 位提升至第 27 位。5 个一级指标中，高新技术产业化排第 21 位（2019 年排第 22 位），科技活动投入排第 21 位（2019 年排第 25 位），科技活动产出排第 26 位（2019 年排第 26 位），科技促进经济社会发展排第 28 位（2019 年排第 30 位），科技创新环境排第 30 位（2019 年排第 27 位）；39 个三级指标中，贵州处于前 10 位的有 3 个，占 7.7%，处于第 11～20 位的有 11 个，占 28.2%，处于第 20 位以后的有 25 个，占 64.1%。

（二）一级指标分析

1. 科技创新环境

2020 年贵州科技创新环境从上年的全国第 27 位下降到第 30 位（以下位次比较均为与上年的比较），下降幅度较大。指标位次下降的主要原因是十万人博士毕业生数（从第 30 位下降到第 31 位，且常年处于末位）、万人大专以上学历人数（从第 25 位下降到第 29 位）、10 万人创新中介从业人员数（从第 20 位下降到第 24 位）、每名 R&D 人员研发仪器和设备支出（从第 12 位下降到第 27 位，是位次下降最大的三级指标）、科学研究和技术服务业新增固定资产占比重（从第 28 位下降到第 29 位）、10 万人累计孵化企业数（从第 31 位上升到第 30 位）、科学研究和技术服务业平均工资比较系数（从第 25 位下降到第 28 位）等指标的位次下降或排位挂末导致的。

2. 科技活动投入

2020 年贵州科技活动投入从上年的全国第 25 位上升至第 21 位，提升幅度较大。指标位次上升的主要原因是 R&D 经费支出与 GDP 比值从第 26 位上升到第 24 位，且该指标在指标体系中所占权重为 7%，影响较大；同时，企业 R&D 经费支出占主营业务收入比重从第 23 位上升至第 20 位，提升也较快。但是，万人 R&D 研究人员数在全国仅排第 29 位，位次较为靠后，亟须提升。

3. 科技活动产出

2020 年贵州科技活动产出与上年相比保持全国第 26 位不变。其中提升较快的指标有万元生产总值技术国际收入（从第 24 位上升到第 20 位）、万人科技论文数（从第 30 位上升到第 28 位）等。下降幅度较大的指标主要是获国家级科技成果奖系数（从第 26 位下降到第 31 位，在全国挂末）。

4. 高新技术产业化

2020 年贵州高新技术产业化从上年的全国第 22 位上升至第 21 位，位次上升 1 位，主要原因是新产品销售收入占主营业务收入比重（从第 27 位上升到第 23 位）、高技术产业利润率（从第 23 位上升到第 22 位）等指标取得较好增长。但高技术产业劳动生产率指标在全国依旧挂末（2018—2020 年连续排第 30 位），导致二级指标高新技术产业化效益在全国挂末（排第 31 位），亟须提升。

5. 科技促进经济社会发展

2020 年贵州科技促进经济社会发展从上年的全国第 30 位上升至第 28 位，位次上升 2 位，主要原因是综合能耗产出率（从第 26 位上升至第 25 位）、环境污染治理指数（从第 12 位上升至第 11 位）、万人移动互联网用户数（从第 20 位上升至第 14 位，是位次提升最大的三级指标）等指标位次有所提升。但劳动生产率指标常年挂末（排第 31 位），严重制约贵州科技促进经济社会发展，直接导致二级指标经济发展方式转变在全国挂末（排第 31 位）。

二、科技创新环境一级指标下降的原因

2020 年贵州科技创新环境指数一级指标数值和位次双下降，位次重新回归 2018 年的第 30 位，主要由 7 项指标下降引起。

1. 十万人博士毕业生数（排第 31 位，权重为 0.6%）

2018 年贵州博士毕业生数仅有 115 人，较 2017 年增加 40 人，但分母人口抽样数据增加 415 人，导致贵州十万人博士毕业生数位次较上年下降 1 位。

2. 万人大专以上学历人数（排第 29 位，权重为 2.4%）

2018 年全省大专以上学历抽样比数据为 2488 人，较 2017 年减少 240 人，导致贵州万人大专以上学历人数较上年下降 27.29 人 / 万人，位次较上年下降 4 位。

3. 科学研究和技术服务业新增固定资产占比重（排第 29 位，权重为 1.8%）

2018 年全省科学研究和技术服务业新增固定资产为 15.3 亿元，较 2017 年增加 1.8 亿元，增长了 13.3%，但分母全社会新增固定资产较 2017 年增加 734.03 亿元，增长了 13.8%，导致贵州科学研究和技术服务业新增固定资产占比重较 2017 年下降 0.05 个百分点，位次较 2017 年下降 1 位。

4. 科学研究和技术服务业平均工资比较系数（排第 28 位，权重为 0.9%）

2018 年全省科学研究和技术服务业平均工资为 8.77 万元，较 2017 年增加 1.56 万元，增长了 21.7%，但分母全社会平均工资较 2017 年增加 1.63 万元，增长了 24.6%，导致贵州科学研究和技术服务业平均工资比较系数较 2017 年减少 3.15 个百分点，位次较 2017 年下降 3 位。

5. 每名 R&D 人员研发仪器和设备支出（排第 27 位，权重为 1.8%）

2018 年全省研发仪器和设备支出为 12.48 亿元，较 2017 年增加 2.47 亿元，增长了 24.7%，但分母全社会 R&D 全时当量较 2017 年增加 9233 人年，增长了 38.3%，导致贵州每名 R&D 人员研发仪器和设备支出反而较 2017 年减少 1.36 万元，位次较 2017 年下降 15 位。

6. 10 万人创新中介从业人员数（排第 24 位，权重为 0.3%）

2018 年全省创新中介从业人员数为 425 人，较 2017 年减少 142 人，但分母 2010 年末人口数 3479 万人保持不变，导致贵州 10 万人创新中介从业人员数较 2017 年下降 0.41 人 /10 万人，位次较 2017 年下降 4 位。

7. 有 R&D 活动的企业占比重（排第 21 位，权重为 1.35%）

2018 年全省有 R&D 活动的企业为 948 家，较 2017 年仅增加 2 家，但分母规模以上工业企业数较 2017 年增加 272 家，导致贵州有 R&D 活动的企业占比重较 2017 年下降 0.83 个百分点。

三、短板指标分析

根据《贵州省科技创新 2030 实施纲要》，2022 年贵州综合科技创新水平指数达到全国前 25 位，区域创新能力效用值达到全国前 16 位；到 2025 年，综合科技创新水平指数达到全国前 20 位，区域创新能力效用值达到全国前 15 位；到 2030 年，综合科技创新水平指数达到全国前 15 位，区域创新能力效用值保持全国前 15 位。针对上述目标，我们对综合科技创新水平指数进行了测算。对 2025 年排位低于第 20 位的三级指标，分别以推算值作为下限目标，以其他 30 个省第 20 位的值作为力争指标。

（一）R&D 经费支出与 GDP 比值（权重为 7%）

1. 指标分析

2019 年贵州全社会 R&D 经费支出为 144.7 亿元，R&D 经费投入强度为 0.86%，排全国第 25 位，"十三五"期间实现逐年增长，R&D 经费支出年均增速全国第一。2020 年贵州 R&D 经费投入强度规划目标为 0.95%（R&D 经费支出需达到 171 亿元），2025 年贵州 R&D 经费投入强度规划目标为 1.35%，力争达到 1.6%（《贵州省国民经济和社会发展第十四个五年规划和二〇三五年远景目标纲要》的目标）；2030 年贵州 R&D 经费投入强度规划目标为 2.02%（R&D 经费支出需达到 737 亿元）。

2. 初步措施

（1）完善 10 万元以上研发投入项目库。继续梳理立项实施、到期未验收的省级科技计划项目及中央引导地方科技创新项目，梳理科技型企业，特别是高新技术企业研发项目，以及省重大工程项目 4 个类别项目，完善 10 万元以上研发投入项目库。建立由省科技厅、发展改革委、工业和信息化厅、农业农村厅、教育厅等部门组成的 R&D 投入工作制度，梳理其他厅局支持的研发投入项目。

（2）强化政策引导和服务。全面落实企业研发费用税前加计扣除、高新技术企业所得税优惠等普惠政策，继续实施市（州）研发奖励政策，强化政策叠加效应，提升规模以上工业企业中有研发活动企业的占比。继续开展"千企面对面"工作，分类建立科学研究与技术服务业等创新主体名录。2020 年 3 月 15 日前，采用一对一服务的方式到全省重点科技型企业开展研发投入政策服务工作，帮助企业掌握普惠政策，让企业更好地做好 2020 年研发投入经费归集工作。

（3）引导科技型企业加大研发经费投入。实施规上企业研发机构全覆盖工程，支持规上企业建研发平台，鼓励行业领军企业在黔设立符合产业发展方向的研发机构；各类财政扶持资金优先支持研发经费投入强度大的企业；建立科技型企业（高新技术企业）"小升规"后补助制度；做好高新技术企业认定工作，通过10万元以上研发投入项目库，摸清申请认定和已经认定企业的研发经费投入情况，对达不到高新技术企业研发经费投入要求的督促整改；鼓励和刺激国有企业加大研发投入，参照科技部政策，将技术进步要求高的国有企业研发投入占销售收入的比例纳入经营业绩考核；引导金融机构加大对规上企业研发经费内部支出的信贷支持；鼓励企业加大技术改造经费支出，保持企业技术创新投入的持续增长。

（4）完善高校、科研院所科技创新监测评价制度，将研发投入等指标作为对高校、科研院所评价考核的重点指标，建立与财政经费挂钩的机制，将评价考核结果作为科技创新基地、科技项目申报等的重要依据；完善产学研合作机制，提高高校和科研院所研发经费内部支出额中来自企业资金的比例。

（5）提高财政科技投入强度。在增加省、市、县财政科技投入基数的基础上，保证每年财政科技经费的增速高于财政支出的增速，力争财政科技支出占财政支出的比例不降低；加强省级协调和对下指导，各级财政科技经费实际用于研发活动的比例达到80%以上，发挥政府研发投入的乘数效应和杠杆效应，带动全社会加大R&D投入。

（6）建立动态监测和跟踪服务平台。依托省科技信息中心R&D活动服务平台开展统计监测，定期按季度、分领域进行分析，对重点创新主体开展一对一跟踪服务，对无研发投入、研发投入过低的创新主体开展点对点培训指导。引导企业规范研发项目管理，强化指标解读和操作指引，指导企业做好研发辅助账等基础性工作。

（二）万人科技论文数（权重为4.8%）

1. 指标分析

2018年贵州万人科技论文数为1.34篇/万人（科技论文数为4922篇），在全国排第28位，同比上一年度提升2位。其2020年预期目标为1.44篇/万人（科技论文数需达到5289篇）；2025年预期下限目标为1.76篇/万人（科技论文数需达到6464篇），力争达到2.41篇/万人（科技论文数需达到8852篇）；2030年下限目标为2.14篇/万人（科技论文数需达到7860篇），力争达到3.31篇/万人（科技论文数需达到12 158篇）。

2. 初步措施

（1）不"唯论文"并不是不提论文。要以科技部科技论文的统计口径（CSTPCD和SCI）为目标导向，在基础研究、重大专项等项目申报中强化论文考核，建议每一项科技计划项目需产出6篇以上科技论文。

（2）在高校、科研院所的科技进步统计监测指标体系中加入该项指标，引导高校和科研院所的科技论文产出方向。

（3）加强与教育部门联系，建立合作关系，将科技论文产出相关指标写入与省教育厅的合作协议中。

（三）万人发明专利拥有量（权重为4.8%）

1. 指标分析

2018年全省万人发明专利拥有量为2.9件/万人（发明专利拥有量为10 652件），在全国排第24位，同比上一年度位次不变。其2020年预期目标为3.2件/万人（发明专利拥有量需达到11 754件）；2025年预期下限目标为4.5件/万人（发明专利拥有量需达到16 529件），力争达到5.5件/万人（发明专利拥有量需达到20 202篇）；2030年预期目标为5.5件/万人（发明专利拥有量需达到20 202件）。

2. 初步措施

（1）组织开展高价值核心专利培育；加强专利申请培训；引导第三方专利服务机构开展工作，提高企业专利申请质量。

（2）强化目标导向，将发明专利相关指标作为科技成果应用及产业化、重大专项等项目考核指标。

（四）信息传输、软件和信息技术服务业增加值占生产总值比重（权重为3.5%）

1. 指标分析

2018年贵州信息传输、软件和信息技术服务业增加值占生产总值比重为2.66%，在全国排第18位，同比上一年度下降2位，波动性较大。其2020年预期目标为2.9%，2025年预期目标为3.5%，2030年预期目标为3.5%（标准值）。

2. 初步措施

强化信息传输、软件和信息技术服务业科技需求征集，针对重点领域和项目予以科技资金支持。加强信息传输、软件和信息技术领域高新技术企业的培育。

（五）获国家级科技成果奖系数（权重为2.4%）

1. 指标分析

2018年贵州获国家级科技成果奖励系数为0.32项当量/万人（获国家科技成果奖当量为1.06项），在全国排第31位，同比上一年度下降5位。其2020年预期目标为0.33项当量/万人（获国家科技成果奖当量需达到3.06项）；2025年预期下限目标为0.37项当量/

万人（获国家科技成果奖当量需达到 4.82 项），力争达到 2.85 项当量 / 万人（获国家科技成果奖当量需达到 37.14 项）；2030 年预期目标为 0.4 项当量 / 万人（获国家科技成果奖当量需达到 9.17 项）。

2. 初步措施

对标国家科技奖励制度，修改完善贵州科学技术奖励办法实施细则；加大重大科技成果凝练，组织重大科技成果参与国家科技奖励评选。

（六）科学研究和技术服务业新增固定资产占比重（权重为 1.8%）

1. 指标分析

2018 年贵州科学研究和技术服务业新增固定资产占比重为 0.33%（科学研究和技术服务业新增固定资产为 15.3 亿元），在全国排第 29 位，同比上一年度下降 1 位。其 2020 年预期目标为 0.35%（科学研究和技术服务业新增固定资产需达到 24.93 亿元）；2025 年预期下限目标为 0.39%（科学研究和技术服务业新增固定资产需达到 27.78 亿元），力争达到 1.26%（科学研究和技术服务业新增固定资产需达到 89.74 亿元）；2030 年预期目标为 0.44%（科学研究和技术服务业新增固定资产需达到 31.34 亿元）。

2. 初步措施

建设特色化的科技服务平台。搭建跨区域、综合性的科技服务平台和成果转化平台，汇聚科技成果、项目、人才、服务等资源。

（七）高技术产业利润率（权重为 1.5%）

1. 指标分析

2018 年贵州高技术产业利润率为 6.15%（高技术产业利润总额为 73.66 亿元），在全国排第 22 位，同比上一年度提升 1 位。其 2020 年预期目标为 6.4%（高技术产业利润总额需达到 84.52 亿元）；2025 年预期下限目标为 7.06%（高技术产业利润总额需达到 107.58 亿元），力争达到 7.83%（高技术产业利润总额需达到 119.31 亿元）；2030 年预期目标为 11.54%（高技术产业利润总额需达到 223.06 亿元）。

2. 初步措施

（1）加大高新区建设力度。充分发挥贵阳、安顺国家高新区在区域创新、高新技术产业发展的引领示范和辐射作用；推动省级高新区"以建促升"，完善对创新创业的服务功能，争取 2025 年国家高新区数量翻一番；支持国家高新区和发展水平高的省级高新区整合或托管区位相邻、产业相近、分布零散的产业园区，探索异地孵化、飞地经济、伙伴园区等多种合作机制。

（2）持续强化高新技术企业培育。加强高新技术企业、领军企业、独角兽企业培育，保存量，求增量。完善促进高新技术企业和科技型中小企业发展的政策体系，落实加计扣除等优惠政策。加大"十年百企千亿"培育行动力度，培育隐形冠军企业和独角兽企业。深化科技型企业"千企面对面"服务活动，完善技术创新对话机制。

（八）综合能耗产出率（权重为 1.25%）

1. 指标分析

2018 年贵州综合能耗产出率为 8.93 元/千克标准煤（能源消费总量为 15 635.94 万吨），在全国排第 25 位，同比上一年度提升 1 位。其 2020 年预期目标为 10.17 元/千克标准煤（能源消费总量需达到 17 699.12 万吨）；2025 年预期下限目标为 14.1 元/千克标准煤（能源消费总量需达到 18 439.72 万吨），力争达到 17.41 元/千克标准煤（能源消费总量需达到 14 933.95 万吨）；2025 年预期目标为 19.55 元/千克标准煤（能源消费总量需达到 18 652.86 万吨）。

2. 初步措施

（1）加强与省能源局、省发展改革委对接联系，了解获取相关数据和信息，了解能源消费总量情况，及时将相关领域科技需求制定反馈给相关部门。

（2）加强节能环保技术研究与应用推广。

（九）科学研究和技术服务业平均工资比较系数（权重为 0.9%）

1. 指标分析

2018 年贵州科学研究和技术服务业平均工资比较系数为 75.54%，在全国排第 28 位，同比上一年度下降 3 位。其 2020 年预期目标为 82%；2025 年预期下限目标为 90%，力争达到 102.48%；2030 年预期目标为 100%。

2. 初步措施

（1）完善科技成果、知识产权归属和利益分享机制，积极争取赋予科研人员职务、科技成果所有权和长期使用权试点（责任处室：政策法规与创新体系建设处）。

（2）落实"两制双返"、协议工资、年薪制、股权、期权和分红等科技人员激励措施。

（十）十万人博士毕业生数（权重为 0.6%）

1.指标分析

2018 年贵州十万人博士毕业生数为 0.32 人 /10 万人，在全国排第 31 位，同比上一年度下降 1 位。其 2020 年预期目标为 0.69 人 /10 万人（博士毕业生数需达到 253 人）；2025 年预期下限目标为 0.9 人 /10 万人（博士毕业生数需达到 331 人），力争达到 2.79 人 /10 万人（博士毕业生数需达到 1025 人）；2030 年预期目标为 1.6 人 /10 万人（博士毕业生数需达到 588 人）。

2.初步措施

提升高等教育能力，加大教育经费投入，引导社会资本进入教育领域，大力发展高等教育，提升大专以上学历人口数，提升劳动者素质。

报告之二十：2022 年贵州
综合科技创新水平指数分析

　　《中国区域科技创新评价报告 2022》（简称《报告》）显示：2022 年贵州区域科技创新水平指数为 53.82%（实际为 2020 年的数据，下同），保持在全国第 25 位，较上年（49.05%）提升了 4.77 个百分点，增幅居全国第 3 位，区域综合科技创新水平指数稳中有进。

一、总体情况分析

　　《报告》采用的指标体系架构不变，仍为三级结构，包含 5 个一级指标、12 个二级指标、43 个三级指标（新增 5 个三级指标，但未参与计算）。

　　2020 年，5 个一级指数均保持正向增长，其中科技活动投入指数提高最快，较上年提升 7.08 个百分点，位次上升 2 位；高新技术产业化指数和科技创新环境指数分别较上年提升 5.86 个和 4.27 个百分点，位次分别上升 4 位、1 位；科技活动产出指数、科技促进经济社会发展指数分别较上年提升 4.09 个和 2.65 个百分点，位次保持不变（表 1）。

表 1　5 个一级指数评价情况

指标	评价值		位次		增幅	
	2020 年	2019 年	2020 年	2019 年	指数（个百分点）	位次
科技创新环境指数	45.85%	41.58%	28	29	4.27	1
科技活动投入指数	51.26%	44.18%	21	23	7.08	2
科技活动产出指数	51.81%	47.72%	26	26	4.09	0
高新技术产业化指数	57.51%	51.65%	23	27	5.86	4
科技促进经济社会发展指数	60.55%	57.90%	28	28	2.65	0

　　三级指标中贵州处于前 10 位的有 4 个（企业技术获取和技术改造经费支出占企业主营业务收入比重、每万人口高价值发明专利拥有量、高技术产品出口额占商品出口额比重、环

境质量指数），占总数的 9.3%；居第 11 ~ 20 位的有 13 个，占 30.2%；居第 21 位及以后的有 26 个，占 60.5%，由此可见，贵州大部分指标在全国的排位依然较靠后。其中，劳动生产率、高技术产业劳动生产率为第 31 位，万人大专以上学历人数、十万人累计孵化企业数、十万人博士毕业生数为第 30 位，万人科技论文数、科学研究和技术服务业新增固定资产占比重为第 29 位。与上年相比，2020 年居第 30 位的指标新增 1 项，居第 29 位的指标减少 1 项。

二、一级指数分析

（一）科技创新环境指数

2020 年贵州科技创新环境指数为 45.85%，较上年提升 4.27 个百分点，位次上升 1 位（表 2）。二级指标中，2020 年科技人力资源和科技意识分别较上年上升 3 位和 1 位，科研物质条件较上年下降 1 位。从科研物质条件三级指标来看，下降的主要原因是每名 R&D 人员研发仪器和设备支出（从第 16 位下降到第 22 位，是位次下降最大的三级指标）、十万人累计孵化企业数（从第 29 位下降到第 30 位）、万名就业人员专利申请数（从第 25 位下降到第 28 位）、万人高等学校在校学生数（从第 24 位下降到第 25 位）等指标的位次下降或排位挂末。科研仪器设备、科技创业服务载体等减少、专利申请数下降，反映出贵州科研物质条件仍未得到有效改善，企业创新创业的积极性不高，动力不足。

表 2　科技创新环境指数构成及评价结果

指标名称	评价值		位次	
	2020 年	2019 年	2020 年	2019 年
科技创新环境	45.85%	41.58%	28	29
科技人力资源	58.50%	50.24%	27	30
万人研究与发展（R&D）人员数	11.93%	10.85%	23	24
十万人博士毕业生数	0.38%	0.32%	30	30
万人大专以上学历人数	1207.43%	832.07%	30	31
万人高等学校在校学生数	265.45%	245.30%	25	24
十万人创新中介从业人员数	1.21%	1.18%	28	29
科研物质条件	32.04%	31.40%	29	28
每名 R&D 人员研发仪器和设备支出	3.05%	3.19%	22	16
科学研究和技术服务业新增固定资产占比重	0.45%	0.42%	29	29

指标名称	评价值		位次	
	2020 年	2019 年	2020 年	2019 年
十万人累计孵化企业数	2.86%	2.27%	30	29
科技意识	42.81%	40.21%	21	22
万名就业人员专利申请数	20.48%	18.45%	28	25
科学研究和技术服务业平均工资比较系数	81.82%	77.72%	25	25
万人吸纳技术成交额	1118.52%	816.21%	17	20
有 R&D 活动的企业占比重	28.27%	23.00%	15	17

（二）科技活动投入指数

2020 年科技活动投入指数为 51.26%，较上年提高 7.08 个百分点，位次上升 2 位（表 3）。二级指标中，2020 年科技活动人力投入指数较上年提高了 18.51 个百分点，位次上升 8 位，万人 R&D 研究人员数（从第 29 位上升到第 28 位）、企业 R&D 研究人员占比重（较上年提高了 23.38 个百分点）这两个三级指标是其主要拉升指标；科技活动财力投入指数较上年提高了 2.19 个百分点，位次上升 1 位，地方财政科技支出占地方财政支出比重、企业 R&D 经费支出占主营业务收入比重这两个三级指标是其主要拉升指标。可见，与上年相比，2020 年贵州政府科技投入力度加大、企业研发投入强度增幅较大。其余三级指标中，2020 年企业技术获取和技术改造经费支出占企业主营业务收入比重出现位次和指数双下滑的情况，但排位仍然保持在全国前列（从第 7 位下降到第 9 位），R&D 经费支出与 GDP 比值虽然从上年的第 25 位下降到第 26 位，但提高了 0.05 个百分点，反映出贵州研发经费投入增长缓慢。

表 3　科技活动投入指数构成及评价结果

指标名称	评价值		位次	
	2020 年	2019 年	2020 年	2019 年
科技活动投入	51.26%	44.18%	21	23
科技活动人力投入	83.61%	65.10%	19	27
万人 R&D 研究人员数	5.52%	4.92%	28	29
基础研究人员投入强度指数	0.21%	0.19%	20	20
企业 R&D 研究人员占比重	63.55%	40.17%	15	15

指标名称	评价值		位次	
	2020 年	2019 年	2020 年	2019 年
科技活动财力投入	37.40%	35.21%	20	21
R&D 经费支出与 GDP 比值	0.91%	0.86%	26	25
基础研究经费投入强度指数	0.09%	0.10%	18	18
地方财政科技支出占地方财政支出比重	1.97%	1.92%	14	15
企业 R&D 经费支出占主营业务收入比重	1.13%	0.93%	14	16
企业技术获取和技术改造经费支出占企业主营业务收入比重	0.44%	0.62%	9	7
上市公司 R&D 经费投入强度指数	0.01%	0.01%	28	28

（三）科技活动产出指数

2020 年科技活动产出指数为 51.81%，与上年相比提高了 4.09 个百分点，位次不变（表 4）。二级指标中，2020 年技术成果市场化指数提升较快，指数较上年提高 1.03 个百分点，位次上升 4 位，主要由万元生产总值技术国际收入（从第 25 位上升到第 21 位）、万人输出技术成交额（提高了 36.24 个百分点）两个三级指标推动。2020 年贵州技术市场吸纳技术成交额较上年增长了 39.41%、技术市场输出技术成交额较上年增长了 9.66%、技术国际收入较上年增长了 134.89%，技术成果市场化成效明显。另一个二级指标科技活动产出水平指数 2020 年较上年提高了 6.14 个百分点，位次保持不变，其中 4 个三级指标指数均保持正向增长，但从排位变化情况来看，万人科技论文数从第 27 位下降到第 29 位，万人发明专利拥有量从第 24 位下降到第 25 位，每万人口高价值发明专利拥有量从第 4 位下降到第 6 位，说明科技产出水平较低依然是贵州科技创新的短板。

表 4　科技活动产出指数构成及评价结果

指标名称	评价值		位次	
	2020 年	2019 年	2020 年	2019 年
科技活动产出	51.81%	47.72%	22	22
科技活动产出水平	51.77%	45.63%	23	23
万人科技论文数	1.51%	1.48%	29	27
获国家级科技成果奖系数	4.87%	4.06%	13	17
万人发明专利拥有量	3.61%	3.22%	25	24

指标名称	评价值		位次	
	2020 年	2019 年	2020 年	2019 年
每万人口高价值发明专利拥有量	12.20%	10.90%	6	4
技术成果市场化	51.88%	50.85%	18	22
万人输出技术成交额	501.05%	464.81%	18	18
万元生产总值技术国际收入	0.38%	0.17%	21	25

（四）高新技术产业化指数

2020 年高新技术产业化指数为 57.51%，较上年提高 5.86 个百分点，位次上升 4 位（表 5）。二级指标中，2020 年高新技术产业化水平指数较上年提高 9.25 个百分点，位次上升 3 位，主要由高技术产品出口额占商品出口额比重（从第 14 位上升到第 9 位，指数提高 14.39 个百分点）、知识密集型服务业增加值占生产总值比重（从第 29 位上升到第 27 位）两个三级指标拉动。2020 年，贵州高技术产品出口额比上年增长了 72.69%，增速排在全国第 1 位，知识密集型服务业增加值较上年增长了 15.78%，推动高新技术产业化水平进一步提升。另一个二级指标高新技术产业化效益指数较上年提高 2.47 个百分点，位次保持不变，仅排第 30 位，亟须提升，三级指标高技术产业劳动生产率指标在全国挂末（从第 30 位下降到第 31 位，指数下降 8.24 个百分点），反映出贵州高新技术产业效益较低。

表 5　高新技术产业化指数构成及评价结果

指标名称	评价值		位次	
	2020 年	2019 年	2020 年	2019 年
高新技术产业化	57.51%	51.65%	23	27
高新技术产业化水平	53.53%	44.28%	14	17
高技术产业主营业务收入占工业主营业务收入比重	10.44%	11.78%	17	11
知识密集型服务业增加值占生产总值比重	12.60%	11.57%	27	29
高技术产品出口额占商品出口额比重	41.85%	27.46%	9	14
新产品销售收入占主营业务收入比重	9.38%	8.39%	23	23
高新技术产业化效益	61.49%	59.02%	30	30
高技术产业劳动生产率	61.02%	69.26%	31	30
高技术产业利润率	6.40%	5.03%	21	26
知识密集型服务业劳动生产率	48.93%	43.85%	26	25

（五）科技促进经济社会发展指数

2020 年科技促进经济社会发展指数为 60.55%，较上年提高 2.65 个百分点，位次不变（表 6）。2020 年二级指标中经济发展方式转变指数较上年提高 1.04 个百分点，但排位仍居全国末位，主要是因为 4 个三级指标位次均没有变化，且劳动生产率指标长期挂末（居全国第 31 位），经济发展方式转变滞后，严重制约贵州科技促进经济社会发展；环境改善指数较上年提高 1.48 个百分点，位次上升 3 位，其中环境质量指数、环境污染治理指数均位于全国前 20 位以内；社会生活信息化指数较上年提高 5.42 个百分点，位次上升 1 位，主要是信息传输、计算机服务和软件业增加值占生产总值比重指标（从第 19 位上升到第 14 位）拉动作用较大。

表 6 科技促进经济社会发展指数构成及评价结果

指标名称	评价值		位次	
	2020 年	2019 年	2020 年	2019 年
科技促进经济社会发展	60.55%	57.90%	28	28
经济发展方式转变	39.17%	38.13%	31	31
劳动生产率	5.19%	4.97%	31	31
资本生产率	0.22%	0.23%	21	21
综合能耗产出率	9.54%	9.30%	25	25
装备制造业区位熵	45.43%	40.97%	21	21
环境改善	88.33%	86.85%	11	14
环境质量指数	59.47%	57.85%	4	5
环境污染治理指数	95.55%	94.10%	16	16
社会生活信息化	79.17%	73.75%	14	15
万人移动互联网用户数	10 340.47%	10 118.26%	15	13
信息传输、计算机服务和软件业增加值占生产总值比重	2.89%	2.46%	14	19
电子商务消费占最终消费支出比重	0.09%	0.08%	22	20

三、与位次相近省份的对比分析

选择位次居贵州前后两位的甘肃、广西、海南、内蒙古进行对比分析（表 7）。可以看出，2020年贵州5个一级指标中表现最好的是科技活动投入指数，排位均高于甘肃、广西、海南和内蒙古。但与排前一位的广西相比，除科技活动投入、科技活动产出指数外，贵州在科技创新环境指数、高新技术产业化指数和科技促进经济社会发展指数上均处于劣势；与排后一位的海南相比，贵州在科技创新环境指数、科技活动产出和科技促进经济社会发展指数上均处于劣势，说明贵州增比进位形势依然严峻。

表7　2020年贵州与位次相近省份指数比较

指标名称	位次				
	甘肃	广西	贵州	海南	内蒙古
综合科技创新水平指数	23	24	25	26	27
科技创新环境	22	24	28	23	25
科技活动投入	23	27	21	28	26
科技活动产出	21	26	22	19	28
高新技术产业化	21	11	23	29	27
科技促进经济社会发展	27	21	28	13	24

从三级指标对比情况来看，贵州与广西相比，优势明显的指标（相差10位次以上）有4个，分别是有R&D活动的企业占比重、企业R&D经费支出占主营业务收入比重、获国家级科技成果奖系数、每万人口高价值发明专利拥有量；优势较大的指标（相差5～10位次）有6个，分别是万人研究与发展（R&D）人员数、企业R&D研究人员占比重、地方财政科技支出占地方财政支出比重、万人输出技术成交额、万元生产总值技术国际收入、环境污染治理指数。劣势明显的指标（相差10位次以上）有5个，分别是万人高等学校在校学生数、每名R&D人员研发仪器和设备支出、科学研究和技术服务业新增固定资产占比重、高技术产业劳动生产率、综合能耗产出率；劣势较大的指标（相差5～10位次）有7个，分别是科学研究和技术服务业平均工资比较系数、基础研究人员投入强度指数、企业技术获取和技术改造经费支出占企业主营业务收入比重、万人发明专利拥有量、知识密集型服务业增加值占生产总值比重、新产品销售收入占主营业务收入比重、知识密集型服务业劳动生产率。

贵州与海南相比，劣势明显的指标（相差10位次以上）有8个，分别是每名R&D人员研发仪器和设备支出、科学研究和技术服务业新增固定资产占比重、万名就业人员专利申请数、万人科技论文数、高技术产业利润率、综合能耗产出率、环境污染治理指数、电子商务消费占最终消费支出比重；劣势较大的指标（相差5～10位次）有9个，分别是十万人博士毕业生数、万人大专以上学历人数、万人高等学校在校学生数、十万人创新中介从业人员数、万人发明专利拥有量、万元生产总值技术国际收入、高技术产业劳动生产率、劳动生产率、万人移动互联网用户数。

通过上述对比分析，贵州综合科技创新水平指数要赶超广西、防止被海南超越，还存在较大压力；贵州要在企业 R&D 相关活动、高价值发明专利拥有量、技术成交额等知识产权能力、地方财政科技支出、环境治理等方面继续扩大领先优势，同时在科技创新人才、全社会 R&D 研究活动、劳动生产率相关指标等明显劣势方面着力实现赶超。

四、存在的问题

（一）科技创新环境指标短板仍然明显

2020 年贵州科技创新环境指数居全国第 28 位，12 个三级指标中，6 个指标（占50%）居第 28 位以后，4 个指标位次下降，主要由贵州创新基础薄弱、科技人力资源不足、科研物质水平低等现实问题造成的。一方面，科技人力资源不足，2020 年贵州万人大专以上学历人数和十万人博士毕业生数均排在全国第 30 位，万人研究与发展（R&D）人员数排在全国第 23 位，十万人创新中介从业人员数均排在全国第 28 位，万人高等学校在校学生数位次较上年下降 1 位；另一方面，科研物质条件有待改善，贵州研发仪器和设备支出增长缓慢，2020 年每名 R&D 人员研发仪器和设备支出位次较上年下降了 6 位，科学研究和技术服务业新增固定资产占比重排全国第 29 位，十万人累计孵化企业数位次下降至全国第 30 位。

（二）R&D 相关指标存在较大提升空间

整个监测指标体系中，与 R&D 相关的三级指标共有 10 个，占总权重的 25% 左右，尤为重要。2020 年贵州除与企业 R&D 相关的 4 个指标表现较好外，其余涉及 R&D 经费和R&D 人员的指标均排在全国第 23 位及以后。R&D 经费投入增长缓慢，2020 年 R&D 经费支出与 GDP 比值虽然比上年有所提高，但位次下降 1 位，万人 R&D 研究人员数和上市公司 R&D 经费投入强度指数均居第 28 位。

（三）经济发展方式转变滞后

当前贵州经济正在由高速增长转向高质量发展的阶段，实现经济高质量发展必须提高全要素生产率，而贵州的劳动生产率长期挂末，高新技术产业化效益较低，2020 年高技术产业劳动生产率位次下降至全国最后 1 位，知识密集型服务业劳动生产率位次下降至全国第 26 位，经济发展方式转变滞后成为制约全省创新驱动高质量发展的重要因素。

（四）科技活动产出水平整体质量不高

科技论文和专利的数量是反映一地区科技活动质量的重要指标，虽然 2020 年贵州科技活动产出水平指数位次保持在第 23 位，但从三级指标来看，万人科技论文数为 1.51 篇 / 万人，全国平均水平为 67 篇 / 万人，位次较上年下降 2 位，居第 29 位；万人发明专利拥有量为 3.61 件，全国平均水平为 16.50 件，与上年相比位次下降 1 位，居第 25 位，贵州与全国的差距仍然明显。

五、提升对策建议

（一）营造良好的创新生态环境

加大改善科技基础设施力度，提高科研物质条件。鼓励和引导现有的企业、科研机构、高等学校及社会各类创新资源整合，建立科技创新条件共享机制，使科技创新信息和知识得到充分利用。不断完善科研基础设施和配套设施建设，以 R&D 活动人员新增仪器设备为重点完善配备对象，提高科研物质条件。支持高校、科研院所与省内企业共同培养、引进紧缺人才和创新团队，鼓励研发人员在大学、科研院所和企业之间流动。

（二）建立研发投入激励机制

贵州应积极落实《中华人民共和国科学技术进步法》中"国家财政用于科学技术经费的增长幅度，应当高于国家财政经常性收入的增长幅度"的要求，建立政府研发投入的刚性增长机制和政府、部门研发投入联动机制，加大各级财政资金对研发的支持力度。加强对现有政府部门财政支出中用于研发投入的资金统筹，建立跨部门的财政科技项目统筹决策和联动管理制度，逐步提高来源于政府资金的研发经费比例。完善省级科技计划项目遴选机制，将企业研发投入强度、建设创新平台情况作为承担科研项目的优先条件。大力引进和培育种子轮 / 天使轮投资、风险投资、私募投资，充分发挥各级各类产业基金、风险投资资金、金融资本的杠杆作用，促进银企联动、投贷结合，加大对高新技术产业、科技型企业的投资力度，最大限度地扩大全社会研发投入。

（三）促进科技创新和产业深度融合

通过科技创新提高资源利用效率，才能有效放大各生产要素的作用，提升经济发展整体效益和效率。深入推进信息化与工业化深度融合，加快推进基于互联网的商业模式、服务模式、管理模式创新，构建现代产业发展新体系。着力在"三高"（培育高新技术企业、打造高新技术园区、发展高新技术产业）上实现新突破。积极培育新的经济增长点，对于需求旺盛、发展潜力大、带动作用广、科技含量高的战略性新兴产业，及时持续给予政策、资金、人才等方面的支持，培育其成为新的经济增长极。

（四）加强对"两项指数"的跟踪研究

持续加强对"两项指数"主要监测指标的数据分析，不仅要保持优势指标，更要在排名相对靠后的关键指标上下功夫，努力提升弱项指标。针对短板弱势指标应分门别类，深入研究其成因，开展精准施策，并将短板指标提升工作分解到各责任部门和相应处室。加强贵州统计数据分析研究，深入挖掘统计数据的应用价值，找准关键制约因素并予以改善，为各级政府扬优势、补短板、强弱项，实现依靠科技创新促进驱动发展战略提供决策。

报告之二十一：贵州 2022 年区域创新能力情况分析

近年来，贵州始终把创新摆在发展全局的核心位置，特色科技创新强省建设不断取得新成效，区域创新能力和水平稳步提升。根据《中国区域创新能力评价报告 2022》（简称《报告》），2022 年贵州区域创新能力排第 20 位，尽管较上年下降 2 位，但仍连续 7 年处于全国第二方阵（前 20 位）。

一、整体情况分析

根据《报告》，2022 年贵州区域创新能力在全国排第 20 位，较上年下降 2 位。从实力、效率、潜力 3 种类型的指标看，贵州潜力指标表现仍然突出，居全国第 5 位，实力和效率指标排名分别为第 24 位和第 25 位，与上年相比均有下滑（表 1）。

表 1　区域创新能力综合值和分项排名对比

年份	区域创新能力		分项指标排名		
	效用值	排名	实力	效率	潜力
2021	25.99	18	23	22	2
2022	23.59	20	24	25	5

（一）一级指标分析

《报告》显示，2022 年贵州 5 个一级指标优势突出，短板明显。知识创造、知识获取、企业创新、创新环境、创新绩效分别排全国第 22 位、第 14 位、第 20 位、第 14 位和第 28 位。相比综合排名，贵州的优势指标是知识获取和创新环境，劣势指标是创新绩效。其中，创新环境排名较上年提升了 3 个位次。企业创新与综合值排名相当，居全国第 20 位，较上年提升了 3 位。但知识创造和创新绩效均不尽人意，与贵州整体创新能力相比，仍有一定的提升空间，主要是因为外部的科技资助没有转化为本地的经济产出，缺乏与之配套的企业创新能力，对外来技术的消化吸收再创新能力不足，科技资源尚未转化为经济效益（表 2）。

表 2　一级指标排名对比

年份	知识创造	知识获取	企业创新	创新环境	创新绩效
2021	16	13	23	17	19
2022	22	14	20	14	28

（二）基础指标分析

从基础指标来看，与 2021 年相比，2022 年贵州排全国前 5 位的优势指标减少 5 个，有 18 个，主要集中在技术市场交易额、国际论文数、移动互联网人均接入流量、第三产业增加值、规模以上工业企业新产品销售收入等相关指标上。其中增长率指标有 14 个，占 77.78%。本地区上市公司平均市值、科技服务业从业人员增长率两个指标排全国第 1 位（表 3）。

表 3　排全国前 5 位的基础指标对比

2021 年		2022 年	
指标名称	排名	指标名称	排名
本地区上市公司平均市值	1	本地区上市公司平均市值	1
地区 GDP 增长率	1	科技服务业从业人员增长率	1
高技术产品出口额增长率	1	地区 GDP 增长率	2
研究与试验发展全时人员当量增长率	2	技术市场企业平均交易额（按流向）	2
国内论文数量增长率	2	技术市场交易金额的增长率（按流向）	2
规模以上工业企业国外技术引进金额增长率	2	国际论文数增长率	2
科技企业孵化器当年获风险投资额增长率	2	作者异国科技论文数增长率	2
废气中主要污染物排放量增长率	2	研究与试验发展全时人员当量增长率	3
每十万研发人员作者同省异单位科技论文数	3	移动互联网人均接入流量	3
规模以上工业企业国内技术成交金额增长率	3	移动互联网接入流量增长率	3
规模以上工业企业研发活动经费内部支出总额增长率	3	教育经费支出增长率	3
规模以上工业企业研发经费外部支出增长率	3	第三产业增加值增长率	3
移动互联网人均接入流量	3	规模以上工业企业研发活动经费内部支出总额增长率	4
技术市场企业平均交易额（按流向）	4	规模以上工业企业新产品销售收入增长率	4

2021 年		2022 年	
指标名称	排名	指标名称	排名
移动互联网接入流量增长率	4	按目的地和货源地划分进出口总额增长率	4
教育经费支出占 GDP 的比例	4	教育经费支出占 GDP 的比例	5
教育经费支出增长率	4	政府研发投入增长率	5
本地区上市公司市值增长率	4	6 岁及 6 岁以上人口中大专以上学历人口增长率	5
高技术企业数增长率	4		
政府研发投入增长率	5		
每亿元研发经费内部支出产生的发明专利申请数	5		
技术市场交易金额的增长率（按流向）	5		
外商投资企业年底注册资金中外资部分增长率	5		

从排名变动超过 15 位（包括 15 位）的指标来看，2022 年贵州全国排名较 2021 年上升超过 15 位（包括 15 位）的基础指标有 12 个，其中废气中主要污染物排放量增长率、高技术产品出口额增长率、高技术企业数增长率、规模以上工业企业国内技术成交金额增长率指标上升幅度排名靠前，分别上升了 28 位、26 位、26 位、24 位；2022 年贵州全国排名较 2021 年下降超过 15 位（包括 15 位）的基础指标有 8 个，其中科技服务业从业人员增长率、按目的地和货源地划分进出口总额增长率、科技企业孵化器当年毕业企业数增长率指标下降幅度较大，分别下降了 30 位、26 位、21 位（表 4）。

表 4   2022 年较 2021 年排名变动超过 15 位（包括 15 位）的基础指标对比

指标名称	排名变动	指标名称	排名变动
废气中主要污染物排放量增长率	28	科技服务业从业人员增长率	−30
高技术产品出口额增长率	26	按目的地和货源地划分进出口总额增长率	−26
高技术企业数增长率	26	科技企业孵化器当年毕业企业数增长率	−21
规模以上工业企业国内技术成交金额增长率	24	城镇登记失业人数	−17

指标名称	排名变动	指标名称	排名变动
每亿元 GDP 废气中主要污染物排放量	23	有电子商务交易活动的企业数增长率	−16
废气中主要污染物排放量	22	作者异国科技论文数增长率	−15
规模以上工业企业国外技术引进金额增长率	18	高技术产业新产品销售收入增长率	−15
万元地区生产总值能耗（等价值）	18	万元地区生产总值能耗（等价值）下降率	−15
高技术产业就业人数增长率	18		
废水中主要污染物排放量增长率	18		
规模以上工业企业国内技术成交金额	17		
规模以上工业企业平均国内技术成交金额	16		

二、存在问题分析

（一）劣势指标依然较多

2022 年贵州基础指标排名位于全国后 6 位的指标有 24 个，较 2021 年增加了 5 个，并且排名位于全国前 5 位的指标还减少了 5 个，主要涉及发明专利、研发人员、高技术产品、规模以上工业企业等方面相关指标（表 5）。

表 5　排全国后 6 位的基础指标对比

2021 年		2022 年	
指标名称	全国排名	指标名称	全国排名
作者异国合作科技论文数	26	每万名研发人员发明专利授权数	26
高技术产品出口额	26	高技术产品出口额	26
居民人均消费支出	26	每十万研发人员平均发表的国际论文数	26
6 岁及 6 岁以上人口中大专以上学历人口数（抽样数）	27	高技术产品出口额增长率	27

2021 年		2022 年	
指标名称	全国排名	指标名称	全国排名
平均每个科技企业孵化器当年毕业企业数	27	规模以上工业企业国内技术成交金额增长率	27
按目的地和货源地划分进出口总额	27	高技术产业就业人数增长率	27
科技服务业从业人员数	27	废水中主要污染物排放量增长率	27
科技企业孵化器当年毕业企业数	27	规模以上工业企业国外技术引进金额	27
科技企业孵化器当年毕业企业数增长率	28	按目的地和货源地划分进出口总额	27
发明专利授权数增长率	28	科技服务业从业人员数	27
每十万研发人员平均发表的国际论文数	28	科技企业孵化器当年毕业企业数	27
规模以上工业企业平均国外技术引进金额	28	规模以上工业企业平均国外技术引进金额	27
按目的地和货源地划分进出口总额占 GDP 比重	29	规模以上工业企业有效发明专利增长率	28
按目的地和货源地划分进出口总额增长率	30	人均 GDP 水平	28
有电子商务交易活动的企业数增长率	30	按目的地和货源地划分进出口总额占 GDP 比重	29
科技服务业从业人员增长率	31	平均每个科技企业孵化器创业导师人数	29
平均每个科技企业孵化器创业导师人数	31	科技服务业从业人员占第三产业从业人员比重	29
科技服务业从业人员占第三产业从业人员比重	31	废气中主要污染物排放量增长率	30
6 岁及 6 岁以上人口中大专以上学历所占的比例	31	高技术企业数增长率	30
		发明专利申请受理数（不含企业）增长率	30
		居民人均消费支出	30
		6 岁及 6 岁以上人口中大专以上学历所占的比例	30
		每亿元 GDP 废气中主要污染物排放量	31
		废气中主要污染物排放量	31

（二）大部分劣势指标未得到有效提升

由表 5 可知，贵州连续两年排名均为全国后 6 位完全相同的基础指标有 11 个，如果再加上类似指标，至少达到 15 个，表明部分劣势指标近两年依然没有改善。

（三）部分指标增长速度下滑

由表 4 可知，2022 年贵州全国排名较 2021 年下降超过 15 位（包括 15 位）的基础指标中涉及增长率的指标有 7 个，占比达到 87.5%；在表 5 中涉及增长率的指标有 8 个，占比达到 1/3。表明贵州部分指标增长速度有所放缓，这也直接影响到贵州潜力指标排名的下滑，进而影响到区域创新能力全国排名的下降。

三、对策建议

（一）分类施策，逐步提升长期劣势指标

对于长期全国排名靠后的指标，进行分类梳理，制定作战图，设置时间表，找准原因，有针对性地制定相关措施，开展分类施策，精准发力。定期分析研判弱项短板指标，对标对表指标落后的责任部门，坚持问题导向，努力补齐短板，逐步提升劣势指标。

（二）强化协同，进一步提升非科技类指标排名

对于非科技类指标，充分发挥省科技创新领导小组的作用，制定相关主管部门协调沟通机制。根据指标数据来源单位，分解指标牵头单位、责任单位等，进一步压实责任。各相关部门共同发力，协同作战，提升工作合力，争取进一步提升非科技类指标排名。

（三）未雨绸缪，在继续保持潜力指标优势的同时提升实力指标和效率指标

持续关注增长率下滑的相关指标，剖析其主观原因和客观原因，争取继续保持增长速度。同时，着力改善实力指标和效率指标，"对内"要全力挖潜，对基础薄弱、提升空间较大的指标，明确专人负责，更大力度督促推进；"对外"要主动对标，加强与其他发达地区的交流联系，学习经验、找准不足，明确目标任务，定准推进方向。

（四）优化环境，营造良好的科技创新氛围

进一步提升科技服务水平，推动科技孵化器、众创空间等创新平台向专业化升级，发挥政府科技成果转化基金和投资基金的引导作用，在留存、吸引和培养创新型人才方面下功夫，在全社会营造鼓励创新创业的良好氛围。

附　录
区域主要科技指标

为深入实施创新驱动发展战略，充分发挥科技创新对高质量发展的支撑引领作用，加速建设特色科技强省，实现定标比超、差异化跨越发展，特从国家创新调查制度系列报告之《中国区域科技创新评价报告》《中国区域创新能力评价报告》中选取区域主要科技指标并进行梳理汇总，以供相关部门、领导决策参考。

附录 1　区域综合科技创新水平指数（2015—2022年）

地区	2015年		2016年		2017年		2018年		2019年		2020年		2021年		2022年	
	指数值	位次	指数值	位次	指数值	位次	指数值	位次	指数值	位次	指数值	位次	指数值	位次	指数值	位次
北京	83.12%	1	83.43%	2	85.36%	1	84.83%	2	84.79%	2	84.55%	2	84.58%	2	86.22%	2
天津	78.63%	3	81.43%	3	80.55%	3	80.75%	3	81.17%	3	79.79%	4	80.88%	4	83.50%	3
河北	41.78%	25	44.37%	24	46.06%	24	48.78%	22	51.85%	21	54.46%	20	58.26%	18	60.97%	20
山西	49.53%	17	52.2%	17	51.80%	17	50.85%	20	51.94%	20	53.95%	22	53.75%	22	55.15%	22
内蒙古	45.13%	20	44.89%	23	46.08%	23	46.76%	23	47.46%	24	48.32%	24	47.63%	27	51.10%	27
辽宁	59.54%	8	60.17%	11	59.86%	13	60.55%	14	63.48%	14	65.28%	14	66.32%	14	67.22%	14
吉林	48.95%	18	49.50%	19	50.29%	19	54.59%	17	55.44%	16	54.96%	19	60.90%	17	61.34%	19
黑龙江	55.61%	14	56.48%	14	58.42%	14	56.05%	16	54.97%	17	54.07%	21	56.32%	21	57.91%	21
上海	82.48%	2	84.57%	1	84.04%	2	85.63%	1	86.59%	1	86.77%	1	86.36%	1	87.14%	1
江苏	73.06%	4	76.21%	4	76.84%	5	77.13%	5	77.93%	5	79.19%	5	79.69%	5	80.36%	5
浙江	67.58%	6	69.40%	6	71.38%	6	74.26%	6	74.58%	6	74.93%	6	76.76%	6	78.48%	6
安徽	51.43%	15	54.97%	15	58.24%	15	63.46%	11	63.57%	11	66.60%	10	66.66%	11	70.44%	10
福建	56.42%	13	57.98%	13	60.17%	12	61.38%	13	63.49%	13	65.32%	13	66.38%	13	66.54%	15

续表

地区	2015年		2016年		2017年		2018年		2019年		2020年		2021年		2022年	
	指数值	位次	指数值	位次	指数值	位次	指数值	位次	指数值	位次	指数值	位次	指数值	位次	指数值	位次
江西	43.07%	23	44.92%	22	50.05%	20	51.28%	19	52.11%	18	56.68%	16	61.11%	16	63.36%	16
山东	59.53%	9	63.09%	7	64.83%	10	65.71%	10	65.73%	10	65.91%	11	66.98%	10	70.14%	11
河南	43.35%	21	47.21%	20	48.21%	21	50.70%	21	52.10%	19	56.59%	17	57.58%	19	62.31%	17
湖北	59.20%	11	62.84%	10	65.75%	7	67.44%	7	67.53%	8	69.62%	8	69.33%	8	72.15%	8
湖南	49.60%	16	54.29%	16	55.65%	16	57.34%	15	61.24%	15	63.96%	15	65.35%	15	67.23%	13
广东	72.41%	5	74.73%	5	77.39%	4	79.47%	4	81.00%	4	81.67%	3	81.55%	3	82.12%	4
广西	40.30%	27	42.09%	25	43.76%	25	44.84%	25	46.70%	25	48.29%	25	53.51%	24	54.82%	24
海南	41.51%	26	41.28%	26	43.61%	26	43.76%	27	43.23%	29	46.15%	28	48.98%	26	53.36%	26
重庆	59.30%	10	63.06%	8	65.67%	8	66.63%	8	67.83%	7	69.97%	7	70.48%	7	74.72%	7
四川	57.13%	12	59.62%	12	61.85%	11	62.47%	12	63.57%	12	65.79%	12	66.43%	12	69.19%	12
贵州	37.29%	30	38.56%	30	40.83%	29	41.24%	29	44.49%	28	46.95%	27	49.05%	25	53.82%	25
云南	39.10%	28	38.84%	28	41.35%	28	43.01%	28	45.21%	26	48.26%	26	47.47%	28	48.84%	29
西藏	29.54%	31	29.43%	31	31.23%	31	29.75%	31	29.42%	31	32.23%	31	32.89%	31	33.44%	31
陕西	60.73%	7	62.96%	9	65.66%	9	66.58%	9	67.04%	9	68.39%	9	67.86%	9	71.60%	9
甘肃	47.06%	19	49.51%	18	50.63%	18	51.38%	18	50.72%	23	51.63%	23	53.71%	23	54.92%	23
青海	41.87%	24	41.14%	27	42.25%	27	43.95%	26	44.50%	27	45.28%	29	44.17%	29	49.09%	28
宁夏	43.29%	22	45.61%	21	46.24%	22	46.68%	24	51.75%	22	56.11%	18	56.83%	20	61.40%	18
新疆	38.41%	29	38.83%	29	40.75%	30	40.59%	30	39.18%	30	40.22%	30	37.61%	30	43.66%	30

数据来源：《中国区域科技创新评价报告》（2015—2022年）。

附录 2 区域创新能力综合效用值（2015—2022 年）

地区	2015 年 综合效用值	2015 年 位次	2016 年 综合效用值	2016 年 位次	2017 年 综合效用值	2017 年 位次	2018 年 综合效用值	2018 年 位次	2019 年 综合效用值	2019 年 位次	2020 年 综合效用值	2020 年 位次	2021 年 综合效用值	2021 年 位次	2022 年 综合效用值	2022 年 位次
北京	50.45%	3	52.61%	3	52.56%	3	54.3%	2	53.22%	2	55.50%	2	57.99%	2	54.89%	2
天津	36.49%	7	34.15%	7	33.71%	7	32.14%	7	28.83%	9	27.08%	15	26.94%	15	27.75%	14
河北	21.14%	23	20.89%	23	24.23%	15	21.97%	19	21.86%	20	23.28%	19	26.48%	17	24.83%	18
山西	20.61%	25	18.17%	29	17.93%	30	19.14%	29	19.82%	26	21.51%	24	23.71%	22	23.16%	23
内蒙古	21.44%	21	18.22%	28	18.32%	28	19.11%	30	18.14%	30	17.82%	30	19.8%	30	18.73%	30
辽宁	26.88%	15	24.46%	18	22.26%	17	22.44%	17	22.73%	19	25.04%	17	25.26%	20	22.18%	25
吉林	18.95%	27	18.53%	27	19%	27	20.48%	24	18.8%	27	19.2%	28	25.32%	19	23.10%	24
黑龙江	20.65%	24	21.16%	22	19.51%	26	19.19%	28	18.53%	28	17.85%	29	22.68%	26	21.76%	26
上海	45.62%	4	46.04%	4	44.81%	4	46%	4	45.63%	4	44.59%	4	46.39%	4	42.82%	5
江苏	58.01%	1	57.2%	1	53.3%	2	51.73%	3	49.58%	3	49.59%	3	51.63%	3	50.78%	3
浙江	42.05%	5	37.94%	5	37.66%	5	38.88%	5	38.8%	5	40.32%	5	44.37%	5	44.34%	4
安徽	29.86%	9	30.02%	9	28.36%	10	28.72%	10	28.7%	10	30.67%	8	32.68%	8	33.34%	7

续表

地区	2015年 综合效用值	位次	2016年 综合效用值	位次	2017年 综合效用值	位次	2018年 综合效用值	位次	2019年 综合效用值	位次	2020年 综合效用值	位次	2021年 综合效用值	位次	2022年 综合效用值	位次
福建	29.25%	10	27.20%	14	25.77%	14	26.30%	14	26.56%	14	27.17%	14	29.02%	13	26.90%	17
江西	23.34%	19	21.85%	21	22.04%	19	21.61%	21	23.31%	17	25.10%	16	26.75%	16	27.69%	15
山东	37.49%	6	36.29%	6	33.77%	6	33.64%	6	33.12%	6	33.15%	6	32.86%	6	35.83%	6
河南	25.90%	17	26.44%	15	20.5%	23	24.91%	15	25.07%	15	27.48%	13	28.51%	14	28.02%	13
湖北	28.59%	12	29.07%	11	29.35%	9	29.45%	9	29.21%	8	30.98%	7	32.83%	7	29.78%	10
湖南	29.01%	11	27.77%	13	26.63%	12	26.59%	12	26.82%	13	28.06%	12	30.71%	11	30.16%	8
广东	52.71%	2	53.62%	2	55.24%	1	59.55%	1	59.49%	1	62.14%	1	65.49%	1	64.04%	1
广西	23.62%	18	22.81%	19	21.19%	20	21.87%	20	21.17%	21	21.54%	23	23.63%	24	23.20%	22
海南	28.03%	13	25.68%	16	22.49%	16	22.79%	16	22.90%	18	23.40%	18	23.65%	23	27.46%	16
重庆	32.99%	8	32.04%	8	30.05%	8	30.30%	8	30.87%	7	29.38%	10	29.08%	12	28.25%	11
四川	26.39%	16	29.07%	11	27.52%	11	27.04%	11	28.03%	11	28.50%	11	31.23%	9	28.06%	12
贵州	21.22%	22	25.64%	17	22.19%	18	22.27%	18	23.60%	16	23.24%	20	25.99%	18	23.59%	20
云南	20.30%	26	19.72%	26	20.43%	24	21.48%	22	21.11%	22	20.92%	25	24.44%	21	23.77%	19
西藏	17.09%	31	17.16%	30	17.70%	31	16.40%	31	17.58%	31	17.08%	31	18.07%	31	18.53%	31
陕西	27.14%	14	29.29%	10	26.05%	13	26.49%	13	27.34%	12	30.22%	9	31.05%	10	30.08%	9
甘肃	21.68%	20	22.06%	20	20.82%	21	20.05%	25	20.10%	25	19.83%	27	23.25%	25	20.67%	29
青海	17.71%	30	15.78%	31	18.13%	29	20.97%	23	20.11%	24	21.95%	21	22.26%	27	23.43%	21
宁夏	18.52%	28	20.04%	24	20.68%	22	19.45%	27	20.94%	23	21.83%	22	21.76%	28	21.09%	27
新疆	18.04%	29	19.86%	25	20.04%	25	19.93%	26	18.19%	29	20.21%	26	21.11%	29	20.75%	28

数据来源：《中国区域创新能力评价报告》（2015—2022年）。

附录 3　全国科技活动主要指标

附表 3-1　R&D 经费投入强度（R&D/GDP，2015—2022 年）

地区	2015 年		2016 年		2017 年		2018 年		2019 年		2020 年		2021 年		2022 年	
	评价值	位次	评价值	位次	评价值	位次	评价值	位次	评价值	位次	评价值	位次	评价值	位次	评价值	位次
北京	6.08%	1	5.95%	1	6.01%	1	5.96%	1	5.64%	1	5.65%	1	6.31%	1	6.44%	1
天津	2.98%	3	2.95%	3	3.08%	3	3.00%	3	2.47%	5	3.68%	5	3.28%	3	3.44%	3
河北	1.00%	20	1.06%	20	1.18%	17	1.20%	18	1.26%	17	1.54%	18	1.61%	16	1.75%	16
山西	1.23%	16	1.19%	16	1.04%	20	1.03%	20	0.99%	21	1.10%	21	1.12%	22	1.20%	23
内蒙古	0.70%	25	0.69%	25	0.76%	25	0.79%	25	0.82%	25	0.80%	26	0.86%	26	0.93%	25
辽宁	1.65%	11	1.52%	12	1.27%	15	1.27%	15	1.80%	12	1.96%	12	2.04%	10	2.19%	11
吉林	0.92%	22	0.95%	22	1.01%	22	0.94%	23	0.84%	24	1.02%	25	1.27%	20	1.30%	20
黑龙江	1.15%	17	1.07%	19	1.05%	19	0.99%	21	0.90%	23	1.05%	23	1.08%	23	1.26%	21
上海	3.60%	2	3.66%	2	3.73%	2	3.82%	2	4.00%	2	3.77%	2	4.00%	2	4.17%	2
江苏	2.51%	4	2.54%	4	2.57%	4	2.66%	4	2.63%	3	2.69%	4	2.79%	5	2.93%	5
浙江	2.18%	6	2.26%	6	2.36%	6	2.43%	6	2.45%	6	2.49%	6	2.68%	6	2.88%	6
安徽	1.85%	9	1.89%	9	1.96%	9	1.97%	9	2.05%	9	1.91%	8	2.03%	11	2.28%	10
福建	1.44%	13	1.48%	13	1.51%	13	1.59%	13	1.68%	14	1.66%	15	1.78%	15	1.92%	15

续表

地区	2015年 评价值	2015年 位次	2016年 评价值	2016年 位次	2017年 评价值	2017年 位次	2018年 评价值	2018年 位次	2019年 评价值	2019年 位次	2020年 评价值	2020年 位次	2021年 评价值	2021年 位次	2022年 评价值	2022年 位次
江西	0.94%	21	0.97%	21	1.04%	21	1.13%	19	1.23%	18	1.37%	16	1.55%	17	1.68%	17
山东	2.15%	7	2.19%	7	2.27%	7	2.34%	7	2.41%	7	2.47%	9	2.1%	8	2.30%	9
河南	1.11%	18	1.14%	17	1.18%	18	1.23%	16	1.29%	16	1.34%	17	1.46%	18	1.64%	18
湖北	1.81%	10	1.87%	10	1.90%	10	1.86%	10	1.92%	10	1.96%	10	2.09%	9	2.31%	8
湖南	1.33%	15	1.36%	15	1.43%	14	1.50%	14	1.64%	15	1.81%	13	1.98%	13	2.15%	13
广东	2.32%	5	2.37%	5	2.47%	5	2.56%	5	2.61%	4	2.71%	3	2.88%	4	3.14%	4
广西	0.75%	24	0.71%	24	0.63%	26	0.65%	26	0.70%	27	0.74%	27	0.79%	27	0.78%	27
海南	0.47%	30	0.48%	30	0.46%	30	0.54%	29	0.52%	30	0.55%	29	0.56%	29	0.66%	29
重庆	1.39%	14	1.42%	14	1.57%	12	1.72%	11	1.87%	11	1.90%	11	1.99%	12	2.11%	14
四川	1.52%	12	1.57%	11	1.67%	11	1.72%	11	1.72%	13	1.72%	13	1.87%	14	2.17%	12
贵州	0.59%	28	0.60%	28	0.59%	27	0.63%	27	0.71%	26	0.79%	24	0.86%	25	0.91%	26
云南	0.68%	26	0.67%	26	0.80%	24	0.89%	24	0.95%	22	0.90%	21	0.95%	24	1.00%	24
西藏	0.29%	31	0.26%	31	0.30%	31	0.19%	31	0.22%	31	0.24%	31	0.25%	31	0.23%	31
陕西	2.14%	8	2.07%	8	2.18%	8	2.19%	8	2.10%	8	2.22%	7	2.27%	7	2.42%	7
甘肃	1.07%	19	1.12%	18	1.22%	16	1.22%	17	1.15%	19	1.20%	20	1.26%	21	1.22%	22
青海	0.65%	27	0.62%	27	0.48%	29	0.54%	29	0.68%	28	0.63%	28	0.69%	28	0.71%	28
宁夏	0.81%	23	0.87%	23	0.88%	23	0.95%	22	1.13%	20	1.30%	19	1.45%	19	1.52%	19
新疆	0.54%	29	0.53%	29	0.56%	28	0.59%	28	0.52%	29	0.50%	30	0.47%	30	0.45%	30

数据来源：《中国区域科技创新评价报告》（2015—2022年），下同。

附表 3-2 企业 R&D 经费支出占主营业务收入比重（2015—2022 年）

地区	2015年 评价值	2015年 位次	2016年 评价值	2016年 位次	2017年 评价值	2017年 位次	2018年 评价值	2018年 位次	2019年 评价值	2019年 位次	2020年 评价值	2020年 位次	2021年 评价值	2021年 位次	2022年 评价值	2022年 位次
北京	1.14%	3	1.18%	4	1.29%	3	1.29%	5	1.30%	6	1.28%	9	1.22%	10	1.25%	11
天津	1.12%	4	1.15%	5	1.26%	5	1.35%	3	1.49%	2	1.44%	8	1.13%	12	1.20%	13
河北	0.50%	18	0.55%	18	0.63%	20	0.65%	20	0.84%	16	1.01%	15	1.07%	13	1.12%	15
山西	0.67%	15	0.70%	15	0.67%	17	0.68%	17	0.63%	22	0.68%	23	0.65%	25	0.71%	24
内蒙古	0.50%	19	0.54%	19	0.63%	19	0.63%	21	0.77%	17	0.74%	22	0.70%	23	0.74%	23
辽宁	0.65%	16	0.66%	16	0.73%	15	0.73%	16	1.17%	9	1.13%	12	0.98%	15	1.09%	17
吉林	0.31%	31	0.34%	30	0.39%	28	0.39%	28	0.37%	30	0.42%	29	0.49%	27	0.59%	27
黑龙江	0.69%	14	0.71%	14	0.75%	14	0.78%	14	0.95%	14	0.67%	24	0.71%	22	0.78%	22
上海	1.18%	1	1.27%	1	1.39%	1	1.43%	2	1.42%	3	1.44%	7	1.48%	7	1.61%	7
江苏	0.93%	6	0.97%	6	1.02%	6	1.06%	6	1.23%	7	1.58%	2	1.86%	1	1.90%	1
浙江	1.12%	5	1.19%	2	1.35%	2	1.43%	1	1.57%	1	1.67%	1	1.68%	2	1.78%	2
安徽	0.73%	13	0.77%	13	0.83%	13	0.88%	12	1.01%	12	1.26%	10	1.54%	6	1.66%	5
福建	0.84%	9	0.85%	10	0.88%	12	0.91%	11	0.98%	13	1.02%	14	1.04%	14	1.21%	12
江西	0.41%	29	0.41%	27	0.45%	26	0.50%	25	0.66%	21	0.83%	19	0.91%	18	0.95%	19
山东	0.80%	11	0.82%	12	0.89%	10	0.94%	10	1.11%	10	1.53%	4	1.46%	8	1.57%	8
河南	0.49%	20	0.50%	23	0.50%	24	0.52%	23	0.59%	24	1.13%	13	1.22%	11	1.41%	10

续表

地区	2015年		2016年		2017年		2018年		2019年		2020年		2021年		2022年	
	评价值	位次	评价值	位次	评价值	位次	评价值	位次	评价值	位次	评价值	位次	评价值	位次	评价值	位次
湖北	0.82%	10	0.88%	9	0.94%	9	0.97%	9	1.09%	11	1.24%	11	1.29%	9	1.49%	9
湖南	0.85%	8	0.92%	7	1.00%	7	1.00%	8	1.19%	8	1.48%	6	1.56%	5	1.71%	3
广东	1.16%	2	1.19%	3	1.28%	4	1.30%	4	1.39%	4	1.55%	3	1.58%	3	1.67%	4
广西	0.48%	22	0.45%	26	0.38%	29	0.37%	29	0.39%	29	0.48%	27	0.60%	26	0.64%	26
海南	0.60%	17	0.63%	17	0.67%	16	0.48%	26	0.42%	26	0.52%	26	0.47%	28	0.54%	28
重庆	0.91%	7	0.90%	8	0.97%	8	1.01%	7	1.35%	5	1.52%	5	1.57%	4	1.62%	6
四川	0.47%	23	0.52%	21	0.58%	21	0.62%	22	0.72%	19	0.84%	18	0.88%	20	0.92%	21
贵州	0.47%	25	0.47%	25	0.46%	25	0.50%	24	0.61%	23	0.81%	20	0.93%	16	1.13%	14
云南	0.46%	27	0.49%	24	0.63%	18	0.73%	15	0.76%	18	0.81%	21	0.88%	19	0.97%	18
西藏	0.47%	24	0.25%	31	0.19%	31	0.23%	31	0.15%	31	0.33%	30	0.19%	31	0.27%	31
陕西	0.77%	12	0.82%	11	0.88%	11	0.88%	13	0.85%	15	0.94%	16	0.93%	17	1.10%	16
甘肃	0.47%	26	0.51%	22	0.56%	23	0.65%	19	0.55%	25	0.54%	25	0.67%	24	0.69%	25
青海	0.43%	28	0.41%	28	0.30%	30	0.35%	30	0.40%	28	0.31%	31	0.39%	29	0.42%	29
宁夏	0.49%	21	0.53%	20	0.58%	22	0.66%	18	0.72%	20	0.86%	17	0.84%	21	0.94%	20
新疆	0.36%	30	0.38%	29	0.45%	27	0.47%	27	0.41%	27	0.43%	28	0.38%	30	0.34%	30

附表 3-3　万人 R&D 人员数（2015—2022 年）

地区	2015 年		2016 年		2017 年		2018 年		2019 年		2020 年		2021 年		2022 年	
	评价值/人年	位次	评价值/人年	位次	评价值/人年	位次	评价值/人年	位次	评价值/人年	位次	评价值/人年	位次	评价值/人年	位次	评价值/人年	位次
北京	123.44%	1	125.07%	1	125.25%	1	129.13%	1	137.54%	1	136.27%	1	160.04%	1	153.62%	1
天津	77.13%	2	87.23%	2	95.68%	2	91.88%	2	79.34%	3	76.57%	4	71.19%	6	65.35%	6
河北	12.45%	22	14.03%	21	14.87%	18	15.48%	19	15.73%	18	14.36%	19	15.54%	19	16.75%	20
山西	13.72%	19	13.70%	22	12.00%	22	12.35%	22	13.34%	21	12.48%	21	13.11%	21	15.01%	21
内蒙古	14.97%	18	14.63%	20	15.36%	17	15.86%	17	13.27%	22	10.07%	23	10.07%	28	11.62%	24
辽宁	21.69%	11	22.76%	11	19.51%	13	20.08%	13	20.31%	13	21.79%	14	22.83%	15	26.31%	15
吉林	17.48%	14	18.12%	14	17.94%	14	17.57%	16	16.58%	17	13.24%	20	15.41%	20	18.54%	18
黑龙江	16.35%	15	16.34%	17	14.76%	19	14.33%	20	12.37%	23	9.69%	24	11.58%	23	13.94%	22
上海	71.98%	3	73.03%	3	74.61%	3	79.88%	3	79.67%	2	81.70%	3	86.27%	3	91.89%	2
江苏	59.24%	4	63.39%	4	66.12%	5	69.06%	5	71.16%	5	71.20%	6	80.73%	4	78.93%	4
浙江	57.11%	5	62.13%	5	66.96%	4	69.14%	4	73.09%	4	84.10%	2	98.18%	2	90.13%	3
安徽	20.03%	12	21.71%	12	22.42%	11	22.80%	12	23.58%	12	24.70%	12	29.43%	11	31.89%	11
福建	33.18%	7	36.79%	7	34.27%	7	35.79%	7	38.00%	7	43.57%	7	46.43%	7	44.61%	7
江西	9.75%	24	9.74%	24	10.43%	23	11.34%	23	13.87%	20	19.11%	16	23.66%	14	27.51%	13
山东	29.13%	8	29.87%	8	31.06%	8	31.44%	8	31.79%	8	32.16%	8	29.08%	12	33.56%	8
河南	16.19%	16	17.16%	15	16.89%	16	17.68%	15	17.28%	16	17.74%	17	20.37%	17	20.43%	17

续表

地区	2015年 评价值/人年	2015年 位次	2016年 评价值/人年	2016年 位次	2017年 评价值/人年	2017年 位次	2018年 评价值/人年	2018年 位次	2019年 评价值/人年	2019年 位次	2020年 评价值/人年	2020年 位次	2021年 评价值/人年	2021年 位次	2022年 评价值/人年	2022年 位次
湖北	23.23%	10	24.57%	10	23.65%	10	23.85%	10	24.44%	11	27.16%	10	31.13%	9	33.45%	9
湖南	15.74%	17	16.35%	16	17.48%	15	18.16%	14	19.91%	14	22.37%	13	23.94%	13	26.72%	14
广东	48.05%	6	48.55%	6	48.05%	6	49.39%	6	54.14%	6	73.05%	5	76.93%	5	69.09%	5
广西	8.82%	25	8.94%	25	8.3%	27	8.66%	27	8.00%	29	8.67%	28	10.29%	25	9.13%	27
海南	8.02%	27	8.65%	26	8.88%	25	9.03%	25	8.88%	27	9.40%	26	10.25%	26	8.85%	28
重庆	18.24%	13	20.23%	13	21.33%	12	23.59%	11	27.44%	9	31.88%	9	33.84%	8	32.94%	10
四川	13.64%	20	14.88%	19	14.52%	21	15.49%	18	18.00%	15	19.74%	15	21.23%	16	22.68%	16
贵州	6.87%	29	6.89%	29	6.77%	30	6.93%	30	8.13%	28	9.59%	25	10.85%	24	10.76%	25
云南	6.19%	30	6.63%	30	8.59%	26	8.94%	26	10.12%	24	10.79%	22	12.42%	22	12.78%	23
西藏	4.00%	31	4.20%	31	3.76%	31	3.75%	31	4.15%	31	5.22%	31	5.82%	31	4.31%	31
陕西	25.03%	9	26.01%	9	24.80%	9	25.37%	9	26.29%	10	25.89%	11	30.87%	10	30.04%	12
甘肃	9.78%	23	10.59%	23	10.10%	24	10.06%	24	9.27%	26	8.68%	27	10.14%	27	10.72%	26
青海	8.46%	26	8.40%	27	7.11%	29	7.39%	29	10.04%	25	7.63%	29	9.72%	29	7.46%	29
宁夏	13.01%	21	15.01%	18	14.61%	20	14.23%	21	15.58%	19	17.50%	18	18.98%	18	16.88%	19
新疆	7.24%	28	7.17%	28	7.76%	28	7.75%	28	6.96%	30	6.87%	30	6.32%	30	5.45%	30

附表 3-4　万人 R&D 研究人员数（2015—2022 年）

地区	2015 年		2016 年		2017 年		2018 年		2019 年		2020 年		2021 年		2022 年	
	评价值/人年	位次	评价值/人年	位次	评价值/人年	位次	评价值/人年	位次	评价值/人年	位次	评价值/人年	位次	评价值/人年	位次	评价值/人年	位次
北京	65.06%	1	67.49%	1	78.96%	1	76.75%	1	83.36%	1	85.28%	1	106.02%	1	103.25%	1
天津	31.04%	3	34.16%	2	39.15%	2	39.54%	3	37.27%	3	36.70%	3	37.16%	3	34.87%	3
河北	6.51%	21	6.81%	21	6.75%	19	7.00%	19	7.36%	18	6.68%	20	7.01%	21	7.41%	21
山西	7.90%	17	7.40%	19	6.05%	22	6.10%	22	6.24%	21	6.54%	22	6.69%	23	6.84%	23
内蒙古	8.51%	15	7.98%	17	6.76%	18	7.22%	18	6.08%	22	5.04%	25	5.21%	27	5.74%	25
辽宁	11.86%	8	11.92%	9	10.67%	11	11.25%	10	11.29%	11	11.89%	11	12.94%	11	14.44%	11
吉林	9.92%	12	9.85%	13	9.13%	13	10.36%	13	10.08%	13	8.06%	17	10.39%	16	12.80%	14
黑龙江	10.71%	11	10.53%	11	8.54%	15	8.67%	16	7.74%	17	6.65%	21	8.37%	18	10.04%	17
上海	31.33%	2	31.28%	3	35.52%	3	40.33%	2	40.12%	2	42.85%	2	48.04%	2	51.59%	2
江苏	18.77%	4	19.93%	4	24.06%	4	25.59%	4	26.13%	4	26.15%	4	31.19%	4	30.96%	4
浙江	15.13%	7	15.80%	6	20.25%	5	22.09%	5	22.84%	5	24.61%	6	28.11%	5	26.61%	5
安徽	7.99%	16	8.18%	15	9.10%	14	9.52%	14	9.76%	14	10.29%	13	12.82%	12	13.89%	13
福建	9.34%	13	9.98%	12	12.13%	9	13.40%	9	14.13%	8	16.22%	7	18.43%	8	17.43%	8
江西	4.72%	26	4.74%	24	4.94%	24	5.01%	24	5.97%	23	8.21%	16	8.77%	17	9.60%	18
山东	11.58%	10	11.97%	8	12.94%	8	13.57%	8	13.61%	9	13.39%	10	12.81%	13	13.95%	12
河南	6.96%	20	7.23%	20	6.59%	20	6.77%	21	6.83%	20	6.75%	19	8.09%	19	8.13%	19

续表

地区	2015 年 评价值/人年	2015 年 位次	2016 年 评价值/人年	2016 年 位次	2017 年 评价值/人年	2017 年 位次	2018 年 评价值/人年	2018 年 位次	2019 年 评价值/人年	2019 年 位次	2020 年 评价值/人年	2020 年 位次	2021 年 评价值/人年	2021 年 位次	2022 年 评价值/人年	2022 年 位次
湖北	11.61%	9	11.72%	10	11.44%	10	10.96%	11	11.20%	12	11.78%	12	14.37%	10	15.67%	9
湖南	7.54%	18	7.99%	16	7.64%	17	8.38%	17	8.96%	16	10.15%	14	11.28%	15	12.08%	15
广东	17.20%	5	17.20%	5	17.92%	6	18.12%	6	18.62%	6	26.00%	5	26.82%	6	23.44%	6
广西	4.28%	27	4.12%	27	4.26%	28	4.54%	27	4.44%	28	4.81%	27	5.65%	26	5.18%	26
海南	2.65%	30	2.96%	30	3.84%	29	4.20%	28	4.20%	29	4.88%	26	5.68%	25	4.87%	28
重庆	8.70%	14	8.62%	14	9.57%	12	10.72%	12	12.23%	10	13.40%	9	15.30%	9	14.78%	10
四川	7.20%	19	7.80%	18	8.39%	16	8.80%	15	9.60%	15	10.08%	15	11.43%	14	11.85%	16
贵州	3.47%	28	3.64%	29	3.32%	30	3.41%	30	3.83%	30	4.12%	29	4.92%	29	4.98%	27
云南	3.40%	29	3.70%	28	4.37%	27	4.55%	26	5.00%	26	5.27%	24	5.98%	24	6.18%	24
西藏	2.63%	31	2.43%	31	1.99%	31	2.40%	31	3.03%	31	3.48%	31	4.07%	31	3.21%	31
陕西	15.18%	6	15.06%	7	13.43%	7	14.32%	7	14.53%	7	15.26%	8	19.56%	7	18.83%	7
甘肃	5.91%	22	6.40%	22	5.18%	23	5.88%	23	5.66%	24	5.51%	23	6.87%	22	7.41%	22
青海	4.95%	24	4.46%	26	4.45%	26	4.12%	29	5.00%	25	4.08%	30	5.10%	28	4.05%	29
宁夏	5.55%	23	6.10%	23	6.57%	21	6.96%	20	7.23%	19	7.77%	18	8.07%	20	7.60%	20
新疆	4.78%	25	4.70%	25	4.49%	25	4.63%	25	4.45%	27	4.45%	28	4.12%	30	3.65%	30

附表 3-5　企业 R&D 研究人员数占比重（2015—2022 年）

地区	2015年		2016年		2017年		2018年		2019年		2020年		2021年		2022年	
	评价值	位次	评价值	位次	评价值	位次	评价值	位次	评价值	位次	评价值	位次	评价值	位次	评价值	位次
北京	14.70%	30	13.96%	30	13.36%	30	14.69%	30	13.91%	30	12.74%	30	9.94%	31	13.58%	30
天津	50.78%	16	52.19%	14	55.34%	12	51.86%	15	42.96%	17	40.08%	15	33.73%	18	48.04%	19
河北	58.57%	10	58.76%	10	57.13%	10	59.48%	8	52.76%	12	45.47%	14	45.48%	12	64.47%	11
山西	61.05%	8	60.47%	9	48.36%	16	52.72%	13	49.22%	14	46.72%	13	38.60%	16	59.4%	15
内蒙古	67.79%	6	67.84%	6	63.76%	7	64.97%	6	56.61%	8	48.74%	11	44.52%	13	63.19%	12
辽宁	49.62%	18	48.80%	19	43.34%	19	41.02%	20	39.97%	18	39.24%	17	35.09%	17	50.27%	17
吉林	42.11%	21	38.25%	22	28.07%	26	39.44%	21	36.99%	21	17.73%	28	19.08%	28	26.00%	28
黑龙江	53.30%	14	52.94%	13	41.93%	20	44.97%	18	37.06%	20	24.10%	25	21.52%	25	32.85%	26
上海	38.51%	23	38.20%	23	44.74%	18	42.83%	19	38.37%	19	35.82%	19	29.73%	23	36.79%	24
江苏	67.35%	7	67.32%	7	72.06%	2	69.01%	4	65.77%	4	65.05%	4	63.08%	3	77.70%	2
浙江	68.49%	5	69.40%	3	75.85%	1	70.62%	2	67.19%	2	68.36%	2	64.89%	2	79.51%	1
安徽	54.87%	11	54.74%	12	55.71%	11	56.07%	10	55.39%	10	52.79%	9	51.13%	9	69.75%	7
福建	69.34%	4	68.66%	4	69.56%	5	63.30%	7	59.76%	6	59.16%	7	57.16%	6	71.06%	6
江西	53.64%	13	50.65%	15	51.75%	13	52.92%	12	55.07%	11	65.25%	3	62.63%	4	77.51%	4
山东	70.64%	3	68.51%	5	71.13%	4	69.67%	3	66.61%	3	62.62%	5	54.44%	7	72.57%	5
河南	70.97%	2	72.21%	2	68.08%	6	67.94%	5	63.39%	5	60.56%	6	57.17%	5	68.16%	8

续表

地区	2015 年		2016 年		2017 年		2018 年		2019 年		2020 年		2021 年		2022 年	
	评价值	位次	评价值	位次	评价值	位次	评价值	位次	评价值	位次	评价值	位次	评价值	位次	评价值	位次
湖北	50.75%	17	50.11%	16	48.95%	15	52.38%	14	50.68%	13	49.06%	10	46.58%	11	62.45%	13
湖南	60.16%	9	62.13%	8	59.50%	8	58.31%	9	57.56%	7	56.64%	8	52.49%	8	64.89%	10
广东	75.62%	1	73.60%	1	71.97%	3	70.75%	1	67.36%	1	70.30%	1	66.43%	1	77.52%	3
广西	35.49%	25	37.63%	24	34.94%	23	33.58%	24	30.37%	24	29.23%	22	32.02%	20	37.57%	23
海南	23.86%	29	22.94%	29	41.39%	21	27.90%	27	19.42%	29	17.99%	27	12.22%	29	21.21%	29
重庆	53.99%	12	58.17%	11	57.73%	9	53.73%	11	55.70%	9	48.37%	12	46.69%	10	61.91%	14
四川	36.16%	24	36.14%	25	33.26%	25	33.44%	25	36.21%	22	34.09%	20	30.64%	21	48.81%	18
贵州	52.44%	15	49.82%	17	45.35%	17	46.25%	16	46.27%	15	38.42%	18	40.17%	15	57.65%	16
云南	28.26%	28	27.12%	27	24.09%	28	25.63%	29	27.49%	26	29.16%	23	30.19%	22	45.10%	20
西藏	2.24%	31	10.15%	31	3.35%	31	12.91%	31	10.76%	31	9.45%	31	10.45%	30	11.31%	31
陕西	40.22%	22	42.70%	21	33.78%	24	34.25%	23	34.24%	23	30.56%	21	26.01%	24	41.79%	21
甘肃	44.99%	19	49.78%	18	35.25%	22	35.34%	22	30.29%	25	24.02%	26	20.86%	27	32.05%	27
青海	29.80%	27	24.45%	28	22.87%	29	31.94%	26	23.80%	28	16.22%	29	32.83%	19	37.85%	22
宁夏	44.54%	20	44.79%	20	49.24%	14	45.51%	17	44.22%	16	39.77%	16	43.83%	14	65.90%	9
新疆	33.85%	26	31.81%	26	26.37%	27	26.53%	28	26.39%	27	25.17%	24	21.30%	26	33.36%	25

附表 3-6　地方财政科技支出占地方财政支出比重（2015—2022 年）

地区	2015 年		2016 年		2017 年		2018 年		2019 年		2020 年		2021 年		2022 年	
	评价值	位次	评价值	位次	评价值	位次	评价值	位次	评价值	位次	评价值	位次	评价值	位次	评价值	位次
北京	5.62%	2	6.25%	1	5.02%	1	4.46%	4	5.30%	2	5.70%	2	5.85%	2	5.78%	1
天津	3.64%	6	3.78%	5	3.74%	6	3.38%	7	3.53%	7	3.44%	8	3.09%	8	3.75%	7
河北	1.13%	23	1.10%	26	0.81%	29	1.21%	19	1.04%	23	1.00%	23	1.09%	23	1.13%	21
山西	2.05%	10	1.76%	12	1.09%	22	1.01%	26	1.34%	17	1.38%	20	1.23%	22	1.29%	19
内蒙古	0.86%	28	0.85%	28	0.84%	28	0.72%	29	0.74%	30	0.54%	30	0.56%	29	0.61%	29
辽宁	2.29%	8	2.14%	9	1.54%	12	1.35%	15	1.18%	22	1.41%	19	1.29%	19	1.21%	20
吉林	1.36%	16	1.25%	17	1.29%	17	1.14%	20	1.26%	19	1.08%	22	1.00%	24	0.97%	23
黑龙江	1.15%	22	1.15%	24	1.07%	24	1.06%	24	1.01%	24	0.85%	26	0.84%	26	0.79%	26
上海	5.69%	1	5.33%	2	4.39%	3	4.94%	2	5.17%	3	5.11%	3	4.76%	5	5.01%	3
江苏	3.88%	5	3.86%	4	3.84%	4	3.82%	6	4.03%	6	4.35%	6	4.55%	6	4.27%	6
浙江	4.06%	4	4.03%	3	3.77%	5	3.86%	5	4.03%	5	4.4%	5	5.13%	3	4.68%	5
安徽	2.52%	7	2.78%	7	2.82%	7	4.70%	3	4.20%	4	4.49%	4	5.11%	4	4.95%	4
福建	1.98%	11	2.04%	11	1.91%	10	1.88%	10	2.12%	10	2.38%	11	2.63%	11	2.86%	10
江西	1.33%	17	1.50%	14	1.69%	11	1.80%	11	2.35%	9	2.60%	9	2.86%	9	2.93%	9
山东	2.23%	9	2.05%	10	1.93%	9	1.91%	9	2.11%	11	2.30%	12	2.85%	10	2.66%	11
河南	1.43%	14	1.35%	15	1.22%	18	1.29%	17	1.68%	14	1.69%	15	2.08%	14	2.45%	13

续表

地区	2015 年 评价值	2015 年 位次	2016 年 评价值	2016 年 位次	2017 年 评价值	2017 年 位次	2018 年 评价值	2018 年 位次	2019 年 评价值	2019 年 位次	2020 年 评价值	2020 年 位次	2021 年 评价值	2021 年 位次	2022 年 评价值	2022 年 位次
湖北	1.77%	12	2.73%	8	2.57%	8	2.96%	8	3.44%	8	3.70%	7	4.01%	7	3.41%	8
湖南	1.18%	20	1.18%	21	1.16%	21	1.13%	22	1.33%	18	1.74%	14	2.14%	13	2.63%	12
广东	4.10%	3	3.00%	6	4.44%	2	5.53%	1	5.48%	1	6.58%	1	6.76%	1	5.48%	2
广西	1.69%	13	1.72%	13	1.22%	19	1.02%	25	1.22%	21	1.21%	21	1.24%	21	1.07%	22
海南	1.37%	15	1.23%	18	1.00%	27	1.14%	21	0.86%	27	0.89%	25	1.62%	18	1.81%	16
重庆	1.26%	19	1.15%	23	1.20%	20	1.29%	16	1.37%	16	1.51%	18	1.63%	17	1.69%	17
四川	1.12%	24	1.20%	20	1.29%	16	1.26%	18	1.23%	20	1.52%	17	1.79%	16	1.62%	18
贵州	1.11%	25	1.25%	16	1.49%	14	1.63%	12	1.90%	12	2.05%	13	1.92%	15	1.97%	14
云南	1.04%	26	0.97%	27	1.03%	25	0.93%	27	0.94%	25	0.90%	24	0.87%	25	0.93%	25
西藏	0.41%	31	0.37%	31	0.39%	31	0.30%	31	0.50%	31	0.41%	31	0.33%	31	0.41%	31
陕西	1.04%	27	1.13%	25	1.31%	15	1.41%	14	1.64%	15	1.64%	16	1.25%	20	0.95%	24
甘肃	0.86%	29	0.83%	29	1.01%	26	0.83%	28	0.78%	28	0.68%	29	0.74%	28	0.77%	27
青海	0.68%	30	0.77%	30	0.74%	30	0.71%	30	0.78%	29	0.78%	28	0.56%	30	0.55%	30
宁夏	1.16%	21	1.17%	22	1.52%	13	1.46%	13	1.86%	13	2.40%	10	2.17%	12	1.89%	15
新疆	1.30%	18	1.22%	19	1.09%	23	1.09%	23	0.92%	26	0.84%	27	0.77%	27	0.75%	28

附表 3-7　万名就业人员专利申请数（2015—2022 年）

地区	2015 年		2016 年		2017 年		2018 年		2019 年		2020 年		2021 年		2022 年	
	评价值/件	位次	评价值/件	位次	评价值/件	位次	评价值/件	位次	评价值/件	位次	评价值/件	位次	评价值/件	位次	评价值/件	位次
北京	93.60	3	104.82	2	118.63	2	143.53	2	141.10	3	160.29	3	171.60	3	218.35	1
天津	116.97	1	121.78	1	153.54	1	204.53	1	167.05	1	190.17	1	184.42	2	172.36	2
河北	7.29	25	7.92	26	11.62	23	14.47	23	16.17	24	22.11	19	26.72	16	34.22	18
山西	11.33	16	9.42	23	8.98	25	12.03	25	12.43	26	16.28	25	19.04	24	23.19	25
内蒙古	5.39	27	5.37	28	7.49	28	9.01	28	9.88	30	13.87	29	17.78	26	21.11	27
辽宁	20.55	12	16.92	15	18.83	15	23.50	15	22.28	16	29.35	16	31.16	14	38.78	15
吉林	8.61	21	9.56	22	11.85	22	15.15	22	16.38	23	21.65	20	24.87	19	27.31	21
黑龙江	18.51	13	18.27	13	19.85	14	20.24	16	17.76	20	19.84	21	21.40	21	29.36	20
上海	93.49	4	88.31	4	108.15	3	129.70	3	142.47	2	162.46	2	187.72	1	153.05	3
江苏	106.62	2	89.17	3	90.52	4	108.30	4	108.71	4	126.87	5	125.59	5	147.04	4
浙江	73.70	5	65.54	5	77.02	5	98.55	5	94.53	6	114.21	6	109.27	6	131.46	6
安徽	24.27	11	25.78	11	33.20	11	44.86	8	45.72	9	53.92	8	43.38	11	62.38	8
福建	24.62	10	26.62	10	38.12	9	59.77	7	58.72	7	76.38	7	70.20	7	79.27	7
江西	7.34	24	11.10	17	16.02	16	26.23	14	30.61	14	37.29	13	39.67	12	48.47	12
山东	27.44	8	28.05	9	34.17	10	37.65	9	36.23	10	40.95	9	46.55	9	61.21	9
河南	9.26	20	10.33	21	12.31	21	15.67	21	19.74	17	25.55	17	23.84	20	36.57	16

续表

地区	2015年		2016年		2017年		2018年		2019年		2020年		2021年		2022年	
	评价值/件	位次	评价值/件	位次	评价值/件	位次	评价值/件	位次	评价值/件	位次	评价值/件	位次	评价值/件	位次	评价值/件	位次
湖北	16.31	15	18.95	12	23.82	12	30.53	12	35.37	11	39.96	10	45.35	10	50.17	10
湖南	10.31	17	11.03	18	13.60	19	16.91	19	19.45	18	23.58	18	26.48	17	39.20	14
广东	45.74	6	48.18	6	61.61	6	87.53	6	108.68	5	137.41	4	139.81	4	137.41	5
广西	7.89	22	10.97	19	14.84	17	20.11	17	19.35	19	15.01	27	14.23	29	20.22	28
海南	5.29	28	5.42	27	7.02	29	8.21	30	10.24	28	14.47	28	20.87	22	26.54	22
重庆	25.64	9	28.92	7	43.30	7	31.13	11	33.81	12	37.72	12	35.18	13	50.02	11
四川	16.50	14	18.24	14	22.16	13	28.52	13	33.51	13	30.61	14	26.32	18	33.73	19
贵州	7.25	26	9.35	24	7.62	27	10.54	27	14.41	25	18.53	23	18.45	25	26.00	23
云南	4.09	29	4.74	30	6.26	30	8.43	29	10.20	29	12.98	30	12.51	31	16.09	29
西藏	1.16	31	1.42	31	1.77	31	4.07	31	6.27	31	8.39	31	13.16	30	11.90	31
陕西	29.35	7	28.81	8	38.37	8	35.66	10	50.68	8	39.20	11	47.18	8	47.14	13
甘肃	7.67	23	8.39	25	10.19	24	14.16	24	17.07	21	19.47	22	19.30	23	23.09	26
青海	3.74	30	5.22	29	8.81	26	11.17	26	10.82	27	15.09	26	17.06	28	24.14	24
宁夏	9.91	18	10.83	20	13.48	20	18.86	18	26.30	15	30.25	15	28.45	15	35.38	17
新疆	9.65	19	11.98	16	14.37	18	16.54	20	16.73	22	17.18	24	17.32	27	13.90	30

附表 3-8　万人发明专利拥有量（2015—2022 年）

地区	2015 年		2016 年		2017 年		2018 年		2019 年		2020 年		2021 年		2022 年	
	评价值/件	位次	评价值/件	位次	评价值/件	位次	评价值/件	位次	评价值/件	位次	评价值/件	位次	评价值/件	位次	评价值/件	位次
北京	43.55	1	52.83	1	67.81	1	84.98	1	104.65	1	122.98	1	144.90	1	350.89	1
天津	9.47	3	11.34	3	14.23	4	17.44	4	22.01	4	24.68	4	26.73	6	177.03	5
河北	1.03	23	1.26	23	1.71	23	2.19	23	2.99	22	3.47	22	4.01	20	35.64	17
山西	1.47	19	1.76	19	2.27	19	2.77	19	3.27	20	3.63	20	4.00	21	23.21	23
内蒙古	0.85	26	0.97	28	1.23	28	1.50	30	1.81	30	2.05	30	2.38	30	20.77	27
辽宁	3.68	8	4.21	8	5.31	8	6.38	11	7.60	12	8.57	12	9.66	13	46.12	13
吉林	2.07	16	2.30	17	2.81	17	3.37	17	4.22	17	4.76	17	5.35	17	29.34	20
黑龙江	2.22	13	2.56	16	3.38	15	4.21	16	5.22	16	5.80	16	6.40	16	28.48	21
上海	21.01	2	24.54	2	30.39	2	36.94	2	43.62	2	49.93	2	56.36	2	218.06	2
江苏	7.89	6	10.31	5	14.38	3	18.66	3	22.87	3	26.99	3	30.85	3	175.04	6
浙江	7.95	5	9.62	6	13.03	6	16.78	5	20.19	5	24.53	5	29.49	4	197.34	3
安徽	1.94	17	2.68	13	4.38	12	6.56	8	8.01	9	10.32	9	12.56	7	63.10	9
福建	2.82	11	3.54	10	4.84	10	6.44	10	8.40	8	10.43	8	11.86	9	100.40	7
江西	0.75	29	0.92	29	1.19	29	1.55	29	2.00	29	2.47	28	2.96	26	44.09	14
山东	2.92	10	3.63	9	4.97	9	6.47	9	7.78	10	9.11	11	10.52	11	65.15	8
河南	1.20	20	1.44	20	1.87	21	2.40	22	3.04	21	3.56	21	3.97	22	33.90	18

续表

地区	2015年		2016年		2017年		2018年		2019年		2020年		2021年		2022年	
	评价值/件	位次	评价值/件	位次	评价值/件	位次	评价值/件	位次	评价值/件	位次	评价值/件	位次	评价值/件	位次	评价值/件	位次
湖北	2.66	12	3.29	12	4.36	13	5.51	13	7.05	13	8.49	13	10.37	12	56.13	11
湖南	2.16	14	2.58	15	3.38	16	4.24	15	5.29	15	6.19	15	7.11	15	37.58	16
广东	9.14	4	10.72	4	13.30	5	16.14	6	19.97	6	23.80	6	28.34	5	181.90	4
广西	0.80	28	1.22	25	2.04	20	3.09	18	3.94	18	4.55	18	4.85	19	20.50	28
海南	1.72	18	2.06	18	2.43	18	2.76	20	2.70	23	3.06	23	3.63	23	21.02	25
重庆	2.98	9	3.47	11	4.44	11	5.80	12	7.73	11	9.68	10	11.25	10	58.38	10
四川	2.07	15	2.64	14	3.57	14	4.58	14	5.53	14	6.47	14	7.49	14	42.87	15
贵州	0.94	25	1.21	26	1.56	26	2.02	24	2.42	24	2.90	24	3.22	24	24.41	22
云南	1.12	21	1.33	21	1.65	24	1.96	26	2.29	26	2.65	26	2.98	25	19.77	29
西藏	0.61	31	0.87	30	0.99	31	1.31	31	1.79	31	2.00	31	2.29	31	11.17	31
陕西	3.85	7	4.71	7	6.07	7	7.39	7	9.04	7	10.53	7	12.37	8	46.54	12
甘肃	1.06	22	1.27	22	1.60	25	1.96	25	2.36	25	2.69	25	2.90	28	21.50	24
青海	0.65	30	0.81	31	1.16	30	1.60	28	2.10	27	2.49	27	2.90	27	20.94	26
宁夏	0.95	24	1.25	24	1.81	22	2.65	21	3.50	19	4.46	19	5.06	18	30.36	19
新疆	0.80	27	1.08	27	1.41	27	1.72	27	2.04	28	2.30	29	2.46	29	15.81	30

附表 3-9　万人吸纳技术成交额（2015—2022 年）

地区	2015 年 评价值/万元	2015 年 位次	2016 年 评价值/万元	2016 年 位次	2017 年 评价值/万元	2017 年 位次	2018 年 评价值/万元	2018 年 位次	2019 年 评价值/万元	2019 年 位次	2020 年 评价值/万元	2020 年 位次	2021 年 评价值/万元	2021 年 位次	2022 年 评价值/万元	2022 年 位次
北京	4374.41	1	5604.08	1	5160.41	1	7549.19	1	7948.78	1	9320.94	1	12161.48	1	14292.15	1
天津	1738.69	3	2523.62	2	2545.66	2	3022.33	2	3268.90	2	2755.84	3	5114.01	2	4448.24	3
河北	127.61	29	207.06	25	207.54	28	261.27	23	432.07	23	711.11	20	917.32	17	946.79	22
山西	274.12	19	595.65	11	287.43	23	707.31	9	678.10	17	672.68	22	1249.85	13	952.24	21
内蒙古	612.37	9	618.00	9	799.34	6	637.79	13	824.24	10	1172.59	14	980.10	15	1045.08	19
辽宁	516.69	12	521.83	12	495.51	13	538.49	16	775.72	13	711.89	19	994.14	14	955.54	20
吉林	157.62	27	170.69	28	191.14	29	332.10	26	740.38	14	1661.69	5	2373.34	6	2207.55	10
黑龙江	210.97	24	275.19	22	287.51	22	487.45	19	328.72	28	467.32	28	423.02	29	598.93	30
上海	1866.72	2	1895.47	3	2168.87	3	1750.50	3	2837.69	3	3297.49	2	3183.61	3	4673.81	2
江苏	712.88	7	824.73	5	1206.10	4	1049.64	6	1029.25	9	1593.37	7	1930.18	7	2615.35	5
浙江	292.92	18	344.79	19	354.58	19	494.26	18	792.29	11	1193.93	13	1785.76	9	2425.18	7
安徽	173.85	26	195.26	26	266.77	25	310.74	27	408.66	26	519.70	26	778.38	21	1208.69	16
福建	931.22	4	905.07	4	939.64	5	696.36	11	433.13	22	713.21	18	898.67	18	1234.61	15
江西	218.83	22	151.52	30	224.37	26	386.10	23	411.11	25	495.89	27	585.39	27	762.48	27
山东	248.93	21	401.92	18	392.41	18	511.12	17	687.58	16	964.96	16	1296.48	11	2015.25	11
河南	112.41	30	121.84	31	134.10	30	160.08	29	205.48	30	378.13	30	399.70	30	539.84	31

续表

地区	2015年 评价值/万元	2015年 位次	2016年 评价值/万元	2016年 位次	2017年 评价值/万元	2017年 位次	2018年 评价值/万元	2018年 位次	2019年 评价值/万元	2019年 位次	2020年 评价值/万元	2020年 位次	2021年 评价值/万元	2021年 位次	2022年 评价值/万元	2022年 位次
湖北	340.91	16	511.15	13	777.01	8	985.64	7	1032.71	8	1226.42	12	1291.51	12	2442.92	6
湖南	151.03	28	168.05	29	210.16	27	139.98	30	245.02	29	269.19	31	468.68	28	788.01	26
广东	442.76	15	506.92	14	592.93	10	697.65	10	1238.42	6	1552.2	8	2520.22	5	3411.18	4
广西	255.57	20	227.66	24	115.04	31	135.06	31	162.85	31	388.60	29	650.48	25	944.37	23
海南	617.82	8	643.04	8	284.17	24	393.85	21	782.04	12	745.04	17	643.47	26	788.84	25
重庆	523.57	11	606.17	10	588.78	11	1644.25	4	732.04	15	1637.61	6	731.57	23	702.72	29
四川	313.40	17	266.57	23	347.46	20	386.69	22	602.09	18	648.44	23	841.95	19	1045.97	18
贵州	89.50	31	292.45	20	399.73	17	374.52	24	414.53	24	1098.36	15	816.21	20	1441.47	13
云南	194.91	25	186.45	27	338.51	21	334.70	25	341.88	27	631.21	24	344.54	31	703.84	28
西藏	212.97	23	292.43	21	484.95	14	546.68	15	594.90	19	1900.93	4	2768.40	4	2217.53	9
陕西	872.62	6	670.69	7	757.90	9	911.31	8	1267.07	5	1393.43	9	1639.08	10	2379.51	8
甘肃	444.04	14	445.41	15	462.35	15	686.16	12	584.94	20	700.41	21	918.83	16	941.94	24
青海	898.94	5	803.48	6	779.04	7	1330.22	5	1368.12	4	1322.15	11	1865.50	8	1420.38	14
宁夏	472.15	13	410.45	17	419.90	16	622.78	14	1113.63	7	1386.59	10	768.61	22	1573.84	12
新疆	541.64	10	415.14	16	539.04	12	432.69	20	434.65	21	627.06	25	699.25	24	1055.96	17

附表 3-10　万人输出技术成交额（2015—2022 年）

地区	2015 年		2016 年		2017 年		2018 年		2019 年		2020 年		2021 年		2022 年	
	评价值/万元	位次	评价值/万元	位次	评价值/万元	位次	评价值/万元	位次	评价值/万元	位次	评价值/万元	位次	评价值/万元	位次	评价值/万元	位次
北京	13 194.92	1	14 238.96	1	15 532.03	1	16 969.24	1	18 895.32	1	20 564.51	1	21 485.03	1	28 854.10	1
天津	2034.08	3	2877.57	2	3875.26	2	4291.51	2	4279.34	2	5435.56	2	10 075.30	2	7855.51	2
河北	41.74	25	39.59	27	56.48	25	83.64	23	126.70	24	395.98	19	599.18	16	743.52	17
山西	146.10	17	138.99	17	151.34	17	128.61	20	256.06	18	403.95	18	307.84	19	128.88	28
内蒙古	149.82	16	55.05	23	65.22	23	53.85	27	102.64	25	117.50	28	122.77	28	149.62	27
辽宁	360.91	9	453.03	9	573.11	9	870.11	7	1028.55	7	1236.33	8	1557.73	9	1487.22	11
吉林	116.47	19	96.02	21	92.80	22	415.23	12	816.69	9	1315.54	7	2415.18	5	1926.44	9
黑龙江	255.40	12	304.85	12	339.81	11	349.41	14	419.29	15	482.55	16	848.26	13	836.33	16
上海	2297.54	2	2510.88	3	2822.15	3	3164.71	3	3230.09	3	4878.29	3	5141.67	3	6363.44	3
江苏	628.86	5	639.77	6	679.89	7	736.75	8	871.29	8	1098.08	10	1607.08	8	2462.95	7
浙江	140.61	18	151.52	16	172.27	16	340.07	16	547.57	12	982.63	12	1422.02	10	2169.64	8
安徽	200.27	13	259.26	13	299.47	14	334.93	17	376.79	16	471.73	17	573.70	17	1080.38	14
福建	113.85	20	99.26	20	133.29	20	107.99	22	182.47	20	198.95	23	298.58	20	393.02	20
江西	87.40	22	103.14	19	135.08	19	162.18	18	198.68	19	236.59	22	291.14	21	516.51	19
山东	178.80	14	248.53	14	312.21	13	400.55	13	520.42	13	842.89	13	1295.34	11	28 854.10	1
河南	41.28	26	41.92	26	47.34	27	61.00	25	78.20	28	151.53	26	223.07	23	1872.99	10

续表

地区	2015年		2016年		2017年		2018年		2019年		2020年		2021年		2022年	
	评价值/万元	位次	评价值/万元	位次	评价值/万元	位次	评价值/万元	位次	评价值/万元	位次	评价值/万元	位次	评价值/万元	位次	评价值/万元	位次
湖北	626.32	6	903.89	5	1239.18	5	1387.58	5	1574.15	5	1782.48	5	1954.58	6	382.03	21
湖南	106.29	21	133.75	18	145.63	18	144.85	19	280.06	17	389.45	20	669.07	15	2899.58	5
广东	484.45	7	373.60	11	602.45	8	667.37	9	799.56	10	1147.41	9	1792.46	7	1107.52	13
广西	14.60	29	22.92	28	14.59	29	66.76	24	82.00	27	124.15	27	159.29	26	2588.10	6
海南	39.26	27	6.46	30	22.05	28	34.10	29	39.54	29	65.28	29	82.49	29	182.64	25
重庆	290.88	11	495.32	7	182.82	15	461.07	11	160.60	23	595.55	15	164.26	24	199.51	24
四川	172.08	15	230.18	15	334.49	12	348.82	15	455.36	14	1098.00	11	1252.45	12	367.05	22
贵州	44.66	24	46.57	24	58.93	24	45.74	28	173.15	21	366.09	21	464.81	18	1486.79	12
云南	81.00	23	91.38	22	101.09	21	113.73	21	163.63	22	172.29	25	132.53	27	645.71	18
西藏	0	31	0	31	0	31	0	31	1.19	31	1.03	31	23.63	31	105.78	29
陕西	1285.28	4	1534.83	4	1832.58	4	2037.29	4	2236.04	4	2651.49	4	3472.41	4	21.27	31
甘肃	360.35	10	411.97	10	507.73	10	598.49	10	647.07	11	690.68	14	753.37	14	4446.83	4
青海	432.94	8	466.76	8	775.41	6	955.23	6	1195.12	6	1375.36	6	161.91	25	932.25	15
宁夏	20.41	28	45.75	25	51.66	26	59.08	26	96.42	26	174.09	24	225.61	22	178.12	26
新疆	12.41	30	11.60	29	13.48	30	19.76	30	25.38	30	16.37	30	31.11	30	233.08	23

附表 3-11　劳动生产率（2015—2022 年）

地区	2015 年		2016 年		2017 年		2018 年		2019 年		2020 年		2021 年		2022 年	
	评价值/（万元/人）	位次	评价值/（万元/人）	位次	评价值/（万元/人）	位次	评价值/（万元/人）	位次	评价值/（万元/人）	位次	评价值/（万元/人）	位次	评价值/（万元/人）	位次	评价值/（万元/人）	位次
北京	13.43	4	14.42	4	15.41	4	16.46	4	17.57	4	18.73	3	19.87	3	20.11	3
天津	26.41	1	29.06	1	31.76	1	34.65	1	35.91	1	37.21	1	38.99	1	39.58	1
河北	7.10	18	7.57	18	8.08	18	8.63	17	9.20	17	9.81	17	10.47	17	10.88	17
山西	7.49	14	7.86	15	8.10	17	8.46	18	9.07	19	9.67	19	10.27	19	10.64	19
内蒙古	13.68	3	14.75	3	15.88	3	17.03	3	17.71	3	18.65	4	19.62	4	19.66	4
辽宁	11.02	6	11.66	6	12.01	6	11.71	8	12.20	11	12.89	10	13.60	11	13.68	11
吉林	9.58	8	10.20	9	10.84	9	11.59	10	12.21	10	12.76	12	13.14	12	13.45	12
黑龙江	7.94	13	8.38	13	8.86	13	9.40	14	9.99	14	10.46	15	10.90	16	11.01	15
上海	23.25	2	24.87	2	26.60	2	28.43	2	30.40	2	32.40	2	34.35	2	34.93	2
江苏	11.73	5	12.75	5	13.84	5	14.92	5	15.98	5	17.06	5	18.10	5	18.77	5
浙江	8.85	12	9.52	12	10.28	12	11.06	12	11.92	12	12.76	11	13.63	10	14.12	10
安徽	4.51	26	4.93	26	5.36	26	5.82	26	6.32	26	6.82	26	7.33	26	7.62	27
福建	9.39	9	10.31	8	11.24	8	12.19	7	13.17	7	14.27	7	15.35	7	15.86	7
江西	5.63	22	6.18	22	6.74	22	7.35	22	7.99	22	8.69	22	9.38	21	9.74	21
山东	9.24	10	10.05	10	10.84	10	11.67	9	12.53	8	13.33	8	14.06	8	14.57	8
河南	5.14	24	5.59	24	6.05	24	6.55	24	7.06	24	7.59	24	8.13	24	8.23	24

续表

地区	2015年 评价值/(万元/人)	2015年 位次	2016年 评价值/(万元/人)	2016年 位次	2017年 评价值/(万元/人)	2017年 位次	2018年 评价值/(万元/人)	2018年 位次	2019年 评价值/(万元/人)	2019年 位次	2020年 评价值/(万元/人)	2020年 位次	2021年 评价值/(万元/人)	2021年 位次	2022年 评价值/(万元/人)	2022年 位次
湖北	7.14	16	7.83	16	8.53	15	9.22	15	9.94	15	10.71	14	11.51	14	10.94	16
湖南	5.53	23	6.05	23	6.57	23	7.09	23	7.66	23	8.26	23	8.89	23	9.22	23
广东	10.28	7	11.08	7	11.97	7	12.86	6	13.83	6	14.77	6	15.69	6	16.05	6
广西	4.47	27	4.85	27	5.25	27	5.63	27	6.03	28	6.44	28	6.83	28	7.08	28
海南	6.22	20	6.75	21	7.28	21	7.82	21	8.37	21	8.86	21	9.37	22	9.70	22
重庆	6.15	21	6.82	20	7.57	20	8.38	19	9.16	18	9.71	18	10.33	18	10.73	18
四川	4.90	25	5.31	25	5.73	25	6.18	25	6.68	25	7.21	25	7.75	25	8.05	25
贵州	2.81	31	3.12	31	3.45	31	3.82	31	4.21	31	4.59	31	4.97	31	5.19	31
云南	3.70	30	4.00	30	4.34	30	4.72	30	5.17	30	5.63	30	6.09	29	6.33	29
西藏	4.09	28	4.54	28	5.04	28	5.54	28	6.10	27	6.66	27	7.20	27	7.76	26
陕西	7.40	15	8.12	14	8.76	14	9.42	13	10.17	13	11.02	13	11.68	13	11.94	13
甘肃	4.04	29	4.40	29	4.75	29	5.11	29	5.30	29	5.63	29	5.98	30	6.21	30
青海	6.48	19	7.08	19	7.66	19	8.27	20	8.88	20	9.51	20	10.11	20	10.27	20
宁夏	7.11	17	7.68	17	8.30	16	8.97	16	9.67	16	10.35	16	11.02	15	11.45	14
新疆	8.88	11	9.76	11	10.62	11	11.43	11	12.3	9	13.05	9	13.86	9	14.33	9